普.通.高.等.学.校
计算机教育“十二五”规划教材

# ASP.NET MVC 程序设计教程

## （第3版）

***ASP.NET MVC PROGRAMMING***
***(3rd edition)***

马骏 ◆ 主编

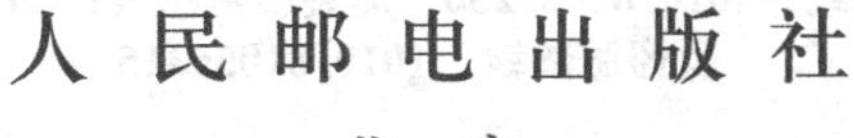

人民邮电出版社
北京

**图书在版编目（CIP）数据**

ASP.NET MVC程序设计教程 / 马骏主编. -- 3版. -- 北京 : 人民邮电出版社, 2015.8（2021.1 重印）
普通高等学校计算机教育“十二五”规划教材
ISBN 978-7-115-39642-6

Ⅰ. ①A… Ⅱ. ①马… Ⅲ. ①网页制作工具－程序设计－高等学校－教材 Ⅳ. ①TP393.092

中国版本图书馆CIP数据核字(2015)第163732号

## 内 容 提 要

本书以 VS2013 为开发环境，介绍用 C#和 MVC 开发 ASP.NET Web 应用程序的技术。全书分 2 篇，第 1 篇介绍 MVC 基本编程技术，包括 MVC 编程基础、HTML5、CSS3、JavaScript、jQuery、Bootstrap、实体框架和数据库访问技术等；第 2 篇介绍 MVC 高级编程技术，包括 Web API、OData、SVG、Canvas、WebGL、Three.js 等；最后在附录中给出了与本书配套的上机练习和综合设计。

本书可作为高等院校计算机及相关专业的教材，也适合有 C#语言编程基础，希望学习 ASP.NET Web 开发的人员阅读。

◆ 主　　编　马　骏
　责任编辑　邹文波
　责任印制　沈　蓉　彭志环
◆ 人民邮电出版社出版发行　　北京市丰台区成寿寺路 11 号
　邮编　100164　　电子邮件　315@ptpress.com.cn
　网址　http://www.ptpress.com.cn
　北京盛通印刷股份有限公司印刷
◆ 开本：787×1092　1/16
　印张：20　　　　　　2015 年 8 月第 3 版
　字数：488 千字　　　2021 年 1 月北京第 8 次印刷

定价：46.00 元

**读者服务热线：(010)81055256　印装质量热线：(010)81055316**
**反盗版热线：(010)81055315**

# 第 3 版前言

为了更好地为高校学生提供实用的、满足社会实际需求的优秀教材，为就业创造有利条件，我们在本书第 1 版《ASP.NET 网页设计和网站开发》和第 2 版《HTML5 与 ASP.NET 程序设计教程》的基础上，根据新技术的发展和社会需求，进行了大量的知识更新和改进，完成了第 3 版的编写。

## 本书编写思路

1. 本书第 1 版以 VS2005 为开发平台，介绍了利用 ASP.NET Web 窗体（WebForms）和 C#语言开发 Web 应用程序的基本设计方法；第 2 版以 VS2010 为开发平台，主要介绍了 HTML5、CSS3、JavaScript 基础以及 WebForms 的开发，同时简单介绍了利用 ASP.NET MVC3 和 Razor 视图引擎开发 Web 应用程序的基本技术；第 3 版以 VS2013 为开发平台，全面系统地介绍用 ASP.NET MVC 5 和 C#语言开发 Web 应用程序的各种编程技术，而不再介绍 WebForms 的实现。

2. 第 3 版之所以不再介绍 WebForms，是因为用 WebForms 开发 Web 应用程序项目时，主要利用的是它提供的 Web 服务器控件来实现各种功能，这在它刚推出时的 Web 应用发展环境下确实是一种创新的技术。但是，随着 HTML5 和 CSS3 正式标准的发布，直接用 HTML5 和 CSS3 实现的代码设计更简单且运行效率更高，此时 WebForms 提供的 Web 服务器控件变得越来越无用。另外，Web 服务器控件导致的性能问题、深度开发的灵活性问题、大型项目的单元测试问题都是 WebForms 无法有效解决的。而 ASP.NET MVC 是一种开源的、可扩展的 Web 开发框架，其架构的灵活性，Razor 视图引擎带来的 C#、HTML5、CSS3 和 JavaScript 混合编写动态网页的方便性，跨平台性，以及对页面和数据处理逻辑的单元测试等都是 WebForms 所无法企及的，这种新的编程模型特别适用于大型 Web 项目的开发，当然也适用于中小型 Web 项目的开发。

3. 之所以选择 VS2013 而不是选择 VS2012 或者更低版本的开发工具，是因为 VS2013 内置了 ASP.NET MVC 5 以及 HTML5 和 CSS3 正式标准的实现，而早期版本的开发工具是在 Web 正式标准推出前研制的，其内置的 HTML5 和 CSS3 验证功能和智能提示功能当然也无法完全符合新的正式标准。特别是 VS2013 提供的不同 Web 开发架构的混编技术，可以让开发人员在同一个项目中同时使用 WebForms、MVC、Web API、实时 Web 以及其他架构或者任选其中的一种或多种架构，这种涉及方方面面的大范围更新和修改是早期版本的开发工具无论如何升级都无法做到的。

4. 编写 HTML5、CSS3、jQuery、Bootstrap、JavaScript 等代码时，VS2013 提供了非常方便的智能提示功能，而早期版本的智能提示功能相对都比较弱，而且在早期版本的开发工具中属于合法但正式标准不再使用的语法也容易误导初学者，这是选择 VS2013 作为开发平台的另一个主要原因。

5. 随着天、空、地一体化需求和现代浏览器的迅速流行，以及新的 Web 正式标准的推出，早期的 Web 开发技术已经不适合当今时代的发展。作为高校学生来说，如果毕业后才发现当时所学的技术和实际需求不相符，这时就已经悔之晚矣，因此，作为本科生来说，一开始就学习成熟的新技术是提高就业能力和进一步深造的首要选择。

## 本书主要特点

本书是针对学习过 C#语言的读者而言的，“C#语言程序设计”是本教材的先修课程。对于没有学过 C#语言的读者，推荐先学习“十二五”普通高等教育本科国家级规划教材《C#程序设计及应用教程》（第 3 版，人民邮电出版社，马骏主编）一书，否则学习本书会有一定的难度。

作为 C#编程的 3 本系列教材之一，本书介绍的是 B/S 编程技术，如果读者希望掌握 C/S 编程技术，推荐学习工业和信息化部“十二五”规划教材《C#网络应用编程》（第 3 版，人民邮电出版社，马骏主编）一书。

本书主要特点如下。

1. 以目前流行的 HTML5、CSS3 和 ASP.NET MVC 为主线，选择自带 ASP.NET MVC 5 模板的 VS2013 作为开发工具，系统介绍 ASP.NET Web 应用程序开发的方法。

2. 知识点覆盖全面，教材信息量大、例子丰富、重点突出。全书基本上涵盖了 ASP.NET MVC 的各种编程技术。另外，为了让读者易理解、上手快，编者在教材结构组织、知识点的选择以及如何讲解才能循序渐进并突出重点等方面经过反复推敲、调整、增删、组合，才最终完成了本书的编写，非常适合初级 Web 编程人员学习。

3. 使用同一个项目链接本书的所有示例，让读者不但明白如何单独实现某种功能，而且还能直观地看出如何将这些技术综合到同一个 Web 应用程序项目中。

4. 通过每章的导航页分别演示不同布局页的设计和引用办法，本书基本上是一章一种新的布局。目的是为了让读者通过这些大量的布局页设计思路和具体实现，能很快举一反三，并立即将其应用到实际开发中。

5. 教材力求将晦涩难懂的技术用通俗易懂的语言表达出来，并配有大量的示例来帮助理解。读者按照本教材的顺序学习，入门快、效率高。通过阅读、理解、上机练习和调试运行，能很快掌握用 ASP.NET MVC 编写 Web 应用程序项目的各种技术。

6. 教材配套资料完整。为了配合教学需要，本书还提供了与本书配套的教学大纲、实验大纲、PPT 教学课件、习题参考解答以及所有例题、习题、上机练习和综合设计的参考源程序。

## 内容安排及学时分配

第 1 部分（第 1 章 ~ 第 8 章）是 Web 开发基础知识，如果学时有限，或者只需要学习用 C#和 MVC 开发 Web 应用程序的基本技术，建议仅讲解这一部分。

第 2 部分（第 9 章 ~ 10 章）简单介绍了 Web 开发的中、高级编程技术，这部分由于涉及其他相关知识，限于教材篇幅和授课学时限制，实际上很难在短短的两章内介绍清楚。对初学 Web 开发的学生来说，深入学习和理解这两章涉及的各种技术难度较大，只要求掌握书中介绍的基本用法即可，这是编写这两章内容的基本思路，各高校可根据先修课程的开设情况，灵活把握讲解这两章内容的深度和广度。但是，从项目应用开发的角度来说，这些中、高级内容又是必须掌握的技术。另外，除了这两章内容外，还有一些高级开发技术本书并没有介绍，如用户访问控制与安全性处理、单元测试等。

本书所有程序均在 Windows 7 操作系统、IE 11.0 浏览器和 VS2013 简体中文旗舰版开发环境下调试通过。实际动手编写和调试程序是掌握本书知识的一个非常重要的环节，希望引起读者的高度重视。

各高校可根据实际情况，灵活调整讲授学时。各章学时分配建议如下。

| 54 学时 | | | | 72 学时 | | | |
|---|---|---|---|---|---|---|---|
| 第 1 章 | 4 学时 | 第 9 章 | 2 学时 | 第 1 章 | 4 学时 | 第 9 章 | 4 学时 |
| 第 2 章 | 6 学时 | 第 10 章 | 4 学时 | 第 2 章 | 6 学时 | 第 10 章 | 6 学时 |
| 第 3 章 | 6 学时 | 习题课或复习 | 2 学时 | 第 3 章 | 8 学时 | 习题课或复习 | 4 学时 |
| 第 4 章 | 6 学时 | | | 第 4 章 | 8 学时 | | |
| 第 5 章 | 6 学时 | | | 第 5 章 | 10 学时 | | |
| 第 6 章 | 6 学时 | | | 第 6 章 | 8 学时 | | |
| 第 7 章 | 6 学时 | | | 第 7 章 | 8 学时 | | |
| 第 8 章 | 6 学时 | | | 第 8 章 | 8 学时 | | |

本书由马骏担任主编，韩道军、肖春静、党兰学、杨阳担任副主编，马骏对全书进行了规划、编写、统稿、修改、增删、组合与定稿等工作。参与各章编写和配套资料整理的还有陈国强、范明虎、赵建辉、张磊、葛强、田军锋等。

由于编者水平有限，书中难免存在不妥之处，敬请读者批评指正。

编　者

2015年5月

# 目 录

## 第1篇 ASP.NET MVC编程基础

# 第 1 篇 ASP.NET MVC 编程基础

Web 应用程序开发分为 Web 前端开发和 Web 后端开发。Web 前端开发是指编写发送到客户端后可被各种浏览器解析的呈现给用户的页面，主要技术包括 HTML、CSS、JavaScript 等；Web 后端开发是指编写在 Web 服务器上运行的页面处理逻辑和数据处理逻辑，在 ASP.NET 开发平台上，主要用 C#语言来实现。

ASP.NET MVC 是微软公司在.NET 框架的基础上构建的一种免费的、开源的、基于测试驱动的 Web 应用程序编程模型。开发人员利用 ASP.NET MVC 和 Razor 视图引擎编写 Web 应用程序时，既可以混合使用 C#代码、HTML5、CSS3 以及 JavaScript 代码快速创建前端的动态网页，又可以将后端的数据支持（Models）、用户界面（Views）和逻辑处理（Controllers）完全分离，同时也能方便地编写单元测试代码。

这一篇我们主要学习用 ASP.NET MVC 开发 Web 应用程序的基本编程技术，这也是学习 Web 应用程序开发首先必须掌握的技术。

# 第 1 章 概述

作为全书的基础，这一章我们先学习 MVC 项目的创建和组织，以及各章示例的安排和运行办法。

## 1.1 Web 标准与 VS2013 开发环境

虽然目前存在多种典型的 Web 应用程序编程模型，但是，无论是哪种编程模型，其使用的技术都必须符合 Web 标准，这样才能在发布后被多种客户端浏览器正确识别和显示。

### 1.1.1 B/S 编程模型与 Web 标准

这一节我们主要学习进行 Web 开发时首先必须了解的基础知识。

**1. B/S 编程模型**

B/S（Browser/Server，浏览器/服务器）编程模型是一种以 HTTP 为基本传输协议的体系结构编程模式。在 B/S 编程模型中，开发人员只需要编写部署在 Web 服务器上的应用程序即可，而不需要编写专用的客户端程序。或者说，客户端程序是一种通过 HTTP 实现数据传输的通用应用程序，即我们平常所说的浏览器。

相对于 B/S 编程模型来说，C/S（Client/Server，客户端/服务器）编程模型既需要编写部署在服务器上的服务器端程序，也需要编写安装在用户计算机上的客户端程序，这种应用程序编程模型除了可以使用 HTTP 作为基础传输协议以外，还可以采用其他的网络传输协议，如 TCP、UDP 等。或者说，凡是通过下载并安装客户端程序才能运行的应用程序都属于用 C/S 编程模型编写的应用程序，如 QQ、飞信、微信、360 安全卫士等都属于 C/S 应用程序。

传统 B/S 编程模型一般采用三层架构设计。用户界面、逻辑处理、数据支持构成最基本的三层架构，如图 1-1 所示。

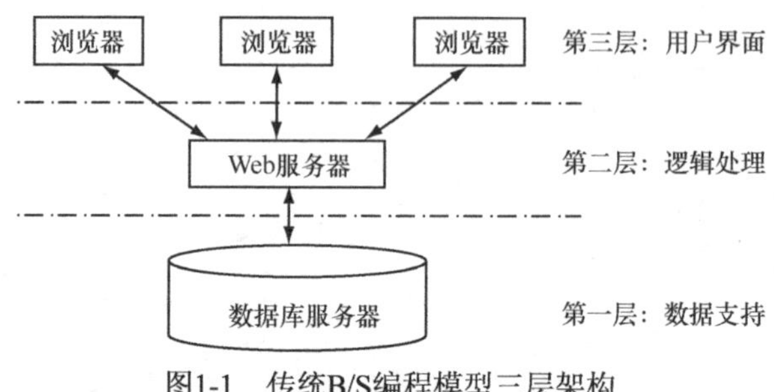


图1-1　传统B/S编程模型三层架构

### 2. Web 标准

Web 标准是国际上通用的 Web 设计规范，凡是符合 Web 标准规定的设计规范的网站，都能用各种客户端浏览器正常访问。

#### （1）W3C 制定的 Web 设计标准

Web 设计标准也叫 Web 设计规范或者 Web 开发规范，这些 Web 标准大部分都是由 W3C（World Wide Web Consortium，全球万维网联盟）和开发商以及用户等共同制定的，如 HTML、CSS、Graphics（SVG 和 Canvas API）、JavaScript、Web API、Audio and Video 以及 Mobile Web 等，W3C 都制定了对应的设计标准。

如果读者希望查看 W3C 发布的各种 Web 设计标准的具体规定和技术文档，可参考 W3C 的官方网站（英文），网址如下：

http://www.w3.org/standards/webdesign/

也可以参考下面的中文版网站：

http://www.chinaw3c.org/standards.html

但是，Web 标准只提供了功能和设计规范，而具体实现则由软件生产厂家来完成。换而言之，标准仅说明了可以使用哪些功能，这些功能的语法格式，以及在使用符合标准的内容时，哪些是推荐使用的，哪些是建议不要这样用的。而如何实现符合标准规定的内容，则由具体的开发工具来决定。

#### （2）Web 1.0 和 Web 2.0

从大的方面来看，Web 开发经历了从 Web 1.0 到 Web 2.0 的变迁。随着以 HTML5 为核心的 Web 2.0 时代的到来，以及“天、空、地”一体化的各种 Web 应用，Web 设计标准和相应的实现技术也都发生了翻天覆地的变化。

1999 年，W3C 制定了 HTML 4.01 标准，随后公布了 CSS 2.1 标准和 JavaScript 标准。这时的 HTML、CSS 以及 JavaScript 标准统称为 Web 1.0 标准。

HTML5、CSS3、JavaScript、Canvas、SVG、WebGL 以及移动设备开发规范等都是 W3C 发布的新一代 Web 开发标准，为了将其和早期的设计标准区分开，一般将这些新的设计标准统称为 Web 2.0 标准。

随着 HTML5、CSS3 等新标准的正式发布和快速流行，不支持这些标准的旧版浏览器正在迅速被淘汰，为了在客户端浏览器的残酷竞争中占有一定的用户量，各大浏览器生产厂家都在快速更新所提供的浏览器版本，以尽快实现新的 Web 标准，避免被其他浏览器淘汰。

目前世界上流行的各种“现代浏览器”的最新版本都支持新的 Web 标准，如微软公司的 IE 11.0 浏览器、Mozilla 基金会的 FireFox 浏览器、谷歌公司的 Chrome 浏览器以及 Opera 浏览器、Safari 浏览器等。

在 VS2013 下编辑 HTML 文档或者 CSS 时，系统会自动检查所编辑的内容是否符合 HTML5 正式标准和 CSS3 正式标准（正式标准不再包含各厂家自定义的前缀）。当开发人员编写的代码不符合正式标准规定的规范时，编辑器会自动显示绿色的波浪形下划线提醒 Web 开发人员。

### 3. 静态网页和动态网页

许多初学者都误将包含各种动画、滚动字幕等视觉上具有“动态效果”的网页认为是动态网页，否则认为是静态网页，其实这样理解是不正确的。实际上，无论是动态网页还是静态网页，都可以展示文字、图片、动画等动态效果，但从网页生成的内部方式来看，静态网页和动态网页却有着本质的差别。

静态网页是指 Web 服务器发送到客户端的静态 HTML 页面，其特点是 URL 固定、内容相对稳定、容易被搜索引擎检索。在静态网页上，一样可以出现各种动态的效果，如动画、滚动字幕等。图 1-2 展示了静态网页的基本工作原理。

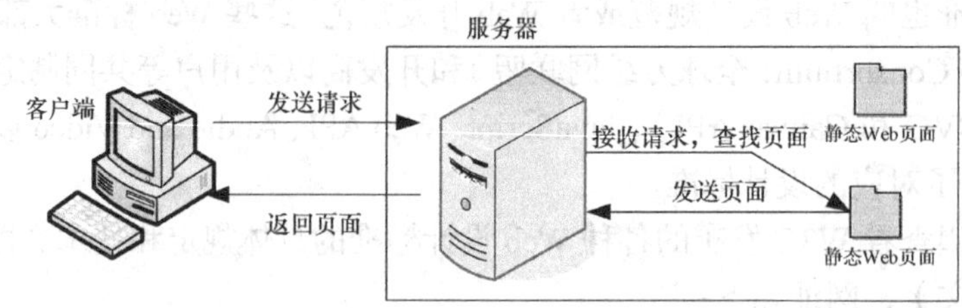


图1-2　静态网页工作原理

动态网页是指 Web 服务器根据客户端请求，随不同用户、不同时间的操作，动态返回不同静态内容的网页。换而言之，当客户端向服务器发送请求时，服务器先对其进行处理，然后再将处理结果转换为静态网页发送到客户端。图 1-3 展示了动态网页的基本工作原理。

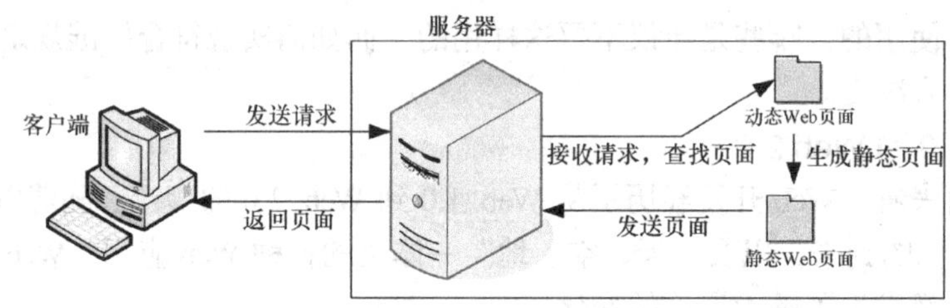


图1-3　动态网页工作原理

采用动态网页技术的网站可以实现比静态网页更多的功能。

## 1.1.2　安装 VS2013 开发环境

Microsoft Visual Studio 系列开发工具是 Windows 操作系统平台上最流行的开发工具，它提供的各种方便的开发模型使开发人员能快速地构建和编写各种复杂的应用程序，或者说，只需要使用同一种开发工具，就能完成所有的软件开发任务。

本书介绍的所有内容都是在 VS2013 开发环境下用【ASP.NET Web 应用程序】模板来实现的。所有源程序都在 Windows 7 操作系统和 IE 11.0 浏览器下调试通过。

**1. 安装包含 Update4 的 VS2013 旗舰版**

VS2013 内置了 HTML5、CSS3 以及 ASP.NET 5.0 等相关技术，特别是它的“模型联编”技术、HTML5 和 CSS3 等正式标准设计规范的检查，以及非常方便的智能提示等，十分便于 Web 应用程序的开发。这些集成技术带来的便捷是 VS2012 以及更早版本所不具备的。学习本书内容前，应先安装 VS2013 开发工具。

本书开发环境的具体要求如下。

（1）操作系统：Windows 7（32 位或者 64 位）。

（2）内存：最低 1GB，建议 2GB 或者更高。

（3）包含 Update4 的 VS2013 旗舰版（Visual Studio Ultimate 2013 with Update 4）。

由于 VS2013 的安装过程比较简单，这里不再介绍具体安装步骤。

如果不使用 VS2013 旗舰版，也可以安装包含 Update4 的 VS2013 开发版，这是一种免费的版本，主要用于个人学习和小公司使用，但其功能没有 VS2013 旗舰版强大。

**2. 下载和安装 IE 11.0 浏览器**

IE 11.0 浏览器全面实现了 HTML5、CSS3、JavaScript、Canvas、SVG 以及 WebGL 等 Web 2.0 正式标准的功能，而且运行速度快、使用方便，而 IE 9.0 和 IE 10.0 只是实现了 Web 2.0 推荐标准草案中的部分功能，IE 8.0 和 IE6.0 由于研发时间更早，不支持 Web 2.0 标准。

IE 11.0 浏览器的官方下载网址如下：

http://windows.microsoft.com/zh-cn/internet-explorer/ie-11-worldwide-languages

从该下载网页选择合适的 IE 11.0 版本（32 位或者 64 位简体中文版，网站会根据访问时使用的操作系统自动选择合适的版本），下载后直接运行安装即可。

至此，我们完成了本书需要的开发和调试环境的安装。

### 1.1.3 ASP.NET Web 应用程序

ASP.NET 是一个免费的 Web 开发平台，是微软公司在.NET 框架的基础上构建的一种 Web 开发架构。2014 年 11 月 12 日，微软公司在纽约举办的全球开发者联盟大会上郑重声明，不但现在的 ASP.NET 是完全免费的，以后所有.NET 框架也将全部开源（可支持 Windows、Mac OS X 和 Linux 三大操作系统）。关于微软.NET 框架开源的更多信息，有兴趣的读者可参考下面的网站（或者搜索".NET 开源"查看国内翻译版）：

http://winsupersite.com/visual-studio/visual-studio-and-net-go-cross-platform

**1. One ASP.NET**

VS2013 提供的 ASP.NET Web 应用程序模板同时提供了多种 Web 应用编程模型，从大的方面来说，这些编程模型主要分为两大类，一类是网站（Sites）编程模型，另一类是服务（Services）编程模型，如图 1-4 所示。

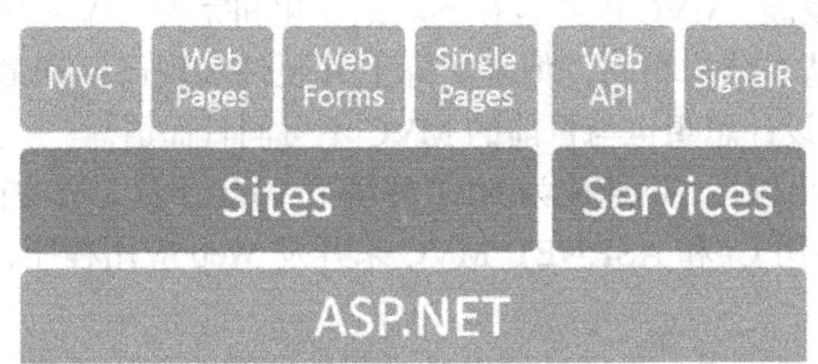


图1-4 ASP.NET Web应用程序编程模型

这种在同一个 ASP.NET Web 应用程序项目中可同时选择多种 Web 编程模型的技术称为"模型联编"技术，也叫"One ASP.NET"，这也是从 VS2013 开始首次使用的技术。

"One ASP.NET"的本质含义为：在【ASP.NET Web 应用程序】模板提供的编程模型中，既可以仅选择一种模型，也可以根据项目需要同时选择多个模型，包括 MVC（扩展名为.cshtml 的文件）、Web Pages（扩展名为.html 的文件）、Web Forms（扩展名为.aspx 的文件）、Single Pages（移动设备常用的单页应用程序开发模型）、Web API（基于 HTTP 的 Web 服务编程接口）以及 SignalR（支持云环境的实时 Web 应用服务，如天气预报服务、地图服务等）。

在这些编程模型中，最常用的有两种，一种是基于事件驱动的编程模型（简称 WebForms 或 Web 窗体），另一种是基于测试驱动的编程模型（简称 MVC）。

**2. Web 窗体编程模型**

在 VS2013 开发工具推出之前，.NET 开发人员主要用【ASP.NET Web 窗体应用程序】模板来开发 Web 应用程序，这是一种基于事件的敏捷 Web 开发模型。从 VS2013 开始，微软公司不再专门提供【ASP.NET Web 窗体应用程序】模板，但仍然在开发工具中保留了【Web 窗体】开发模式。

【Web 窗体】的最大优势是易理解、上手快，非常适合利用它内置的 Web 服务器控件开发 Web 应用程序。但是，随着 Web 2.0 时代的到来，新的 Web 标准使 HTML5 和 CSS3 的功能变得非常强大，此时【Web 窗体】的缺点也逐渐暴露出来（这也恰恰是它刚推出时的优点），最突出的问题主要体现在以下两个方面。

（1）新版本的 Web 窗体为了兼容旧版本，使 Web 服务器控件封装的功能变得越来越臃肿，这在一定程度上影响了程序运行的效率。另外，HTML5、CSS3 以及各种优秀开源架构的推出，也让【Web 窗体】提供的 Web 服务器控件变得越来越无用。

（2）随着大型 Web 应用程序项目的分工越来越细，【Web 窗体】编程模型使大型 Web 项目的单元测试工作变得非常棘手。

在这种情况下，微软公司又推出了开源的、基于测试驱动的【MVC】编程模型。

**3. MVC 编程模型**

ASP.NET MVC 是微软公司实现的、开源的、基于测试驱动的 Web 应用程序编程模型。官方网址如下：

http://www.asp.net/mvc

MVC（Models、Views、Controllers）其实并不是一种新技术，该设计思想早在 20 世纪 70 年代就已经被提出。MVC 体系结构的精髓是它可以帮助开发人员创建数据支持（Models）、逻辑处理（Controllers）和用户界面（Views）完全分离的应用程序，由于这种物理上的结构分离非常清晰，所以即使系统非常庞大，也同样容易维护和扩展。

随着 Web 技术的发展，MVC 模式也在不断地变化和完善，就像 1946 年的第 1 台计算机与目前的计算机虽然基本结构相同，但是实际上其硬件实现已经和最初的结构千差万别类似，最初提出的 MVC 设计思想也与目前的 MVC 不可同日而语。

ASP.NET MVC 推出以后，迅速成为.NET 环境下 Web 开发人员的首选技术。目前大型软件公司都建议开发人员用 C#和 ASP.NET MVC 来开发 Web 应用程序，而不再建议用传统的 Web 窗体技术来开发。

不过，对于微软公司来说，为了让开发人员仍然能继续使用原来已经熟悉的技术，在其提供的开发工具中，【Web 窗体】和【MVC】这两种编程模型将会一直同时存在。

**（1）MVC 编程模型的特点**

ASP.NET MVC 编程模型具有以下特点。

① 任务分离。

ASP.NET MVC 强制实施“任务分离”的策略。在任务分离的过程中，应用程序被分成离散的松耦合部件，即：模型、视图和控制器。这种任务分离模式使复杂 Web 应用程序更易于测试、维护和扩展。

在 VS2013 开发环境下，ASP.NET MVC 中的模型（Models）用于存放独立且可重复使用的组件，用 C#实现的组件默认都保存在项目的 Models 文件夹下；视图（Views）用于呈现网页界面，用 Razor 视图引擎、HTML5、CSS3 以及 JavaScript 等实现的视图页面默认都保存在项目的 Views 文件夹下；控制器（Controllers）用于控制整个网站的处理流程以及协调 Views 和 Models 之间的数据传递，用 C#实现的这些代码默认都保存在项目的 Controllers 文件夹下。

② 基于测试驱动的开发。

利用 ASP.NET MVC 架构，可以对控制器中提供的每个操作方法都单独进行单元测试，从而为测试驱动的开发（TDD）提供了更好的支持，非常适合大型团队开发功能和层次结构都很复杂的 Web 应用程序。

③ 对 HTML5 和 CSS3 的操控能力高。

VS2013 内置的 ASP.NET MVC 5 显著提高了开发人员对 HTML5 和 CSS3 的操控能力，该架构完全公开和实现了 HTML5 和 CSS3 规范，这是【Web 窗体】模型无法做到的。换而言之，早期的【Web 窗体】模型在简化功能设计的同时，也导致开发人员降低了对 HTML5 和 CSS3 进行深度控制或者细粒度控制的灵活性。

**（2）ASP.NET MVC 的版本发展**

本书成稿时，ASP.NET MVC 的稳定版是第 5 版，该版本也是 VS2013 内置的版本。

ASP.NET MVC 的发展历程如下。

2008 年，微软公司推出了.NET 框架 3.5 和 VS2008。VS2008 首次内置了 ASP.NET MVC 1.0。但是，该版本仅支持 ASPX 视图引擎，而且功能有限。

2010 年，微软公司推出了.NET 框架 4.0 和 VS2010。VS2010 内置了 ASP.NET MVC 2，该版本仍然是仅支持 ASPX 视图引擎。

2012 年，微软公司推出了.NET 框架 4.5 和 VS2012。在 V2012 开发环境中，同时内置了 ASP.NET MVC 3（简称 MVC3）、ASP.NET MVC 4（简称 MVC4）以及 ASP.NET Web API 等架构。从 MVC3 开始，首次引入 Razor 视图引擎，而且其后续的更高版本默认也都使用 Razor 视图引擎。

2013 年，微软公司推出了.NET 框架 4.5.1 和 VS2013，并在 VS2013 开发环境中内置了 ASP.NET MVC 5（简称 MVC5），同时将 Web 窗体、MVC、Web API、实时 Web 以及实体框架等架构全部整合在一起。

总之，VS2013 开发环境突出了 ASP.NET 模型联编的概念，在 VS2013 的 Web 选项卡中，只有一个【ASP.NET Web 应用程序】模板，在该模板中，开发人员可根据业务需要，在同一个解决方案或者同一个项目中任选【MVC】、【Web 窗体】、【Web API】等编程模型之一，也可以同时选择这些编程模型。

## 1.2　创建和配置 ASP.NET MVC 5 项目

安装 VS2013 开发环境后，可直接创建【ASP.NET Web 应用程序】项目。为了方便读者学习，并且对项目的模块组织和完整实现有一个全面的了解和把握，本书配套的所有源程序都将包括在这一节创建的 Mvc5Examples 项目中。

### 1.2.1　创建项目

这一节我们学习如何创建新项目，并配置项目中使用的程序包版本。

### 1. 新建项目

运行 VS2013，单击【新建项目】，在弹出的窗口中，选择【ASP.NET Web 应用程序】模板，修改项目名为 Mvc5Examples，输入或选择一个合适的项目保存位置（如 E:\ls\），如图 1-5 所示，单击【确定】按钮。

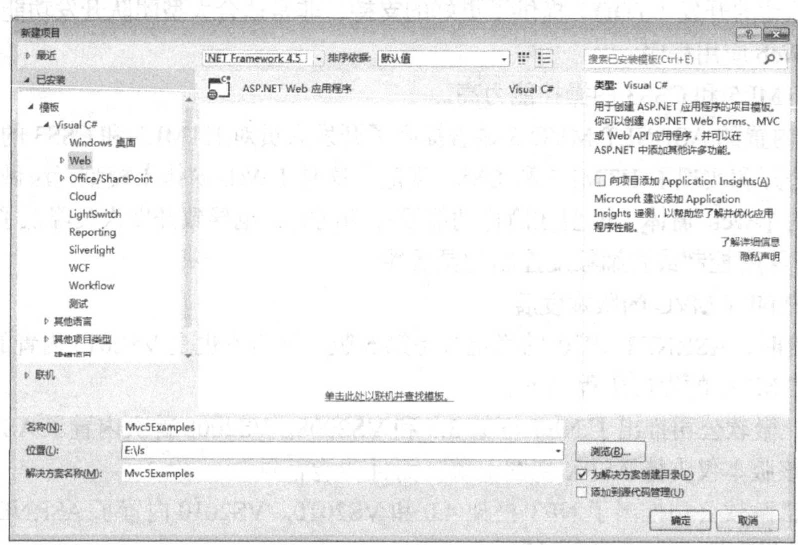


图1-5　创建ASP.NET Web应用程序项目

在接下来弹出的窗口中，单击【MVC】，同时勾选其下方的【MVC】和【Web API】选项，如图 1-6 所示，单击【确定】按钮。

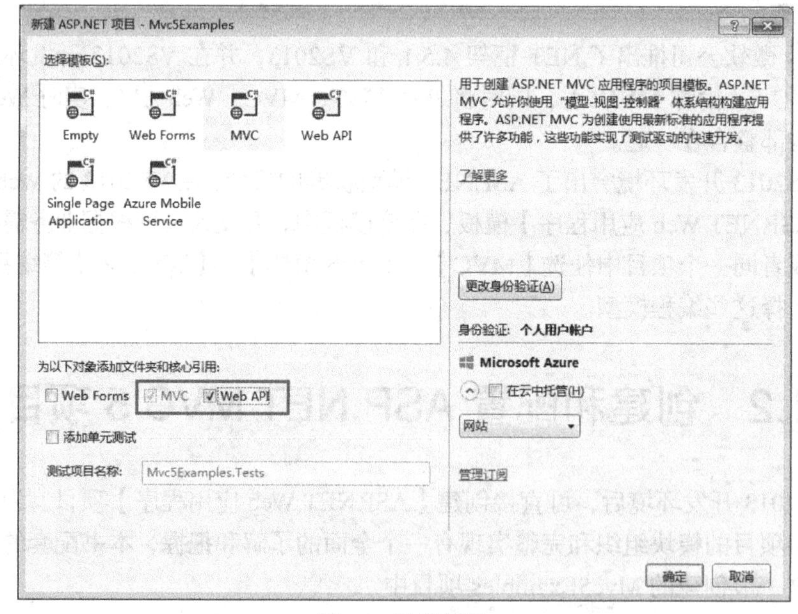


图1-6　选择模板

在该模板中，身份验证默认使用的是 Owin 中间件，由于该内容涉及很多其他方面的扩展知识和实现技术，限于教材篇幅，本书不介绍这部分相关的内容，但仍然在项目中保留了模板自动生成的身份验证相关的代码，以方便读者自学。

### 2. 观察项目结构

在【解决方案资源管理器】中，观察项目默认自动创建的文件夹，各文件夹的含义如表 1-1 所示。

表 1-1　　项目默认创建的文件夹

| 文件夹名称 | 说　明 |
| --- | --- |
| App_Data | 保存数据库、XML 等数据文件 |
| App_Start | 保存项目启动时的功能配置文件 |
| Content | 保存项目中公用的 CSS 文件 |
| Controllers | 保存控制器文件，MVC 要求所有控制器的名称都必须带有“Controller”后缀 |
| fonts | 保存 Bootstrap 自带的图标文件 |
| Models | 保存模型文件（.cs 文件） |
| Scripts | 保存项目引用的脚本文件 |
| Views | 保存视图文件 |
| Views/Shared | 保存可供多个视图共享的页面，如布局页、分部页等 |

除了这些文件夹之外，该项目还使用 Global.asax 文件来设置全局 URL 路由默认值，同时，还会使用项目根目录下的 Web.config 文件来配置全局应用程序。

### 3. 修改项目启动页

由于 VS2013 包含的 ASP.NET 支持模型联编技术，因此，默认情况下，它将项目启动页配置为当前页，这样做的好处是使用【Web 窗体】模型时可直接观察某一个网页的运行效果。但是，由于我们希望每次都从主页开始运行，所以需要修改项目启动页的配置。

选择主菜单的【项目】→【Mvc5Examples 属性】命令，如图 1-7（a）所示，即可打开项目属性配置。在属性配置界面中，单击【Web】选项卡，将创建项目时系统默认的【当前页面】更改为【特定页】，特定页右侧的文本框内不需要输入任何内容，直接按<Ctrl>+S 键保存配置即可，如图 1-7（b）所示。

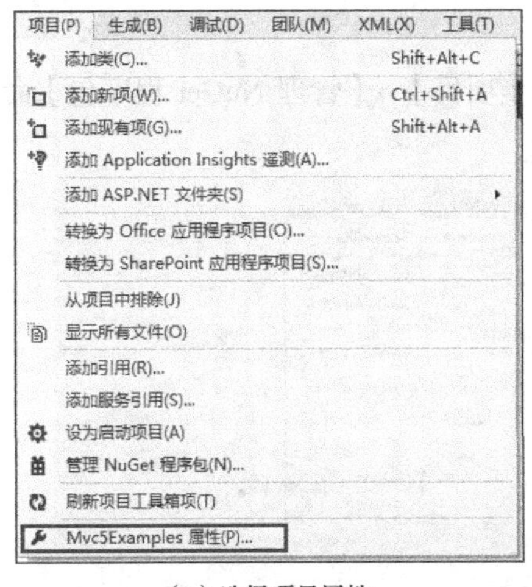


（a）选择项目属性

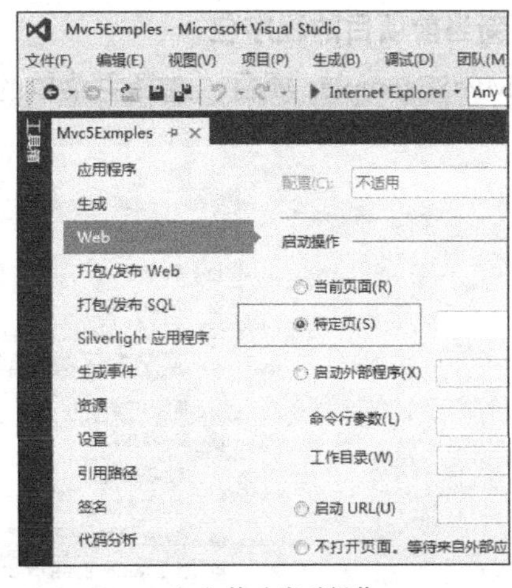


（b）修改启动操作

图1-7　修改项目启动操作为运行特定页

#### 4. 运行模板默认提供的主页

为了方便初学者学习，模板默认已经包含了一些简单的示例代码，创建项目后，按<F5>键直接运行应用程序，观察模板默认主页在 IE 11.0 浏览器中运行的效果，如图 1-8 所示。

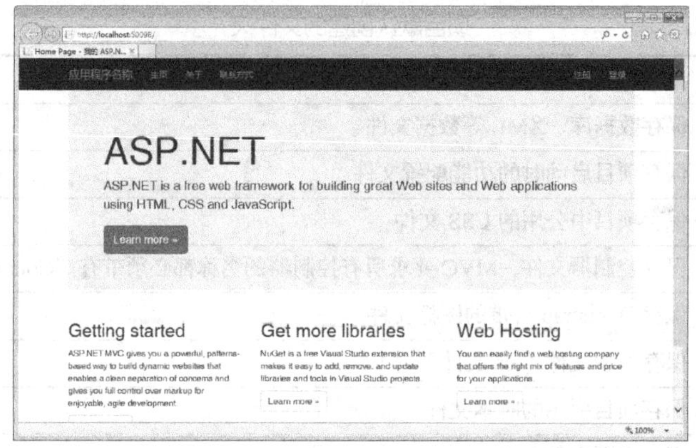


图1-8　模板默认提供的主页运行效果

## 1.2.2　使用 NuGet 更新程序包

程序包用于保存当前项目引用的其他文件及其版本信息。

VS2013 自带的 NuGet 提供了非常方便的程序包更新方式。需要更新项目自动生成的程序包的原因有两点：一是新版本修订了已经发现的旧版本的 bug，二是新版本与旧版本相比有些功能的使用更加简单。比如，Bootstrap 3.3.2 版（或更高版本）提供的有些 CSS 类在 Bootstrap 3.0 版中并不存在，而 Bootstrap 3.0 版中的一些 bug 由于在 3.3.2 版中已经更正了，因此不会再出现这些 bug 等。

注意：更新程序包只影响当前项目，不会影响新建的项目或者其他已经存在的项目。另外，更新程序包时，会自动替换当前项目中相关的文件和引用，不需要手工修改。

下面介绍具体更新步骤，这些更新步骤需要本机可访问 Internet 网。

#### 1. 更新当前项目的程序包

打开 Mvc5Examples 项目，选择主菜单的【项目】→【管理 NuGet 程序包】命令，如图 1-9 所示。

图1-9　利用NuGet管理程序包

在弹出的窗口中，先选择左侧【更新】选项卡下方的【全部】选项，然后单击该窗口中的【全部更新】按钮，如图 1-10 所示。

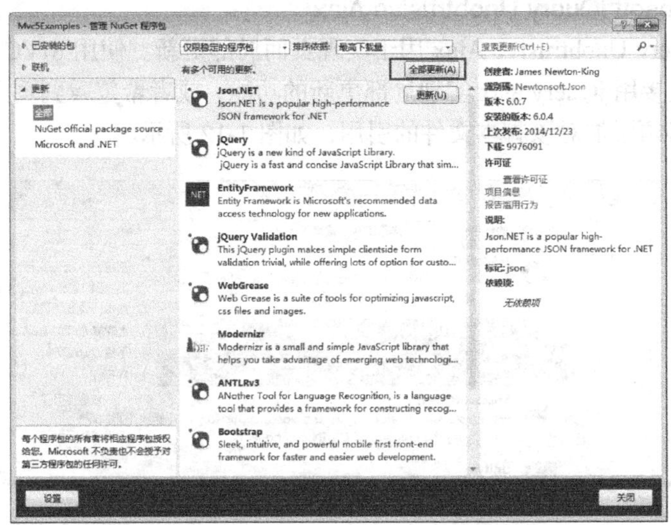


图1-10　更新当前项目的程序包

此时它就会自动将最新版本的更新包替换掉当前项目中的程序包版本。

完成更新程序包的步骤后，打开项目根目录下的 packages.config 文件，观察程序包配置文件中包含的内容和更新后对应的版本信息。

关闭项目，然后重新打开项目，以便 VS2013 正确加载最新版的程序包。

**2. 添加 jQuery UI**

默认情况下，Bootstrap 和 jQuery UI 的同名组件会产生冲突，但是，如果我们解决了这些冲突，就可以在同一个项目中同时使用 Bootstrap 和 jQuery UI。

由于本书各章的导航页是用 jQuery UI 来实现的，所以必须将它添加到当前项目中。

选择主菜单的【项目】→【管理 NuGet 程序包】命令，添加如图 1-11 所示的引用。

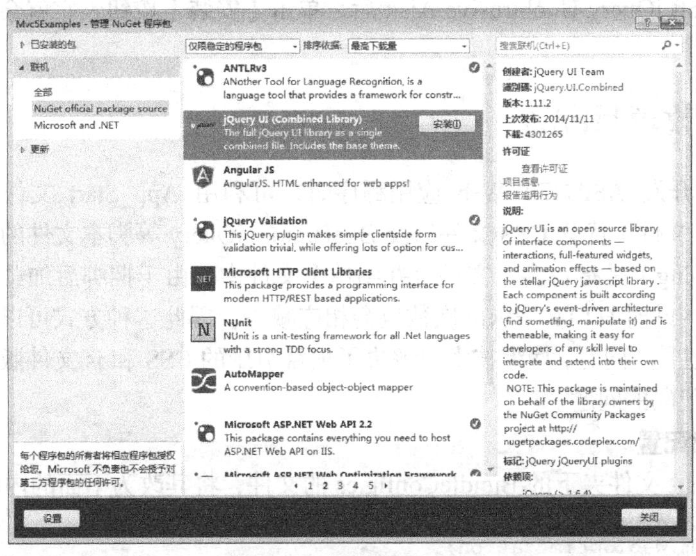


图1-11　添加jQueryUI

选择 jQuery UI（Combined Library）后，单击【安装】按钮，它就会自动将其下载到当前项目中。

**3. 添加 Microsoft jQuery Unobtrusive Ajax**

Microsoft jQuery Unobtrusive Ajax 用于实现页面局部更新。使用 MVC 提供的 Ajax 帮助器时，如果希望直接用 jQuery ajax 实现局部更新的功能，或者希望看到页面局部更新期间显示的提示信息，必须添加对该脚本文件的引用，如图 1-12 所示。

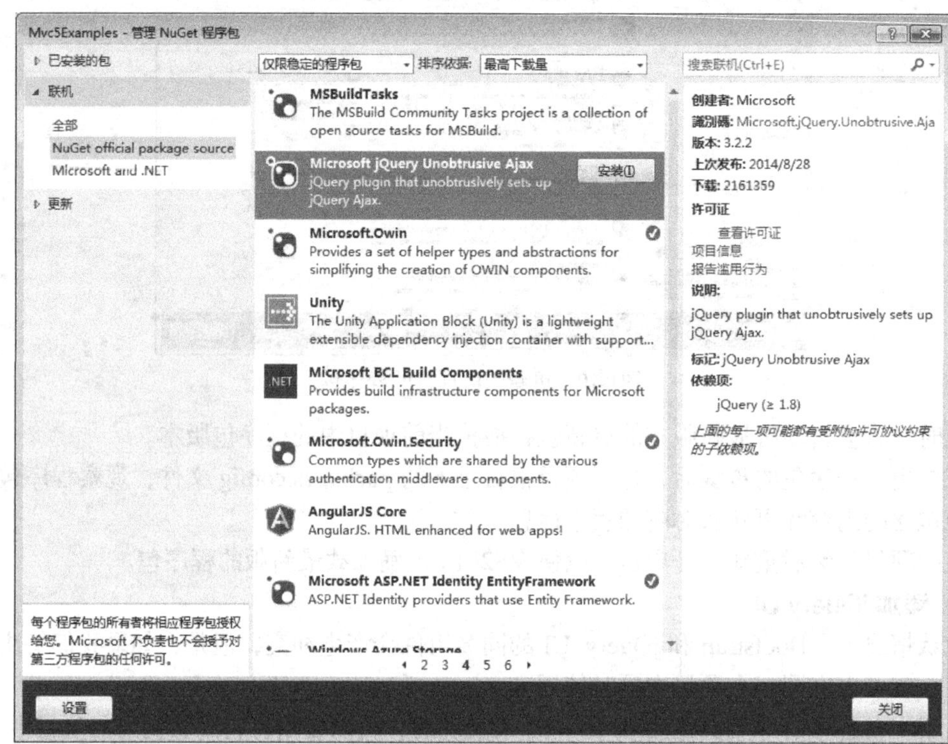


图1-12　添加Microsoft jQuery Unobtrusive Ajax

选择 Microsoft jQuery Unobtrusive Ajax 后，单击【安装】按钮，它就会自动将其下载到当前项目中。

### 1.2.3　修改项目配置

使用 MVC 开发 ASP.NET Web 应用程序时，可利用 App_Start 文件夹下的捆绑配置（BundleConfig.cs 文件）优化 CSS 文件以及 Bootstrap、jQuery 等脚本文件的引用。

捆绑（Bundling）是指将多个文件合并到单个文件中。由于捆绑后加载的文件数量减少了，客户端访问网站时 HTTP 请求的次数也会相应减少，因此这种方式可以改善浏览器首次加载网页的负载性能，同时，捆绑技术也解决了项目引用的 CSS 和 js 文件版本更新后还需要修改网页中相关代码的问题。

**1. 修改捆绑配置**

打开 App_Start 文件夹下的 BundleConfig.cs 的文件，将其改为下面的内容：

```
using System.Web;
using System.Web.Optimization;
namespace Mvc5Examples
```

```
{
    public class BundleConfig
    {
        public static void RegisterBundles(BundleCollection bundles)
        {
            //jQuery基本功能
            bundles.Add(new ScriptBundle("~/bundles/jquery").Include(
                        "~/Scripts/jquery-{version}.js"));
            //jQuery的非介入式ajax
            bundles.Add(new ScriptBundle("~/bundles/jquery/unobtrusive-ajax")
                   .Include("~/Scripts/jquery.unobtrusive*"));
            //jQuery客户端验证
            bundles.Add(new ScriptBundle("~/bundles/jquery/validate").Include(
                        "~/Scripts/jquery.validate*"));
            //jQueryUI的脚本
            bundles.Add(new ScriptBundle("~/bundles/jqueryui").Include(
                         "~/Scripts/jquery-ui-{version}.js",
                         "~/Scripts/jquery-ui-datepicker-cn.js"
                         ));
            //开发和调试程序用的Modernizr的版本
            bundles.Add(new ScriptBundle("~/bundles/modernizr").Include(
                        "~/Scripts/modernizr-*"));
            //Bootstrap和respond脚本
            bundles.Add(new ScriptBundle("~/bundles/bootstrap").Include(
                      "~/Scripts/bootstrap.js",
                      "~/Scripts/respond.js"));
            //模板默认使用的CSS文件
            bundles.Add(new StyleBundle("~/Content/css").Include(
                      "~/Content/bootstrap.css",
                      "~/Content/Site.css"));
            //jqueryUI的CSS文件
            bundles.Add(new StyleBundle("~/Content/themes/base/jquery-ui").Include(
                      "~/Content/themes/base/all.css"));
            //true表示自动进行捆绑【将js全部捆绑到一个文件中】和缩小【自动选择.min.*的文件】。
            //      这种方式由于缩小了文件大小和加载文件的次数，因此加载速度稍快，但调试困难。
            //false表示不进行捆绑和缩小。
            BundleTable.EnableOptimizations = true;
        }
    }
}
```

这些代码的含义请参看对应的注释。另外，jquery-ui-datepicker-cn.js 是手工添加的新建JavaScript文件，该文件用于显示中文格式的日期选择器。

限于篇幅，我们不准备介绍捆绑框架的技术原理和实现细节，如果读者希望进一步了解捆绑框架的更多技术，请参看其他相关资料。

在Global.asax文件中，下面的代码会自动注册捆绑配置，下面是创建项目时系统自动添加的代码：

```
BundleConfig.RegisterBundles(BundleTable.Bundles);
```

打开Views/Shared文件夹下的_Layout.cshtml文件，可看到下面的引用代码：

```
<!DOCTYPE html>
<html>
<head>
    ......
    @Styles.Render("~/Content/css")
    ......
</head>
```

```
<body>
    ......
    @Scripts.Render("~/bundles/jquery")
    @Scripts.Render("~/bundles/bootstrap")
    ......
</body>
</html>
```

这段代码中的@Styles.Render(...)引用的就是 BundleConfig.cs 文件中定义的 CSS 捆绑配置，@Scripts.Render(...)引用的是 BundleConfig.cs 文件中定义的脚本捆绑配置。

在后续的章节中，我们还会学习如何在自定义的布局页中引用修改后的捆绑配置，这里只需要了解相关代码和捆绑配置文件的关系即可。

**2. 修改脚本引用配置**

VS2013 在 Scripts 文件夹下提供了一个_references.js 文件，该文件的用途是让开发人员在键入 JavaScript 脚本代码时可看到对应的智能提示。

默认情况下，当在项目中新建一个 JavaScript 文件（扩展名为“.js”的文件）或者向项目中添加一个现有的脚本文件时，系统都会自动在_references.js 文件中添加一个对该脚本文件的引用。这种默认设置的方便之处是不需要开发人员去手工修改_references.js，但这种设置仅适合项目中脚本文件不多的场合。如果项目中的脚本文件非常多，这种默认设置会给智能提示带来很大的性能问题，甚至可能导致智能提示失效。

为了解决智能提示的问题，打开该文件，将下面的代码：

```
/// <autosync enabled="true" />
```

修改为：

```
/// <autosync enabled="false" />
```

这样修改以后，即使项目中的脚本文件再多，也不会影响智能提示。此时，当在视图页或者分部页中希望看到布局页中引用的脚本文件智能提示时，需要手工将被引用的脚本文件从解决方案资源管理器中拖放到 Scripts 文件夹下的_references.js 文件中。

修改后的_references.js 文件请参看源程序，此处不再列出源代码。

## 1.2.4 创建项目主页和布局页

创建项目主页时，实际上直接修改 Views/Home 文件夹下模板自动生成的 Index.cshtml 文件即可。但是，为了重现模板默认的主页，并理解 MVC 是如何找到指定的主页位置的，我们不准备覆盖模板默认的主页，而是采用新建页面的办法来创建本书使用的主页。

另外，这一节我们还将介绍如何创建布局页。

**1. 添加布局页（_MainLayout.cshtml 文件）**

布局页也叫模板页，布局页的文件名建议用下划线开头，表示这种网页只能被其他页面引用，无法单独显示。

创建项目时，在 Views 文件夹的 Shared 子文件夹下，有一个系统自动添加的默认布局页（_Layout.cshtml 文件），该文件的作用和 Web 窗体中母版页的作用相似。

下面我们再添加一个文件名为“_MainLayout.cshtml”的文件，作为本书主页默认引用的布局页。具体办法如下：鼠标右击 Views 文件夹下的 Shared 子文件夹，选择【添加】→【新建项】命令，在弹出的窗口中，选择【MVC 5 布局页（Razor）】模板，将文件名称改为“_MainLayout.cshtml”，如图 1-13 所示，单击【添加】按钮。

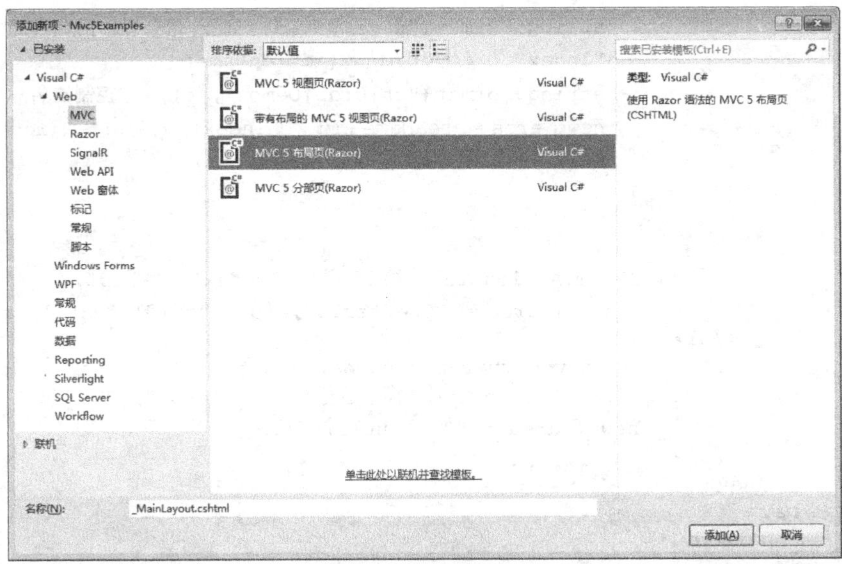


图1-13　添加布局页

将_MainLayout.cshtml 文件改为下面的内容：

```
<!DOCTYPE html>
<html>
<head>
    <meta charset="utf-8" />
    <meta name="viewport" content="width=device-width, initial-scale=1.0">
    <title>@ViewBag.Title</title>
    <link href="~/Content/bootstrap.css" rel="stylesheet" />
    <link href="~/Content/bootstrap-theme.css" rel="stylesheet" />
    @Scripts.Render("~/bundles/modernizr")
    @Scripts.Render("~/bundles/jquery")
    @Scripts.Render("~/bundles/bootstrap")
</head>
<body>
    <div class="container">
        <img src="/common/images/home/mainpage.jpg"
             style="width: 100%; height: 153px;" />
    </div>
    <div class="container">
        <nav class="navbar navbar-inverse">
            <nav class="navbar-header">
                <button type="button" class="navbar-toggle"
                        data-toggle="collapse" data-target=".navbar-collapse">
                    <span class="icon-bar"></span>
                    <span class="icon-bar"></span>
                    <span class="icon-bar"></span>
                </button>
            </nav>
            <nav class="navbar-collapse collapse">
                <ul class="nav navbar-nav">
                    <li>@Html.ActionLink("第 1 章", "Index", "ch01NavDemos",
                         new { area = "Chapter01", id = "ch01Index" }, null)</li>
                    @for (int i = 2; i <= 9; i++)
                    {
                        var areaName = "Chapter" + i.ToString("d2");
                        var chIndex = string.Format("ch{0:d2}Index", i);
                        <li>
                            @Html.ActionLink(
```

```
                    string.Format("第{0}章", i),   //链接提示信息(linkText)
                    "Index",  //操作方法名(actionName)
                    string.Format("ch{0:d2}Demos", i), //控制器名
                    new { area = areaName , id = chIndex}, //路由参数(routervalues)
                    null  //HTML 特性(htmlAttributes)
                 )
                </li>
              }
              <li>@Html.ActionLink("第 10 章", "Index", "ch10",
                    new { area = "Chapter10", id = "ch10Index" }, null)</li>
            </ul>
            <ul class="nav navbar-nav navbar-right">
              <li>@Html.ActionLink("模拟运行", "emulator", "Home",
                  new { area = "" }, null)</li>
            </ul>
          </nav>
        </nav>
        @RenderBody()
        <div class="panel-footer  text-center">
          @Html.ActionLink("转到模板默认的主页", "Index", "Home")
        </div>
    </div>
</body>
</html>>
```

在这个布局页中，我们将所有脚本引用都放到了 head 块内，这样做的好处是在视图页和分部页中都可以直接引用项目中的脚本。如果将其放到 body 块的末尾，除非在分部页中重复添加脚本引用，否则会出现“$未定义”的错误。

另外，首次添加布局页后，MVC 会自动将布局页模板附加到快捷菜单中，以后再次添加布局页时，只需要从快捷菜单中选择模板就可以了。

**2. 添加本书示例使用的主页**

创建 Mvc5Examples 项目后，系统会自动在项目根目录下的 Controllers 文件夹下添加一个名为 HomeController.cs 的文件，并自动在该文件中添加一个名为 Index 的操作方法。同时，系统还会自动在项目根目录下的 Views 文件夹下创建一个名为 Home 的子文件夹，该文件夹的名称是 HomeController 去掉 Controller 后缀得到的结果。

下面我们在此基础上继续添加其他的代码。

打开 HomeController.cs 文件，在该文件中添加一个名为 MainIndex 的操作方法：

```
public class HomeController : Controller
{
    ......
    public ActionResult MainIndex()
    {
        ViewBag.Message = "ASP.NET MVC 程序设计教程（第 3 版）";
        return View();
    }
}
```

鼠标右击 MainIndex 操作方法，选择【添加视图】，弹出如图 1-14 所示的窗口。

在该窗口中，确认视图名称为“MainIndex”，勾选“使用布局页”，单击【添加】按钮。此时，在“/Views/Home”文件夹下，可看到系统自动添加了一个文件名为 MainIndex.cshtml 的文件，该文件将作为本书默认的主页。

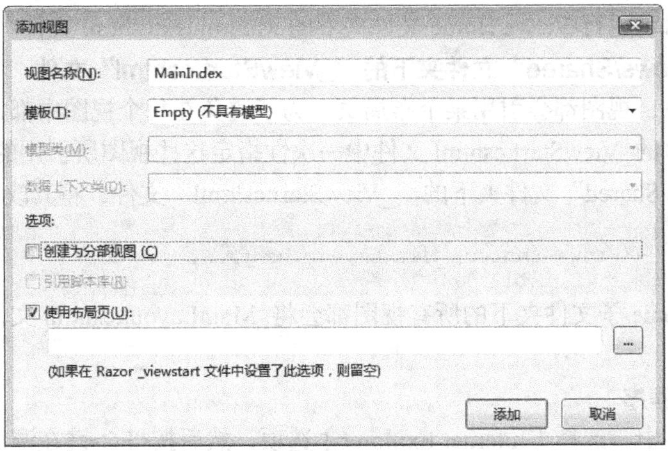

图1-14　添加视图

双击 MainIndex.cshtml 打开该文件，将其改为下面的内容：

```
@{
    ViewBag.Title = "主页";
}
<h2>@ViewBag.Message<small>-- 用 C#和 MVC5 编写 ASP.NET Web 应用程序</small></h2>
<div class="progress">
    <div class="progress-bar progress-bar-info progress-bar-striped active"
style="width: 100%"></div>
</div>
<div class="row">
    <div class="col-md-4">
        <h3>第 1 部分（1～8 章）<small>基本技术</small></h3>
      <p>介绍 ASP.NET MVC 编程基础、HTML5、CSS3、Bootstrap、jQuery 以及数据库应用等基本用法。
</p>
    </div>
    <div class="col-md-4">
        <h3>第 2 部分（9～10 章）<small>高级技术</small></h3>
        <p>介绍 Web API、OData、SVG、Canvas、WebGL 等高级应用编程技术。</p>
    </div>
    <div class="col-md-4">
        <h3>附录<small>上机练习和综合设计</small></h3>
        <p>提供了与本书内容配套的上机练习题，以及通过小组成员共同合作完成的综合设计题。</p>
    </div>
</div>
```

### 3. 修改路由配置

打开 App_Start 文件夹下的 RouteConfig.cs 文件，将代码中 defaults 的 action = "Index"改为 action = "MainIndex"：

```
public static void RegisterRoutes(RouteCollection routes)
{
    routes.IgnoreRoute("{resource}.axd/{*pathInfo}");
    routes.MapRoute(
        name: "Default",
        url: "{controller}/{action}/{id}",
        defaults: new { controller = "Home", action = "MainIndex",
                  id = UrlParameter.Optional }
    );
}
```

RouteConfig.cs 文件用于控制项目默认的路由配置，将其中的 Index 改为 MainIndex 后，项目启动时就会自动运行/Views/Home 文件夹下的 MainIndex.cshtml 文件。

**4. 修改“/Views/Shared”文件夹下的“_ViewStart.cshtml”文件**

大部分情况下，视图都会引用某个布局页，为了避免在每个视图中都指定它所引用的布局页，一般在项目的_ViewStart.cshtml 文件中一次性指定这些视图所引用的布局页。

打开“/Views/Shared”文件夹下的“_ViewStart.cshtml”文件，将其改为下面的内容：

```
@{
    Layout = "~/Views/Shared/_MainLayout.cshtml";
}
```

这样一来，Home 子文件夹下的所有视图都会将_MainLayout.cshtml 文件作为默认引用的布局页。

**5. 运行应用程序**

在快捷工具栏中，选择【Internet Explorer】选项，然后按<F5>键在调试模式下运行应用程序，或者按<Ctrl>+<F5>键在非调试模式下运行应用程序，稍等片刻就会在 IE 11.0 浏览器中看到程序运行的效果，如图 1-15 所示。

图1-15　本书主页的运行效果

至此，我们创建了本书所有示例使用的主页，并观察了主页运行的效果。但是，由于还没有完成各章的实现代码，因此单击各章的超链接会显示找不到网页的错误，在后续的介绍中，我们会陆续添加其他的代码。

# 1.3　本章示例的布局和创建办法

在后续的章节中，各种布局页、导航页以及每个例子的运行和调试办法都非常相似，这一节我们先学习如何创建本书各章示例公用的布局页，然后再以本章为例，介绍各章示例的创建和运行办法。

## 1.3.1　创建多个区域公用的布局页

在 ASP.NET MVC 中，控制器文件和视图文件默认分别保存在 Controllers 和 Views 文件夹下，这种默认的项目结构可满足大多数 Web 应用项目的需求。但是，当应用程序具有大量控制器，而每个控制器又可能与若干个视图关联时，默认的项目结构可能不实用，比如不同的模块无法仅仅通过一个_ViewStart.cshtml 文件来引用不同的默认布局页、各模块之间无法有效分离等。为了解决这些问题，可通过在项目中添加区域（Area）的办法，将大型 Web 应用程序划分为各自独立的模块。

在 Mvc5Examples 解决方案中，我们可以将每一章的示例都看作一个独立的模块，这样就把整个应用程序划分为多个区域，区域名分别定义为 Chapter01、Chapter02、……、Chapter10。这样做的好处是：由于每个区域都有自己的 Controllers、Models 和 Views 文件夹以及_ViewStart.cshtml 文件，因此，这样做既可以让模块功能各自独立，又可以让这些不同的模块共享相同的资源（如图像文件、.css 文件、js 文件等），同时还能在某个模块中调用其他模块的功能。

所有区域默认都保存在项目根目录的 Areas 子文件夹下。

### 1. 添加区域

下面以添加 Chapter01 为例，说明添加区域的办法。

在【解决方案资源管理器】中，鼠标右击项目名，单击【添加】→【区域】命令，在弹出的窗口中，输入区域名称为“Chapter01”，单击【添加】按钮。

此时系统将自动检查项目根目录下是否已经存在 Areas 文件夹，如果不存在 Areas 文件夹，则自动创建该文件夹，然后在该文件夹下创建 Chapter01 区域；如果已经存在 Areas 文件夹，则自动在 Areas 文件夹下创建 Chapter01 区域。

在 Chapter01 区域中，系统会自动创建 Controllers 子文件夹、Models 子文件夹、Views 子文件夹以及 web.config 文件和其他相关的文件。

有一点需要注意，项目根目录下的 Web.config 文件首字母是大写字母（保存整个项目的配置），而区域中 Views 子文件夹下的 web.config 文件首字母是小写字母（保存对应区域下的模块配置）。

添加区域后，系统会自动在 Global.asax 文件中，通过 AreaRegistration 类注册所有添加的区域。打开项目中的 Global.asax 文件，可看到下面的代码：

```
AreaRegistration.RegisterAllAreas();
```

正是由于这行代码的作用，MVC 才能正确找到项目中添加的所有区域。

### 2. 添加分部页（_AreasPartialRef.cshtml 文件）

_AreasPartialRef.cshtml 文件用于保存布局页引用的 CSS 和脚本，这样可避免在每个布局页中都重复定义它。

在 Shared 子文件夹下添加一个文件名为“_AreasPartialRef.cshtml”的分部页文件，然后将该文件改为下面的内容：

```
@Styles.Render("~/Content/themes/base/jquery-ui")
@*
    下面的代码是将文件直接拖放到此处添加的，不是手工键入的。
    另外，不要用 Styles.Render 实现，否则所有 3D 例子加载时都会出现界面短暂停顿的现象
*@
<link href="~/Content/bootstrap.css" rel="stylesheet" />
<link href="~/Content/bootstrap-theme.css" rel="stylesheet" />
<style>
    body { margin-top: 2px; margin-bottom: 2px; }
    #demo { margin-right: -15px; }
        #demo .list-group-item { font-size: 14px; margin-left: -33px;
```

```
            margin-right: -33px; padding-top: 7px; padding-bottom: 7px; }
        #demo .list-group-item:first-child { margin-top: -15px; }
        #demo .list-group-item:last-child { margin-bottom: -15px; }
</style>

@*
    由于子视图（分部视图）中不能使用@section 指定脚本放置的位置，为了能在视图以及分部视图中都
    能调用布局页引用的脚本，需要将这些引用放到 head 块内，而不是放到 body 块的末尾。
*@
@Scripts.Render("~/bundles/modernizr")
@Scripts.Render("~/bundles/jquery")
@Scripts.Render("~/bundles/jqueryui")
@*Ajax 帮助器是利用 jQuery 的 Ajax 来实现的，所以需要添加下面的引用*@
@Scripts.Render("~/bundles/jquery/unobtrusive-ajax")
@*输入验证需要添加下面的引用（也可以用到时再在相应页面中添加，而不是添加到此处）*@
@Scripts.Render("~/bundles/jquery/validate")
@*将下面的引用放在最后，是为了确保在调用 Bootstrap 之前先调用 jQuery*@
@Scripts.Render("~/bundles/bootstrap")
```

在这个文件的代码中，需要关注以下两个方面。

（1）下面的 2 行代码

```
<link href="~/Content/bootstrap.css" rel="stylesheet" />
<link href="~/Content/bootstrap-theme.css" rel="stylesheet" />
```

是通过将文件直接从【解决方案资源管理器】中拖放到_AreasHeadPartial.cshtml 文件中而得到的，而不是直接键入这些代码。另外，之所以通过<link.../>来实现，而不是通过@Style.Render(...)来实现，是为了避免加载 3D 页面的例子时界面出现短暂停顿的现象。

（2）该文件中的所有代码都全部存放在布局页的<head>与<head/>之间，这是因为本书的示例有些是通过视图实现的，有些则是通过分部视图实现的，由于子视图或者分部视图中不能使用@section 指定脚本放置的位置，为了能在视图以及分部视图中都能调用布局页引用的脚本，因此需要将这些引用全部都放到 head 块内，而不是放到 body 块的末尾。

### 3. 添加分部页（_AreasPartialAjax.cshtml 文件）

_AreasPartialAjax.cshtml 文件用于保存各章示例导航页调用的 Ajax 和 jQuery UI 的 Accordion 方法，这样可避免在每个导航文件中都重复定义它。

鼠标右击项目根目录 Views 文件夹下的 Shared 子文件夹，选择【添加】→【新建项】命令，在弹出的窗口中选择【MVC 5 分部页（Razor）】模板，将名称改为“_AreasPartialAjax.cshtml”，单击【添加】按钮，然后将该文件改为下面的内容：

```
@*
    将 Ajax 功能保存到一个单独文件中是因为有些页面并不需要它，
    比如呈现三维图形的主界面就不需要这个文件。另外，这样也容易看出相关的代码
*@
<style>
    body { margin-top: 2px; margin-bottom: 2px; }
    .accordionDemo { margin-right: -15px; padding-bottom: 0; }
    .accordionDemo :first-child { margin-top: 0; }
    .accordionDemo .list-group { margin-bottom: 0; border-radius:0; }
    .accordionDemo .list-group-item { font-size: 14px; margin-left: -34px;
                   margin-right: -34px; padding-top: 7px; padding-bottom: 7px;}
    .accordionDemo .list-group-item:first-child { margin-top: -15px; }
    .accordionDemo .list-group-item:last-child { margin-bottom: -15px; }
    .accordionDemo .list-group-item:hover { background-color: #fbe77a; color:
red; }
    .accordionDemo .list-group-item:focus{ color: red; }
</style>
```

```
@{
    var ajaxOptions = new AjaxOptions
    {
        LoadingElementId = "loading",
        UpdateTargetId = "bodyContent",
        OnFailure = "OnFailure"
    };
    TempData["AjaxOptions"] = ajaxOptions;
}
<script>
    function OnFailure(xhr, textStatus, errorThrown) {
        $("body").html(xhr.responseText);
    }
</script>
```

**4. 添加布局页（_AreasLayout.cshtml 文件）**

_AreasLayout.cshtml 是本书所有区域（Areas）中的示例共同使用的布局页。

所有区域共用的布局页一般保存在项目根目录下的 Views/Shared 文件夹下，某个区域专用的布局页则保存在该区域内的 Views/Shared 文件夹下。在某个区域中创建的视图页，既可以引用整个项目公用的布局页，也可以引用本区域内定义的布局页。

用前面介绍的添加布局页的办法，在项目根目录下的 Views/Shared 文件夹下添加一个文件名为“_AreasLayout.cshtml”的文件，并将其改为下面的内容：

```
<!DOCTYPE html>
<html>
<head>
    <meta charset="utf-8" />
    <meta name="viewport" content="width=device-width, initial-scale=1.0">
    <title>@ViewBag.Title</title>
    @Html.Partial("~/Views/Shared/_AreasPartialRef.cshtml")
    @Html.Partial("~/Views/Shared/_AreasPartialAjax.cshtml")
</head>
<body>
    @{
        int chapter = ViewContext.ViewBag.Chapter;
    }
    <div class="container">
        <div class="panel panel-default" style="min-height: 350px;">
            <div class="panel-heading">
                <span>第@(chapter)章</span>
                <span class="pull-right">@Html.ActionLink("返回主页", "MainIndex",
                    "Home", new { area = "" }, null)</span>
                <span id="loading" class="pull-right"
 style="display: none; color: red; margin-right:20px;">(正在加载，请稍等...)</span>
            </div>
            <div class="panel-body">
                <div class="row">
                    <div class="col-md-3">
                        @Html.Partial(string.Format("ch{0:d2}Demos", chapter))
                    </div>
                    <div id="bodyContent" class="col-md-9">
                        @RenderBody()
                    </div>
                </div>
            </div>
        </div>
    </div>
</body>
</html>
```

在后续的章节中，我们还会详细介绍布局页中代码的含义和具体用法，这里只需要关注如何链接到各章示例的默认页面即可。

## 1.3.2 创建本章示例使用的布局页和导航页

创建 Chapter01 区域之后，就可以在该区域中编写第 1 章的示例代码了。

**1. 添加本章示例使用的默认页面**

当首次转到某一章的示例页面时，当用户还没有选择某个例子时，可以先显示一个默认的页面，如在该页面中介绍本章应该掌握的内容等。

Chapter01 区域中 ch01NavDemos 子文件夹下的 ch01Index.cshtml 文件用于实现该区域的默认页面。

在【解决方案资源管理器】中，鼠标右击 Chapter01 区域下的 Controllers 文件夹，选择【添加】→【控制器】命令，此时系统会首先弹出如图 1-16 所示的基架（Scalffolder）模板，让开发人员选择使用哪种基架模板来添加控制器。

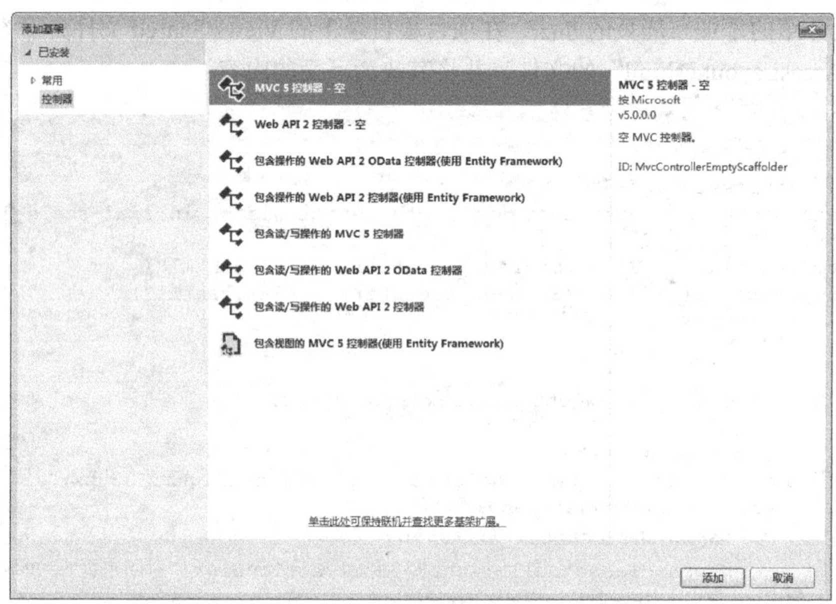


图1-16 选择基架模板

选择【MVC 5 控制器—空】模板，在后续的弹出窗口中，将控制器名称改为“ch01NavDemosController”，单击【添加】按钮，如图 1-17 所示。

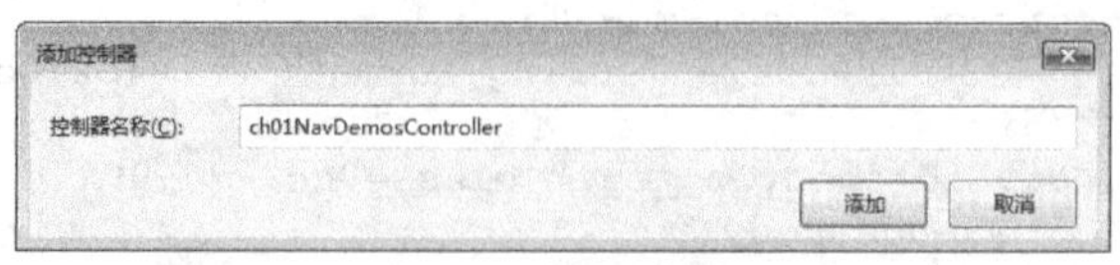


图1-17 添加控制器

注意：控制器名称必须带 Controller 后缀，这是 ASP.NET MVC 的命名规定。

此时，系统就会自动在 Controllers 文件夹下添加一个文件名为“ch01NavDemos Controller.cs”的文件，并自动在该文件中添加一个 Index 操作方法。同时，系统还会自动在该区域的 Views 文件夹下创建一个名为“ch01NavDemos”的子文件夹（ch01NavDemos Controller 去掉 Controller 后缀得到的名称）。

将 ch01NavDemosController.cs 文件中的 Index 方法改为下面的内容：

```
public class ch01NavDemosController : Controller
{
    public ActionResult Index(string id)
    {
        return View(id);
    }
}
```

鼠标右击 Index 操作方法，选择【添加视图】，在弹出的窗口中，将视图名称改为“ch01Index”，勾选“使用布局页”，如图 1-18 所示，单击【添加】按钮。

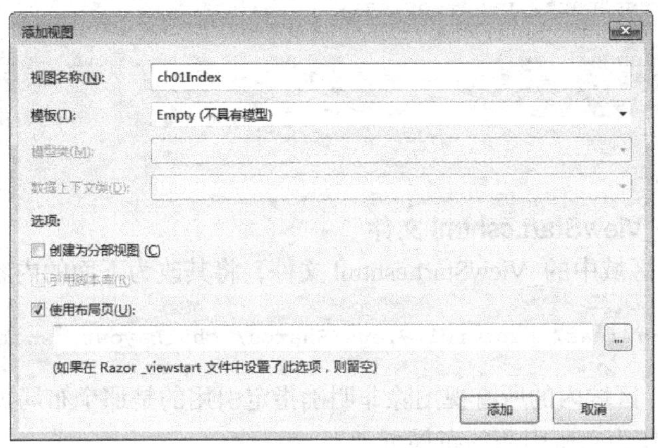


图1-18 添加视图

此时，系统就会自动在 ch01NavDemos 文件夹下添加一个文件名为“ch01Index.cshtml”的文件。双击该文件，将其改为下面的内容：

```
@{
    ViewBag.Title = "ch01Index";
}
<div class="jumbotron">
    <h2 class="text-danger">第 1 章 概述</h2>
    <p class="text-primary">本章重点：MVC 项目的创建和配置，布局页的创建和代码设计。</p>
</div>
```

### 2. 修改本章布局页

在区域中首次添加视图时，系统会自动在对应区域的 Shared 文件夹下创建一个 _Layout.cshtml 文件，将该文件换名为“_ch01Layout.cshtml”（这样做的目的仅仅是为了能明确看出是哪一章使用的布局页，但这并不是必需的步骤），然后将代码改为下面的内容：

```
<!DOCTYPE html>
<html>
<head>
    <meta charset="utf-8" />
    <meta name="viewport" content="width=device-width, initial-scale=1.0">
    <title>@ViewBag.Title</title>
    <link href="~/Content/bootstrap.css" rel="stylesheet" />
    @Scripts.Render("~/bundles/modernizr")
    @Scripts.Render("~/bundles/jquery")
    @Scripts.Render("~/bundles/bootstrap")
</head>
<body>
```

```
    <div class="container">
        <nav class="navbar navbar-default">
            <div class="navbar-header">
                <div class="navbar-brand">第 1 章</div>
            </div>
            <div class="navbar-collapse">
                @Html.Partial("ch01NavDemos")
                <ul class="nav navbar-nav navbar-right">
                    <li>@Html.ActionLink("返回主页", "MainIndex", "Home",
                        new { area = "" }, new { @class = "navbar-link" })</li>
                </ul>
            </div>
        </nav>
    </div>
    <div class="container">
        <div class="panel panel-primary">
            <div class="panel-body">
                @RenderBody()
            </div>
        </div>
    </div>
</body>
</html>
```

#### 3. 修改本章的_ViewStart.cshtml 文件

打开 Chapter01 区域中的_ViewStart.cshtml 文件，将其改为下面的内容：

```
@{
    Layout = "~/Areas/Chapter01/Views/Shared/_ch01Layout.cshtml";
}
```

这样一来，Chapter01 区域内的所有视图除非明确指定引用的是那个布局页，否则默认都会将_ch01Layout.cshtml 作为它所引用的布局页。

#### 4. 添加本章示例导航页

用前面介绍的添加分部页的办法，在 Chapter01 区域的 Shared 子文件夹下添加一个文件名为 ch01NavDemos.cshtml 的文件，然后将其改为下面的内容：

```
<ul class="nav navbar-nav">
    <li>@Html.ActionLink("例 1-各章布局示意", "Index", "ch01NavDemos",
         new { id = "LayoutDemo" }, null)</li>
    <li>@Html.ActionLink("例 2-获取 Web 服务器信息", "Index", "ch01NavDemos",
         new { id = "ServerInfo" }, null)</li>
</ul>
```

#### 5. 观察本章导航页和默认页面的运行效果

在快捷工具栏中，选择【Internet Explorer】选项，然后按<F5>键运行应用程序（调试模式），或者按<Ctrl>+<F5>键运行应用程序（非调试模式），通过主页的菜单导航到本章后，就会在 IE 11.0 浏览器中看到程序运行的效果，如图 1-19 所示。

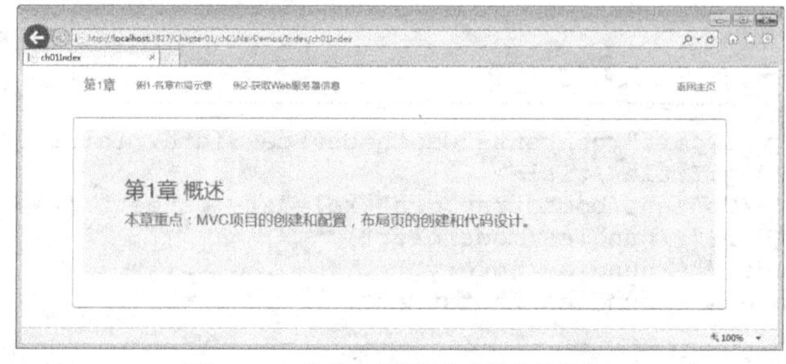


图1-19　本章示例导航的运行效果

完成这些步骤以后，就可以在 ch01NavDemos 文件夹下添加本章示例的代码了。

## 1.3.3　添加本章示例代码

本章的例子有两个用途：一是让读者观察本书各章示例的布局，二是让读者观察呈现当前网页的 Web 服务器配置。

### 1. 观察各章示例的主页布局

本书所有章节的示例源程序都采用以下的布局形式（根据需要，可以同时用两个导航区，也可以只使用其中的一个导航区）。

Demos 导航区（左侧导航区）：利用区域中的超链接导航到主窗口，即在主窗口中显示基本用法示例的运行结果。

NavDemos 导航区（上方导航区）：其结果也是在“主窗口”中显示对应示例的运行效果。另外，在该导航区的右侧，有一个可返回到主页的链接。

为了让示例导航的代码修改起来更方便，我们将在导航区显示的所有链接内容都保存在独立的分部页中。例如，第 1 章只在上方显示导航区，导航文件名为“ch01NavDemos.cshtml”；第 2 章仅在左侧显示导航区，导航文件名为“ch02Demos.cshtml”；而第 3 章则演示了同时显示两个导航区的情况，导航文件名分别为“ch03Demos.cshtml”和“ch03NavDemos.cshtml”。

下面通过例子演示各章布局示意图。

**【例 1-1】**演示各章示例的布局，运行效果如图 1-20 所示。

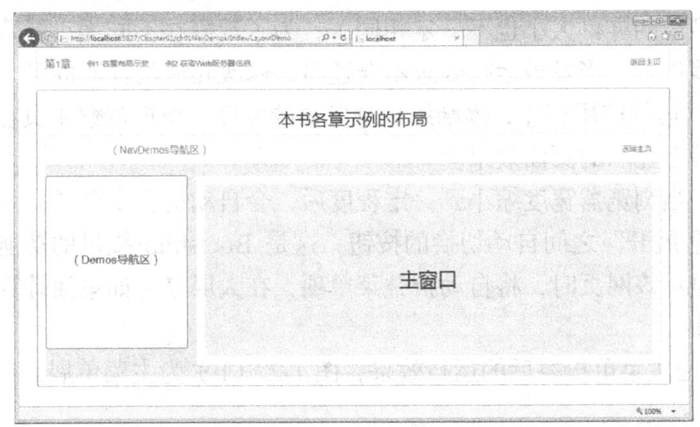


图1-20　LayoutDemo.cshtml文件的运行效果

该例子的源程序请参看 ch01NavDemos 文件夹下的 LayoutDemo.cshtml 文件，此处不再列出源代码。

### 2. 观察承载当前网页的 Web 服务器环境信息

下面的例子演示如何通过 System.Web.Helps 命名空间下的 ServerInfo 方法，显示当前网页使用的 ASP.NET Web Pages 版本以及该页面请求的 Web 服务器的环境信息。

**【例 1-2】**显示承载当前网页的 Web 服务器环境信息，在 IE 11.0 浏览器中运行的效果，如图 1-21 所示。

该例子的源程序见 ServerInfo.cshtml 文件，在这个文件中只有下面 2 行代码：

```
<h3 class="text-center">获取承载当前网页的 Web 服务器环境信息</h3>
@ServerInfo.GetHtml()
```

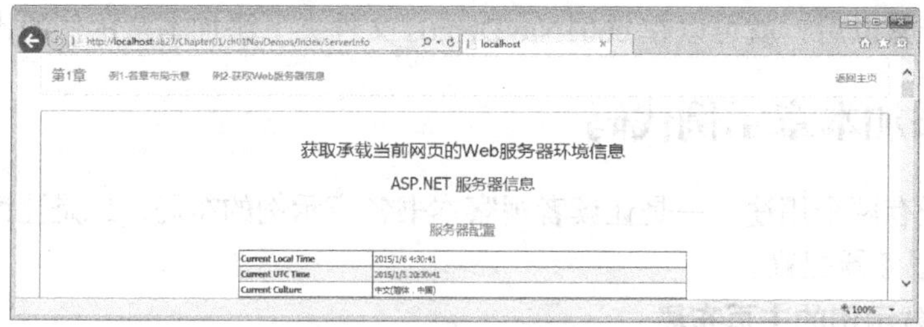


图1-21　ServerInfo.cshtml文件的运行效果

# 1.4　本书各章示例的运行说明

由于本书中的所有例子都可以在桌面浏览器、手机浏览器（或手机模拟器）以及平板电脑浏览器（或平板电脑模拟器）中分别观察运行结果，为避免在每一章中都重复介绍，这里我们以本章为例，介绍观察各章运行结果的办法。换而言之，本书的所有例子都可以按本节介绍的办法观察运行结果。

## 1.4.1　在桌面浏览器中观察运行结果

当应用程序设计完毕并部署在 Web 服务器上以后，由于浏览该网站的设备可能是桌面浏览器，也可能是手机、平板电脑等移动设备，而这些不同设备的屏幕大小不一定相同（即使都是手机，不同型号的屏幕大小也不一定相同），为了观察在不同大小屏幕上的运行效果，可按照下面的步骤进行，当发现运行效果不合适时，修改相应的代码即可。

按<F5>键调试运行应用程序，逐渐缩短浏览器的宽度，模拟观察主页在手机、平板电脑等不同宽度的屏幕上显示的页面效果。

默认情况下，当浏览器宽度缩小到一定程度后，会自动折叠主菜单，并在右上方自动显示一个可在“折叠/展开”之间自动切换的按钮，这是 Bootstrap 提供的功能，在小屏幕（如手机、平板）上显示该网页时，将自动折叠菜单项，在大屏幕（如桌面计算机）上显示时，将自动展开菜单项。

图 1-22（a）为主菜单折叠后的运行效果，图 1-22（b）为主菜单展开后的运行效果。

（a）主菜单折叠效果

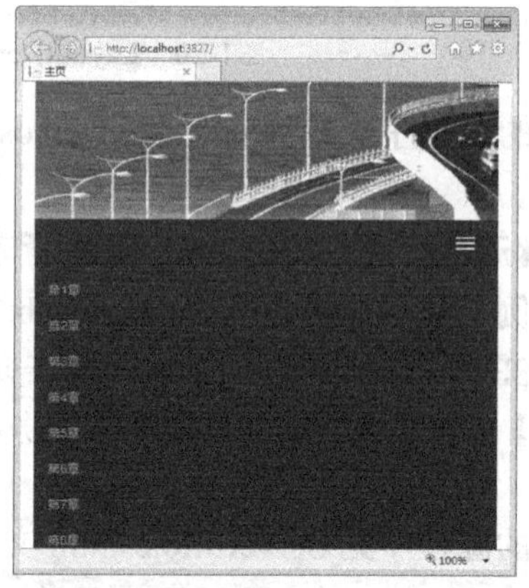

（b）主菜单展开效果

图1-22　缩小浏览器宽度后看到的主页运行效果

也可以部署该项目以后，分别通过手机、平板电脑以及其他桌面浏览器访问该程序发布后的网站，观察同一个页面在不同设备中显示的效果。

## 1.4.2　在手机和平板电脑模拟器中观察运行效果

除了直接用 IE 11.0 浏览器观察本书示例的运行效果外，还可以在运行后按<F12>进入开发人员调试模式，在该模式下有一个【仿真】选项卡，通过该选项卡可模拟观察程序在不同手机上浏览的效果。

另外，也可以在 VS2013 开发环境下安装一个商用手机模拟器（与手机型号对应的手机模拟器一般都是收费的），模拟观察该应用程序在各种实际手机上运行的效果。这种方式与直接缩小浏览器宽度所观察的效果相比，不同之处是在商用模拟器中观察更像是在手机上实际进行操作（商用模拟器能显示不同型号和屏幕大小的手机外观，以及模拟显示手机软键盘等），除此之外，其他运行结果没有什么不同。

本书没有使用商用手机和平板电脑模拟器，而是利用 HTML5 的 iframe 元素制作了一个简单的模拟器，并将其保存在 emulator.cshtml 文件中。

emulator.cshtml 文件的完整代码请参看源程序，此处不再列出源代码。

按<F5>键运行程序后，单击主菜单中的【模拟运行】，即可直接导航到模拟器运行页面，在模拟器运行页面中，可模拟观察本书所有示例分别在手机和平板电脑上运行的效果。

### 1．在手机模拟器中观察运行效果

在模拟器页面中，选择【模拟手机】，单击导航链接，即可观察本书各章例子模拟手机运行的效果。例如，导航到第 10 章的例子，将看到如图 1-23 所示的模拟效果。

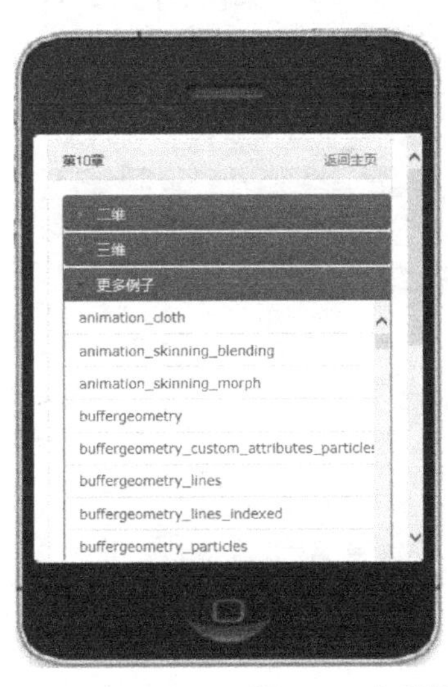

图1-23　在手机模拟器中观察运行效果

### 2．在平板电脑模拟器中观察运行效果

在模拟器页面中，选择【模拟平板电脑】，导航到本书某一章的某个例子，可观察该例子模拟平板电脑运行的效果。例如，导航到第 10 章的另一个例子，将看到如图 1-24 所示的运行效果。

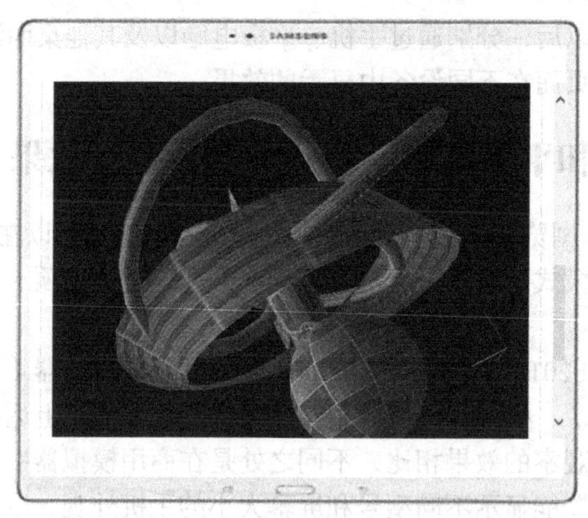

图1-24　在平板电脑模拟器中观察运行效果

在后续的章节中，我们不再对每个例子都介绍在不同设备上分别观察运行结果的步骤，也不再介绍页面在不同大小设备上实际呈现的效果。读者调试运行本书其余各章的示例时，都可以按照这一节介绍的办法，分别观察所设计的网页在桌面、手机以及平板电脑等不同设备的浏览器中呈现的效果，以便及时调整或修改相关的代码。

从下一章开始，我们将系统学习 ASP.NET MVC 5 的各种基本编程技术。

## 习　　题

1. 简要叙述 Web 窗体编程模型与 MVC 编程模型的特点和优缺点。
2. 什么是区域？区域的作用是什么？如何从主页导航到区域？

# 第 2 章 MVC 编程预备知识

学习 ASP.NET MVC 编程时，有一些预备知识将会贯穿整个 Web 界面和代码设计过程中的每一个环节，因此，在学习各种具体的编程技术之前，必须掌握本章介绍的这些基本概念和基本用法。

## 2.1 创建本章示例导航

本章所有示例的源程序都保存在 ch02Demos 文件夹下，所有示例的导航链接都显示在界面左侧的 Demos 导航区内。

### 1. 主要创建步骤

本章导航页和默认页面的主要创建步骤如下（详细步骤请参考第 1 章的介绍）。

（1）添加 Chapter02 区域。

（2）添加 ch02Demos 控制器（ch02DemosController.cs 文件）。

将自动生成的 ch02DemosController.cs 文件中的 Index 方法改为下面的内容：

```
public ActionResult Index(string id)
{
    if (Request.IsAjaxRequest())
    {
        return PartialView(id);
    }
    else
    {
        return View(id);
    }
}
```

这样做的目的是为了让一个操作方法控制 ch02Demos 文件夹下的多个视图，而且同时支持对 Ajax 请求和同步请求的处理。

（3）添加本章默认页面（ch02Index.cshtml 文件），具体代码见源程序。

（4）修改本章默认引用的布局页（_ViewStart.cshtml 文件），将其改为下面的内容：

```
@{
    ViewContext.ViewBag.Chapter = 2;
    Layout = "~/Views/Shared/_AreasLayout.cshtml";
}
```

其中，ViewContext.ViewBag.Chapter 用于将本章序号传递给_AreasLayout.cshtml，代码中的 Layout 属性用于设置本章所有示例默认引用的布局页。

（5）添加本章导航页（ch02Demos.cshtml 文件），然后将该文件改为下面的代码：

```
@{
    var ajaxOptions = (AjaxOptions)TempData["AjaxOptions"];
}
<div id="demo" class="accordionDemo panel panel-success">
    <h3 class="panel-heading">基本用法</h3>
    <div class="list-group" style="max-height: 300px;">
        @{
            string[,] s =
            {
                    {"例 1-Welcome", "Welcome"},
                    {"例 2-razor 基本语法 1", "razor1"},
                    {"例 3-razor 基本语法 2", "razor2"},
                    {"例 4-Url 帮助器基本用法", "UrlHelperDemo"},
                    {"例 5-Ajax 帮助器基本用法", "AjaxDemo"},
                    {"例 6-text 前缀", "prefixtext"},
                    {"例 7-bg 前缀", "prefixbg"},
                    {"例 8-btn 前缀", "prefixbtn"},
                    {"例 9-栅格用法 1", "grid1"},
                    {"例 10-栅格用法 2", "grid2"},
                    {"例 11-栅格用法 3", "grid3"},
                    {"例 12-栅格用法 4", "grid4"},
                    {"例 13-栅格用法 5", "grid5"},
                    {"例 14-Bootstrap 图标", "icon1"},
                    {"例 15-图标基本用法", "icon2"}
            };
            for (int i = 0; i < s.GetLength(0); i++)
            {
                @Ajax.ActionLink(s[i, 0], "Index", "ch02Demos", new { id = s[i, 1] },
                    ajaxOptions, new { @class = "list-group-item" });
            }
        }
    </div>
</div>
<script>
    $("#demo").accordion({ heightStyle: "content", collapsible: true });
</script>
```

该文件中的代码是利用 Razor 视图引擎、Ajax 帮助器、jQueryUI 的 Accordion 以及 Bootstrap 提供的 CSS 类来共同实现的，与 Ajax 和 Accordion 的相关实现代码请参看项目中的_AreasPartialAjax.cshtml 文件，在_AreasLayout.cshtml 文件中调用了这个文件。

这里可暂不考虑代码的含义，随着学习的逐步深入，我们自然会明白这些代码的作用和具体用法。

另外，当首次在 Chapter02 区域中添加视图时，系统会自动在该区域的 Shared 文件夹下添加一个名为“_Layout.cshtml”的文件，由于这一章用不到这个文件，因此可将其删除。

**2. 观察本章导航的运行效果**

确认快捷工具栏中默认选择的浏览器为【Internet Explorer】，然后按<F5>键调试运行应用程序，在主页中单击【第 2 章】超链接，观察本章默认页面和导航页在 IE 11.0 浏览器中运行的效果，如图 2-1 所示。

完成这些步骤以后，就可以添加本章将要介绍的其他代码了。

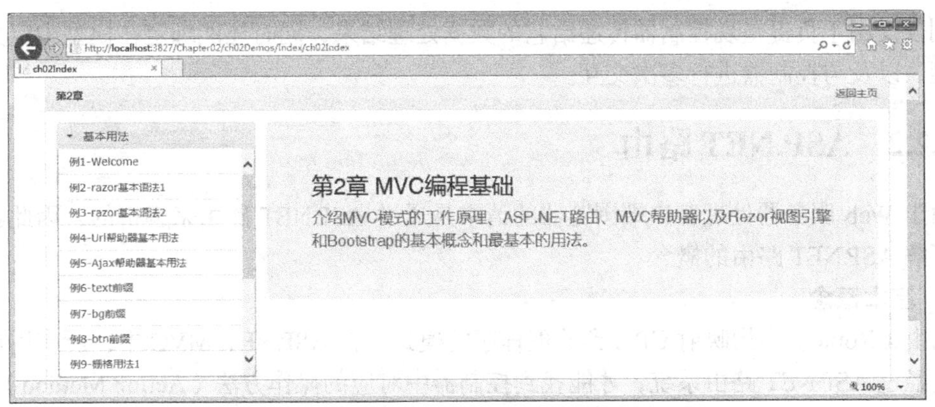


图2-1　本章示例导航页的默认运行效果

# 2.2　路由及其参数传递

学习 ASP.NET MVC 编程之前，首先要理解 ASP.NET 路由的概念以及 MVC 模式的处理过程和参数传递，只有理解了 MVC 内部是如何工作的，才能顺利编写实现代码。

## 2.2.1　MVC 模式的处理过程

用户在浏览器的地址栏中输入网址并按回车键后，客户端就会向服务器发送 HTTP 请求，由于服务器是通过 ASP.NET 路由解析来自客户端的请求，因此我们首先需要理解 ASP.NET 路由的概念。

MVC 模式的执行过程涉及很多新的概念和技术，对于初学者而言，理解 MVC 模式如何处理客户端请求，以及如何通过模型更新控制器或视图即可。

图 2-2 描述了 Models、Views 和 Controllers 三者之间的关系及其处理过程。由于每个 Model、View 和 Controller 的处理过程都很相似，所以图中没有用复数来描述。

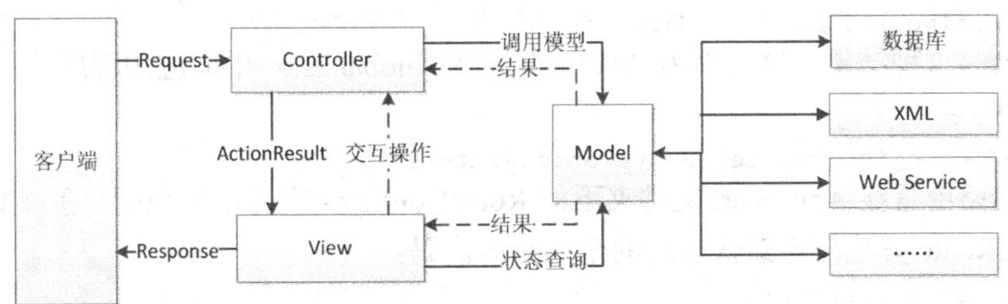


图2-2　MVC模式的处理过程

从图中可以看出，在 MVC 模式中，客户端首先通过 URL（Universal Resource Locators，统一资源定位符）向服务器发出请求（Request），服务器解析 URL，然后转到相应的控制器（Controller）进行处理，控制器处理后，再将结果通过视图（View）返回到客户端，作为对客户端请求的响应（Response）。

在 MVC 模式的处理过程中，可将模型看作 MVC 的心脏，或者说，模型是访问持久性数据（如数据库、Web API 等）的唯一途径；可将控制器看作处理客户端请求的指挥员；而视图则仅仅用于负责呈现控制器传递给它的数据处理结果，同时还能绑定在模型中定义的数据类型，以及与控制器进行多次交互。

## 2.2.2 ASP.NET 路由

由于 Web 服务器处理客户端浏览器的请求是通过 ASP.NET 路由来解析的，因此我们还需要了解 ASP.NET 路由的概念。

**1. 基本概念**

路由（Route）是指映射 URL 到处理程序的模式。在 ASP.NET MVC 中，所有用户请求都要先经过 ASP.NET 路由系统，才能找到控制器中对应的操作方法（Action Method）。

对于 ASP.NET MVC 来说，每个 HTTP 请求不再像 ASP.NET WebForms 那样针对一个物理文件，而是一律针对控制器中的某个操作方法。

**2. 注册和定义路由**

ASP.NET 定义了一个全局路由表（RouteTable），路由表中的每个 Route 对象都包含一个路由模板。控制器（Controller）和操作方法（Action Method）的名称既可以通过路由变量以占位符（如“{controller}”和“{action}”）的形式定义在模板中，也可以由路由表中的默认值来提供。对于每个 HTTP 请求来说，URL 路由系统都会遍历路由表找到与当前 URL 模式相匹配的 Route 对象，然后再利用它进一步解析出路由数据（RouteData）。

ASP.NET 路由系统的核心是注册的 Route 对象，路由表（RouteTable）则包含了所有注册的 Route 对象。

对于规模较大的 Web 应用，可通过区域（Areas）将其划分为较小的单元，此时，每个区域（Area）都可以有各自的路由规则，而基于区域的路由映射则通过 AreaRegistration 进行注册。

运行 Mvc5Exampes 项目时，浏览器地址栏中的默认地址如下（注意端口号是随机生成的，可能与本例不符）：

```
http://localhost:3827/
```

该地址并没有指定控制器和操作方法，它实际上相当于：

```
http://localhost:3827/Home/MainIndex
```

为什么会是这种结果？这是因为 MVC 首先在 Global.asax 中向应用程序注册了全局路由，代码如下：

```
RouteConfig.RegisterRoutes(RouteTable.Routes);
```

定义全局路由是在 App_Start 文件夹下的 RouteConfig.cs 文件中实现的。在该文件中，通过 routes.MapRoute 方法指定默认匹配的全局路由代码：

```
public class RouteConfig
{
    public static void RegisterRoutes(RouteCollection routes)
    {
        routes.IgnoreRoute("{resource}.axd/{*pathInfo}");
        routes.MapRoute(
            name: "Default",
            url: "{controller}/{action}/{id}",
            defaults: new { controller = "Home", action = "MainIndex",
                        id = UrlParameter.Optional }
        );
    }
}
```

可以看出，routes.MapRoute 方法指定的默认 URL 模式为：

```
{controller}/{action}/{id}
```

代码中的 new { ...... }表示默认访问 HomeController.cs 文件中的 MainIndex 操作方法，该方法返回的视图就是/Views/Home 文件夹下的 MainIndex.cshtml 文件。

打开 Chapter02AreaRegistration.cs 文件，找到下面的代码：

```
public override void RegisterArea(AreaRegistrationContext context)
{
    context.MapRoute(
        "Chapter02_default",
        "Chapter02/{controller}/{action}/{id}",
        new { action = "Index", id = UrlParameter.Optional }
    );
}
```

从这段代码中可以看出，在 Chapter02 区域的路由配置中，重写了 RegisterArea 方法，该方法通过 context.MapRoute 方法重新指定了默认的 URL 模式。

### 3. RouteData

如果希望在控制器中观察路由数据，可先在 ch02DemosController.cs 文件的 Index 方法中添加下面的代码：

```
var route = RouteData.Values.ToArray();
```

然后在该行代码的下一行设置一个断点，按<F5>键运行程序，即可看到 route 数组中共有 3 个元素（[0]、[1]、[2]），这些元素的每一个“键”和“值”，如图 2-3 所示。

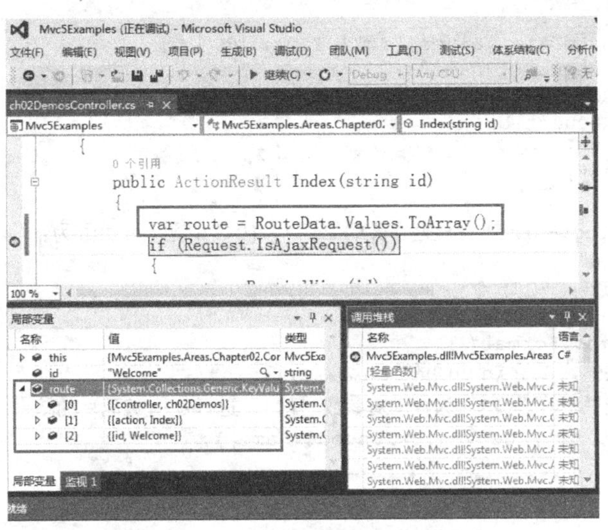

图2-3　观察RouteData包含的路由数据

也可以通过 RouteData.Values[string Key]获取路由数据的某一部分，例如：

```
var id = RouteData.Values["id"];
```

### 4. HttpContext

在 ASP.NET MVC 中，控制器公开了一个 ControllerContext 属性，利用该属性可获取客户端当前请求的 HTTP 上下文（HttpContext 对象），从而进一步获取其他各种数据。

例如，下面的代码获取客户端当前请求的虚拟路径：

```
var filePath = ControllerContext.HttpContext.Request.CurrentExecutionFilePath;
```

读者可以用类似观察 RouteData 的办法，观察 ControllerContext 和 HttpContext 的更多细节。换而言之，通过这种方式，可帮助我们快速理解本章以及后续章节中介绍的各种概念。

### 2.2.3 URL 模式中的参数传递

URL 模式是指服务器通过路由系统解析客户端传递的 URL（如浏览器地址栏中显示的地址），然后将其映射到 Controller 中某个 Action Method 的实现方式。

为了理解 URL 模式的实际含义，我们先看一个简单的例子。

**【例 2-1】** 演示 URL 模式的含义和参数传递方法，默认运行效果如图 2-4 所示。

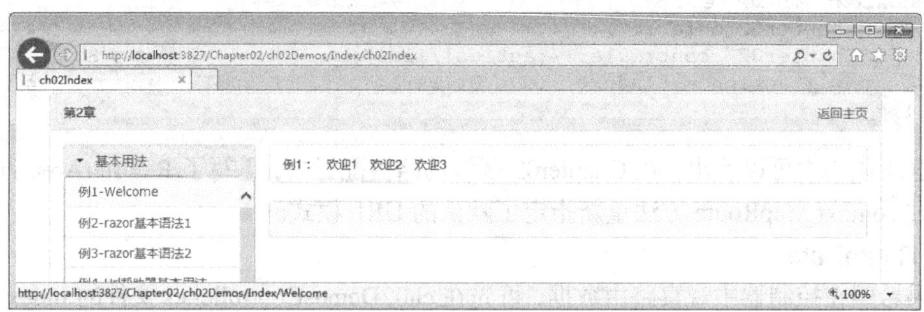


图2-4 URL模式的含义和参数传递方法

该例子的设计步骤如下。

（1）添加操作方法。在 ch02DemosController.cs 文件中添加下面的代码：

```
public ActionResult Welcome()
{
    var id = RouteData.Values["id"].ToString();
    var name = Request["name"];
    var age = Request["age"];
    var url = Request.Url;
    string s = "";
    if (id == "1")
    {
        s = string.Format("欢迎，你的 id 为：{0}\n 访问的 URL 为：{1}", id, url);
    }
    else if (id == "2")
    {
        s = string.Format(
            "欢迎你,{0}, \n 访问的 URL 为：{1}\n\n" +
            "地址栏中的“{2}”为自动对参数“{0}”进行 URL 编码后的结果。",
            name, url, Server.UrlEncode(name));
    }
    else
    {
        s = string.Format(
            "欢迎你,{0}岁的{1}, \n 访问的 URL 为：{2}\n\n" +
            "地址栏中的“{3}”为自动对参数“{1}”进行 URL 编码后的结果。",
            age, name, url, Server.UrlEncode(name));
    }
    ViewBag.Message = s;
    return View();
}
```

在这段代码中，通过 Request 获取视图传递给控制器的数据，通过 ViewBag 将控制器中定义的数据传递给视图。

（2）添加视图。视图和分部视图都是通过鼠标右击控制器中相应的操作方法，然后在弹出的窗口中选择合适的选项来创建的。

鼠标右击 Welcome 操作方法，选择【添加】→【视图】命令，输入视图名称为“Welcome”，单击【添加】按钮。

将 Welcome.cshtml 文件中的代码改为下面的内容：

```
<style>
    .a1 { margin-left: 10px; color: blue; }
</style>
<div class="list-group">
    <div class="list-group-item">
        <span>例 1: </span>
        @Html.ActionLink("欢迎 1", "Welcome", "ch02Demos",
            new { id = "1" }, new { @class = "a1" })
        @Html.ActionLink("欢迎 2", "Welcome", "ch02Demos",
            new { id = "2", name = "张三" }, new { @class = "a1" })
        @Html.ActionLink("欢迎 3", "Welcome", "ch02Demos",
            new { id = "3", name = "张三", age = 20 }, new { @class = "a1" })
    </div>
</div>
<pre>
@ViewBag.Message
</pre>
```

这段代码中定义的样式（style 元素）是为了演示如何在 Html 帮助器中重复使用自定义的 CSS 类（.a1 类），list-group 和 list-group-item 都是 Bootstrap 定义的 CSS 类，这些 CSS 类负责控制列表项显示的格式。Html.ActionLink 用于显示超链接，ViewBag.Message 用于显示从控制器传递过来的信息。

下面通过该例子的不同超链接，解释 ASP.NET 路由的含义。

### 1. 通过 id 将参数传递给操作方法

当通过 URL 传递参数时，这些参数都是以“键/值”对的形式来提供的，客户端向服务器发送请求时，实际传递给服务器的 URL（如浏览器地址栏中显示的地址）默认只包含“占位符”和“值”，而不包含“键”，而且这些“占位符”和“值”都位于由斜杠符（/）分隔的字符串中。

默认的 URL 模式通过 id 将参数传递给控制器中的操作方法。

为了理解“键”“占位符”、分隔符以及“值”的含义，单击该例子的“欢迎 1”超链接，可看到如图 2-5 所示的运行效果。

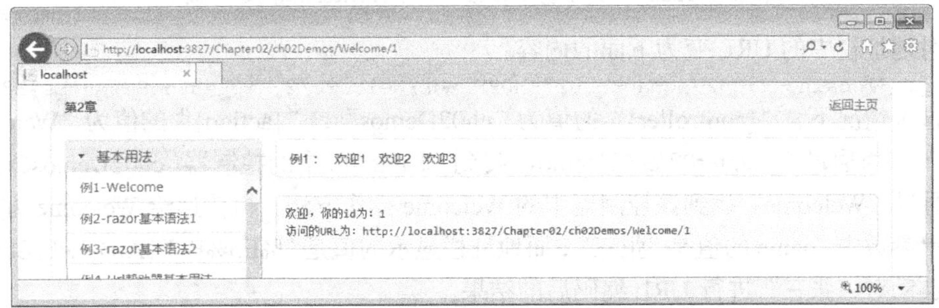


图2-5　仅带id参数时Welcome.cshtml的运行效果

观察浏览器地址栏中的地址，可看到下面的 URL：

```
http://localhost:3827/Chapter02/ch02Demos/Welcome/1
```

那么，服务器是如何匹配这个 URL 的呢？观察 Chapter02AreaRegistration.cs 文件中的

RegisterArea 方法，可以看出，在该方法中定义了 Chapter02 区域默认匹配的 URL 路由代码：

```
Chapter02/{controller}/{action}/{id}
```

这里的“{controller}”“{action}”“{id}”都是“键”，MVC 规定，所有“键”都必须用大括号括起来，而“Chapter02”是占位符，“/”是分隔符，这些都会原样显示在地址栏中。

当单击“欢迎 1”超链接时，执行的是下面的代码：

```
@Html.ActionLink("欢迎 1", "Welcome", "ch02Demos", new { id = "1" }, ...... })
```

此时“{controller}”匹配的值为“ch02Demos”，注意服务器会自动添加 Controller 后缀找到对应的控制器；“{action}”的值匹配为“Welcome”，“{id}”的值匹配为 1。

**2. 通过查询字符串将参数传递给操作方法**

当传递的参数以查询字符串的形式出现在 URL 中时，此时既包括“键”，也包括“值”，而且 ASP.NET 路由会自动对 URL 中的查询字符串进行编码。地址栏字符串的第一个参数前用“?”将其和 URL 模式中的其他参数分隔开，每个参数的形式都以“参数名=值”的形式表示。如果有多个参数，各个参数之间用“&”分隔。

在控制器的操作方法中，可利用 Controller 类公开的 Request 属性获取查询字符串中的参数值。例如：

```
var name = Request["name"];
var age = Request["age"];
```

下面先观察传递 name 参数的情况，单击该例子的“欢迎 2”超链接，可看到如图 2-6 所示的运行效果。

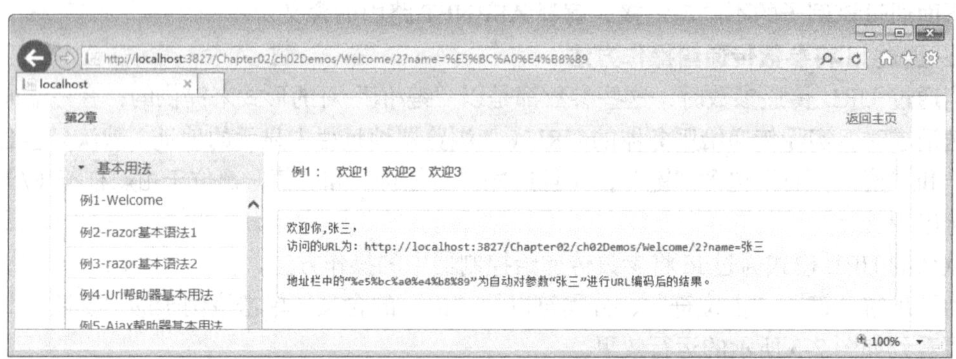


图2-6　带name查询字符串参数时Welcome.cshtml的运行效果

此时地址栏中的 URL 变为下面的内容：

```
http://localhost:3827/Chapter02/ch02Demos/Welcome/2?name=%E5%BC%A0%E4%B8%89
```

在这种情况下，“{controller}”的值为“ch02Demos”，“{action}”的值为“Welcome”。ASP.NET 路由通过“Chapter02/ch02Demos”找到 Chapter02 中的控制器（ch02DemosController 类），通过“Welcome”找到该控制器中的 Welcome 操作方法，再传递给 Welcome 方法的查询字符串参数中，name 的值是“张三”，而地址栏显示的值是“%E5%BC%A0%E4%B8%89”，该值是自动对“张三”进行 URL 编码后的结果。

如果观察_ch02Demos.cshtml 文件中的相关代码，可看出导航链接实际上是通过下面的代码来传递的 URL 参数：

```
@Html.ActionLink("欢迎 2",......,new { id = 2, name = "张三" }, ......)
```

再看同时传递 id、name 和 age 参数的情况，单击该例子的“欢迎 3”超链接，可看到如

图 2-7 所示的运行效果。

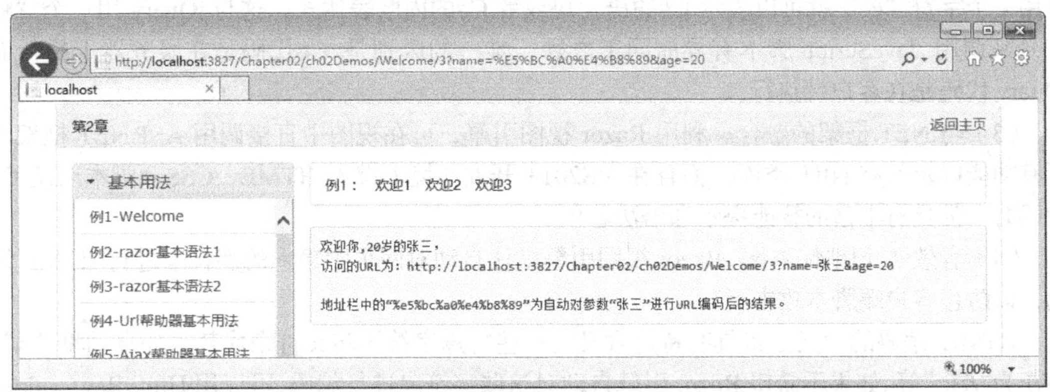


图2-7　带name和age参数时Welcome.cshtml的运行效果

此时地址栏中的 URL 变为

```
http://localhost:3827/Chapter02/ch02Demos/Welcome?3/name=%E5%BC%A0%E4%B8%89&age=20
```

观察 Welcome.cshtml 文件中对应的导航代码，相关内容如下：

```
@Html.ActionLink("欢迎 3",..., new { id = 3, name = "张三", age = 20 }, ...)
```

这行代码通过 Html 帮助器将参数（name = “张三”，age = 20）以查询字符串的形式传递给 Welcome 操作方法。

# 2.3　Razor 视图引擎

在 MVC 模式中，一个视图（网页）可由两大类型的内容组成：在客户端执行的代码和在服务器端执行的代码。

在客户端执行的代码包括 HTML、CSS 以及 JavaScript、jQuery、Bootstrap、WebGL 等各种客户端脚本，这些代码都是通过客户端浏览器解析执行的；在服务器端执行的代码包括在视图中用 Razor 语法编写的 C#代码、在控制器中用 C#编写的代码以及在模型中用 C#编写的代码等，这些代码都是在服务器端编译执行的。

## 2.3.1　Razor 视图引擎与 ASP.NET Web Pages 3

ASP.NET MVC 5 默认使用 Razor 视图引擎，Razor 视图引擎使用 Razor 语法来设计动态网页。基于 Razor 语法的 ASP.NET 网页第 3 版称为 ASP.NET Web Pages 3。

### 1. Razor 视图引擎的特点

Razor 视图引擎是通过 System.Web.Mvc.RazorViewEngine 类来实现的，其基本实现原理是：当客户端向服务器发送请求后，服务器首先分析请求的网页，然后运行该网页中编写的服务器端代码，以便动态生成可被客户端浏览器解析的代码，然后再将生成的结果发送到客户端，供浏览器解析和显示。

Razor 视图引擎具有如下特点。

（1）混合编程。利用 Razor 视图引擎，可以直接在视图（包括视图页、布局页、分部页等）中混合使用 C#代码和 HTML、CSS 以及 JavaScript 代码。

（2）语法简洁。利用 Razor 视图引擎，在视图文件（扩展名为.cshtml 的文件）中，只需要用一个字符“@”就可以表示 C#的语句块或者 C#的内联表达式，这与 jQuery 用一个“$”符号来调用 JavaScript 脚本有异曲同工之妙，唯一的区别是 C#代码是在服务器上执行而 jQuery 代码是在客户端执行。

（3）与.NET 框架的融合。利用 Razor 视图引擎，可在视图中直接调用 ASP.NET 框架的所有功能以及所有.NET 类库，而且在 VS2013 开发环境下键入 HTML、CSS、脚本以及 C#代码时，都具有丰富的智能提示和语法着色。

（4）有效防止脚本攻击。Razor 视图引擎默认自动对网页中输入的字符串进行 HTML 编码，以防止客户端脚本攻击。

HTML 编码的含义是将具有特定含义的一些特殊字符用转义符来代替，如自动将“<”替换为“<”等。如果不希望 Razor 引擎自动对这些字符串进行编码，可以用 Html.Raw( value ）方法来实现，该方法返回不进行 HTML 编码的字符串，利用它可直接将其作为 HTML 输出返回到客户端。例如：

```
@Html.Raw("<div>Hello <em>world</em>!</div>")
```

### 2. Razor 视图引擎的基本架构

MVC 5 默认使用 Razor 视图引擎，该引擎使用 Razor 语法来设计视图（动态网页），图 2-8 说明了 Razor 视图引擎的基本架构。

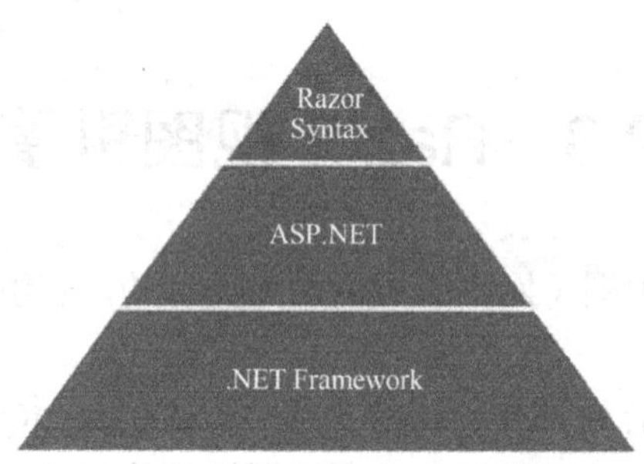


图2-8 Razor视图引擎的基本架构

从图中可以看出，由于 Razor 语法是 ASP.NET 的组成部分之一，而 ASP.NET 是.NET 框架的组成部分之一，因此，在 MVC 项目中，除了用 Razor 语法设计视图以外，还可以在控制器和模型中使用 ASP.NET 以及.NET 框架的所有功能。

对于 MVC 5 项目来说，Razor 视图引擎使用的是基于 Razor 语法的 Web 网页第 3 版（简称 Web Pages 3）。

但是，MVC 并不是直接用 Web Pages 来设计网页，而是用视图来实现，这是通过根目录下的 Web.config 文件来配置的：

```
<appSettings>
    <add key="webpages:Version" value="3.0.0.0" />
    <add key="webpages:Enabled" value="false" />
    ......
</appSettings>
```

在这段代码中，appSettings 配置节的第 2 行表示在 MVC 项目中用【ASP.NET Web Pages 3】模板添加的网页不起作用，如果将该设置修改为 true，也可以在 MVC 项目中用【ASP.NET Web Pages 3】模板来添加网页，并可以通过“在浏览器中查看”来直接观察该网页的运行效果。但由于这种方式本质上并不是 MVC 模式，因此一般将其设置为 false。

## 2.3.2　Razor 语法基本用法

Razor 语法的用途是在网页中嵌入用 C#编写的代码。从开发人员的角度来看，用基于 Razor 语法的 C#代码动态创建的网页，与直接用 HTML、CSS 以及 JavaScript 等客户端脚本编写的网页，两者生成的实际发送到客户端的最终代码并没有什么不同。但是，在 MVC 中用 Razor 语法编写服务器代码的效率却有了数倍的提升，这也是建议用 Razor 视图引擎开发 MVC 项目最主要的原因。

为了理解 Razor 语法的基本用法，我们先看一个例子。

【例 2-2】演示 Razor 语法@标记的基本用法，运行效果如图 2-9 所示。

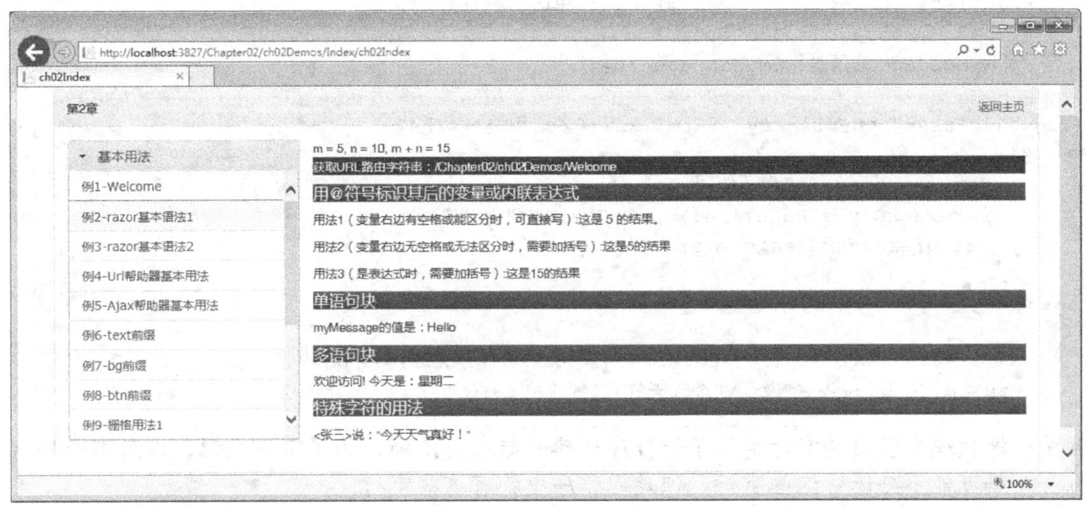


图2-9　例2-2的运行效果

该例子的设计步骤如下。

（1）打开 Chapter02 区域 Controllers 文件夹下的 ch02DemosController.cs 文件，鼠标右击该文件中的 Index 方法，选择【添加视图】命令，在弹出的窗口中，将视图名称改为"razor1"，单击【添加】按钮。

（2）将自动生成的 razor1.cshtml 文件改为下面的内容：

```
@{
    ViewBag.Title = "razor1";
    int m = 5;
    int n = 10;
    var foreColor = "white";
    var backColor = "red";
}

@*在 CSS 中使用@符号*@
<style>
    #div1{ color: @foreColor; background-color: @backColor; }
</style>

@*在 HTML 元素中使用@符号*@
<div>
    m = 5, n = 10, m + n = @(m + n)
</div>
<div id="div1"></div>
```

```
@*在脚本中使用@符号*@
<script>
    $("#div1").text("获取 URL 路由字符串：@Url.Action("Welcome", "ch02Demos")");
</script>

@*变量与内联表达式*@
<h4 class="btn-primary">@Html.Raw("用@符号标识其后的变量或内联表达式")</h4>
<p>用法 1（变量右边有空格或能区分时，可直接写）:这是 @m 的结果。</p>
<p>用法 2（变量右边无空格或无法区分时，需要加括号）:这是@(m)的结果</p>
<p>用法 3（是表达式时，需要加括号）:这是@(m + n)的结果</p>

<h4 class="btn-primary">@Html.Raw("单语句块")</h4>
@{ var myMessage = "Hello"; }
<p>myMessage 的值是：@myMessage</p>

<h4 class="btn-primary">@Html.Raw("多语句块")</h4>
@{
    var greeting = "欢迎访问!";
    var weekDay = DateTime.Now.ToString("dddd");
    var greetingMessage = greeting + " 今天是：" + weekDay;
}
<p>@greetingMessage</p>

<h4 class="btn-primary">@Html.Raw("特殊字符的用法")</h4>
<p>@Html.Raw("<张三>说：\"今天天气真好！\"")</p>
```

注意：源代码中留出的空行是为了让程序逻辑看起来更清晰，为了节省篇幅，以后书中的代码可能不再保留这些空行，但是源程序中都有这些空行。

（3）按<F5>键运行应用程序，测试运行效果。

下面介绍该例子涉及的相关概念。

**1. @标记**

在视图中，@标记表示其后为 C#代码的一个内联表达式、单语句块或者多语句块，下面分别介绍具体用法。

**（1）@变量名、@（变量名）**

@标记的作用之一是作为 C#变量的开始标记（返回 C#变量的值）。一般格式为：“@变量名”或者“@（变量名）”。换而言之，对于单个变量来说，如果能将变量名和其他符号区分开，可省略@后的小括号，否则必须加小括号。例如：

```
<h2>@ViewBag.Chapter MyTest</h2>
<h2>@(ViewBag.Chapter)MyTest</h2>
```

**（2）@（表达式）**

@标记的另一个作用是返回 C#内联表达式计算的结果。当@符号的后面为 C#的内联表达式时，必须用小括号将表达式括起来。一般格式为：“@（表达式）”。例如：

```
@( i + j)
```

**（3）@单条语句、@{语句块}**

如果 C#代码只有一条语句，在@符号的后面可以不使用大括号，也可以使用大括号；但是，如果@后面的 C#代码包含多条语句，则必须用大括号将这些语句括起来。例如：

```
@for(var i = 0; i < 10; i++)
{
```

```
    ......
}
@{
    int age = 19;
}
<p>该学生的年龄是：@age </P>
```

**（4）在哪些地方可以使用@标记**

在 HTML 代码中、CSS 代码中以及客户端脚本（JavaScript、jQuery 等）代码中，都可以使用@标记。

在这个例子中，也分别演示了在 HTML、CSS 以及客户端脚本代码中使用@标记的具体实现办法。

### 2. 注释标记（@*……*@）

在视图中，@*…*@和<!--…-->的作用相同，都是用来给页面代码添加注释。但是前者的（@*…*@）注释不会发送到客户端，而且利用快捷方式添加和取消注释也比较方便；而后者的注释会随 HTML 一起发送到客户端。

### 3. 文件路径表示法（“/” “~”）

在 Razor 视图引擎中，规定文件的相对路径（也叫虚拟路径）和应用程序绝对路径中的分隔符都用正斜杠（“/”）分隔。“相对路径”表示该路径相对于当前目录开始的路径，“应用程序绝对路径”表示从项目的根目录开始的路径，“物理文件路径”表示文件的实际存储路径。

用相对路径表示时，“.”表示当前目录，“..”表示上层目录。用应用程序绝对路径表示时，用“~”符号表示应用程序的根目录，或者用“/”开头表示应用程序的根目录。

例如：

```
@{
    var a = "~/images/img1.jpg"; //应用程序绝对路径（从项目的根目录开始）
    var b = "/images/img.jpg";   //应用程序绝对路径，与"~/images/img1.jpg"的作用相同
    var c = "./images/img1.jpg"; //相对路径，它等价于"images/img1.jpg"
    var d = "../../images/img1.jpg"; //相对路径
}
```

如果希望将“相对路径”或者“应用程序绝对路径”转换为物理文件路径的字符串，可以在视图或者控制器中调用 Server.MapPath 方法，例如：

```
@{
    var dataFilePath = "~/dataFile.txt";
}
<p>@Server.MapPath(dataFilePath)</p>
```

### 4. @Html.Raw 方法

对于@符号本身以及双引号等特殊符号，可通过@Html.Raw 方法和转义符将其原样显示出来。例如：

```
<p>@Html.Raw("@标记的用法")</p>
<p>@Html.Raw("张三说：\"今天天气真好！\"")</p>
```

### 5. 分支、循环、对象和集合操作

由于在视图中可以混编 C#代码和 HTML 代码，因此在 C#代码块中，还可以使用分支语句、循环语句、数组、泛型集合以及.NET 类库的所有功能。例如：

```
@for(var i = 0; i < 10; i++)
{
    <p>第 @i 行</p>
```

```
    }
    <ul>
        @foreach (var v in Request.ServerVariables)
        {
            <li>@v</li>
        }
    </ul>
```

【例 2-3】演示在视图中使用泛型列表的基本用法，运行效果如图 2-10 所示。

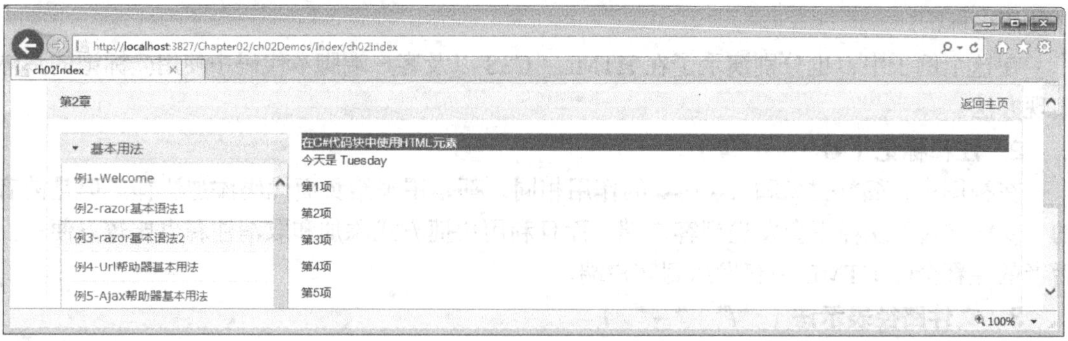

图2-10　例2-3的运行效果

该例子的源程序在 razor2.cshtml 文件中，代码如下：

```
<div class="bg-primary">在 C#代码块中使用 HTML 元素</div>
@{
    List<string> list = new List<string>();
    for (int i = 1; i < 6; i++)
    {
        list.Add(string.Format("第{0}项", i));
    }
    <p>今天是 @DateTime.Now.DayOfWeek</p>
    foreach (var v in list)
    {
        <p>@v</p>
    }
}
```

在后面的章节中，我们还会逐步学习其他各种用法，这里只需要先掌握这些最基本的用法即可。

## 2.4　用于页面全部更新的 Html 帮助器

ASP.NET MVC 在 System.Web.Mvc 命名空间下提供了一些扩展类，在 Views（包括布局页、视图页、视图、分部页、分部视图等）中，都可以利用 Razor 语法以实例方式调用这些扩展类中包含的静态扩展方法。

扩展类中包含的静态扩展方法称为 MVC 帮助器。

MVC 帮助器又进一步分为 Url 帮助器、Html 帮助器和 Ajax 帮助器，一般在视图中使用这些帮助器来简化代码的实现形式。

以 Html.方法名（参数）的形式调用 HtmlHelper 类的扩展方法称为 Html 帮助器。

以 Url.方法名（参数）的形式调用 UrlHelper 类的扩展方法称为 Url 帮助器。

以 Ajax.方法名（参数）的形式调用 AjaxHelper 类的扩展方法称为 Ajax 帮助器。

## 2.4.1 Url 帮助器

Url 帮助器用于生成未经编码的 URL 字符串，在视图或者控制器中，都可以通过该帮助器得到需要的字符串表示形式。

Url 帮助器包含了以下扩展方法。

- Url.Action 方法：生成映射到操作方法的 URL 字符串。
- Url.RouteUrl 方法：生成映射到路由的 URL 字符串。
- Url.Content 方法：将以波形符（~）开头的虚拟路径字符串转换为绝对路径字符串。
- Url.Encode 方法：将指定 URL 字符串中的特殊字符编码为字符实体等效项。

例如：

```
<a href="@Url.Action(...)">...<a>
......
@{
    string s = Url.Action("Welcome", "ch02Demos");
}
```

这些扩展方法既可以在视图（Views）中使用，也可以在控制器中使用。

【例 2-4】演示 Url 帮助器的基本用法，运行结果如图 2-11 所示。

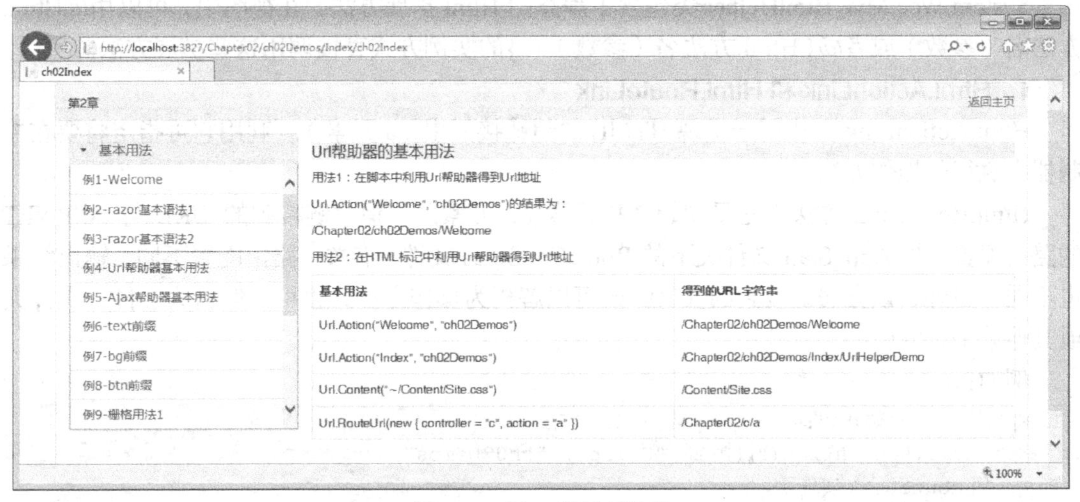


图2-11　例2-4的运行结果

该例子的源程序见 UrlHelper1.cshtml 文件，此处不再列出源代码。

下面介绍该例子涉及的相关概念。

### 1. Url.Action

Url 帮助器的 Action 方法用于生成 URL 字符串。在视图和控制器中，都可以通过下面的不同重载形式调用该方法：

```
Url.Action()
Url.Action(string actionName)
Url.Action(string actionName, Object routeValues)
Url.Action(string actionName, string controllerName, Object routeValues)
Url.Action(string actionName, string controllerName,
           Object routeValues, string protocol)
```

在这些重载形式中，actionName 表示操作方法的名称，controllerName 表示控制器的名称，routeValues 表示包含路由的参数对象，protocol 表示使用的 URL 协议（http 或者 https）。

下面的代码演示了如何在视图的超链接（a 标记）中使用 Url 帮助器：

```
<a href="@Url.Action("Index", "ch02Demos", new { id = "razor1" })">razor 语法 1</a>
```

在这行代码中，通过超链接标记的 href 特性调用了 Url 帮助器的 Action 方法，该方法生成的 URL 映射到 ch02DemosController 类中的 Index 操作方法。其中，actionName 为 "Index"，controllerName 为 "ch02Demos"（省略 Controller 后缀），routeValues 为 new { id = "razor1" }。当用户单击该超链接时，就会在服务器端执行 ch02DemosController 类中定义的 Index 操作方法，该方法根据传递的 id 参数返回对应的视图。

#### 2. Url.RouteUrl

该方法用于生成映射到路由的 URL。例如，下面的方法返回字符串 "/c/a"：

```
@{
    string s = Url.RouteUrl(new { controller = "c", action = "a" });
}
```

#### 3. Url.Content

该方法用于将相对路径的字符串转换为应用程序路径的字符串。

### 2.4.2 Html 帮助器

System.Web.Mvc.HtmlHelper 类包含了静态的 Html 扩展方法，在视图中，可以用@Html.方法名（参数）或者@{ Html.方法名（参数）；}的实例方式直接调用这些扩展方法。

#### 1. Html.ActionLink 和 Html.RouteLink

Html.ActionLink 方法用于呈现 HTML 的超链接元素（a 元素），利用它可指定将要在控制器中执行的操作方法。

Html.RouteLink 方法也是呈现超链接元素（a 元素），但它链接到的 URL 与 ASP.NET 的路由配置（见 App_Start 文件夹下的 RouteConfig.cs 文件）有关。路由配置不同，输出结果也不同。另外，该方法链接到的 URL 既可以解析为操作方法，也可以解析为文件、文件夹或其他某个资源。

例如：

```
<p>用 ActionLink 实现：</p>
<p>@Html.ActionLink("链接 1","Hello", "ch02Demos")</p>
<p>用 RouteLink 实现：</p>
<p>@Html.RouteLink("链接 2",new { controller = "ch02Demos", action = "Hello" })</p>
```

具体使用时，可根据需要任选其中的一种实现形式。

#### 2. 其他 Html 帮助器

除了 Html.ActionLink 方法以外，还有很多其他形式的 Html 帮助器。例如，Html.Partial 和 Html.RendPartial 用于呈现分部页、Html.Action 和 Html.RenderAction 用于呈现子视图或分部视图、Html.BeginForm 用于呈现 HTML 的 form 元素等。在后面的章节中，我们再逐步学习这些 Html 帮助器的具体用法。

## 2.5 用于页面局部更新的 Ajax 帮助器

Ajax 是 "Asynchronous Javascript and XML" 的简写，是综合 HTTP 异步通信、JavaScript、

XML 以及 JSON 等多种网络技术的一种异步通信编程模型。从用户看到的实际效果来看，也可以简单地称之为页面局部更新。

### 2.5.1 Unobtrusive JavaScript Ajax

在项目根目录下的 Web.config 文件的 appSettings 配置节中，默认包含了 UnobtrusiveJavaScriptEnabled 的属性设置，该属性必须设置为 true 才能使用非介入式 JavaScript，这也是创建 MVC 项目的默认设置。

```
<appSettings>
    ......
    <add key="UnobtrusiveJavaScriptEnabled" value="true" />
</appSettings>
```

由于 ASP.NET MVC 是利用 jQuery 的 unobtrusive Ajax 来实现页面局部更新功能的，而 jQuery Ajax 又是利用非介入式 JavaScript 来实现的，所以必须确保此属性设置为 true 才能使用 jQuery Ajax 和 MVC 提供的 Ajax 帮助器。因此，在项目的_AreasPartialHead.cshtml 文件中，除了添加对 jQuey 的引用之外，还需要添加对 jQuery Unobtrusive Ajax 的引用。

完成这些准备工作后，就可以在视图中用 jQuery Ajax 或者 Ajax 帮助器实现局部更新的功能了。

### 2.5.2 jQuery Ajax

使用 jQuery Ajax 的办法有：$.ajax()、$.get()、$.getJSON()，不论使用哪种方式，这些方法中各个参数的含义都是相同的。

**1. 基本语法**

jQuery Ajax 默认采用异步操作实现页面的局部更新，下面的方法立即返回调用结果：

```
$.ajax({
    url: urlString, //不指定时默认向服务器的当前页发送请求
    [其他选项,]
    beforeSend: function(jqXHR jqXHR, PlainObject settings ){},
    error: function(jqXHR jqXHR, String textStatus, String errorThrown ){},
    success: function(Anything data, String textStatus, jqXHR jqXHR){},
    complete: function(jqXHR jqXHR, String textStatus ){}
});
```

当同时发出多个 Ajax 请求时，为了让 Ajax 方法能获取返回的多个 XMLHttpRequest 对象的信息，从 1.5 版本开始，jQuery 用 fail 取代了 error，用 done 取代了 success，用 always 取代了 complete。这种情况下建议的用法如下：

```
$.ajax(url,[options])
  .fail(function( jqXHR, textStatus, errorThrown ) {})
  .done(function( data, textStatus, jqXHR ) {})
  .always(function( data|jqXHR, textStatus, jqXHR|errorThrown ) {});
```

或者：

```
var xhr = $.ajax(url,[options]);
xhr.fail(function( jqXHR, textStatus, errorThrown ) {})
xhr.done(function( data, textStatus, jqXHR ) {})
xhr.always(function( data|jqXHR, textStatus, jqXHR|errorThrown ) {});
```

在实际应用中，这些调用方式都能达到希望的结果。各参数的含义如下。

① url：客户端请求的目标 URL。

② done 或者 success：请求成功时执行的回调函数。

③ fail 或者 error：请求失败时执行的回调函数。

④ always 或者 complete：请求完成时（可能成功也可能失败）执行的回调函数。

可选参数（options）中的常用选项及含义如下。

① data：指定随请求一起发送到服务器的数据。数据类型可以是 PlainObject、String 或者 Array。

② dataType：指定服务器响应的数据类型（“xml”“json”“script”或者“html”），如果不指定该参数，默认由 jQuery 自动判断是哪种数据类型。

③ method：不指定时默认为“GET”，还可以是“POST”“PUT”等。

④ context：要更新的目标元素，一般用选择器来指定。

#### 2. XMLHttpRequest

在 Ajax 的回调函数中，利用 XMLHttpRequest 对象的 responseText 属性、responseXML 属性以及 responseJSON 属性，可分别获取服务器返回的相应数据格式的结果。例如：

```
$(document).ajaxComplete(function( event, xhr, settings ) {
    if ( settings.url === "ajax/test.html" ) {
        $(".log").text("The result is " + xhr.responseText);
    }
});
```

#### 3. 直接用 jQuery Ajax 实现页面局部更新

实现页面局部更新的第一种办法是直接用 jQuery 的 ajax 函数来实现。例如：

```
<div id="div3"></div>
<script>
    $.ajax({
        url: '@Url.Action("Ajax1", "ch02Demos")',
        success: function (result) { $("#div1").html(result);},
        error: function () { alert("更新 div1 出错了"); }
    });
</script>
```

控制器中对应的 Ajax1 操作方法如下：

```
public ActionResult Ajax1()
{
    string s = string.Format("{0:HH:mm:ss}", DateTime.Now);
    return Content(s);
}
```

在 Ajax1 操作方法中，通过 Content 方法返回服务器处理后的字符串，为了简化代码逻辑，这里仅返回了当前时间。

## 2.5.3 Ajax 帮助器

除了直接用 jQuery Ajax 实现“页面局部更新”的功能外，还可以通过 ASP.NET MVC 提供的 Ajax 帮助器实现相同的功能。

Ajax 帮助器的用法和 Html 帮助器的用法非常相似，区别在于使用 Ajax 帮助器时，更新的是分部视图。另外，需要通过 AjaxOptions 对象指定要更新的目标元素的 id 和 URL。

这里再次强调一下，使用 Html 帮助器更新的是整个页面，而使用 Ajax 帮助器只更新页面中指定元素的内容。

【例 2-5】演示 Ajax 帮助器和 jQuery Ajax 的基本用法，运行效果如图 2-12 所示。

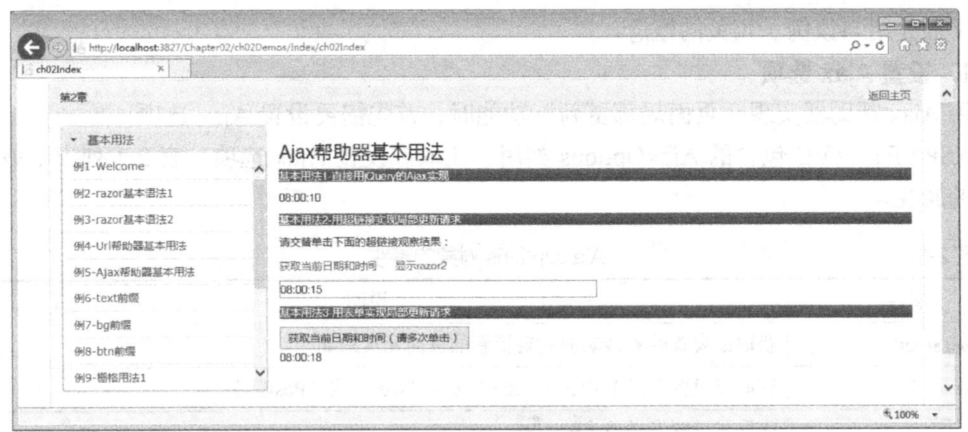


图2-12　例2-5的运行效果

该例子的源程序在 AjaxDemo.cshtml 文件中，代码如下：

```
<h3>Ajax 帮助器基本用法</h3>
<h5 class="btn-danger">基本用法 1-直接用 jQuery 的 Ajax 实现</h5>
<div id="div1"></div>
<script>
    $.ajax({
        url: '@Url.Action("Ajax1", "ch02Demos")',
        success: function (result) { $("#div1").html(result); },
        error: function () { alert("更新 div1 出错了"); }
    });
</script>
<h5 class="btn-danger">基本用法 2-用超链接实现局部更新请求</h5>
<p>请交替单击下面的超链接：</p>
@{
    AjaxOptions opts1 = new AjaxOptions
    {
        UpdateTargetId = "div2",
        OnFailure = "ShowError('更新 div2 出错了')"
    };
}
@Ajax.ActionLink("获取当前日期和时间", "Ajax1", "ch02Demos", opts1)
@Ajax.ActionLink("显示 razor2", "Index", "ch02Demos", new { id = "razor2" }, opts1,
new { @style = "margin-left:20px;" })
<div id="div2" style="margin-top:10px; margin-right:50%; border:1px solid
grey"></div>
<h5 class="btn-danger">基本用法 3-用表单实现局部更新请求</h5>
@using (Ajax.BeginForm(new AjaxOptions
{
    UpdateTargetId = "div3",
    Url = Url.Action("Ajax1", "ch02Demos"),
    OnFailure = "ShowError('更新 div3 出错了')"
}))
{
    <button type="submit">获取当前日期和时间（请多次单击）</button>
}
<div id="div3"></div>
<script>
    function ShowError(errorInfo) {
        alert(errorInfo);
    }
</script>
```

下面介绍与该例子相关的概念。

### 1. 设置 Ajax 选项

用 Ajax 帮助器实现“页面局部更新”功能时，首先需要设置 Ajax 选项。

ASP.NET MVC 包含的 AjaxOptions 类用于获取或设置 Ajax 选项，表 2-1 列出了该对象提供的属性。

表 2-1　　AjaxOptions 对象的属性

| 属性 | 说明 |
|---|---|
| UpdateTargetId | 获取或设置服务器响应后要更新的页面元素的 id |
| HttpMethod | 获取或设置发送 HTTP 请求的方法（“Get”或“Post”） |
| Url | 获取或设置发送请求的 URL |
| LoadingElementId | 获取或设置加载 Ajax 时自动显示的 HTML 元素的 id，Ajax 完成后会自动隐藏该元素 |
| LoadingElementDuration | 获取或设置 Ajax 期间要显示的 HTML 元素的动画持续毫秒数，如果不设置此属性，Ajax 期间将直接显示用 LoadingElementId 指定的元素，而不对其进行动画处理 |
| InsertMode | 获取或设置使用哪种方式更新用 UpdateTargetId 指定的元素数据，有 3 种可选方式：InsertAfter、InsertBefore 和 Replace。如果不指定该属性，默认为 Replace |
| Confirm | 获取或设置在提交 Ajax 请求之前显示的确认对话框窗口中的消息，通过该属性可自动显示确认对话框，如弹出“要保存所做的更改吗？” |
| OnBegin | 获取或设置要在更新页面之前立即调用的 JavaScript 函数的名称 |
| OnComplete | 获取或设置在实例化响应数据之后但在更新页面之前要调用的 JavaScript 函数 |
| OnSuccess | 获取或设置在成功更新页面之后要调用的 JavaScript 函数 |
| OnFailure | 获取或设置在页面更新失败时要调用的 JavaScript 函数 |

在这些属性中，如果返回的不是客户端直接运行的脚本，在这种情况下，必须提供 UpdateTargetId 属性。除此之外，其他属性都是可选的属性。

### 2. 通过 Ajax.ActionLink 实现页面局部更新

有 2 种常见的用 Ajax 帮助器实现页面局部更新的办法，一种是通过 Ajax.ActionLink 的参数设置局部更新选项，另一种是通过 Ajax.BeginForm 的参数设置局部更新选项。

Ajax.ActionLink 帮助器返回一个超链接元素，其中包含指定操作方法的 URL。单击此超链接时，将自动使用 JavaScript 异步调用控制器中的操作方法。

通过 Ajax.ActionLink 发送异步请求时，既可以局部更新当前页面，也可以局部更新其他页面。

下面的代码演示了如何局部更新当前页面：

```
    <div id="div1"></div>
    @Ajax.ActionLink("获取当前时间", "Ajax1","ch02Demos", new AjaxOptions
{ UpdateTargetId = "div1" })
```

这段代码使用 ActionLink 超链接发送请求，通过 Ajax1 操作方法返回一个 ContentResult 对象，通过 AjaxOptions 中的 UpdateTargetId 属性指定当前页中需要更新的元素。

局部更新其他页面的例子见 ch02Demos.cshtml 文件，该文件中的代码就是用指定的页面局部更新主窗口。

### 3. 通过 Ajax.BeginForm 实现页面局部更新

通过 Ajax.BeginForm 实现局部更新时，如果不指定 URL，它默认更新当前表单（form

元素）的内容，除此之外，还可以通过 Url.Action 指定另一个 URL。

介绍 HTML5 的表单元素（form 元素）用法时，我们再学习 Ajax.BeginForm 的用法。

不过，这里要强调一点，作为教材来说，例子都是为了方便读者理解相关概念而设计的。但是，在实际项目中，到底是采用页面局部更新比较合适还是采用页面全部更新更合理，要根据具体的功能需求而定，而不是什么情况都用页面局部更新来实现。例如，当前正在处理的任务没有完成时不能进行下一步的工作，这种情况下应该用页面全部更新来实现；而对于用时较长而且不影响当前主界面其他操作、可并行执行的工作，最好用异步方式和页面局部更新来实现。

总之，灵活应用各种技术，是学习过程中需要反复锤炼的，也是学习时必须牢记的基本要求。

# 2.6 Web 前端开发架构（Bootstrap）

Bootstrap 是 Twitter 公司的开发人员研制的一种开源的、移动设备优先的自适应 Web 前端开发框架，该架构在 jQuery 的基础上，实现了移动设备优先的自适应界面显示，其目标是为 Web 开发人员提供一个最简单的设计形式，来解决不同设备访问时所带来的屏幕自适应问题。不论是手机、平板电脑，还是桌面计算机，它都能根据所访问设备的屏幕大小自动调整界面布局，而不再需要开发人员针对不同的设备分别设计不同的页面。

作为后续章节的基础，这一节我们先简单介绍 Bootstrap 相关的基本概念和最基本的用法，在后续的章节中，我们还会逐步学习更多的用法。

## 2.6.1 基本概念

从是否可携带这个角度来看，可将设备分为以下两大类型：

- 移动设备（Mobile）：包括手机、平板电脑等设备。
- 桌面设备（Desktop）：包括普通台式计算机、大屏幕台式计算机等设备。

由于这些设备屏幕的大小和分辨率是不一样的，为了能让这些设备都能按最佳的方式显示设计的网页，存在两种典型的解决方案，一种是针对不同的设备分别设计不同的页面，这样做会带来很多重复工作，而且容易导致内容的不一致；另一种是使用某种架构，让开发人员只设计一个界面，即可同时自动适应不同的设备。

Bootstrap 正是为了解决设备自适应性问题而提供的一种解决方案。

### 1. Bootstrap 的主要设计思想

Bootstrap 的主要设计思想有两点：一是移动设备优先的自适应显示模式，二是采用非介入式 JavaScipt 设计模式。

#### （1）移动设备优先的自适应显示模式

Bootstrap 是如何实现针对不同的设备实现自适应界面的呢？观察_Layout.cshtml 或者_AreasLayout.cshtml 等布局页文件，在这些文件的 head 部分，都可以看到下面的媒体元数据查询代码：

```
<head>
    ......
    <meta name="viewport" content="width=device-width, initial-scale=1.0">
```

```
    ......
</head>
```

正是这行代码（<meta …>）的作用，才让页面具有了自适应屏幕大小的能力。实际上，这也是 W3C 制定的新 Web 标准中规定的内容（媒体查询标准）。

另外，Bootstrap 还将网页中显示的内容包含在一个或多个称为 container 的容器中。用 HTML 的 class 特性声明某个 HTML 元素是一个容器后（如 div），它就能按照以下分类自动调节该容器中内容的显示方式。

- 超小屏幕：屏幕宽度小于 768px。
- 小屏幕：屏幕宽度大于等于 768px 且小于 992px。
- 中等屏幕：屏幕宽度大于等于 992px 且小于 1200px。
- 大屏幕：屏幕宽度大于等于 1200px。

例如：

```
<div class="container">
    ......
</div>
```

当屏幕宽度介于上面分类的某个宽度阈值范围内时，它会自动判断是横向显示比较合理还是纵向显示比较合理，并自动调整界面的显示形式。

**（2）非介入式 JavaScript**

Bootstrap 框架是在 jQuery 的基础上开发的一种在 HTML 元素内“看不到脚本代码”的优雅设计模式，其本质就是利用 CSS、JavaScript 以及 jQuery 代码，为 Web 开发人员提供不同的自适应界面样式控制。

一般情况下，开发人员只需要利用 Bootstrap 自定义的 data 特性（“data-...”），就可以实现不同的功能，而用 JavaScript 实现的代码则是通过 Bootstrap 框架自动调用的。因此，也称这种设计模式为“不显眼的 JavaScript”或者称为“非介入式 JavaScript”。

**2. 在 MVC 项目中引用 Bootstrap**

Bootstrap 架构主要由 css 文件、js 文件和图标字体文件组成。在 MVC 项目中，与 Bootstrap 相关的文件夹有：Scripts、Content、fonts。

Scripts 文件夹包含了 bootstrap 提供的 JavaScript 文件。其中，bootstrap.js 为未压缩的 JavaScript 文件，bootstrap.min.js 为压缩后的 JavaScript 文件。

Content 文件夹包含了 bootstrap 提供的 CSS 样式文件（bootstrap.css 文件）和主题文件（bootstrap-theme.css 文件）。

fonts 文件夹包含了 Bootstrap 提供的 4 个图标文件。

下面的代码演示了如何在 MVC 项目的布局页中引用 Bootstrap：

```
<!DOCTYPE html>
<html>
<head>
    ......
    <link href="~/Content/bootstrap.css" rel="stylesheet" />
    <link href="~/Content/bootstrap-theme.css" rel="stylesheet" />
    ......
    @Scripts.Render("~/bundles/jquery")
    @Scripts.Render("~/bundles/bootstrap")
</head>
<body>
    ......
</body>
</html>
```

注意：Bootstrap 是在 jQuery 的基础上设计的，该架构提供的所有 JavaScript 插件都依赖于 jQuery 的实现。因此，必须确保在引用 Bootstrap 的 js 文件之前，先引用 jQuery 的 js 文件。

添加 Bootstrap 引用后，就可以使用 Bootstrap 框架提供的功能了。

### 2.6.2 常用的布局容器和对齐方式 CSS 类

这一节我们简单介绍 Bootstrap 提供的布局容器和对齐方式 CSS 类。全局 CSS 类的含义是指这些 CSS 类可应用于任何 HTML 元素。

在后续的章节中，我们还会逐步学习 Bootstrap 提供的其他各种不同的功能，这些功能都是以这一节介绍的内容为基础的。

**1. 布局容器**

Bootstrap 提供了以下两种用于布局容器的 CSS 类。在视图页的设计中，利用 HTML 元素的 class 特性可方便地用 Bootstrap 设置页面元素的样式。

（1）【.container】类：用于固定宽度并支持响应式布局的容器，这种容器在浏览器界面的左右都留有一定的内边距。例如：

```
<div class="container">
    ......
</div>
```

本书示例的布局页使用的就是这种容器。

（2）【.container-fluid】类：这是一种占浏览器宽度的 100%，左右内边距（padding）均为零的容器。例如：

```
<div class="container-fluid">
    ......
</div>
```

在模板自带的布局页例子中（见 Views/Shared 文件夹下的_Layout.cshtml 文件），使用的就是这种容器。

注意：由于内边距（padding）的原因，container 和 container-fluid 这两种 CSS 布局容器类不能互相嵌套。

**2. 横向对齐方式**

Bootstrap 提供了以下横向对齐的 CSS 类。

【.text-center】类：居中。

【.text-left】类：左对齐。

【.text-right】类：右对齐。

【.text-justify】类：两端对齐。

【.text-nowrap】类：不自动换行。

例如：

```
<div class="text-primary text-center">Hello</div>
```

这行代码的效果是：包含在 div 元素内的字符串“Hello”将以蓝色基调的字体居中显示。

如果将 div 作为块级元素来对待，可通过以下方式来引用：

```
<div class="center-block text-primary text-center">Hello</div>
```

这行代码的效果是：将 div 元素作为块级元素相对于其父元素居中显示，而在 div 元素内的字符串“Hello”则相对于该 div 以蓝色基调的字体居中显示。

## 2.6.3 常用的颜色组合 CSS 类

在项目开发中，没有经过美工专业训练的开发人员设计的网页往往不尽人意，颜色搭配的效果看起来总是让人感觉不那么协调。为了简化开发人员美工设计的难度，Bootstrap 提供了一些常用的颜色组合，这些组合全部通过 CSS 类用具有语义化的单词来表示，而不是直接用颜色名称来表示。

Bootstrap 提供了以下语义化的 CSS 名称类。

【.primary】类：蓝色基调，表示主要的信息或动作。

【.success】类：绿色基调，表示成功或积极的信息或动作。

【.info】类：浅蓝色基调，表示普通信息或动作。

【.warning】类：黄色基调，表示警告信息或动作。

【.danger】类：红色基调，表示危险或带有负面效果的信息或动作。

这些语义化的名称通过添加不同的前缀，分别表示不同的前景色或者前景与背景组合后的颜色，而且可将其应用于任何一个 HTML 元素，如 div、p、span、button 等。具体使用时，只需要通过元素的 class 特性指定对应的名称即可。

需要注意的是，这里所说的“颜色基调”是指基础颜色。例如，【.primary】的基础色是蓝色，而实际颜色则是由其前缀（如“text-”前缀、“bg-”前缀等）来决定的，前缀不同，实际的前景或背景色可能相同，也可能不同，如前景色可能是浅蓝色、正常蓝色、深蓝色等。但不论前景色和背景色如何变化，具有某种语义的基础色不会发生变化，变化的只是颜色的深浅而已。

下面的代码演示了这些语义化组合色的基本用法：

```
<div class="btn-primary text-center">白色前景红色背景居中显示</div>
<div class="text-primary">蓝色前景（text-primary）</div>
```

下面介绍 Bootstrap 预定义的常用颜色前缀，在后面的章节中，我们还会学习其他前缀。

### 1. “text-”前缀

具有“text-”前缀的颜色一般用来表示文本的前景色，这些预定义的颜色有：

```
text-muted、text-primary、text-success、text-info、text-warning、text-danger。
```

例如：

```
<div class="text-primary text-center">蓝色前景，居中显示</div>
```

**【例 2-6】**演示不同“text-”前缀的颜色效果，运行效果如图 2-13 所示。

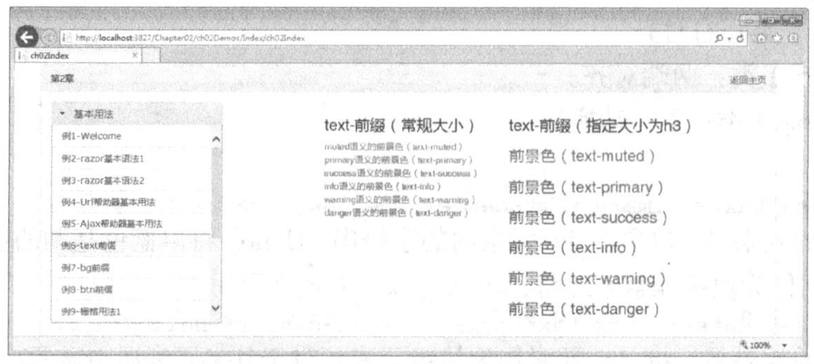


图2-13 “text-”前缀的颜色组合

该例子的源程序见 ch02Demos 文件夹下的 prefixtext.cshtml 文件。

### 2. “bg–”前缀

具有“bg-”前缀的颜色由固定的前景色和背景色组合而成，这些组合色有：

```
bg-primary、bg-success、bg-info、bg-warning、bg-danger。
```

例如：

```
<div class="bg-primary text-center">白色前景浅蓝色背景，居中显示</div>
```

由于组合色本身就已经包含了前景色和背景色，所以使用组合色时，注意不要再同时指定前景色。例如，不要在同一个 class 特性中同时指定【.text-primary】类和【.bg-primary】类，否则就失去了组合色的意义。

【例 2-7】演示不同“bg-”前缀的颜色效果，运行效果如图 2-14 所示。

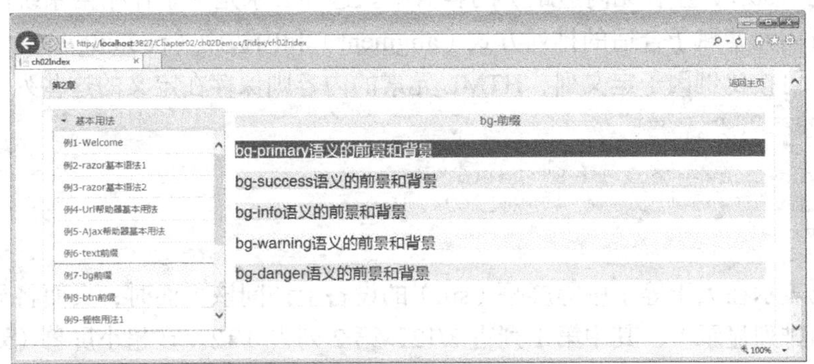


图2-14　“bg-”前缀的颜色组合

该例子的源程序见 ch02Demos 文件夹下的 prefixbg.cshtml 文件。

另外，在这个例子的第一行代码中，也演示了同时使用“text-”前缀和“bg-”前缀的自定义颜色组合的效果。

### 3. “btn–”前缀

具有“btn-”前缀的颜色也是由固定的前景色和背景色组合而成，这些组合色有：

```
btn-default、btn-primary、btn-success、btn-info、btn-warning、btn-danger。
```

一般用这种前缀表示按钮的颜色组合，但也可以表示其他元素的颜色组合，例如：

```
<div class="btn-primary">白色前景，蓝色背景</div>
```

另外，还可以利用 btn-lg、btn-sm、btn-xs 控制字体大小，例如：

```
<p class="btn-lg btn-default">（btn-lg btn-default）</p>
```

【例 2-8】演示不同“btn-”前缀的颜色组合效果，运行效果如图 2-15 所示。

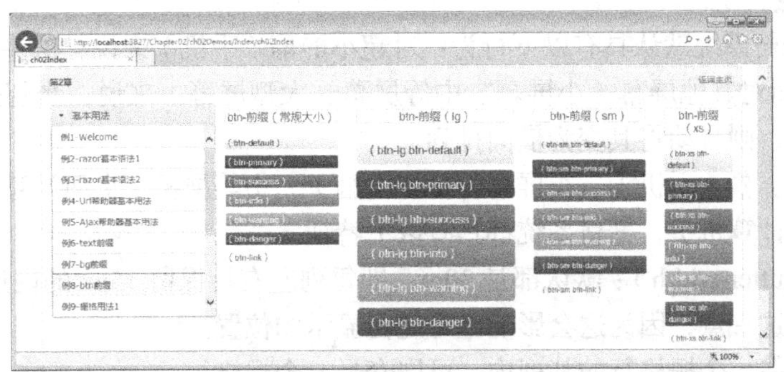


图2-15　“btn-”前缀的颜色组合

该例子的源程序见 ch02Demos 文件夹下的 prefixbtn.cshtml 文件。

## 2.6.4 Bootstrap 栅格系统

Bootstrap 内置了一套响应式、移动设备优先的流式栅格布局系统，它能随着屏幕设备或视口（viewport）尺寸的增加自动将屏幕按行分为多列（最多 12 列），这些栅格系统包含了预定义的 CSS 类。

### 1. 基本概念

Bootstrap 栅格系统通过一系列的行（row）与列（column）的组合创建流式页面布局，其中，行（row）必须包含在【.container】类（左右有内边距）或者【.container-fluid】类（占浏览器宽度的 100%，左右无内边距）的容器中。这样要求是为了让栅格系统能根据屏幕大小，自动为行内元素赋予合适的排列方式（aligment）和内边距（padding）。

在行内，可按比例因子定义列，HTML 元素的内容则保存在定义的这些列中。例如：

```
<div class="container">
    <div class="row">
        <div class="col-md-8">Hello1</div>
        <div class="col-md-4">Hello2</div>
    </div>
</div>
```

这段代码表示在大于等于中等屏幕（sm）的设备上访问该页面时，页面将显示 2 列（在同一行中横向排列显示），其中第 1 列占 8/12，第 2 列占 4/12。在超小屏幕（xs）设备上，这 2 列内容将自动变为纵向排列。

注意：Bootstrap 栅格系统将设备的屏幕宽度按最大只能分为 12 列来计算比例因子。

按照屏幕大小，栅格系统用以下前缀表示不同的访问设备。

col-xs-：表示超小屏幕设备（宽度小于 768px），如手机。

col-sm-：表示小屏幕设备（宽度大于 768px，小于 992px），如平板电脑。

col-md-：表示中等屏幕设备（宽度大于等于 992px，小于 1200px），如桌面计算机。

col-lg-：表示大型屏幕设备（宽度大于等于 1200px），如大屏幕桌面计算机。

在一个视图页中，既可以只定义一行，也可以定义多行。另外，行内每一列的参数都是通过指定 1 ~ 12 之间的值（包括 1 和 12）来表示其占用的列数。例如，要让手机访问时某行分为 3 个等宽的列，这 3 列总共占页面的 100%宽度时，可以用 3 个 col-xs-4 来创建（共占 12 列），占页面的 50%宽度时可以用 3 个 col-xs-2 来创建（占 12 列的 50%）。

### 2. 基本用法

Bootstrap 栅格系统默认具有以下行为：对超小屏幕（手机）来说，这些列总是纵向排列（纵向堆叠）。而对其他屏幕（小屏幕、中等屏幕、大型屏幕）来说，当超过屏幕所规定的相应宽度阈值时，则自动将其变为横向排列。

无论是超小屏幕（手机）、小屏幕（平板电脑）、中等屏幕（桌面计算机）还是大型屏幕（大屏幕桌面计算机），栅格系统都具有以下特征。

（1）槽宽（gutter-width）：默认都是 30px，即每列左右均保留 15px 的内边距（padding），一定要特别注意这一点，因为这会影响绝对定位显示的位置。

（2）嵌套：在一个栅格行的某列内，可嵌套另一个栅格行。

（3）如果没有指定大于宽度阈值的设备配置，当屏幕宽度大于阈值时，栅格系统将自动按较小的阈值分配来处理。例如，若只指定了 col-md-*，但没有指定 col-lg-*，此时大型屏幕设备也将按中等屏幕设备的列分配办法来配置列。注意这里的“*”应该用实际值（1 ~ 12）来代替。

表 2-2 列出了 Bootstrap 栅格系统在多种屏幕设备上自动工作的方式。

表 2-2　　Bootstrap 栅格系统在不同屏幕设备上的工作方式

| 特征 | 超小屏幕设备（手机）（<768px） | 小屏幕设备（平板电脑）（≥768px） | 中等屏幕设备（桌面计算机）（≥992px） | 大型屏幕设备（大屏幕桌面计算机）（≥1200px） |
|---|---|---|---|---|
| 最大容器宽度 | None（自动） | 750px | 970px | 1170px |
| class 前缀 | .col-xs- | .col-sm- | .col-md- | .col-lg- |
| 最大列数 | 12 | 12 | 12 | 12 |
| 每列宽度 | 自动 | 62px | 81px | 97px |

使用 Bootstrap 栅格系统时，要求所有列（column）必须放在 class="row"的 CSS 类以内。例如：

```
<div class="container">
    <div class="row">
        ......
    </div>
</div>
```

如果在一个行（row）内包含的列（column）大于 12 个，则包含多余列（column）的元素将作为一个整体另起一行排列。

下面通过例子说明 Bootstrap 栅格布局的基本用法。

**（1）桌面设备横向排列、移动设备纵向堆叠**

使用单一的一组【.col-md-*】栅格类，就可以创建一个基本的栅格系统。

基本的栅格系统在手机和平板设备上将自动纵向堆叠在一起（超小屏幕到小屏幕这一范围），在桌面（中等屏幕、大屏幕）设备上将自动变为水平排列。

【例 2-9】演示仅使用一组【.col-md-*】类来定义栅格布局的情况，运行效果如图 2-16 所示。

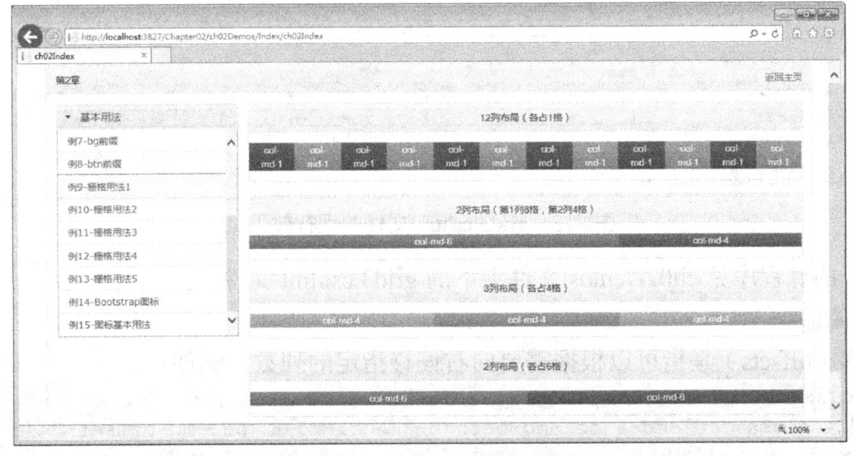


图2-16　grid1.cshtml文件的运行效果

该例子的源程序见 ch02Demos 文件夹下的 grid1.cshtml 文件。

**（2）移动设备和桌面都横向排列**

如果不希望在小屏幕设备上让所有列都纵向堆叠在一起，则需要用【.col-xs-*】类、【.col-md-*】类分别指定横向排列时各列的比例因子。

**【例 2-10】**演示使用【.col-xs-*】类、【.col-md-*】类来定义栅格布局的情况，运行效果如图 2-17 所示。

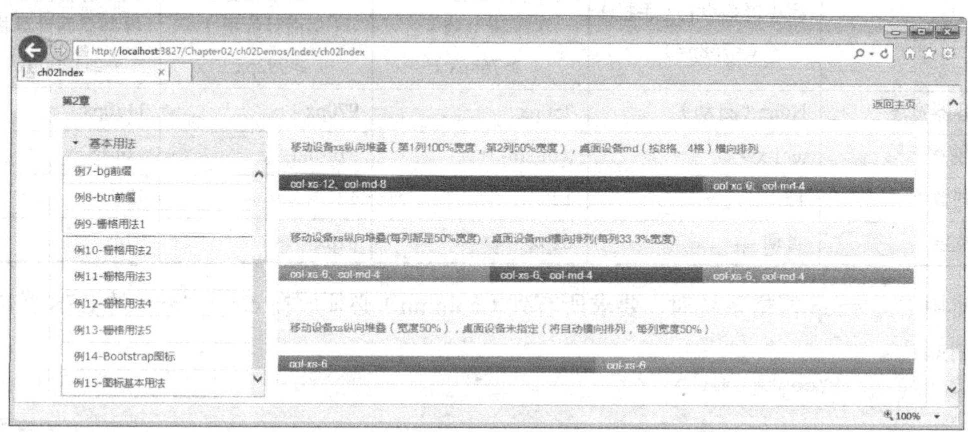


图2-17　grid2.cshtml文件的运行效果

该例子的源程序见 ch02Demos 文件夹下的 grid2.cshtml 文件。

**（3）手机、平板、桌面分别处理**

如果希望针对平板设备指定布局方式，可在 grid2.cshtml 的基础上，仅使用【.col-sm-*】类来创建各列，此时桌面和大屏幕设备也将按平板设备的列分配办法来配置列。

**【例 2-11】**演示手机、平板、桌面分别处理来定义栅格布局的情况，运行效果如图 2-18 所示。

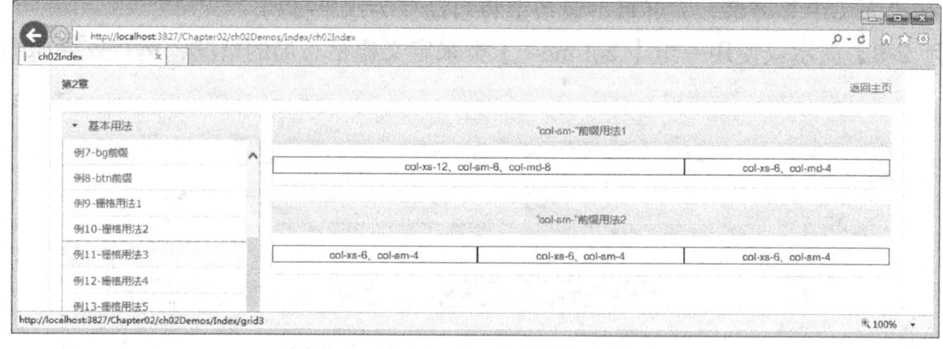


图2-18　grid3.cshtml文件的运行效果

该例子的源程序见 ch02Demos 文件夹下的 grid3.cshtml 文件。

**3. 列偏移**

列偏移（offsets）是指可以根据需要向右偏移指定的列数，例如：

```
<div class="row">
    <div class="col-md-6 col-md-offset-3">col-md-6、col-md-offset-3</div>
</div>
```

表示将 class 为【.col-md-6】的元素向右偏移 3 列。这是除了让某个区块居中以外，指定区块位置的另一种方便的常用方式。

【例 2-12】演示不同的列偏移位置的变化情况，运行效果如图 2-19 所示。

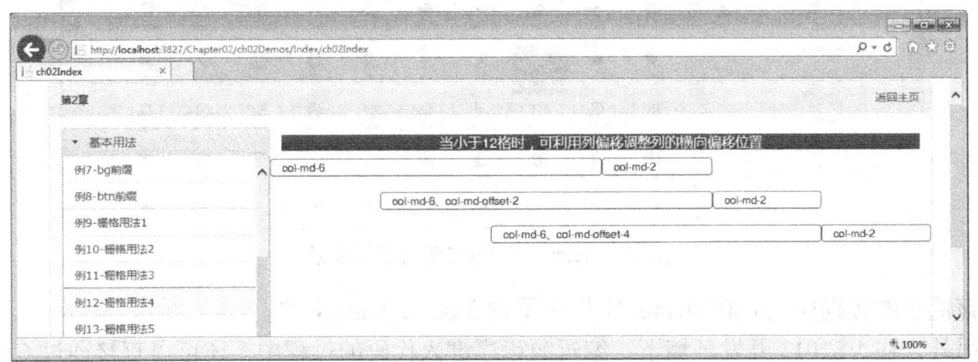


图2-19　grid4.cshtml文件的运行效果

该例子的源程序见 ch02Demos 文件夹下的 grid4.cshtml 文件。

**4. 综合示例**

下面通过一个综合例子，演示栅格布局的基本用法。

【例 2-13】演示栅格布局的综合用法，运行效果如图 2-20 所示。

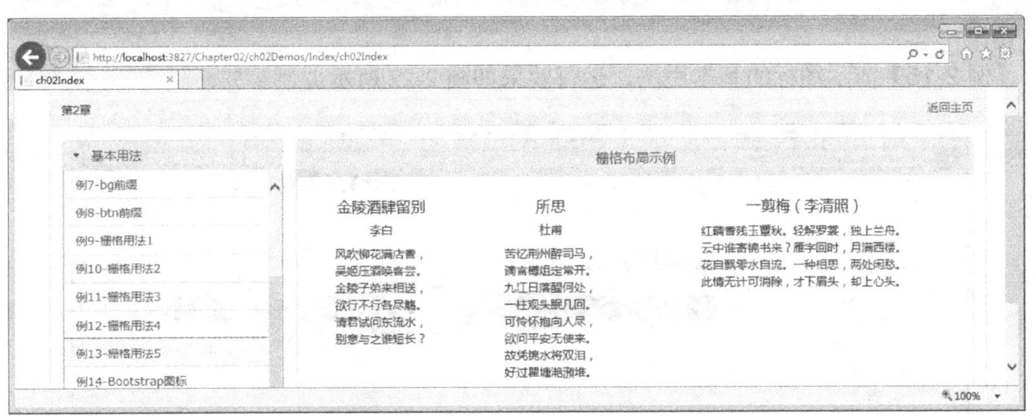


图2-20　grid5.cshtml文件的运行效果

该例子的源程序见 ch02Demos 文件夹下的 grid5.cshtml 文件。

## 2.6.5　Bootstrap 包含的图标和基本用法

在项目中首次添加视图时，MVC 支架会自动在项目根目录下添加一个名为 fonts 的文件夹，在这个文件夹下，保存了 Bootstrap 提供的图标文件，这些文件中的图标在项目的所有页面中都可以直接使用。

**1. 可用的图标 CSS 类**

Bootstrap 包含的图标全部通过 CSS 类来定义和使用。

【例 2-14】显示 Bootstrap 提供的可在 MVC 项目中直接使用的图标，程序运行效果如图 2-21 所示。

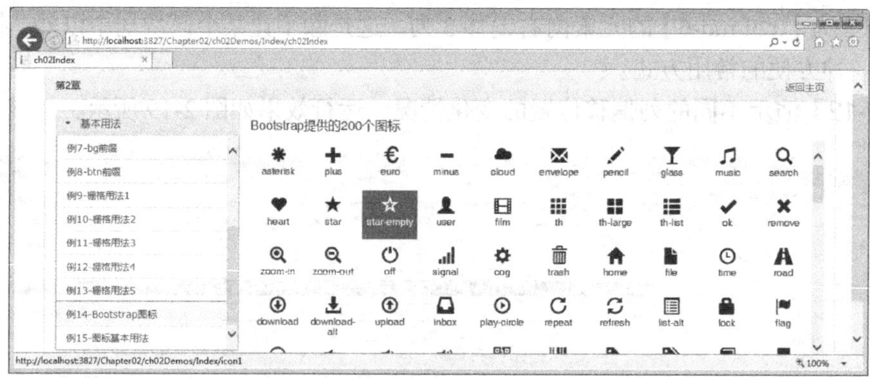


图2-21　icon1.cshtml文件的运行效果

该例子的源程序见 ch01Demos 文件夹下的 icon1.cshtml 文件。

另外，在 VS2013 开发环境下，编辑源程序键入代码的过程中，还可以直接通过 CSS 智能提示选择某个图标 CSS 类，使用非常方便。

**2. 图标基本用法**

使用 Bootstrap 提供的图标 CSS 类时，必须单独将其 class 声明包含在 span 元素中，不能和其他 CSS 类混用。例如：

```
    <button type="button" class="btn btn-primary" data-toggle="tooltip" title="按钮1">
        <span class="glyphicon glyphicon-star"></span>
    </button>
```

**【例 2-15】**演示图标的基本用法，运行效果如图 2-22 所示。

图2-22　icon2.cshtml文件的运行效果

该例子的源程序见 ch02Demos 文件夹下的 icon2.cshtml 文件。

## 习　题

1. 什么是路由？ASP.NET MVC 是如何实现路由匹配的？
2. Razor 视图引擎有什么特点？
3. 什么是 Bootstrap？Bootstrap 与 jQuery 是什么关系？

# 第 3 章 控制器、视图和模型

这一章我们主要学习控制器、视图和模型的基本概念和基本编程技术。

## 3.1 控制器和操作方法

在 ASP.NET MVC 中，所有客户端请求都要先经过控制器中的某个操作方法来处理。添加控制器实际上就是添加一个用 C#代码编写的自定义的类，而且这些自定义的类默认都继承自 System.Web.Mvc.Controller 类。

### 3.1.1 创建本章导航

这一章我们将演示同时包含左侧导航页和上方导航页的基本用法，从主页导航到这一章时，在主窗口中默认显示的页面如图 3-1 所示。

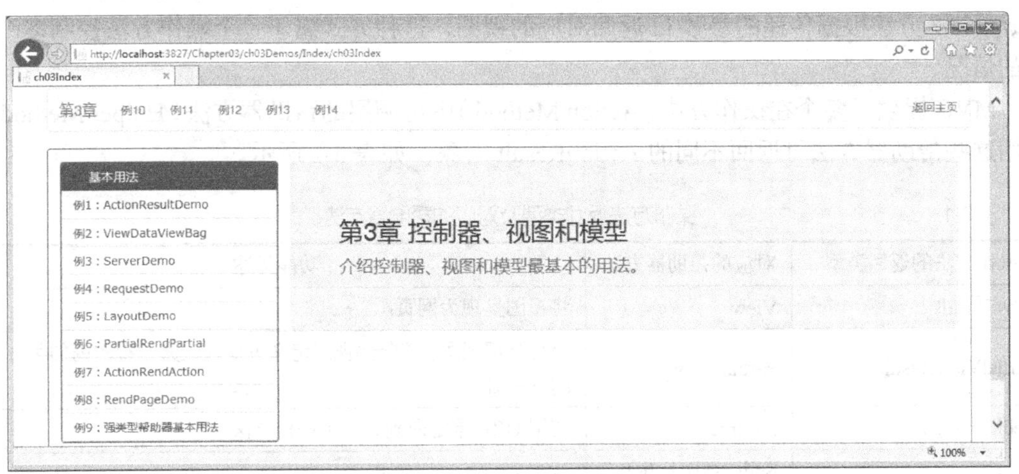


图3-1　本章默认导航页

主要创建步骤如下。

（1）添加导航页。鼠标右击 Chapter03 区域 Views 文件夹下的 Shared 文件夹，选择【添加】→【新建项】命令，在弹出的窗口中，选择【MVC 5 分部页】选项，添加 ch03Demos.cshtml 文件，然后用同样的办法添加 ch03NavDemos.cshtml 文件。

（2）修改本章示例默认引用的布局页。先将本章 Shared 文件夹下的_Layout.cshtml 文件换名为“_ch03Layout.cshtml”并修改其内容，然后修改_ViewStart.cshtml 文件。

（3）在 Chapter03 区域的 Controllers 文件夹下添加控制器（ch03Controller.cs），然后修改 ch03 文件夹下的 Index.cshtml 文件，这是在主窗口中默认显示的页面。

（4）分别添加 ch03Demos 控制器（ch03DemosController.cs）和 ch03NavDemos 控制器。

（5）在本章区域下添加 css 和 downloadFiles 文件夹，并在这些文件夹下添加相应的文件。

（6）学习本章介绍的例子，添加相关的示例代码。

### 3.1.2 操作方法的返回类型

操作方法是指在控制器中定义的响应客户端请求的方法，这些方法都是用 C#代码来编写的。例如，本章所有例子的视图都会调用 ch03DemosController 中定义的操作方法。

控制器默认继承自 Controller 类，Controller 类的主要功能如下。

（1）查找要调用的操作方法，并验证是否可以调用该操作方法。

（2）获取操作方法参数的值。

（3）处理在执行操作方法期间所有可能发生的错误。

（4）提供呈现视图的默认引擎。

注意：所有自定义的控制器类都必须带有“Controller”后缀，而与该控制器对应的视图文件夹则不带“Controller”后缀，这是 ASP.NET MVC 的默认约定。

在一个控制器中，可定义一个或多个操作方法。

一个操作方法既可以控制一个视图，也可以控制多个视图。例如，ch03DemosController 类中定义的 ViewDataViewBag 方法返回与当前方法名相同的分部视图（即 ViewDataViewBag.cshtml 文件），这种方式属于一个操作方法控制一个视图的情况；而控制器中定义的 Index（string id）方法根据传递的参数 id 返回对应的视图，这种方式属于一个操作方法控制多个视图的情况。

MVC 提供了多个在操作方法（Action Method）中可调用的帮助器方法（Helper Method），利用这些帮助器方法可返回不同的 ActionResult 对象，如表 3-1 所示。

表 3-1　　操作方法返回类型及对应的帮助器方法

| 操作方法的返回类型 | 对应的帮助器方法 | 功能描述 |
| --- | --- | --- |
| ViewResult | View | 将视图呈现为网页 |
| PartialViewResult | PartialView | 呈现分部视图，该分部视图定义可呈现在另一视图内的某视图的一部分 |
| RedirectResult | Redirect | 使用 URL 重定向到另一个操作方法 |
| RedirectToRouteResult | RedirectToAction<br>RedirectToRoute | 重定向到另一个操作方法 |
| ContentResult | Content | 返回用户定义的内容类型 |
| JsonResult | Json | 返回序列化的 JSON 对象 |
| JavaScriptResult | JavaScript | 返回可在客户端执行的脚本 |
| FileResult | File | 返回要写入响应中的二进制输出 |
| EmptyResult | （None） | 表示没有返回值（void）的操作方法，即返回 null |

System.Web.Mvc.ActionResult 类是所有操作方法返回类型的基类，ActionResult 是对 Action 执行结果的封装。如果我们不清楚某个操作方法应该返回哪种类型，只需要将其返回类型定义为 ActionResult 即可。

如果操作方法的返回类型为 void，或者返回值为 null，最终生成的是一个 EmptyResult 对象。例如：

```
public ActionResult MyActionMethod()
{
    ......
    return null;
}
```

这是一种特殊情况，只有在不需要服务器返回任何结果时才会使用这种返回类型。另外，之所以有这样一种返回类型，也体现了 ASP.NET MVC 是“按照统一的方式来处理所有请求”的设计思想。

下面通过例子演示常用的操作方法返回类型及其对应的帮助器方法的基本用法。

**【例 3-1】**演示常用的操作方法返回类型及其对应的帮助器方法的基本用法，程序运行后的初始界面如图 3-2 所示，单击对应的超链接，可观察每个示例的运行结果。

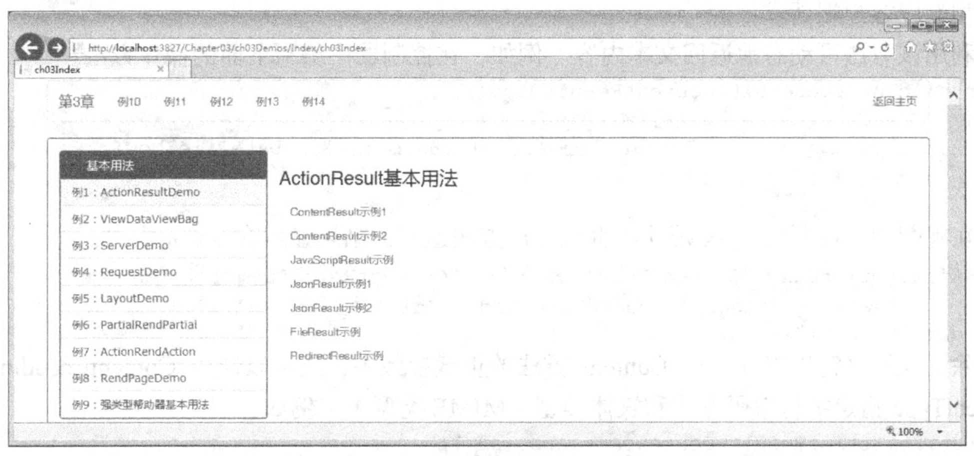


图3-2　例3-1的初始运行界面

下面介绍该例子涉及的相关概念和具体实现。

### 1. ViewResult

View 方法返回类型为 ViewResult 的对象，该方法会自动调用 Razor 视图引擎将处理的数据呈现到视图中，并将最终结果返回给客户端。

常用的调用 View 方法的重载形式有以下几种。

#### （1）View（ ）

不带参数的 View 方法返回与当前操作方法同名的视图，例如：

```
public ActionResult Index()
{
    return View();  //返回与 Index 方法同名的视图，即 Index.cshtml
}
```

#### （2）View（string viewName）

带 viewName 参数的 View 方法返回名称为 viewName 的视图，例如：

```
public ActionResult Index(string id)
{
```

```
    return View(id); //返回用 id 指定的视图
}
```

（3）View（object model）

View（object model）方法返回包含要呈现的模型的视图，参数 model 表示在控制器中创建的模型对象。介绍模型及其验证规则时，我们再说明其具体用法。

（4）其他重载形式

除了常用的重载形式外，View 方法还提供了其他的重载形式，例如：

```
//返回指定视图名称和模型的视图
protected internal ViewResult View(string viewName, object model)
//返回指定视图名称和母版页（布局页）的视图
protected internal ViewResult View(string viewName, string masterName)
```

在本章以及后面章节的学习中，我们会逐步学习这些方法的用法。这里只需要先对常用的方法有一个大概的印象即可。

2. ContentResult

Content 方法返回类型为 ContentResult 的对象，该方法先利用 ControllerContext 对象得到当前 HttpContext 的 HttpResponse 对象，然后借助该对象将指定的内容按照希望的编码和媒体类型响应客户端请求。

利用该方法可动态地返回文本内容。例如，在控制器中编写下面的操作方法：

```
public ActionResult ContentResultDemo()
{
    string s = string.Format("返回结果：{0:HH:mm:ss}", DateTime.Now);
    return Content(s);
}
```

在视图中，可利用 Ajax 帮助器将该操作方法返回的结果显示在 div 元素内：

```
@Ajax.ActionLink("ContentResult 示例 1", "ContentResultDemo1", "ch03Demos",
      new AjaxOptions { UpdateTargetId = "div1" })
<div id="div1"></div>
```

除了返回字符串以外，在 Content 方法的重载参数中，还可以使用 ContentEncoding 和 ContentType 指定字符编码方式和媒体类型（MIME 类型），例如：

```
public ActionResult ContentResultDemo2()
{
    string s = "alert('Hello');";
    return Content(s, "text/javascript");
}
```

采用这种方式时，客户端会直接执行返回的脚本。

在视图中，同样可利用 Ajax 帮助器获取该操作方法返回的结果：

```
@Ajax.ActionLink("ContentResult 示例 2", "ContentResultDemo2",
     "ch03Demos", new AjaxOptions())
```

由于控制器返回的 JavaScript 字符串只是一个弹出框（alert），所以该例子参数中的 AjaxOptions 对象没有指定 UpdateTargetId 的值。但是，如果该脚本修改的是目标元素的内容，此时必须通过 UpdateTargetId 指定更新的目标元素。

3. JavaScriptResult

对于 JavaScript 脚本来说，除了 Content 方法以外，还有一种更简单的办法，就是在控制器中直接调用 JavaScript 方法，通过该方法在服务端动态地生成一段 JavaScript 脚本，并以此作为对客户端请求的响应。

采用这种方式时，客户端同样会直接执行返回的脚本，例如：

```
public ActionResult JavaScriptResultDemo()
{
    return JavaScript("alert('Hello')");
}
```

在视图中，可通过 Ajax 帮助器获取该操作方法返回的结果：

```
@Ajax.ActionLink("JavaScriptResult 示例", "JavaScriptResultDemo",
      "ch03Demos", new AjaxOptions())
```

返回类型为 JavaScriptResult 的 JavaScript 方法一般用于处理 Ajax 请求，该方法会自动将响应的媒体类型设置为“application/x-javascript”（不是“text/javascript”）。但是，由于大部分客户端浏览器都会将媒体类型“application/x-javascript”“text/javascript”视为等效，所以通过 ContentResult 进行脚本响应时将媒体类型设置为“text/javascript”可以起到相同的效果。

#### 4. JsonResult

JSON（JavaScript Object Notation）是一种轻量级的数据交换格式，学习 Web API 时，我们再详细说明 JSON 的具体用法，这里只需要知道如何返回 JSON 格式的数据即可。

对于在服务器上运行的、用 C#代码编写的后台程序来说，由于数据是通过一个基于某种 CLR 类型的对象来承载的，当客户端调用某个操作方法并希望以 JSON 的格式返回请求的数据时，ASP.NET MVC 需要有一种机制将 CLR 对象转换成 JSON 格式并予以响应，这种转换机制可以通过 JsonResult 来解决。

例如，在控制器中编写下面的代码：

```
[HttpPost]
public ActionResult JsonResultDemo1()
{
    string s = string.Format("返回结果：{0:HH:mm:ss}", DateTime.Now);
    return Json(s);
}
```

JsonResult 默认采用的媒体类型为“application/json”，利用 JsonResult 对象，可返回不大于 4MB 的 Unicode 字符串数据。出于对安全的考虑，默认情况下该对象不能响应 HTTP-GET 请求。或者说，对于 HTTP-GET 请求来说，操作方法会抛出一个 InvalidOperationException 异常。为了解决这个问题，可以在操作方法的上面通过 HttpPost 特性指定它响应的是 HTTP-POST 请求，如上面的代码所示。

在视图中，可通过 Ajax 帮助器获取该操作方法返回的结果：

```
@Ajax.ActionLink("JsonResult 示例 1", "JsonResultDemo1", "ch03Demos",
        new AjaxOptions { UpdateTargetId = "div2", HttpMethod = "POST" })
<div id="div2"></div>
```

学习模型的用法后，我们自然就会理解该例子中演示的 JsonResult 的稍微复杂一点的用法，因此这里不再解释 JsonResultDemo2 中的代码。

#### 5. FileResult

FileResult 是一个基于文件的 ActionResult，利用 FileResult 可以很容易地将某个物理文件的内容作为对请求的响应返回给客户端。

ASP.NET MVC 定义了 3 个 FileResult，分别是 FilePathResult、FileContentResult 和 FileStreamResult。

##### （1）FilePathResult

FilePathResult 是一个根据物理文件路径创建的 FileResult，适用于从物理文件中读取内容的场合。

例如，在控制器中编写下面的操作方法：

```
public ActionResult FileResultDemo()
{
    var downloadFile = File("/Areas/Chapter03/Files/a1.doc",
        "application/vnd.ms-word");
    return downloadFile;
}
```

在这段代码中，File 方法的第 1 个参数指定要下载的文件名，第 2 个参数指定该文件对应的媒体类型（MIME）。由于在 HTTP 传输中媒体类型定义在 HTTP 标头的 Content-Type 中，因此在控制器中编写操作方法时，可通过帮助器方法的 ContentType 指定它。例如，jpg 文件对应的媒体类型为"image/jpeg"，pdf 文件对应的媒体类型为"application/pdf"，rar 文件对应的媒体类型为"application/x-rar-compressed"。

关于 MIME 的更多类型，请读者参考其他相关资料，此处不再展开阐述。

在视图中，可通过 Html 帮助器获取该操作方法返回的结果：

```
@Html.ActionLink("FileResult 示例", "FileResultDemo", "ch03Demos")
```

单击该链接，浏览器会自动提供文件下载对话框，其效果就是让用户下载该文件。

从 ASP.NET MVC 内部实现的代码来看，FilePathResult 直接将文件路径作为参数调用当前 HttpResponse 的 TransmitFile 方法实现了针对文件内容的响应，由于 TransmitFile 方法并不会缓存在服务器内存中，所以对于从服务器发送大文件到客户端来说，FilePathResult 是一个不错的选择。

（2）FileContentResult

FileContentResult 用于将字节数组转换为文件内容返回给客户端，该类型适用于需要动态生成文件内容（而不是从物理文件中读取内容）的场合。

当然，也可以利用它直接读取物理文件。例如，在控制器中编写下面的操作方法：

```
public ActionResult FileResultDemo()
{
    //下载 a1.docx 文件,仅为了演示 FileContentResult 的用法，实际项目中并不建议这样用
    byte[] fileContents = System.IO.File.ReadAllBytes(
            Server.MapPath("~/Areas/Chapter03/Files/a1.docx"));
    return File(fileContents, "application/vnd.ms-word", "a1.docx");
}
```

在视图中，可通过 Html 帮助器提供下载链接，以获取该操作方法返回的结果：

```
@Html.ActionLink("FileResult 示例", "FileResultDemo", "ch03Demos")
```

（3）FileStreamResult

FileStreamResult 会先将文件全部读入服务器内存中缓存，然后再将其发送到客户端。例如，在控制器中编写下面的操作方法：

```
public ActionResult FileResultDemo()
{
    //下载 a1.rar 文件,仅为了演示 FileStreamResult 的用法，实际项目中并不建议这样用
    byte[] fileContents = System.IO.File.ReadAllBytes(
            Server.MapPath("~/Areas/Chapter03/Files/a1.rar"));
    var fileStream = new System.IO.MemoryStream(fileContents);
    return File(fileStream, "application/x-rar-compressed", "a1.rar");
}
```

在视图中，可通过 Html 帮助器提供下载链接，以获取该操作方法返回的结果：

```
@Html.ActionLink("FileResult 示例", "FileResultDemo", "ch03Demos")
```

但是，这样做会非常消耗服务器内存，因此，一般应避免使用 FileStreamResult 发送大文件到客户端，但对于小文件来说，这种办法非常高效。

**6. RedirectResult**

RedirectResult 实现针对某个地址的重定向，其效果与调用 Response 的 Redirect 方法的作用完全相同。

例如，在控制器中编写下面的操作方法：

```
public ActionResult RedirectResultDemo()
{
    string url = Url.Action("Index", "ch03Demos", new { id = "ActionRendAction" });
    return Redirect(url);
}
```

在视图中，可通过 Html 帮助器获取该操作方法返回的结果：

```
@Html.ActionLink("RedirectResult 示例", "RedirectResultDemo", "ch03Demos")
```

在 Redirect 方法中，可通过 Url 类型的参数指定重定向的目标地址，该地址既可以采用绝对地址（如 http://www.asp.net），也可以采用相对地址（如~/Views/Home/Index）。

如果需要根据用户请求转到另一个地址作为响应，Redirect 方法是一个不错的选择。

### 3.1.3　控制器中常用的属性和对象

Controller 类公开了一些常用的属性，如 ViewData、ViewBag、TempData、Sever、Request、Response 等。在操作方法或视图中，都可以通过这些属性访问相关的对象，从而实现控制器与视图之间的数据传递。

**1. ViewData 和 ViewBag**

System.Web.Mvc.Conroller 类继承自 ControllerBase 类。在 ControllerBase 类中，定义了 ViewData 属性和 ViewBag 属性，这两个属性的原型如下：

```
public ViewDataDictionary ViewData { get; set; }
public dynamic ViewBag { get; }
```

ViewData 属性是一个 System.Web.Mvc.ViewDataDictionary 对象，这是一个不区分大小写的由“键/值”对组成的字典集合。或者说，集合中的每一个元素都由键（Key）和值（Value）这一对内容来组成。

ViewBag 属性是 ViewData 属性的另一种表示形式，该属性返回的是一种动态数据类型（dynamic），“动态”是指在编译时才处理这种数据类型。除此之外，ViewBag 和 ViewData 在功能上的作用完全相同，两者都是利用 ViewDataDictionary 对象传递数据到视图，使用时任选其中之一即可。

但是，由于 ViewBag 的语法（用点“.”分隔）更符合 C#开发人员的习惯，所以大部分开发人员还是喜欢用 ViewBag 属性来实现。这就像吃饭用筷子，有人习惯用左手，有人习惯用右手，虽然筷子本身的功能是相同的，但无法明确界定哪种用法好哪种用法不好，只是大部分人还是习惯用右手。

不过，有一种情况除外，就是当“键”包含空格等特殊字符时（如用英文人名作为“键”时，中间会有空格），此时只能用 ViewData 属性来实现。

一般在控制器中通过 ViewBag 定义要传递给视图的数据，在视图（Views）中再通过 ViewBag 获取并呈现这些数据。

**【例 3-2】**演示 ViewData 属性和 ViewBag 属性的基本用法，程序运行效果如图 3-3 所示。

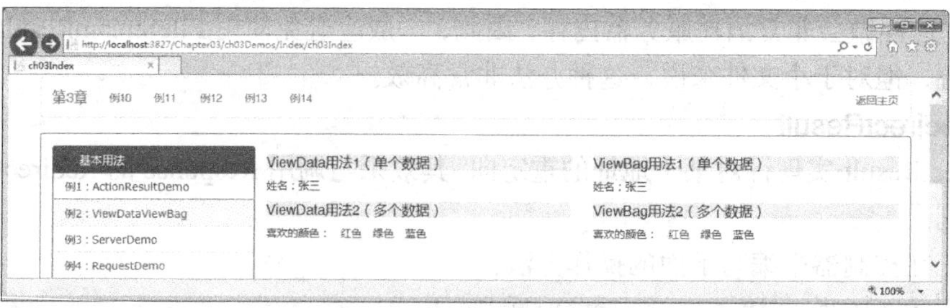

图3-3　例3-2的运行效果

下面介绍该例子的设计步骤，并解释相关的代码。

（1）在 ch03DemosController.cs 文件中添加下面的操作方法：

```
public class ch03DemosController : Controller
{
    ......//此处省略了其他例子用的代码
    public ActionResult ViewDataViewBag()
    {
        //单个数据
        ViewData["Name"] = "张三";
        ViewBag.Name = "张三";
        //多个数据
        List<string> myColors = new List<string>
        {
            "red,红色", "green,绿色", "blue,蓝色"
        };
        ViewData["MyColors"] = myColors;
        ViewBag.MyColors = myColors;
        return PartialView();
    }
}
```

（2）鼠标右击 ViewDataViewBag 方法添加一个分部视图（ViewDataViewBag.cshtml），在该文件中添加下面的代码：

```
<div class="row">
    <div class="col-md-6">
        <h4 class="bg-success">ViewData 用法 1（单个数据）</h4>
        <p>姓名：@ViewData["Name"]</p>
        <h4 class="bg-success">ViewData 用法 2（多个数据）</h4>
        <ul class="list-inline">
            <li>喜欢的颜色：</li>
            @foreach (var v in ViewData["MyColors"] as List<string>)
            {
                var c = v.Split(',');
                <li style="color:@c[0]">@c[1]</li>
            }
        </ul>
    </div>
    <div class="col-md-6">
        <h4 class="bg-success">ViewBag 用法 1（单个数据）</h4>
        <p>姓名：@ViewBag.Name</p>
        <h4 class="bg-success">ViewBag 用法 2（多个数据）</h4>
        <ul class="list-inline">
            <li>喜欢的颜色：</li>
            @foreach (var v in ViewBag.MyColors as List<string>)
            {
```

```
                var c = v.Split(',');
                <li style="color:@c[0]">@c[1]</li>
            }
        </ul>
    </div>
</div>
```

（3）观察 ch03Demos.cshtml 文件中与该例子相关的代码：

```
@Ajax.ActionLink("例 2:ViewDataViewBag", "ViewDataViewBag", controllerMame, null,
    ajaxOptions, new { @class = a1 })
```

（4）运行程序，单击“例 2”超链接，观察在主窗口中显示的页面局部更新结果。

从这个例子中可以看出，ViewBag 的用法非常灵活，在视图中，既可以用它在 HTML 元素中呈现控制器传递过来的数据，也可以利用它动态改变 CSS 的样式。

### 2. TempData

ViewData 和 ViewBag 这两个对象都是用于在当前视图和控制器之间传递数据，如果是不同视图之间的临时数据传递，可以用 TempData 来实现。

TempData 是一个临时字典集合（System.Web.Mvc.TempDataDictionary 对象），该集合表示仅从一个请求保持到下一个请求的数据集。该对象的最大特征是：可实现跨页传递数据，但只能在当前请求时读取该对象，下次请求时 TempData 中的所有数据都会自动变为 null。如果从 MVC 内部的实现代码来看，它实际上是通过 Session 来实现的，这样既能区分不同的访问者，又能及时清除这些暂存数据。

例如，在每一章的导航页中，我们都是通过 TempData 读取_AreasPartialAjax.cshtml 文件中定义的 Ajax 对象的，这样就不需要每次都在导航页中重复定义这个对象了。下面以第 3 章为例说明相关的实现代码（其他章节用法相同）。

首先，在_AreasPartialAjax.cshtml 分部页文件中定义 TempData[“AjaxOptions”]对象：

```
@{
    var ajaxOptions = new AjaxOptions{......};
    TempData["AjaxOptions"] = ajaxOptions;
}
```

这样一来，不论是哪个视图页，只要引用了_AreasPartialAjax.cshtml 文件，就可以读取这个临时对象。例如，ch03Demos.cshtml 文件就可以通过下面的方式来读取它：

```
@{
    var ajaxOptions = (AjaxOptions)TempData["AjaxOptions"];
    ......
}
```

TempDataDictionary 对象的另一个典型用法是，在数据重定向到另一个操作方法之前先通过 TempData 定义传递的数据，然后再从另一个操作方法得到这些数据。例如，在当前操作方法中调用 RedirectToAction 方法之前先将有关信息存储在控制器的 TempData 集合中，这样一来，下一个操作方法就可以读取它并将其呈现到视图中。

### 3. ViewContext.ViewBag

ViewContext.ViewBag 是一个全局 ViewDataDictionary 对象，一般在布局页中使用这种对象。例如，Chapter03 区域 Views 文件夹下的_ViewStart.cshtml 文件就是通过这种方式将“章”的序号传递给布局页的，代码如下：

```
@{
    ViewContext.ViewBag.Chapter = 3;
    Layout = "~/Views/Shared/_AreasLayout.cshtml";
}
```

在这段代码中，通过 ViewContext.ViewBag.Chapter 指定本章序号为 3，因此，在项目根目录的 Views/Shared 文件夹下的_AreasLayout.cshtml 文件中，就可以通过下面的代码访问这个对象：

```
<body>
    @{
        int chapter = ViewContext.ViewBag.Chapter;
    }
    ......
    <span>第@(chapter)章</span>
    ......
</body>
```

### 4. Server

在控制器中，利用 Controller 类公开的 Server 属性，可获取在 ControllerBase 类中定义的 HttpServerUtilityBase 对象（Controller 类继承自 ControllerBase 类），然后通过该对象在服务器上执行一些常用的操作。例如，对 HTML 字符串和 URL 字符串进行编码和解码等。

表 3-2 列出了 Server 属性提供的常用方法。

表 3-2　Server 属性提供的常用方法

| 方　法 | 说　明 |
| --- | --- |
| Server.HtmlDecode(htmlText) | 对已经进行过 HTML 编码的字符串解码。例如：<br>var htmlDecoded = Server.HtmlDecode("<html>"); |
| Server.HtmlEncode(text) | 对 HTML 字符串编码。例如：<br>var htmlEncoded = Server.HtmlEncode("<html>"); |
| Server.MapPath(virtualPath) | 将虚拟路径转换为物理路径。例如：<br>var dataFile = Server.MapPath("~/App_Data/data.txt"); |
| Server.UrlDecode(urlText) | 将表示 URL 的文本字符串解码。例如：<br>var urlDecoded = Server.UrlDecode("url%20data"); |
| Server.UrlEncode(text) | 对 URL 字符串编码。例如：<br>var urlEncoded = Server.UrlEncode("url data"); |

下面介绍这些方法的基本用法。

【例 3-3】演示 Server 属性的基本用法，程序运行效果如图 3-4 所示。

图3-4　例3-3的运行效果

该例子的源代码请参看 ServerDemo.cshtml 文件和 ch03DemosController.cs 文件中对应的 ServerDemo 操作方法。

ch03Demos.cs 文件中与该例子相关的链接如下：

```
@Ajax.ActionLink("例 3：ServerDemo", "ServerDemo", controllerMame, null,
        ajaxOptions, new { @class = a1 })
```

下面介绍例子中涉及的相关概念。

（1）HtmlEncode 方法和 HtmlDecode 方法

HtmlEncode 方法用于对字符串进行 HTML 编码，HtmlDecode 方法用于对已经进行过 HTML 编码的字符串进行解码。

例如：

```
var str = "<html>";
var v1 = Server.HtmlEncode(str);
var v2 = Server.HtmlDecode(v1);
```

（2）UrlEncode 方法和 UrlDecode 方法

UrlEncode 方法用于对 URL 字符串编码，UrlDecode 方法用于对 URL 字符串解码。

例如：

```
var urlEncoded = Server.UrlEncode("url data");
var urlDecoded = Server.UrlDecode("url%20data");
```

（3）MapPath 方法

该方法用于将虚拟路径（也叫相对路径）转换为物理路径。

例如：

```
var dataFile = Server.MapPath("~/App_Data/data.txt");
```

### 5. Request

在操作方法或视图的 C#代码块中，通过 Request 属性，可获取 HttpRequestBase 对象，从而进一步调用该对象提供的属性和方法，如表 3-3 所示。

表 3-3　　通过 Request 属性访问 HttpRequestBase 对象公开的常用属性和方法

| 属性和方法 | 说　明 |
|---|---|
| Request.Cookies[key] | 获取或设置 HTTP Cookie 的值。例如：var cookieValue = Request.Cookies["myCookie"].Value; |
| Request.Files[key] | 获取或设置当前请求中上传的文件。例如：Request.Files["postedFile"].SaveAs(@"MyPostedFile"); |
| Request.Form[key] | 获取窗体中的数据，该方法同时检查 Request.Form 和 Request.QueryString 集合。例如：<br>var formValue = Request.Form["myTextBox"];<br>var formValue = Request["myTextBox"]; |
| Request.QueryString[key] | 获取 URL 请求中指定的数据，该方法同时检查 Request.Form 和 Request.QueryString 集合。例如：<br>var queryValue = Request.QueryString["myTextBox"];<br>var queryValue = Request["myTextBox"]; |
| Request.Unvalidated(key)<br>Request.Unvalidated()<br>Request.QueryString\|Form\|<br>Request.Cookies\|Headers[key] | 有选择地禁用表单验证、查询字符串的值、cookie 或标头值。例如：<br>Request.Unvalidated("userText");<br>var prodID = Request.Unvalidated().QueryString["productID"];<br>var cookie = Request.Unvalidated().Cookies["mostRecentVisit"]; |

控制器中一般通过 Request[“参数名”]的办法获取客户端传递给服务器的参数。在后续章节中介绍 HTML 表单交互时，我们还会详细学习通过该属性获取表单数据的具体用法，这里先简单介绍一下其他的基本用法。

【例 3-4】演示 Request 属性的基本用法，程序运行效果如图 3-5 所示。

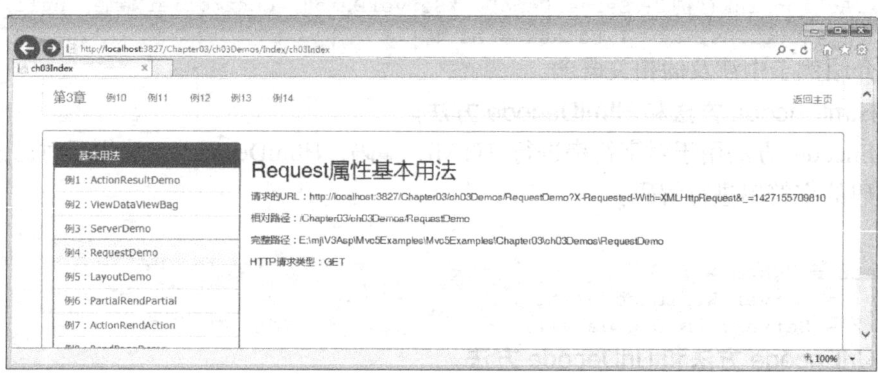


图3-5　例3-4的运行效果

该例子的源程序见 RequestDemo.cshtml 文件和 RequestDemo 操作方法。

RequestDemo.cshtml 文件中只有下面 2 行代码：

```
<h2>Request 属性基本用法</h2>
@ViewBag.Result
```

控制器中对应的 RequestDemo 操作方法的代码如下：

```
public ActionResult RequestDemo()
{
    string s = "";
    s += string.Format("<p>请求的 URL: {0}</p>", Request.Url);
    string filePath = Request.FilePath;
    s += string.Format("<p>相对路径: {0}</p>", filePath);
    s += string.Format("<p>完整路径: {0}</p>", Request.MapPath(filePath));
    s += string.Format("<p>HTTP 请求类型: {0}</p>", Request.RequestType);
    ViewBag.Result = MvcHtmlString.Create(s);
    return View();
}
```

在这段代码中，还同时演示了如何通过 MvcHtmlString 类提供的静态 Create 方法在控制器中直接生成 HTML 代码。

### 6. Response

Controller 类还提供了一个只读的 Response 属性，该属性表示当前的 HttpResponse 对象，其原型如下（只列出了相关的代码）：

```
public abstract class Controller : ControllerBase,......
{
    ......
    public HttpResponseBase  Response { get; }
    public HttpContextBase   HttpContext { get; }
}
```

从原型定义中可以看出，通过 Response 属性可获取 HttpResponseBase 类型的对象，在 HttpResponseBase 对象中，公开了一些常用的方法，如表 3-4 所示。

表 3-4　　通过 Response 访问 HttpResponseBase 对象公开的方法

| 属性和方法 | 说　明 |
|---|---|
| Response.AddHeader(name, value) | 在响应中添加 HTTP 服务器标头，例如：<br>Response.AddHeader("WWW-Authenticate", "BASIC");　// 使用基本身份验证添加标头 |

续表

| 属性和方法 | 说　明 |
| --- | --- |
| Response.Redirect(path) | 将浏览器重定向到另一个地址，例如：Response.Redirect("~/Folder/File"); |
| Response.OutputCache(seconds [, sliding] [, varyByParams]) | 输出缓存页，缓存时间由参数 seconds 指定。如果 sliding 为 true，则表示在页请求时，若缓存超时，则用 veryByParams 中指定的缓存页，例如：<br>Response.OutputCache(60);<br>Response.OutputCache(3600, true);<br>Response.OutputCache(10, varyByParams : new[] {"category","sortOrder"}); |
| Response.SetStatus(httpStatusCode) | 将设置的 HTTP 状态码发送到浏览器，例如：<br>Response.SetStatus(HttpStatusCode.Unauthorized);<br>Response.SetStatus(401); |
| Response.WriteBinary(data [, mimetype]) | 输出响应数据的内容，例如：<br>Response.WriteBinary(image, "image/jpeg"); |
| Response.WriteFile(file) | 输出文件的内容，例如：<br>Response.WriteFile("file.ext"); |

由于表中已经解释了其基本用法，因此不再进行详细说明。

**7. 其他属性和对象**

除了前面列出的这些常用对象外，MVC 还提供了其他属性和对象，如 Session、Cookie 等，由于这些技术涉及的概念非常多，作为初学者来说可暂时不考虑它们，因此我们不再对其展开介绍，但在实际的 Web 项目开发中，这也是必不可少的知识，希望深入了解这些技术的读者，可参考其他相关资料。

# 3.2　视图（Views）及其分类

在 ASP.NET MVC 中，复数形式的英文单词“Views”表示的是多种视图页面，包括布局页（Layout Page）、视图页（View Page）、分部页（Partial Page）、视图（View）、分部视图（Partial View）等；而单数形式的英文单词（View）所指的才是具体的视图。但是，由于中文的“视图”这两个字没有单复数之分，这在介绍概念时有一些难度，当理解上有可能出现歧义时，为了避免混淆，本书会在中文名称的后面同时把英文名称也标注出来。

## 3.2.1　如何添加视图文件

ASP.NET MVC 约定：视图文件一律保存在 Views 文件夹下。

**1. 添加布局页、视图页和分部页**

布局页（Layout Page）、视图页（View Page）和分部页（Partial Page）一般添加到 Views/Shared 子文件夹下，这些文件的共同特征是：它们都没有对应的控制器。

具体添加方法为：鼠标右击 Shared 子文件夹，单击【添加】→【新建项】命令，在弹出的窗口中，选择要添加的页即可，如图 3-6 所示。

例如，ch03Demos.cshtml 文件就是用添加“MVC 5 分部页（Razor）”的方法来添加的。

**2. 添加视图和分部视图**

视图（View）和分部视图（Partial View）一般保存到 Views 文件夹下除了 Shared 子文件

夹以外的其他子文件夹下。这些子文件夹的共同特征是：每个子文件夹都有且只有一个对应的控制器，而且子文件夹的名称就是控制器名称去掉 Controller 后缀后的名称。例如，ch03Demos 子文件夹下的所有视图和分部视图文件都是由 ch03DemosController 类来控制的。

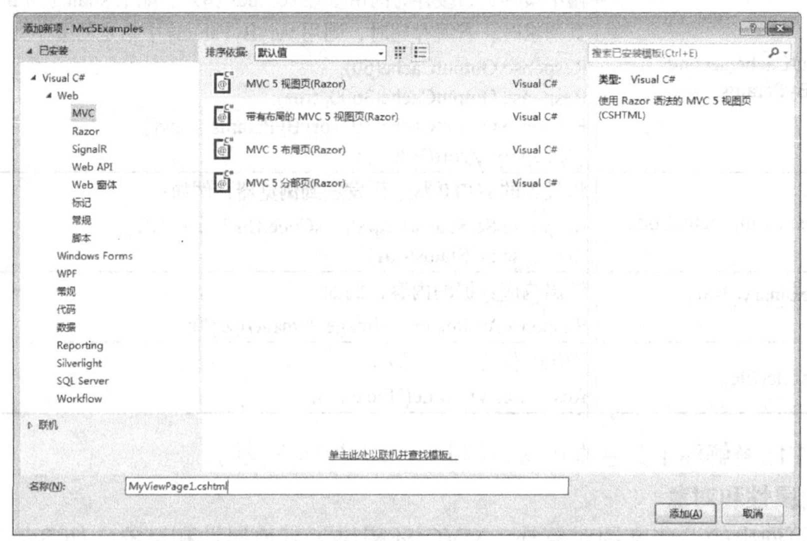


图3-6　添加视图页、分部页或布局页

由于视图和分部视图都是由控制器中的某个操作方法来处理的，所以，通常采用鼠标右击操作方法的办法来添加视图或分部视图。

例如，鼠标右击 ch03DemosController.cs 文件中的 Index 操作方法，选择【添加视图】命令，就会弹出如图 3-7 所示的窗口。

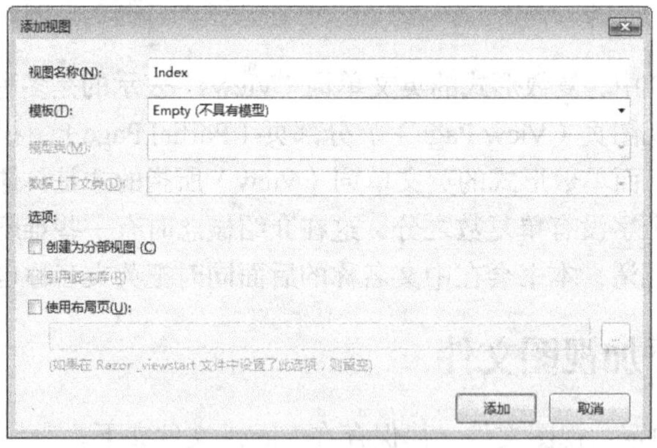


图3-7　通过控制器添加视图或分部视图

在这个窗口中，输入要添加的视图文件的名称（输入时不带.cshtml 扩展名），勾选合适的选项，然后单击【添加】按钮即可。

下面简单介绍这些选项的含义。

**（1）添加视图**

当勾选【使用布局页】选项时，如果不在其下方的文本框中输入所引用的布局页，该视图将默认引用_ViewStart.cshtml 文件中用 Layout 属性指定的布局页；如果希望通过 Layout 属性指定引用的布局页，单击文本框右侧的【…】按钮选择所引用的布局页即可。

添加视图时，如果模板选择的不是 Empty，还可以进一步选择【模型类】、【数据上下文】选项，同时还可以勾选【引用脚本库】选项让其自动添加对相关脚本的引用。

但是，对于本书所有示例来说，由于在布局页中已经添加了对相关脚本的引用，所以对于本书的示例来说，无论是添加视图还是添加分部视图，都不需要勾选【引用脚本库】这个选项。

至于【模型类】、【数据上下文】选项的含义，以后我们还会学习其具体用法，这里可暂时不考虑它。

**（2）添加分部视图**

当勾选【创建为分部视图】选项时，此时添加的是分部视图文件，如图 3-8 所示。

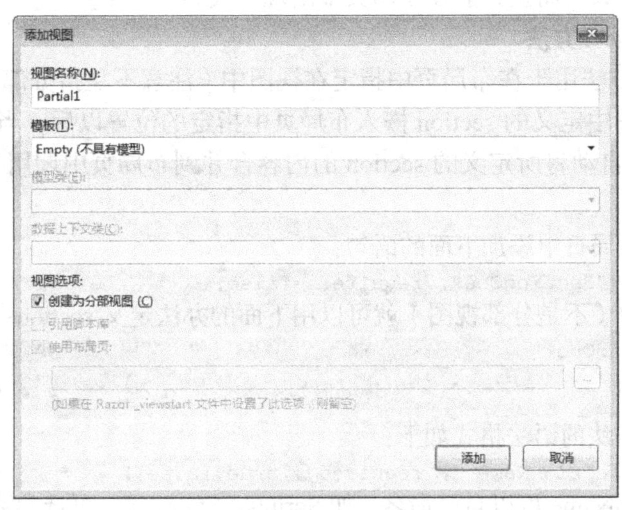


图3-8　添加分部视图

在这种情况下，如果模板选择的不是 Empty，仍然可以进一步选择【模型类】、【数据上下文】以及【引用脚本库】选项，其含义和添加视图时的含义相同。

实际上，模板只是帮我们自动生成了一些代码，这对初学者来说很有帮助，但是，当我们理解了这些代码的含义后，也可以在文件中直接编写这些代码。

## 3.2.2　布局页（Layout Page）

布局页（Layout Page）也叫母版页，是指可被其他页面作为模板来引用的特殊网页。

布局页一般保存在 Views/Shared 子文件夹下，但不是必须保存在该文件夹下。

注意：MVC 约定，布局页的文件名一律用下划线（_）作为前缀。当然，不用下划线也可以，但是看起来就不那么一目了然了。

例如，本书源程序中的_Layout.cshtml、_AreasLayout.cshtml 都是布局页。

如果希望不同的模块引用不同的布局页，用区域来管理项目是最理想的办法，这是因为 Areas 文件夹下的每个区域都可以提供一个默认的布局页。除此之外，还可以像本书的所有例子一样，让其中的大部分模块都使用同一个布局页，让个别模块使用指定的布局页。

默认情况下，系统提供的模板会自动帮我们在项目根目录的 Views 文件夹或者 Areas 文件夹下各区域中的 Views/Shared 子文件夹下都添加一个名为_Layout.cshtml 的布局页，除此之外，还可以随时添加其他的布局页。

在布局页中，可通过 Razor 语法调用在 System.Web.Mvc.WebViewPage 类中定义的各种方法，如 RenderBody 方法、RenderSection 方法等。

**1. RenderBody 方法**

RenderBody 方法用于在布局页的<body>与</body>之间的某个位置定义视图页或视图的占位符。呈现引用此布局页的视图或视图页时，MVC 会自动将视图或视图页的内容合并到布局页中调用 RenderBody 方法的位置处。

RenderBody 方法的语法如下：

```
@RenderBody()
```

这个方法没有参数，而且只能在布局页中出现一次。

**2. RenderSection 方法**

RenderSection 方法用于在布局页中指定在视图中（注意不是指分部视图）用 section 定义的占位符。将视图中定义的 section 嵌入布局页中指定的位置以后，当呈现引用此布局页的视图时，MVC 会自动将所定义的 section 的内容合并到布局页中调用 RenderSection 方法的位置处。

例如，如果在布局页中添加下面的语句：

```
@RenderSection("SectionOne", required =false)
```

那么，在视图中（不是分部视图）就可以用下面的办法定义 section：

```
@section SectionOne{
    ......
}
```

RenderSection 方法的语法格式如下：

```
RenderSection(sectionName [, required = true|false])
```

参数中的 sectionName 可以自己命名，如 Scripts、Styles 等。可选参数 required 表示是否要求必须在视图页中定义 sectionName 指定的值，如果省略该参数，默认为 true。

**3. IsSectionDefined 方法**

如果在布局页中通过 Razor 语法调用了 RenderSection 方法，但是又希望当所有视图都没有实现用 sectionName 指定的名称时，布局页有自己的呈现内容，在这种情况下，可先通过 IsSectionDefined（sectionName）判断视图页中是否已经定义了用 sectionName 指定的名称，如果视图页中没有定义该名称，那么就在布局页中定义呈现的内容，例如：

```
@if (IsSectionDefined("Status"))
{
    @RenderSection("Status")
}
else
{
    ......
}
```

### 3.2.3 视图页（View Page）和视图（View）

视图页（View Page）和视图（View）都是 System.Web.Mvc.WebViewPage 类的实例，由于视图（View）有对应的操作方法，而视图页（View Page）没有对应的操作方法，所以模板分别提供了不同的添加方式。

在视图页、视图或在_ViewStart.cshtml 文件中，都可以通过 Layout 属性指定引用的布局页。

### 1. 一次性指定默认布局页

默认情况下，视图页或者视图通过_ViewStart.cshtml 文件指定该区域所有页面默认引用的布局页。例如，Chapter03/Views 文件夹下的_ViewStart.cshtml 的内容如下：

```
@{
    Layout = "~/Areas/Chapter03/Views/Shared/_ch03Layout.cshtml";
}
```

其含义是：Chapter03 区域中的 ch03 文件夹、ch03Demos 文件夹、ch03NavDemos 文件夹以及该区域 Shared 子文件夹下的所有文件默认都将_ch03Layout.cshtml 作为引用的布局页，这样一来，就不需要在每个.cshtml 文件中都指定引用的布局页了，这是最常见的做法。

总的来说，当我们在项目根目录的 Views 文件夹下创建一个新的视图时，如果不指定布局页，则它默认引用的就是项目根目录 Views/Shared 文件夹下的_ViewStart.cshtml 中指定的布局页；在某个区域中新建一个视图时，如果不指定引用的布局页，则它默认引用的是该区域内 Views/Shared 文件夹下的_ViewStart.cshtml 中指定的布局页。

### 2. 在视图文件中指定引用的布局页

对于某些特殊情况，有些页面文件可能不引用在_ViewStart.cshtml 中指定的布局页，此时可以在该文件中通过 Layout 属性明确指定引用的是哪个布局页。例如，第 10 章（Chapter10 区域）中的 ch10Demos3D 文件夹下的 demo1.cshtml、demo2.cshtml、demo3.cshtml 都需要用这种办法来处理：

```
@{
   Layout = "~/Areas/Chapter10/Views/Shared/_ch10Layout3D.cshtml";
}
<div>
    ......
</div>
```

### 3. 不引用布局页

如果某个.cshtml 文件不引用布局页，在该文件中将 Layout 属性设置为 null 即可：

```
@{
    Layout = null;
}
<!DOCTYPE html>
<html>
......
</html>
```

例如，Chapter10 区域中 ThreejsExamples 文件夹下的所有.cshtml 文件都是用这种办法来实现的。

下面用一个例子演示不引用布局页的基本用法。

【例 3-5】演示不引用布局页的基本用法，程序运行效果如图 3-9 所示。

图3-9　例3-5的运行效果

该例子的源程序见 LayoutDemo.cshtml 文件。

这个例子提前使用了后续章节中将要介绍的内容（HTML、CSS、jQuery），这里只需要读者重点关注 Layout 属性的用法即可。

**4. 在视图中引用.NET 命名空间**

.NET 框架包含了各种命名空间，为了利用.NET 框架提供的类实现各种功能，我们还需要知道如何在各种视图（Views）中引用.NET 命名空间。

**（1）添加所有视图都可以使用的命名空间**

在 MVC 中，除了在项目根目录的 Views 文件夹下有一个 Web.config 文件（首字母大写）以外，每个区域中的 Views 文件夹下也都有一个 web.config 文件（首字母小写），这些文件配置了视图默认引用的命名空间，相关代码如下：

```
<pages>
    <namespaces>
      ......（具体引用形式请参看根目录下的 Web.config 或者各区域中的 web.config 文件）
    </namespaces>
</pages>
```

如果希望添加所有视图都可以使用的命名空间，可以在在配置文件的 namespaces 节中添加对.NET 命名空间的引用，这是最简单的办法。

**（2）添加仅当前视图可以使用的命名空间**

如果希望只在当前视图（.cshtml 文件）中添加对.NET 命名空间的引用，在该文件中直接使用@using 标记即可，这种引用仅影响当前文件，其用法和在扩展名为“.cs”的文件中使用 using 的用法相似，区别仅是在.cshtml 文件中多了一个@前缀。

例如，可在某个.cshtml 文件中编写下面的代码：

```
@using System.Text;
......//其他代码
```

这段代码中的第一行演示了如何使用@using 标记引用 System.Text 命名空间，当然还可以继续添加对其他命名空间的引用。

### 3.2.4 分部页（Partial Page）和分部视图（Partial View）

当需要将某个.cshtml 文件作为当前视图的一部分或者作为布局页的一部分插入该文件中的某个位置时，可以用分部页或者分部视图来实现。

分部页和分部视图的作用类似于 Web 窗体（WebForms）的用户控件，一般将这种页面保存在单独的文件中，以便重复将其插入其他页中的某个位置。

**1. 父视图和子视图**

分部视图（Partial View）也叫子视图，子视图是相对于其父视图而言的。父视图可能是视图（View），也可能是分部视图（Partial View），而子视图肯定是分部视图（Partial View）。

在控制器中，可通过 PartialView 方法返回子视图。例如：

```
public ActionResult Index(string id)
{
    ......
    return PartialView(id);
}
```

在操作方法中调用 PartialView 方法的好处是可动态地将某些内容插入父视图中。

**2. 呈现分部视图的帮助器**

由于分部视图仅仅作为其父视图的一部分，因此需要在父视图中指定插入分部视图的目标位置（在父视图中用 Html.Partial、Html.RendPartial 实现），或者用 Ajax 实现（通过 Ajax 选项指定局部更新的目标元素的 id），如 ch03Demos.cshtml 文件中的代码就是通过 Ajax 来实现的。

在父视图中呈现子视图的 Html 帮助器有：Html.Partial、Html.RendPartial、Action、RenderAction 以及 RenderPage。

在布局页、视图页或另一个分部视图中，都可以通过这些帮助器将某另一个页面（分部视图）插入当前页面中。

（1）Html.Partial

System.Web.Mvc.Html.PartialExtensions 类提供了将分部视图呈现为 HTML 编码字符串的功能，该类包含了多个重载的静态 Partial 方法，下面是这些重载方法之一的语法：

```
public static MvcHtmlString Partial(
    this HtmlHelper htmlHelper, string partialViewName)
```

在父视图中，可通过下面的重载形式之一将某个子视图插入当前页中的某个位置（以实例形式调用时，省略第 1 个参数 htmlHelper）：

```
Html.Partial(string partialViewName)
Html.Partial(string partialViewName, Object model)
Html.Partial(string partialViewName, ViewDataDictionary viewData)
Html.Partial(string partialViewName, Object model, ViewDataDictionary viewData)
```

例如，要将 partial1.cshtml 文件插入 View1.cshtml 文件中，可在 View1.cshtml 文件中用下面的办法之一来实现：

```
@*用法 1：不带扩展名*@
@Html.Partial("partial1")
@*用法 2：带扩展名*@
@Html.Partial("~/Chapter03/Views/ch03Demos/partial1.cshtml")
@*用法 3：当满足指定的条件时才插入该分部页*@
@if(...)
{
    Html.Partial("partial1");
}
```

Partial 方法的所有重载形式返回的都是已经进行过 HTML 编码的字符串，当参数中指定的文件名不带扩展名时，它会先查看当前目录（View1.cshtml 文件所在的目录）是否存在 partial1.cshtml 文件，如果不存在，再依次查找区域中 Shared 文件夹和项目根目录下的 Shared 文件夹，如果都不存在，则显示错误。

如果参数中指定的文件名包括扩展名，这种情况下必须指定该文件的完整路径。

（2）Html.RendPartial 方法

RendPartial 方法是 System.Web.Mvc.Html.RenderPartialExtensions 类提供的静态的 Html 扩展方法，其重载形式和 Partial 方法的重载形式相似，将 Partial 重载形式中的所有 Partial 换为 RendPartial，就是 RendPartial 方法的重载形式。另外，两者的用法也非常相似，区别仅仅是前者可直接用@Html.Partial(…)的形式调用它（返回 MvcHtmlString 类型，可将其赋值给某个变量重复调用）；后者必须以内联方式呈现，即采用@{Html.RendPartial(...);}的形式调用它（返回 void 类型）。

【例 3-6】演示 Html.Partial 和 Html.RendPartial 的基本用法，程序运行效果如图 3-10 所示。

该例子的源程序见 PartialRendPartial.cshtml 文件，代码如下：

```
<h3>用于分部页或分部视图的 Html 帮助器（Patial、RendPartial）基本用法</h3>
```

```
<p>Partial 基本用法：@Html.Partial("Partial1")</p>
<p>RenderPartial 基本用法：@{Html.RenderPartial("Partial1");}</p>
@{
    var p = Html.Partial("Partial1");
    if (p != MvcHtmlString.Empty)
    {
        <p>满足条件时插入分部页：@p</p>
    }
}
```

图3-10　例3-6的运行效果

### （3）Html.Action 和 Html.RenderAction

在 System.Web.Mvc.Html.ChildActionExtensions 类中，分别定义了 Html.Action 方法和 Html.RenderAction 方法，这两个方法都是静态的 Html 扩展方法，用于呈现通过操作方法返回的子视图。

在布局页、视图页、分部页或者其他分部视图中，都可以通过@Html.Action 和@Html.RenderAction 以实例方式调用这两个方法。

Html.Action 方法的原型如下：

```
public static MvcHtmlString Action(
    this HtmlHelper htmlHelper,        第 1 个参数
    string actionName)                 第 2 个参数
```

在父视图中，可通过下面的 Html.Action 重载形式之一将操作方法返回的子视图（或分部视图）呈现到父视图中的某个位置：

```
Html.Action(string actionName)
Html.Action (string actionName, Object routeValues)
Html.Action (string actionName, RouteValueDictionary routeValues)
Html.Action (string actionName, string controllerName)
Html.Action (string actionName, string controllerName, Object routeValues)
Html.Action (string actionName,
             string controllerName,
             RouteValueDictionary routeValues)
```

例如，在控制器（ch03DemosController.cs 文件）中编写下面的代码：

```
public ActionResult Hello()
{
    return Content(string.Format("Hello, 今天是{0:dddd}", DateTime.Now));
}
```

在视图中，就可以用类似下面的代码调用 Action 方法和 RendAction 方法：

```
<p>@Html.Action("Hello", "ch03Demos")</p>
<p>@{ Html.RendAction("Hello", "ch03Demos");}</P>
```

从功能上来说，Action 和 RenderAction 的区别仅在于：Action 帮助器返回的是经过 HTML

编码的字符串（MvcHtmlString 类型），可将 Action 返回的结果赋值给某个变量重复使用；而 RenderAction 帮助器返回的类型为 void，在父视图中直接以内联方式将其呈现出来，适用于@{ }内有多条语句的情况。

当利用 Action 或者 RenderAction 向服务器提交请求时，使用的都是当前 HTTP 上下文，其本质含义就是：子视图可以访问其父视图中的数据。

下面通过例子演示具体用法。

**【例 3-7】**演示 Action 和 RendAction 的基本用法，程序运行效果如图 3-11 所示。

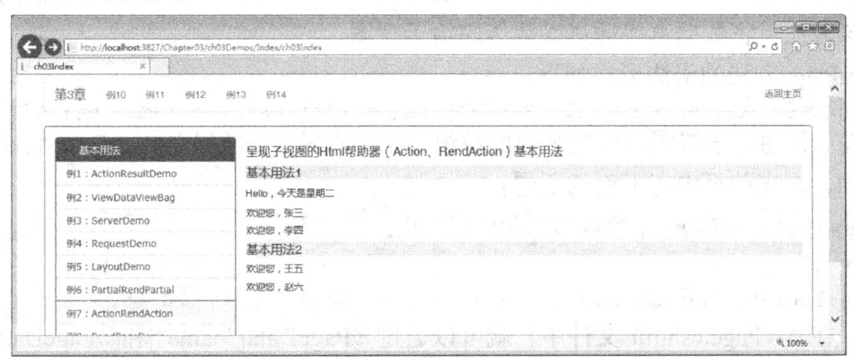


图3-11　例3-7的运行效果

该例子的源程序见 ActionRendAction.cshtml 文件和 ShowHello.cshtml 文件及其控制器。

ActionRendAction.cshtml 文件的代码如下：

```
@{
    var action1 = Html.Action("ShowHello", "ch03Demos", new { name = "张三" });
    var action2 = Html.Action("ShowHello", "ch03Demos", new { name = "王五" });
}
<h4>呈现子视图的 Html 帮助器（Action、RendAction）基本用法</h4>
<h4 class="bg-success">基本用法 1</h4>
<p>@Html.Action("ShowHello", "ch03Demos")</p>
<p>@action1</p>
<p>@{Html.RenderAction("ShowHello", "ch03Demos", new { name = "李四" });}</p>
<h4 class="bg-success">基本用法 2</h4>
@{
    var today = DateTime.Now;
    if (today.Year >= 2014)
    {
        <p>@action2</p>
        Html.RenderAction("ShowHello", "ch03Demos", new { name = "赵六" });
    }
}
```

在这段代码中，通过 Html.Action 调用了控制器中的 ShowHello 操作方法，控制器中对应的操作方法如下：

```
public ActionResult ShowHello(string name)
{
    if (string.IsNullOrEmpty(name))
    {
        return Content(string.Format("Hello，今天是{0:dddd}", DateTime.Now));
    }
    else
    {
        ViewBag.Message = "欢迎您，" + Server.HtmlEncode(name);
```

```
        return PartialView();
    }
}
```

该操作方法返回分部视图（ShowHellow.cshtml 文件），该分部视图的代码非常简单，只有一行代码：

```
<h5>@ViewBag.Message</h5>
```

#### （4）RenderPage 方法和 PageData 属性

System.Web.Mvc.WebViewPage 类还提供了一个 RenderPage 方法，该方法也是在当前视图（View）内呈现另一个分部视图（Partial View）的内容，它和 Html.Partial 方法的主要区别是：利用该方法可将数据直接通过参数传递给子视图。

RenderPage 方法的语法形式如下：

```
public override HelperResult RenderPage( string path, params Object[] data)
```

data 表示传递给子视图的可变个数的数组，在子视图中，可利用 PageData 属性访问这些数据。例如，在当前页中有下面的语句：

```
@RenderPage("MyPage.cshtml", "张三", 20)
```

或者：

```
@RenderPage("MyPage.cshtml", new { name = "张三", age = 20 })
```

那么，在 MyPage.cshtml 文件中，就可以通过@PageData["name"]和@PageData["age"]分别获取父视图传递给它的数据。

下面通过例子说明具体用法。

【例 3-8】演示 RendPage 方法的基本用法，程序运行效果如图 3-12 所示。

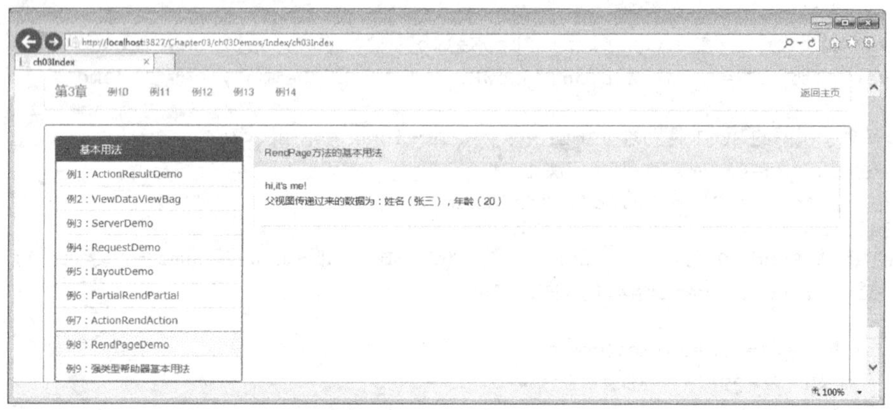


图3-12　例3-8的运行效果

该例子的源程序见 RendPageDemo.cshtml 文件。

### 3. 使用分部视图时需要注意的事项

使用分部视图或者子视图时，需要注意以下事项。

#### （1）ViewData、ViewBag 的使用

MVC 在实例化分部视图时，会自动将其父视图的 ViewData 对象或者 ViewBag 对象（即 ViewDataDictionary 的实例）复制（克隆）一份到分部视图中，所以分部视图可以访问其父视图的数据。但是，如果在分部视图中更新了这些数据，由于它是复制其父视图的 ViewData 或者 ViewBag 对象，所以分部视图只会影响自己内部的 ViewData 或者 ViewBag，而不会影响其父视图中的 ViewData 或者 ViewBag 对象。

**（2）不要在分部视图中定义 section**

在分部视图中，section 的定义不起作用。例如，在分部视图中下面的代码不起作用：

```
@section Scripts{
    <script>
       ......
    </script>
}
```

这是因为 section 的定义是通过父视图来处理的，而父视图只负责将分部视图插入其内部的某个位置，它不会进一步去解析分部视图内的代码，因此在分部视图内定义的 section 无效。但是，在分部视图中，仍然可以使用客户端脚本，包括 jQuery 代码、JavaScript 代码以及 Bootstrap 脚本代码等，区别仅仅是不要将其包含在 section 中即可，例如：

```
<script>
    ......
</script>
```

**（3）子操作中的异常处理**

子操作是指返回分部视图（PartialViewResult 类型）的操作方法。在控制器中，父操作不处理子操作中出现的异常。或者说，当子操作出现异常时，父操作会直接忽略该异常，也不会显示错误。因此，必须在子操作中处理可能产生的异常。介绍强类型视图时，我们再演示具体处理办法。

## 3.2.5 动态类型视图和强类型视图

从呈现数据使用的技术来看，可将视图进一步分为动态类型视图和强类型视图。

**1. 动态类型视图**

前面我们已经学习过，在 ASP.NET MVC 中，简单的数据可以用 ViewBag 来传递，这种用 ViewBag 呈现数据的视图称为动态类型视图。

动态类型视图的优点是使用方便，缺点是通过 ViewBag 从控制器传递给视图的数据直到运行时才去获取成员对象的值。或者说，如果控制器传递给视图的 ViewBag 成员对象不存在，只有在运行时才会发现错误。

**2. 强类型视图**

强类型视图是指利用模型（Model 类型）来呈现数据的视图，这种视图是通过模型将数据从控制器传递给视图，而不是用 ViewBag 来实现。

使用强类型视图的好处是：开发人员可以直接使用视图模型类的成员，不必像 ViewBag 那样进行类型转换，而且也易于进行单元测试。另外，在开发人员键入代码的过程中，Razor 视图引擎就能根据模型中声明的强类型，去自动检查使用的模型成员是否存在错误，而不是在运行时才去检查是否有错。

**3. 用于强类型视图的 Html 帮助器**

为了方便页面设计，ASP.NET MVC 提供了用于强类型视图的 Html 帮助器（简称强类型帮助器）。介绍表单交互以及数据库操作时，我们再学习这些帮助器的详细用法，这里先演示一个简单的例子，让读者对其有一个大概的印象。

**【例 3-9】**演示强类型帮助器的基本用法，运行效果如图 3-13 所示。

该例子的源程序见 Example9.cshtml 文件以及 ch03DemosController.cs 文件中的 Example9 操作方法。

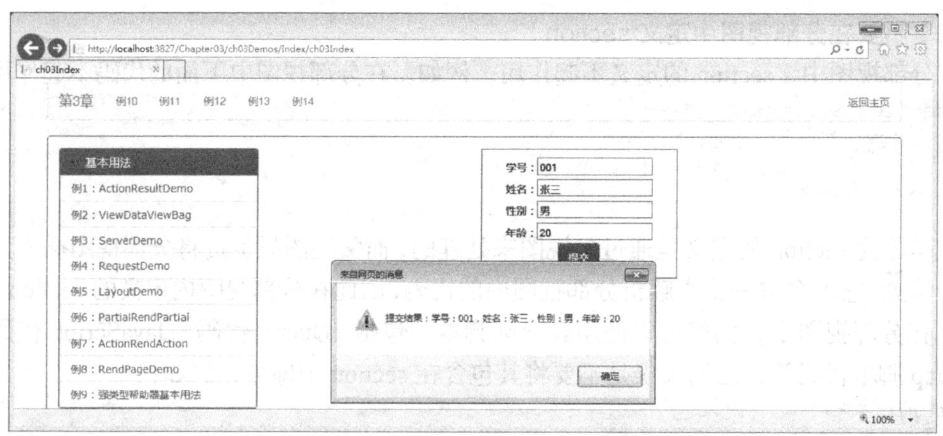

图3-13　例3-9的运行效果

ch03NavDemosController.cs 文件中的 Example9 操作方法的代码如下：

```
public ActionResult Example9(MyStudentModel student)
{
    if (Request.HttpMethod == "GET")
    {
        student = new MyStudentModel
        {
            XueHao = "001", XingMing = "张三", XingBie = "男", NianLing = 20
        };
        return PartialView(student);
    }
    else
    {
        string s = "输入信息有错！";
        if (ModelState.IsValid)
        {
            s = string.Format(
                "提交结果：学号：{0}，姓名：{1}，性别：{2}，年龄：{3}",
                student.XueHao, student.XingMing,
                student.XingBie, student.NianLing);
        }
        return JavaScript(string.Format("alert('{0}')", s));
    }
}
```

Example9.cshtml 文件的内容如下：

```
@model Mvc5Examples.Areas.Chapter03.Models.MyStudentModel
@using (Ajax.BeginForm(new AjaxOptions()))
{
    <div class="center-block text-center" style="width:260px; border:1px solid red;
padding:10px;">
        <label>学号：@Html.TextBoxFor(x => x.XueHao)</label><br />
        <label>姓名：@Html.TextBoxFor(x => x.XingMing)</label><br />
        <label>性别：@Html.TextBoxFor(x => x.XingBie)</label><br />
        <label>年龄：@Html.TextBoxFor(x => x.NianLing)</label><br />
        <input type="submit" class="btn btn-primary" value="提交" />
    </div>
}
```

在这个例子中，提前使用了模型，这里只需要重点关注强类型帮助器的用法即可。实际上，强类型帮助器一般都是与模型配合在一起来使用的。

# 3.3　模型和输入验证

在 ASP.NET MVC 中，可将模型（Model）看作处理持久性数据的心脏，数据库、XML 文件、Web API 以及其他各种服务等所有持久性数据，都可以通过模型提供给控制器。

将模型通过控制器和视图（View）或者分部视图（Partial View）绑定在一起，不但能在页面中显示和编辑模型数据，而且还能对用户输入的信息进行验证。

这一节我们先简单介绍与模型和输入验证相关的一些基本概念，随着后续章节的学习，我们还会逐步了解更多的用法。

## 3.3.1　定义和引用模型

有两种使用模型的办法，一种是用默认的模型来实现，另一种是用自定义的模型来实现。

**1. 默认模型**

默认情况下，.NET 框架提供的数据类型都可以作为模型传递给视图，Razor 视图引擎会自动为其提供一个默认的模型供开发人员使用。

下面通过一个简单的例子，演示如何在控制器中将.NET 框架提供的类及其数据转换为模型，并将其传递给视图。该例子将实现与 ViewDataViewBag.cshtml 示例中相同的功能，但这个例子不是用 ViewBag 去传递数据，而是用模型来传递数据。

【例 3-10】演示将模型传递给视图的基本用法，程序运行效果如图 3-14 所示。

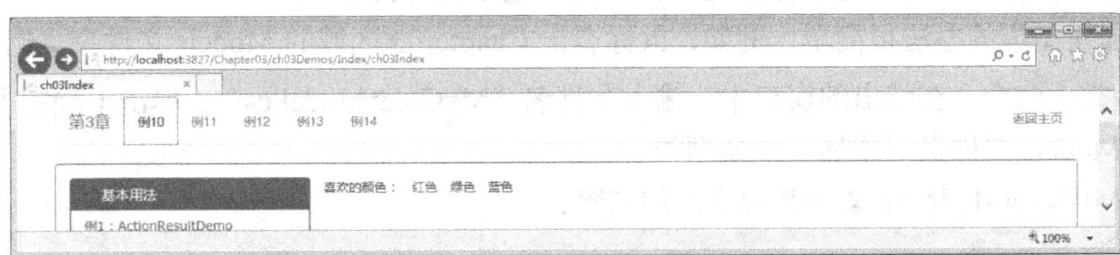


图3-14　例3-10的运行效果

该例子的主要设计步骤如下。

（1）在控制器（ch03NavDemosController.cs 文件）中添加下面的操作方法：

```
public ActionResult ModelDemo1()
{
    List<string> list = new List<string>
    {
        "red,红色", "green,绿色", "blue,蓝色"
    };
    return PartialView(list);
}
```

在这段代码中，首先声明了一个 list 泛型列表对象，然后在 PartialView 方法的参数中将该对象作为模型返回给视图。

（2）鼠标右击 ModelDemo1 操作方法，添加一个文件名为 ModelDemo1.cshtml 的分部视图，将该文件改为下面的代码：

```
@model List<string>
<ul class="list-inline">
    <li>喜欢的颜色：</li>
    @foreach (var v in Model)
```

```
    {
        var c = v.Split(',');
        <li style="color:@c[0]">@c[1]</li>
    }
</ul>
```

在这个文件中，首先用 model（首字母小写）声明了一个类型为 List<string>的模型，此时 Razor 视图引擎就会自动为该模型提供一个名为 Model（首字母大写）的对象，并自动将该对象和控制器返回的模型类型绑定在一起。

当需要呈现模型数据时，用 C#的 foreach 语句遍历 Razor 视图引擎自动生成的 Model 对象，就可以访问从控制器传递过来的模型数据了。

ch03NavDemos.cshtml 文件中对应的导航代码如下：

```
<li>@Ajax.ActionLink("例 9", "ModelDemo1", "ch03NavDemos",
    null, ajaxOptions)</li>
```

（3）运行程序，观察结果。

**2. 自定义模型**

熟悉了如何将.NET 框架提供的类转换为模型后，我们再来看如何自定义模型。

为了方便理解，可将自定义模型简单地看作用 C#代码编写的自定义类，这些类通过 C#的属性、特性和方法公开模型和持久性资源（数据库、XML 文件等）的对应关系。例如，一个类对应数据库中的一个数据库表，类中的一个属性对应数据库表中的一个字段。

**（1）在 Models 文件夹下自定义模型**

在 ASP.NET MVC 中，自定义的模型一般保存在 Models 文件夹下，这是建议的做法，但不是必须这样做，也可以将其保存在项目中的其他子文件夹下。

添加模型类的办法很简单。例如，鼠标右击 Chapter03 区域的 Models 文件夹，选择【添加】→【类】命令，在弹出的窗口中，输入文件名“MyColorModel.cs”，单击【添加】按钮，即可在 Models 文件夹下添加一个模型类。

将 MyColorModel.cs 文件改为下面的内容：

```
using System;
using System.Collections.Generic;
using System.Linq;
using System.Web;
namespace Mvc5Examples.Areas.Chapter03.Models
{
    public class MyColorModel
    {
        public string EnglishName { get; set; }
        public string ChineseName { get; set; }
    }
}
```

用同样的办法，可再添加一个 MyStudentModel 类（MyStudentModel.cs 文件），这样做的目的是为了让读者明白在 Models 文件夹下可添加多个模型类。

将 MyStudentModel.cs 文件改为下面的内容：

```
using System;
using System.Collections.Generic;
using System.ComponentModel.DataAnnotations;
using System.Linq;
using System.Web;
namespace Mvc5Examples.Areas.Chapter03.Models
{
    public class MyStudentModel
```

```
    {
        public string XueHao { get; set; }
        public string XingMing { get; set; }
        public string XingBie { get; set; }
        public int NianLing { get; set; }
    }
}
```

在 Models 文件夹下定义模型类型以后，就可以在控制器中创建模型数据了。

**（2）在控制器中创建模型数据**

下面的代码在操作方法中创建一个 MyColor 对象，并将该对象作为模型返回给视图（源程序见 ch03NavDemosController.cs 文件）：

```
public ActionResult ModelDemo2()
{
    MyColorModel myColor = new MyColorModel
    {
        EnglishName = "red", ChineseName = "红色"
    };
    return PartialView(myColor);
}
```

如果有多行数据，可先将这些数据保存到一个泛型列表中，然后再将其返回给视图。

例如（源程序见 ch03NavDemosController.cs 文件）：

```
public ActionResult ModelDemo3()
{
    List<MyStudent> students = new List<MyStudent>
    {
        new MyStudent{XueHao = "001",XingMing = "张三",XingBie = "男",NianLing = 20 },
        new MyStudent{XueHao = "002",XingMing = "李四",XingBie = "男",NianLing = 23 },
        new MyStudent{XueHao = "003",XingMing = "王五",XingBie = "男",NianLing = 21 },
    };
    return View(students);
}
```

**（3）在视图中呈现模型数据**

在视图文件中，可使用@model（首字母小写）声明控制器传递过来的模型类型，该类型必须与控制器传递的模型类型一致。声明以后，就可以用@Model（首字母大写）访问模型中相应的属性。

默认情况下，一个视图文件只能使用一种模型。但是，由于模型本身也可以定义为一个集合，因此，实际上可以传递多个模型对象。在后面章节的学习中，我们还会接触到其他用法，这里先理解简单的用法即可。

## 3.3.2　绑定模型对象

在视图中，既可以绑定单个模型对象，也可以绑定多个模型对象。

**1．绑定单个模型对象**

对于单个模型对象（可看作单行数据），可以直接用@Model 读取相应的数据。

例如：

```
@model Mvc5Examples.Areas.Chapter03.Models.MyStudentModel
<p>学号：@Model.XueHao</p>
<p>姓名：@Model.XingMing</p>
<p>性别：@Model.XingBie</p>
<p>年龄：@Model.NianLing</p>
```

下面通过例子说明其基本用法，该例子仅在视图中将模型数据显示出来，更多复杂的用法在表单交互与输入验证以及实体框架与数据库操作中还会介绍。

【例 3-11】演示绑定单个模型对象的基本用法，运行效果如图 3-15 所示。

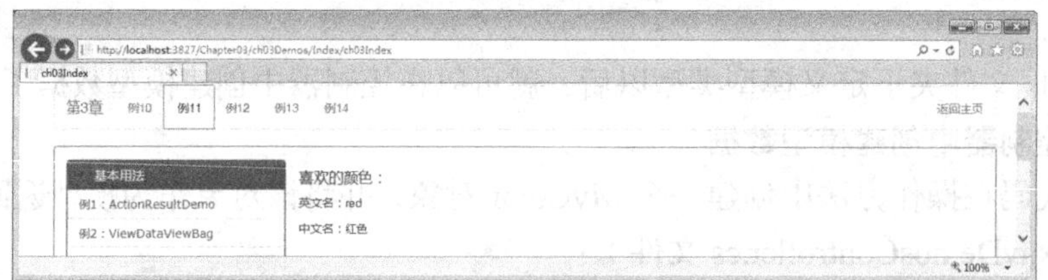

图3-15　例3-11的运行效果

该例子的源程序见 ModelDemo2.cshtml 文件以及 ch03NavDemosController.cs 文件中的 ModelDemo2 操作方法。

ModelDemo2.cshtml 文件的内容如下：

```
@model  Mvc5Examples.Areas.Chapter03.Models.MyColorModel
<h4>喜欢的颜色：</h4>
<p>英文名：@Model.EnglishName</p>
<p>中文名：@Model.ChineseName</p>
```

ch03NavDemosController.cs 文件中 ModelDemo2 操作方法的代码如下：

```
public ActionResult ModelDemo2()
{
    MyColorModel myColor = new MyColorModel { EnglishName = "red",
        ChineseName = "红色" };
    return PartialView(myColor);
}
```

**2. 绑定多个模型对象**

对于多个模型对象，可先将其保存到一个泛型列表中，然后再将其传递给视图。

【例 3-12】演示绑定多个模型对象的基本用法，运行效果如图 3-16 所示。

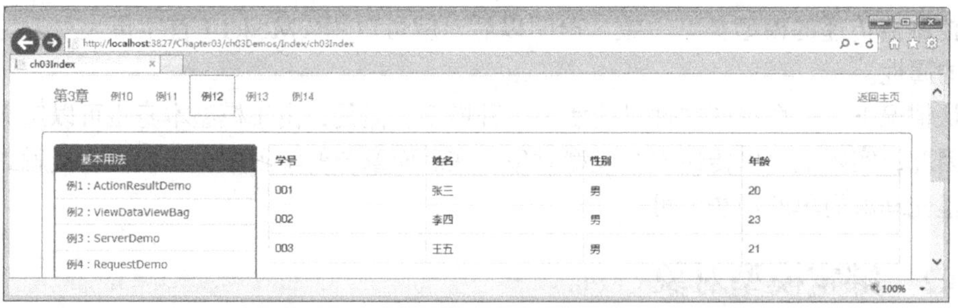

图3-16　例3-12的运行效果

该例子的源程序见 ModelDemo3.cshtml 文件以及 ch03NavDemosController.cs 文件中的 ModelDemo3 操作方法。

ModelDemo3.cshtml 文件的内容如下：

```
@model List<Mvc5Examples.Areas.Chapter03.Models.MyStudentModel>
<table class="table table-bordered">
    <thead>
        <tr>
            <th>学号</th><th>姓名 </th><th>性别</th><th>年龄</th>
        </tr>
```

```
    </thead>
    <tbody>
        @foreach (var v in Model)
        {
            <tr>
                <td>@v.XueHao</td>
                <td>@v.XingMing </td>
                <td>@v.XingBie</td>
                <td>@v.NianLing</td>
            </tr>
        }
    </tbody>
</table>
```

ch03NavDemosController.cs 文件中 ModelDemo3 操作方法的代码如下：

```
public ActionResult ModelDemo3()
{
    List<MyStudent> students = new List<MyStudent>
    {
        new MyStudent{XueHao="001",XingMing="张三",XingBie="男",NianLing=20 },
        new MyStudent{XueHao="002",XingMing="李四",XingBie="男",NianLing=23 },
        new MyStudent{XueHao="003",XingMing="王五",XingBie="男",NianLing=21 },
    };
    return PartialView(students);
}
```

### 3.3.3　利用 jQuery Validate 实现客户端验证

有两种验证用户输入的数据是否符合要求的方式，一种是利用 jQuery Validate 在客户端进行验证，另一种是利用 C#代码在服务器端进行验证。

这一节我们先学习如何利用 jQuery Validate 实现客户端验证。

**1. jQuery Validate 提供的客户端验证类型**

如果需要先进行客户端验证，验证成功后才将数据提交到服务器，此时用 jQuery Validate 来实现比较方便。但是要注意：使用 jQuery Validate 的前提是客户端不能禁用 JavaScript，否则将无法执行客户端验证功能。

本书使用的 jQuery Validate 版本见项目中 Scripts 文件夹下的 jquery.validate.js 文件以及 jquery.validate.unobtrusive.js 文件内的版本声明。

jQuery Validate 内置的验证规则如表 3-5 所示。

表 3-5　jQuery Validation 内置的验证规则

| 规则名称 | 举　例 | 说　明 |
| --- | --- | --- |
| required | required：true | 必须输入字段信息 |
| minlength | minlength：3 | 输入的字符个数不能小于 3 |
| maxlength | maxlength：10 | 输入的字符个数不能大于 10 |
| rangelength | rangelength：[3,10] | 字符个数介于 3 ~ 10 之间 |
| min | min：15 | 值不能小于 15 |
| max | max：30 | 值不能大于 30 |
| email | email：true | 必须是合法的邮件地址 |
| url | url：true | 必须是合法的网址 |

续表

| 规则名称 | 举　例 | 说　明 |
|---|---|---|
| date | date：true | 必须是合法的日期，即 new Date（ ）默认的日期格式 |
| dateISO | dateISO：true | 必须是合法的 ISO 日期，即“年/月/日”或“年-月-日”格式 |
| number | number：true | 必须是数字 |
| digits | digits：true | 必须是整数 |
| creditcard | creditcard：true | 必须是合法的信用卡号 |
| equalTo | equalTo："selector" | 必须和指定元素的值相等 |
| accept | accept："gif\|png\|jpg" | 必须是符合规定的后缀名的字符串 |
| remote | | 远程验证，即提交给服务器验证，并根据服务器返回的结果（true 或 false）进行相应处理 |

**2. 基本用法**

利用 jQuery validate 实现客户端验证是通过在脚本中调用 validate 方法来实现的，该方法的基本语法形式为：

```
$("#formId").validate(
{
    rules: {...},       //验证规则
    messages:{...},     //[可选]验证失败时的自定义提示信息
    errorElement: '...',   //[可选]自定义显示错误信息的元素，一般用 function 来实现
});
```

在 rules 和 messages 后的大括号内可设置被验证的一个或多个对象及其验证规则，每个对象由属性名和属性值构成。属性名为 HTML 元素的 name 特性的值，属性值为要应用到该元素的验证规则以及验证失败时显示的提示信息，例如：

```
rules:{
      input1:{ required:true, maxlength:20 }
}
messages:{
      input1:{ required:"不能为空", maxlength:"最多不能超过 20 个字符" }
}
```

**3. 显示错误信息的办法**

用 jQuery Validate 实现客户端验证时，有两种显示错误信息的办法。

（1）不指定 messages

调用 validate 方法时，如果不指定 messages，此时 jQuery Validate 会自动使用它默认提供的验证失败提示信息（英文）。在这种情况下，如果希望它默认显示的是中文而不是英文，可自定义一个扩展的脚本文件并将其存放到 Scripts 文件夹下（具体实现代码见 Chapter03 文件夹下的 jquery.validate.messages_cn.js 文件，由于本书示例不希望采用这种方式，所以没有将它存放到 Scripts 文件夹下）。

为什么这样做就能自动将英文变为中文呢？这是因为 App_Start 文件夹下的 BundleConfig.cs 文件会自动添加对该扩展脚本文件的引用，相关代码如下：

```
bundles.Add(new ScriptBundle("~/bundles/jquery/validate").Include(
        "~/Scripts/jquery.validate*"));
```

这行代码中的 jquery.validate*相当于同时引用了以下文件：

```
jquery.validate.min.js
jquery.validate.unobtrusive.min.js
```

```
jquery.validate.messages_cn.js
```

而 _AreasLayout.cshtml 文件又添加了对这些脚本文件的引用，因此，将 jquery.validate.messages_cn.js 文件存放到 Scripts 文件夹下以后，当需要显示错误信息时，jQuery Validate 就会自动调用该文件中定义的扩展方法。

不过，不论显示的是英文还是中文，这种办法都是一次性指定错误信息，其优点是实现方式简单，缺点是提示的错误信息不准确或者读起来很绕口，所以本书建议采用下面的第（2）种办法来实现，即通过 messages 指定具体的错误信息。

**（2）指定 messages**

通过 messages 明确指出错误信息的优点是能根据页面情况准确地说明到底是什么错误，让用户一眼就能看明白。

下面通过例子说明具体用法。

**【例 3-13】**演示利用 jQuery Validate 实现客户端验证的基本用法，运行效果如图 3-17 所示。

图3-17 例3-13的运行效果

该例子的源程序见 ch03NavDemos 文件夹下的 Validation1.cshtml 文件，代码如下：

```
@model Mvc5Examples.Areas.Chapter03.Models.MyStudentModel
@{
    var ajaxOptions = new AjaxOptions { UpdateTargetId = "bodyContent" };
}
@using (Ajax.BeginForm(ajaxOptions))
{
    <div class="form-horizontal">
        <div class="form-group">
            <label class="col-md-2 control-label">学号（*）</label>
            <div class="col-md-6">
                <input class="form-control" name="XueHao" type="text"
                       value="@Model.XueHao" />
            </div>
        </div>
        <div class="form-group">
            <label class="col-md-2 control-label">姓名（*）</label>
            <div class="col-md-6">
                <input class="form-control" name="XingMing" type="text"
                       value="@Model.XingMing" />
            </div>
        </div>
        <div class="form-group">
            <label class="col-md-2 control-label">年龄（*）</label>
```

```
            <div class="col-md-6">
                <input name="NianLing" type="number" class="form-control"
                           value="@Model.NianLing" />
            </div>
        </div>
        <div class="form-group">
            <div class="col-md-1 col-md-offset-4">
      <button class="btn btn-primary" id="btn1" type="submit">提交</button>
            </div>
        </div>
    </div>
}
<script>
    $("#btn1").click(function () {
        $("form").validate({
            rules: {
                XueHao: { required: true, rangelength: [3, 3] },
                XingMing: {
                    required: true,
                    minlength: 3,
                    maxlength: 16
                },
                NianLing: { required: true, min: 10, digits: true }
            },
            messages: {
                XueHao: {
                    required: "学号不能为空",
                    rangelength: "学号必须为 3 个字符"
                },
                XingMing: {
                    required: "姓名不能为空",
                    minlength: "姓名至少需要 2 个字符",
                },
                NianLing: {
                    required: "年龄不能为空",
                    min: "年龄不能小于 10",
                    digits: "年龄必须是整数"
                }
            }
        });
    });
</script>
```

控制器（ch03NavDemosController.cs 文件）中对应的操作方法如下：

```
public ActionResult Validation1(MyStudentModel student)
{
    if (Request.HttpMethod == "GET")
    {
        student = new MyStudentModel
        {
            XueHao = "01", XingMing = "张", NianLing = 3
        };
        return PartialView(student);
    }
    else
    {
        return JavaScript("alert('数据已提交！')");
    }
}
```

当操作员单击【提交】按钮后，如果客户端验证失败，它就会自动显示对应的错误提示信息，而且不会将数据提交到服务器，只有客户端验证成功后才会向服务器提交。

**4. 自定义客户端验证规则**

jQuery Validate 除了内置的验证规则外，还允许开发人员自定义客户端验证规则。这是通过 jQuery 提供的 addMethod 方法来实现的，语法为：

```
jQuery.validator.addMethod("name",function,message)
```

参数中的 name 为验证规则的名称，function 为自定义的验证规则，message 为验证失败时显示的错误提示信息。例如：

```
jQuery.validator.addMethod(
    "CharNum", function(value, element) {
        return this.optional(element) || (/^([a-zA-Z0-9]+)$/.test(value));
    },
    "只能输入英文字母或数字。");
```

这段代码利用自定义的正则表达式实现客户端验证（只允许英文字母和数字）。由于正则表达式的用法已经超出了本书介绍的范围，因此不再对其进行过多介绍。

## 3.3.4 利用模型实现服务器验证

由于 ASP.NET MVC 内置了 jQuery 客户端验证，因此也可以在模型类中声明这些验证规则，从而实现客户端和服务器双重验证的功能。

**1. 进行服务器验证的必要性**

既然直接用 jQuery Validate 实现客户端验证就能确保输入数据的合法性，为什么还要进行服务器验证呢？这是因为客户端验证仅仅实现了获取用户输入信息的第一个防护层，而服务器验证则是为了实现第二个防护层。具体来说，服务器验证除了可防止黑客绕过客户端验证而直接提交数据到服务器以外，还能防止黑客利用无限循环不停地提交请求去攻击或瘫痪服务器。

**2. 在模型类中利用 C#特性声明客户端和服务器验证规则**

在 ASP.NET MVC 中，服务器验证规则是在模型类中利用 C#特性来声明的。这样做的好处是：不论是否进行客户端验证，服务器验证始终都会执行。

**3. 如何判断服务器验证是否成功**

在模型类中利用 C#特性声明验证规则后，进行服务器验证时，只需要在控制器的操作方法中判断 ModelState 对象的 IsValid 属性返回结果是 true 还是 false 即可，该属性返回 true 表示服务器验证成功，返回 false 表示服务器验证失败，例如：

```
if(this.ModelState.IsValid)
{
    ......//验证成功时执行的代码
}
```

当返回 false 时，它会自动在页面中显示验证的错误信息。

另外，即使服务器验证成功，操作数据库数据时还可能会出现新的错误，介绍数据库操作时，我们再说明这种情况的解决办法。

**4. 示例**

下面通过例子说明服务器验证的具体用法。

【例 3-14】演示服务器验证的基本用法，运行效果如图 3-18 所示。

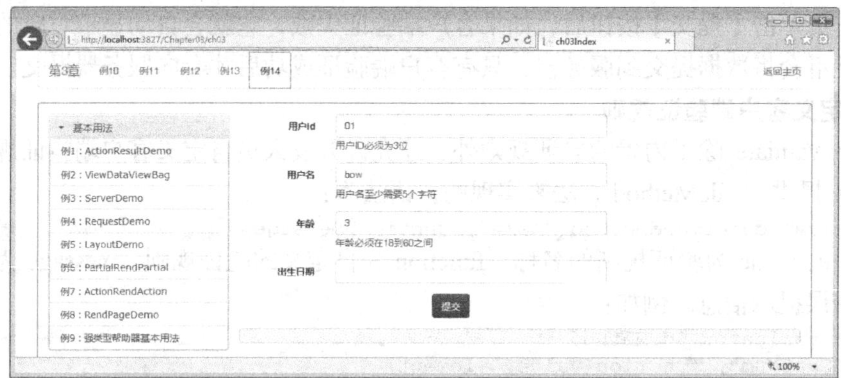

（a）验证失败时的提示信息

（b）利用 jQuery UI 的 datepicker 实现日期选择

图3-18　例3-14的运行效果

该例子的源程序见 ch03NavDemos 文件夹下的 Validation2.cshtml 文件，代码如下：

```
@model Mvc5Examples.Areas.Chapter03.Models.MyUserModel
@{
    var ajaxOptions = new AjaxOptions { UpdateTargetId = "bodyContent" };
    var c1 = new { @class = "col-md-2 control-label" };
    var c2 = "col-md-8";
    var c3 = new { @class = "form-control" };
    var c4 = new { @style = "color:red;" };
}
@using (Ajax.BeginForm(ajaxOptions))
{
    <div class="form-horizontal">
        <div class="form-group">
            @Html.LabelFor(m => m.UserId, c1)
            <div class="@c2">
                @Html.TextBoxFor(m => m.UserId, c3)
                @Html.ValidationMessageFor(m => m.UserId, "", c4)
            </div>
        </div>
        <div class="form-group">
            @Html.LabelFor(m => m.UserName, c1)
            <div class="@c2">
                @Html.TextBoxFor(m => m.UserName, c3)
                @Html.ValidationMessageFor(m => m.UserName, "", c4)
            </div>
        </div>
        <div class="form-group">
```

```
            @Html.LabelFor(m => m.Age, c1)
            <div class="@c2">
                @Html.TextBoxFor(m => m.Age, c3)
                @Html.ValidationMessageFor(m => m.Age, "", c4)
            </div>
        </div>
        <div class="form-group">
            @Html.LabelFor(m => m.Money, c1)
            <div class="@c2">
                @Html.TextBoxFor(m => m.Money, "{0:f2}", c3)
                @Html.ValidationMessageFor(m => m.Money, "", c4)
            </div>
        </div>
        <div class="form-group">
            @Html.LabelFor(m => m.BirthDate, c1)
            <div class="@c2">
                @Html.TextBoxFor(m => m.BirthDate, "{0:yyyy-MM-dd}", c3)
                @Html.ValidationMessageFor(m => m.BirthDate, "", c4)
            </div>
        </div>
        <div class="form-group">
            <div class="col-md-1 col-md-offset-4">
      <button class="btn btn-primary" id="btn1" type="submit">提交</button>
            </div>
        </div>
    </div>
}
<pre>@ViewBag.Result</pre>
<script>
    $(document).ready(function () {
        $("#BirthDate").datepicker();
    });
</script>
```

如果指定的字段包含无效的输入，可利用强类型的 ValidationMessage 帮助器显示验证错误的消息。另外，在这个例子中，还演示了 jQueryUI 提供的日期选择器（datepicker 方法）的基本用法，关于 datepicker 的相关引用和解释在后面的章节中还会详细介绍，这里只需要了解如何使用即可。

控制器（ch03NavDemosController.cs 文件）中对应的操作方法如下：

```
public ActionResult Validation2(MyUserModel user)
{
    if (Request.HttpMethod == "GET")
    {
        user = new MyUserModel();
    }
    else
    {
        if (this.ModelState.IsValid)
        {
            string s = "服务器验证成功！提交结果：";
            s += string.Format(
                "用户 Id：{0}，用户名：{1}，年龄：{2}，出生日期：{3}",
                user.UserId, user.UserName, user.Age, user.BirthDate);
            ViewBag.Result = s;
        }
    }
    return PartialView(user);
}
```

该例子的所有服务器验证规则都定义在模型类（MyUserModel.cs 文件）中，学习数据库操作时，我们还会学习了解如何在控制器中进一步检查用户提交的信息是否正确（如用户名在数据库表中是否存在等），这个例子仅演示了最基本的用法。

MyUserModel.cs 文件中的主要代码如下：

```
......
using System.ComponentModel.DataAnnotations;
......
namespace Mvc5Examples.Areas.Chapter03.Models
{
    public class MyUserModel
    {
        [Display(Name = "用户 Id")]
        [Required(ErrorMessage = "用户 Id 不能为空")]
        [StringLength(3, MinimumLength = 3, ErrorMessage = "用户 ID 必须为 3 位")]
        public string UserId { get; set; }

        [Display(Name = "用户名")]
        [Required(ErrorMessage = "用户名不能为空")]
        [StringLength(50, MinimumLength = 5,
            ErrorMessage = "用户名至少需要 5 个字符")]
        public string UserName { get; set; }

        [Display(Name = "年龄")]
        [Required(ErrorMessage = "年龄不能为空")]
        [Range(18, 60,ErrorMessage="年龄必须在 18 到 60 之间")]
        public int Age { get; set; }

        [Display(Name = "出生日期")]
        [DataType(DataType.Date)]
        [DisplayFormat(DataFormatString = "{0:yyyy-MM-dd}",
            ApplyFormatInEditMode = true)]
        public DateTime? BirthDate { get; set; }

        public MyUserModel()
        {
            UserId = "01";
            UserName = "bow";
            Age = 3;
            BirthDate = null;
        }
    }
}
```

这里我们没有删除源程序中的空行，因为这样读者一眼就能看出不同的特性声明对应的是哪个属性。

下面解释其中的一些特性声明的含义。

**（1）Required、Display、ErrorMessage**

Required 特性表示要求必须输入信息，Display 特性表示该属性在页面中显示的提示信息（如数据库表中定义的英文字段就可以利用这个特性将其显示为中文），ErrorMessage 特性表示验证失败时的提示信息。

**（2）DataType、DisplayFormat、ApplyFormatInEditMode**

DataType 特性用于指定被验证的数据类型，DisplayFormat 特性指定所显示的数据类型的格式，ApplyFormatInEditMode 用于声明用户编辑文本框时也使用指定的格式。

**（3）StringLength、MaxLength、MinLength、Range**

StringLength 特性同时规定用户可输入的最多字符个数和最少字符个数，其中参数 MaxLength 指定用户可输入的最多字符个数，参数 MinLength 指定要求用户输入的最少字符个数。Range 特性指定用户输入的数的范围。

**（4）通过属性指定的默认验证规则**

对于某些用 C#属性公开的数据类型，MVC 会自动对其类型进行服务器验证，不需要再重复声明验证规则。例如，int 类型的数据已经指明了它必须是一个整数，因此不需要再重复用特性去声明。对于这个例子来说，当用户输入的年龄是非整数时（如输入 17.6），同样会提示所输入的数据是非法数据，而通过 jQuery Validate 实现客户端验证时，必须指明 digit 验证规则才能验证输入的数据是否为整数。

总之，通过页面接收用户输入的信息时，进行双重验证是建议的做法，客户端验证可检查无效的输入，服务器验证能过滤掉潜在的攻击。最关键的是，不论客户端提交的数据是否已经通过输入验证，都能确保避不开“服务器总是进行验证”这个防护层。

## 习　题

1. 简要说明 ViewBag 和 ViewData 的主要区别和联系。
2. 举例说明如何在控制器中返回 ViewResult 对象和 PartialViewResult 对象。
3. 举例说明如何通过模型实现服务器验证。

# 第 4 章 客户端脚本与事件

这一章我们主要学习文档对象模型、JavaScript 以及 jQuery 的基本用法。虽然这一章介绍的内容无法涵盖客户端脚本涉及的所有技术，但是，作为入门知识，这些内容却是 Web 开发人员首先必须掌握的基本技能。另外，随着项目需求的深入和客户端功能的高级实现，我们还会发现这一章介绍的基本内容将会变得越来越重要。

## 4.1 基本概念

在 Web 应用开发中，除了用 C#语言开发服务器代码以外，很多功能还需要在客户端通过 JavaScript 代码直接进行处理，而不需要每次都通过服务器代码来实现。

在客户端脚本实现中，JavaScript 已经成为事实上的标准，而 jQuery 作为一个开源的 JavaScript 库，由于其语法简洁、使用方便而迅速成为 Web 开发人员的首选技术。

### 4.1.1 文档对象模型（DOM）

由于 JavaScript 和 jQuery 只有与 DOM（Document Object Model for HTML，文档对象模型）相结合才能发挥它强大的作用，所以在介绍 JavaScript 与 jQuery 的具体用法之前，我们必须先了解 DOM 的概念。

**1. 什么是 DOM**

DOM 是 W3C 制定的一种与客户端浏览器、平台和语言无关的 HTML 编程接口。概括来说，DOM 是一个树形的层次结构，它的每个节点都是一个对象，这些对象提供了对 HTML 文档的结构表述，定义了访问和操作 HTML 文档的标准方法。

图 4-1 描述了 DOM 树层次结构及其基本对象。

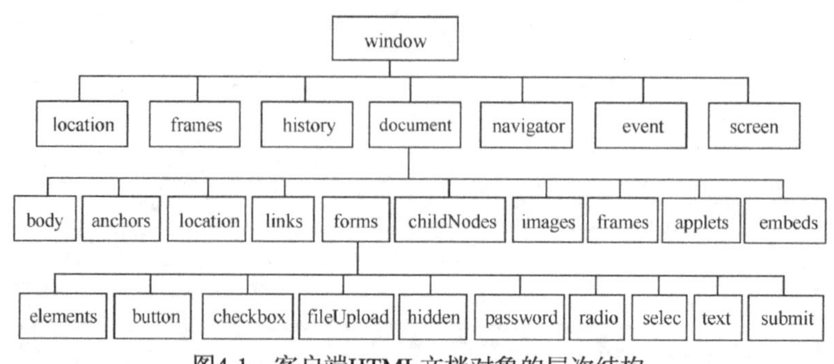


图4-1 客户端HTML文档对象的层次结构

从图中可以看出，window 对象中包含了 document 等对象，document 对象中又包含了 forms 等对象，而 forms 对象又包含了各种 HTML 元素对象。

在 ASP.NET MVC 中，这些对象都被公开为全局对象，可以在客户端脚本中直接使用。实际上，JavaScript 和 jQuery 提供的添加、删除、修改 HTML 元素的方法以及事件处理，本质上就是对 DOM 进行操作。

**2. 利用 DOM 在客户端控制 HTML 元素**

由于 DOM 树形结构中的所有 HTML 元素都以 document 对象的形式公开出来，所以开发人员可以利用 JavaScript 或者 jQuery 对 HTML 文档中的元素进行增、删、改、查等操作。例如，修改节点元素的特性，添加或删除节点元素的内容等。

另外，由于 jQuery 提供了丰富的用 JavaScript 实现的库函数，所以一般用 jQuery 提供的方法通过 document 对象来控制 HTML 元素，例如：

```
$(document).Ready(function(){
    ......
});
```

这里的 document 就是 DOM 公开的操作 HTML 元素的对象。

## 4.1.2 JavaScript

JavaScript 是一种广泛用于网页客户端开发的脚本语言，使用它能直接编写客户端代码，动态地修改 HTML 文档中的元素、样式、特性和属性。

**1. JavaScript 简介**

1997 年，JavaScript 1.1 作为一个草案提交给 ECMA。Netscape、Sun、Microsoft、Borland 和其他一些对脚本编程感兴趣的公司共同制定了 ECMA-262 标准，并将其命名为 ECMAScript，随后 W3C 发布了 DOM 规范。在接下来的几年里，国际标准化组织（ISO）以及国际电工委员会（IEC）也采纳 ECMAScript 作为标准（ISO/IEC-16262）。从此，各公司的浏览器就开始将 JavaScript 作为 ECMAScript 标准的具体实现。

JavaScript 的优势在于客户端编程，但是，由于它本质上是一种弱类型的编程语言，而且是通过浏览器解释执行，直接用它实现各种复杂的后台业务处理并不容易，所以在服务器端，一般用强类型的编程语言来实现，如 C#、Java 等。

JavaScript 除了语言本身的功能外，还具有内置的函数、对象和事件。随着 HTML5、CSS3 以及 ECMAScript 标准的广泛流行，目前各大浏览器生产厂家都在想方设法提高 JavaScript 的执行效率，使浏览器的执行速度更快。

**2. 介入式 JavaScript 和非介入式 JavaScript**

开发人员最初使用 JavaScript 时，一般都是直接在 HTML 元素的开始标记内“显式”调用 JavaScript 函数，该方式称为介入式 JavaScript，例如：

```
<div onclick="javascript:alert('Hello');">单击弹出对话框</div>
<div onclick="ShowAlert();">单击弹出对话框</div>
<script>
function ShowAlert()
{
    alert("Hello");
}
</script>
```

由于这种方式都是在 div 元素的开始标记内显式声明要调用的 JavaScript 函数，因此将这种方式称为介入式 JavaScript。或者说，这种方式是将 JavaScript 代码“显式”地介入 HTML 元素的开始标记中。

非介入式 JavaScript（unobtrusive JavaScript）是指在 HTML 元素的开始标记内看不到 JavaScript 代码,而是通过元素的特性声明自动进行脚本调用,由于这种方式实际上是通过“隐式”的调用 JavaScript 代码来实现的，因此将其称为“非介入式 JavaScript”或者称为“不显眼的 JavaScript”。

非介入式 JavaScript 的用途是将 HTML 元素和 JavaScript 代码完全分离，例如：

```
<div id="div1">单击弹出对话框</div>
<script>
$("#div1").click(function()
{
    alert("Hello");
});
</script>
```

在这段代码中，div 元素的开始标记内看不到任何 JavaScript 函数，但该元素仍然能响应 click 事件，这就是非介入式的含义，即不将 JavaScript 代码显式添加到 HTML 元素的开始标记中。

实现非介入式 JavaScript 的方式很多。例如，若希望在 MVC 项目中使用 jQuery 提供的非介入式 Ajax 实现页面局部更新，除了在项目中添加对 jQuery 脚本的引用外，还需要添加对 jquery.unobtrusive-ajax.js 的引用。再如，我们学习过的客户端验证就是利用 jQuery 的非介入式验证来实现的。

### 4.1.3 jQuery

jQuery 是一种免费的开源 JavaScript 库，这些库函数也是用 JavaScript 代码来编写的，但是用 jQuery 提供的语法编写客户端代码更加简洁、直观，能大大缩短 Web 项目的开发周期。另外，jQuery 还自动处理了各种不同浏览器以及同一浏览器不同版本的兼容性问题，让开发人员编写的客户端脚本代码在各种操作系统平台下运行的各种浏览器以及同一种浏览器的不同版本中都能呈现完全相同的效果。

**1. jQuery 简介**

jQuery 最初由两个美国人和一个德国人共同开发，2006 年首次发布 jQuery 1.0，后来逐步发展成为一个强大的研发团队。由于 jQuery 易于使用，因此很快从各种 JavaScript 库中脱颖而出，成为开发客户端脚本的最佳选择。

jQuery 从 1.7.0 版开始部分支持 HTML5 和 CSS3，从 2.0 版开始，改为全面使用 HTML5 和 CSS3 来控制（本书源程序使用的 jQuery 版本为 2.1.3）。

**2. 编写 JavaScript 或者 jQuery 代码的方式**

有两种编写脚本代码的方式：一是在页面中直接编写脚本代码；二是在单独的.js 文件中编写脚本代码，然后在页面中引用它。

**（1）在页面中编写脚本代码**

编写脚本的第一种方式是直接在页面（视图或者分部视图）中编写 JavaScript 代码或者 jQuery 代码。以这种方式实现时，要求这些代码都必须包含在<script>和</script>之间。

为了防止在页面加载完成之前提前执行 jQuery 代码，可将调用 jQuery 代码的函数放在 document.ready（...）函数的内部。例如：

```
<script>
    $(document).ready(function()
    {
        ......
    });
</script>
```

上面的代码也可以用下面的简写形式来表示：

```
<script>
    $(function()
    {
        ......
    });
</script>
```

这两种形式的作用和功能完全相同，前者直观易懂，后者代码简洁，具体使用时，可根据个人偏好任选其中的一种形式。

为了让读者理解 jQuery 是如何实现 JavaScript 功能的，我们先看一段代码：

```
<div id="div1">...</div>
<div id="div2">...</div>
```

如果需要查找 id 为“div2”的元素，用 JavaScript 实现的代码如下：

```
var id=document.getElementById("div2");
```

而如果用 jQuery 来实现，就可以在 jQuery 的参数中直接用和 CSS 相同的表示形式：

```
var id = $("#div2");
```

其中，“$”是 jQuery 函数的简写形式。“#div2”是 jQuery 的 id 选择符，其格式和 CSS 中 id 选择符的格式完全相同。

在后面的章节中，我们还会系统学习 CSS 的各种选择符，这里只需要了解如何用 jQuery 语法选择某个元素即可。

**（2）在单独的.js 文件中编写脚本代码**

编写脚本的第二种方式是在单独的扩展名为“.js”的文件中实现。例如，在 Chapter04 区域下新建一个名为 common 的文件夹，然后鼠标右击该文件夹，选择【添加】→【新建项】命令，在弹出的对话框中选择“JavaScript 文件”模板，将文件名改为“ch04Scripts.js”，并在该文件中添加下面的代码：

```
function ShowMessage(str) {
    /// <summary>弹出对话框</summary>
    /// <param name="str" type="String">在对话框中显示的信息</param>
    alert(str);
}
```

注意：代码中“///”为 XML 注释，其用法和 C#的“///”注释用法相似。添加注释后，在页面的脚本中调用该函数时，可立即看到对应的智能提示。

在 js 文件中插入 XML 注释的办法为：鼠标右击要插入的位置→【插入代码段】→【XML 代码】→【summary】或者【param】命令。

直接在页面中编写 JavaScript 代码或者 jQuery 代码的优点是直观、方便，缺点是无法在其他页面中重复调用这些代码。

为了达到“重复调用”这个目的，可以先将 JavaScript 或者 jQuery 代码写到一个或多个以“.js”为扩展名的外部文件中，然后再根据需要引用它。具体引用办法为：将编写的.js 文件从【解决方案资源管理器】中拖放到网页内即可。

例如，将创建的 ch04Scripts.js 文件拖放到 Example1.cshtml 文件的相应位置处，它就会自动生成下面的代码：

```
<script src="~/Areas/Chapter04/common/ch04Scripts.js"></script>
```

添加脚本文件引用以后，就可以在页面内调用 ch04Scripts.js 中定义的函数了。

【例 4-1】用脚本实现显示和隐藏 div 元素的功能，程序运行效果如图 4-2 所示。

图4-2 例4-1的运行效果

该例子的源程序见 Example1.cshtml 文件以及 ch04Script.js 文件。

Example1.cshtml 文件中的代码如下：

```
<style>
    .mydiv { display: inline-block; margin: 100px auto 20px auto; padding: 20px 0;
        border-radius: 50%; border-width: 1px; border-style: solid; width: 150px; }
</style>
<div class="center-block text-center">
    <canvas id="canvas1" style="width: 100%; height:200px;"></canvas>
    <h2 class="text-center"
      style="margin-top:-120px;">JavaScript 和 jQuery 基本用法</h2>
    <div id="div1" class="mydiv">Hello!</div>
    <p>
        <button id="btn1" type="button" class="btn btn-success">弹出对话框</button>
        <button id="btn2" type="button" class="btn btn-primary">显示/隐藏 div 框
</button>
    </p>
</div>
<script src="~/Areas/Chapter04/common/ch04Scripts.js"></script>
<script>
    $(document).ready(function () {
        DrawCanvas("canvas1");
        $("#btn1").click(function () {
            ShowMessage("hello");
        });
        $("#btn2").click(function () {
            //在显示和隐藏之间切换(动画速度为 500ms，不带参数表示无动画效果)
            $("#div1").toggle(500);
        });
    });
</script>
```

ch04Scripts.js 文件中的代码如下：

```
function ShowMessage(msg) {
    /// <summary>弹出对话框</summary>
    /// <param name="msg" type="String">在对话框中显示的信息</param>
```

```
        alert(msg);
    }
    function DrawCanvas(id) {
        /// <summary>在 canvas 元素中绘制图形</summary>
        /// <param name="id" type="String">canvas 元素的 id 名称</param>
        var canvas1 = document.getElementById(id);
        if (canvas1 != null) {
            var ctx = canvas1.getContext('2d');
            // 定义渐变图形
            var sky = ctx.createLinearGradient(0, 0, 0, canvas1.clientHeight);
            sky.addColorStop(0, "#00ABEB");
            sky.addColorStop(1, "white");
            // 绘制图形
            ctx.fillStyle = sky;
            ctx.fillRect(0, 0, canvas1.clientWidth, canvas1.clientHeight);
        }
    }
```

这段代码使用了 Canvas 元素，本书最后一章对该元素还有详细的介绍。

实际上，对于这个例子来说，完全可以不引用这个.js 文件中的 ShowMessage 函数而直接在网页的脚本中用 JavaScript 的 alert 方法实现相同的功能，但例子的目的主要是为了说明如何在.js 文件中编写多个 JavaScript 函数，如何为 JavaScript 函数添加 XML 注释，以及如何在网页中引用它。

# 4.2　JavaScript 代码编写基础

这一节我们主要学习 JavaScript 最基本的数据类型、函数、对象以及流程控制语句，并利用 jQuery 编写相应的实现代码。或者说，在客户端脚本中，除了直接用 JavaScript 编写代码外，还可以用 jQuery 编写相同功能的代码，因此，介绍 JavaScript 的基本概念和基本用法，也就是介绍 jQuery 的基本用法，区别仅仅在于我们不是直接用 JavaScript 语法去实现，而是用 jQuery 提供的语法去实现。

## 4.2.1　数据类型和变量表示

学习 JavaScript 时，首先需要了解它提供了哪些数据类型，以及如何用变量声明这些数据类型，然后才能用流程控制语句编写相应的实现代码。

### 1. JavaScript 的数据类型

从大的方面来看，JavaScript 有两种数据类型：基本类型和引用类型。

对于学习过 C#的读者来说，可以很容易看出它和 C#的数据类型（分为值类型和引用类型）非常类似，因此可将两者对比来理解相关的概念及其在数据类型表示方面的细微差别。

#### （1）基本类型

JavaScript 的基本类型用于保存固定长度的值，包括整型、浮点型、布尔型（true 和 false）等。下面是基本类型的一些示例：

```
var x1 = true;
var x2 = 12.3;
var x3 = typeof 12;    // 结果为"number"
```

这里需要注意一点，在 JavaScript 中，null 表示无效的对象、数组、数字、字符串和布尔值，而 undefined 则表示未定义。

**（2）引用类型**

JavaScript 的引用类型用于保存可变长度的值，包括对象、数组和函数。在 JavaScript 中，字符串是一种特殊的对象，函数也是一个对象。或者说，除了基本的数据类型以外，其他的 JavaScript 函数如数学函数、字符串、数组以及日期等都是引用类型的对象。

JavaScript 对象用大括号括起来，例如：

```
var x = {};
var y = { name: "Pete", age: 15};
var z1 = y.name   // "Pete"
var z2 = y.age    // 15
var z3 = x.name = y.name + " Pan"    // "Pete Pan"
var z4 = x.age = y.age + 1    // 16
var z5 = typeof {}    // "object"
```

### 2. 变量声明

由于 JavaScript 是一种弱类型的脚本语言，所以不论是什么类型的 JavaScript 变量，一律都用 var 关键字来声明。例如：

```
var i;
var j, k;
```

至于变量 i、j、k 到底是哪种数据类型，要等到给这些变量赋值时才能确定，甚至可以给同一个变量在不同的代码位置赋予不同类型的值。

这里需要说明一点，虽然 C#也可以用 var 关键字声明变量的类型，但它是在编译时就已经确定了数据类型，而不是在执行时才知道是哪种类型。可见，虽然语法上两者看起来非常相似，但实际上却有本质的区别。

也可以在声明变量的同时给变量赋初值，例如：

```
var i = 5;
```

使用 JavaScript 或者 jQuery 时，需要特别注意的是，即使省略变量前面的 var 关键字，JavaScript 程序也不会报错，而是将这个变量作为全局变量对待。另外，即使未加 var 关键字的变量声明在某个函数的内部，它同样将其作为全局变量来对待。如果不注意这个问题，编写代码时就可能会隐含某种逻辑错误。

为了避免这种错误，建议所有 JavaScript 变量都用 var 关键字来声明。

### 3. 变量的作用域

在 JavaScript 中，将在函数内部定义的变量称为局部变量，在函数外部定义的变量称为全局变量。局部变量的作用域仅限于函数内部，而全局变量则可以用于所有函数。

例如：

```
var x = 0;  //全局变量
(function() {
  var x = 1;  //局部变量
  console.log( x ); // 1
})();
console.log( x ); // 0
```

【例 4-2】演示变量和作用域的含义及其输出结果，程序运行效果如图 4-3 所示。

该例子的源程序见 Example2.cshtml 文件，代码如下：

```
<h2>变量和作用域的含义</h2>
<p id="p1"></p>
<p id="p2"></p>
<p id="p3"></p>
```

```
<p id="p4"></p>
<p id="p5"></p>
<script>
    var x = 100;
    var y = 200;
    $(document).ready(function () {
        f1();
        f2();
        f3();
        f4();
    });
    function f1() {
        $("#p1").html("f1 输出结果: x=" + x + ", y=" + y);
    }
    function f2() {
        z = 300;
        $("#p2").html("f2 输出结果: x=" + x + ", y=" + y + ", z=" + z);
    }
    function f3() {
        var x;
        y = 500;
        $("#p3").html("f3 第 1 次输出结果: x=" + x + ", y=" + y + ", z=" + z);
        x = 400;
        $("#p4").html("f3 第 2 次输出结果: x=" + x + ", y=" + y + ", z=" + z);
    }
    function f4() {
        if (z > 100){
            var a = 5;
        }
        $("#p5").html("f4 输出结果: x=" + x + ", y=" + y + ", z=" + z + ", a=" + a);
    }
</script>
```

在这段代码中，用到了 jQuery 提供的 html 方法，该方法的基本用法为：

```
var a = $("#myid");    //获取 id="myid"的元素
var b = a.html();      //不带参数时，获取 id="myid"的元素的内容
a.html("myString");    //带参数时，设置 id="myid"的元素的内容
```

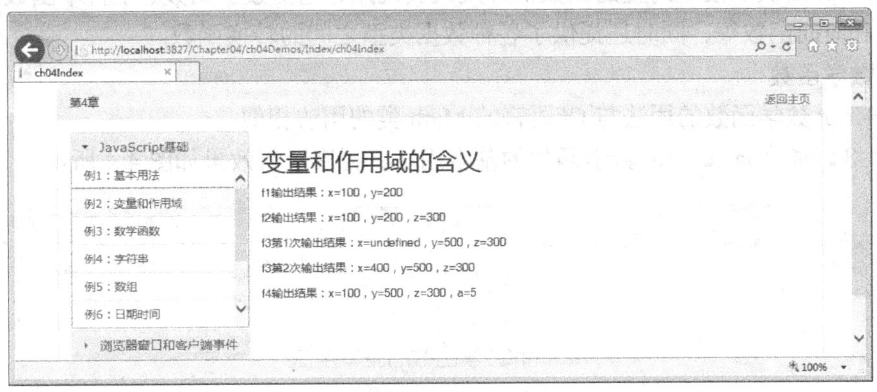


图4-3　例4-2的运行效果

下面分析该文件运行的结果。

f1 的输出结果分析：在页面加载完成后，jQuery 代码会立即调用 f1 函数，由于 x 和 y 均为全局变量，所以能正确输出 x 和 y 的值。

f2 的输出结果分析：由于 f2 函数内变量的 z 没有用 var 声明，因此执行 f2 函数后 z 就会

变为全局变量，所以后面的 f3 和 f4 都能输出 z 的值。

f3 的输出结果分析：如果局部变量和全局变量同名，则在函数内部会使用局部变量，而隐藏与其同名的全局变量。f3 第 2 次输出的 x 值比较容易理解，我们重点看一下第 1 次输出的结果，按照程序员一般的理解，可能会认为运行 f3 函数后，第 1 次输出的 x 的值应该是 100，但结果实际上是 undefined，之所以出现这种情况，是因为 f3 函数内的局部变量 x 与全局变量 x 名称相同，因此 f3 第 1 次输出的是局部的 x 而不是全局的 x，而局部的 x 此时还没有被赋值，所以输出的结果既不是 100 也不是 400，而是 undefined。

f4 的输出结果分析：在函数内声明的变量不受函数内块的约束。也就是说，不论在这个函数的哪个块内定义的，一旦定义了某个变量，则它所在的整个函数都可以使用这个变量。因此，虽然 f4 函数中的变量 a 是在 if 块内定义的，但是仍然可以在属于同一个函数的 if 块的外部使用，并输出在 if 块内赋的值。

**4. 运算符**

JavaScript 使用的运算符和 C#语言的运算符绝大部分都相同，如算术运算符加（+）、减（-）、乘（*）、除（/），比较运算符大于（>）、小于（<）、大于等于（>=）、小于等于（<=）、等于（==）、完全相同（===）、不等于（!=）以及逻辑运算符（&&、||、！）和位运算符（&、|）等。运算符的使用只有个别地方和 C#不同，但是不同的地方我们很少使用，所以这里不再展开介绍。

### 4.2.2 函数和对象

JavaScript 的数据类型、流程控制语句、函数、对象以及调用 DOM 等操作也都可以用 jQuery 代码来编写。

**1. JavaScript 内置的函数**

在 JavaScript 中，函数（function）是一个可执行的 JavaScript 代码段，对象（object）是指已命名的数据的集合。

JavaScript 提供了很多内置的函数供开发人员调用，包括数学函数、字符串函数、数组函数、日期和时间函数等，同时还提供了各种数据类型之间的转换函数。

**（1）数学函数**

JavaScript 数学函数的用法与 C#语言的 Math 类的用法相似。

【例 4-3】演示 JavaScript 数学函数的基本用法，程序运行效果如图 4-4 所示。

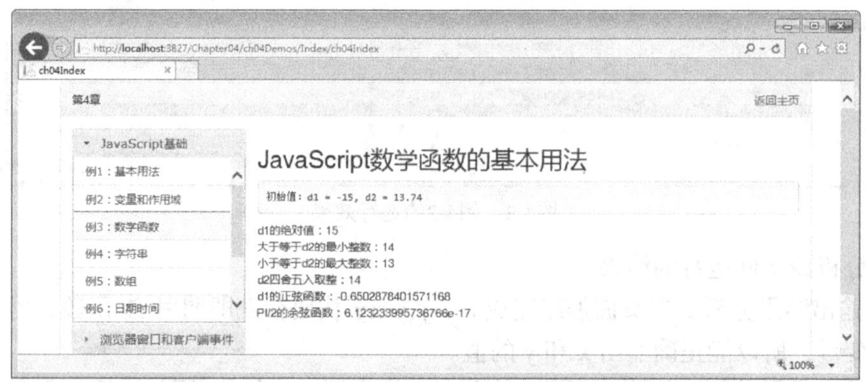


图4-4　例4-3的运行效果

该例子的源程序见 math.cshtml 文件，此处不再列出源代码。

在这个例子中，也同时演示了如何给数组变量赋初值。给数组赋初值时，这些值必须包含在中括号中，各个元素之间用逗号分隔。

Join 函数的功能是将 JavaScript 数组转换为字符串，参数是数组元素转换为字符串时各元素之间插入的分隔符（<br/>）。

另外，pre 元素以灰色背景显示，这是 Bootstrap 为该元素设置的默认样式。

**（2）字符串**

JavaScript 字符串函数实现对字符串的处理，其用法与 C#对字符串的处理类似，但也有一些区别，例如，JavaScript 没有提供类似 C#的 Trim 方法、String.Format 方法等，对于这些情况，可利用 jQuery 提供的相应函数来实现。

下面是字符串构造示例：

```
"" + 1 + 2;    // "12"
"" + ( 1 + 2 );  // "3"
String( 1 ) + String( 2 ); // "12"
String( 1 + 2 );       // "3"
parseInt( "hello", 10 ) // NaN
isNaN( parseInt("hello", 10) ) // true
```

下面是常用的字符串处理函数示例：

```
"hello".charAt( 0 )              // "h"
"hello".toUpperCase()             // "HELLO"
"Hello".toLowerCase()             // "hello"
"hello".replace( /e|o/g, "x" ) // "hxllx"
"1,2,3".split( "," )             // [ "1", "2", "3" ]
"Hello".length                   // 5
if("Hello"){......}              //true
if(""){......}                   //false
```

【例 4-4】演示 JavaScript 字符串函数以及 jQuery 提供的字符串格式化函数的基本用法，程序运行效果如图 4-5 所示。

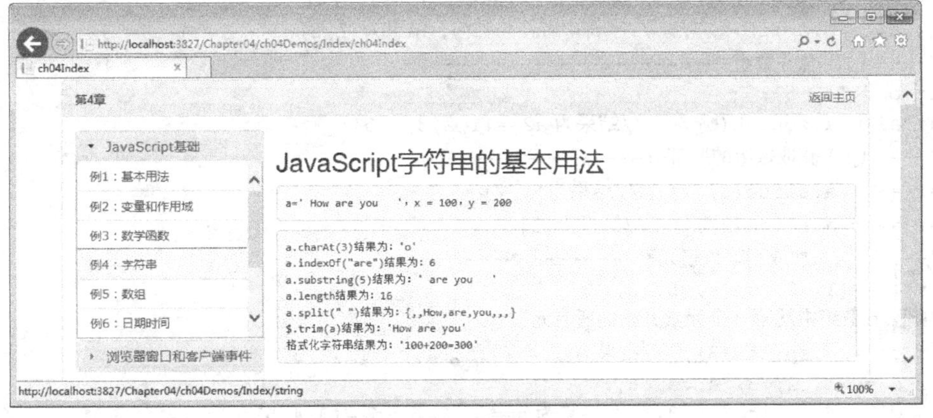


图4-5　例4-4的运行效果

该例子的源程序见 string.cshtml 文件，此处不再列出源代码。

**（3）数组**

在 JavaScript 中，有一个内置的名为 Array 的数组。由于 JavaScript 是一种弱类型的脚本语言，所以它的每一个元素可以是任何类型的值，我们可以把这个 Array 理解为类似于 C#的 object 对象所组成的一维数组。JavaScript 中数组的用法也和 C#语言数组的用法基本相同，如用中括号内的序号表示数组的下标等。

下面的代码定义了不同的 JavaScript 数组：

```
var x = [];
var y = [ 1, 2, 3 ];   // x[0]=1, x[1]=2
x.push(1);  //向 x 中添加一个元素，结果为[1]
x.push(2);  //向 x 中添加一个元素，结果为[1,2]
var a = new Array();
```

下面的代码演示了如何判断数组类型：

```
typeof []; // "object"
typeof [ 1, 2, 3 ]; // "object"
```

但是，如果括号中的参数只有一个数字，则该数字表示数组的大小，例如：

```
var a = new Array(10);   //定义具有 10 个未定义元素初值的新数组 a[0]~a[9]
var a = new Array("aaa", "bb", 12);  //定义具有 3 个元素的数组并赋初值
var a = ["aaa", "bb", 12];           //定义具有 3 个元素的数组并赋初值（简写形式）
```

JavaScript 中数组的下标编号和 C#相同，都是从 0 开始编号。例如，对于上面的最后一行代码，a[0]的值为“aaa”，a[2]的值为 12。

下面的代码演示了数组的常用操作：

```
var x = [ 0, 3, 1, 2 ];
x.reverse()      // [ 2, 1, 3, 0 ]
x.join(" - ")    // "2 - 1 - 3 - 0"
x.pop()          // [ 2, 1, 3 ]
x.unshift( -1 )  // [ -1, 2, 1, 3 ]
x.shift()        // [ 2, 1, 3 ]
x.sort()         // [ 1, 2, 3 ]
x.splice( 1, 2 ) // [ 2, 3 ]
```

也可以将 JavaScript 一维数组中的每一个元素都定义为一个数组，从而构造出多维数组。

下面的代码说明了与数组有关的函数的基本用法：

```
//----（1）数组和字符串转换----------------
var a = [1, 2, 3];
var s = a.join(",");   //数组转换为字符串，结果为"1,2,3"
var a1 = s.split(","); //字符串转换为数组，结果为[1,2,3]
//----（2）合并数组------------------------
var b = [4, 5];
var a2 = a.concat(b);   //结果为 a2==[1,2,3,4,5]
//----（3）获取数组的一部分----------------
var a3 = a.slice(0, 2); //结果为[1,2]
var a4 = a.slice(2);    //结果为[3]
//---（4）添加或删除数组元素--------------
var c = [1, 2, 3, 4, 5, 6];
//删除 c 数组中从第 3 个元素开始的所有元素
var c1 = c.splice(3); //结果为 c1==[4,5,6],c==[1,2,3]
var d = [1, 2, 3, 4, 5, 6];
var d1 = d.splice(2, 3); //结果为 d==[1,2,6],d1=[3,4,5]
//----（5）数组排序-----------------------
var t1 = ["cab", "b12", "cook"];
t1.sort(); //升序排序,结果为 t1==["b12","cab","cook"]
var t2 = ["cab", "b12", "cook"];
t2.reverse(); //逆序，结果为 t2==["cook","b12","cab"]
var r1 = [2, 1, 3];
r1.sort(); //结果为 r1==[1,2,3]
var r2 = [2, 1, 3];
```

```
r2.reverse();   //逆序，结果为 r2==[3,1,2]
```

【例 4-5】演示 JavaScript 数组函数的基本用法，程序运行效果如图 4-6 所示。

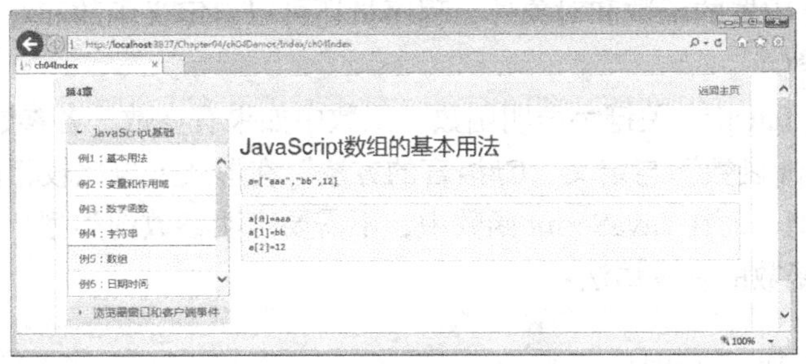


图4-6　例4-5的运行效果

该例子的源程序见 array.cshtml 文件，此处不再列出源代码。

**（4）日期和时间**

在 JavaScript 中，对日期（年、月、日、星期）和时间（时、分、秒、毫秒）的处理是通过 Date 对象来实现的，其用法与 C#的 DateTime 用法相似，但有一些区别。

下面的代码用 JavaScript 创建了不同的日期对象：

```
var d1 = new Date();  //当前日期
var d2 = new Date(2012, 0, 15);  //2012 年 1 月 15 日 0 时 0 分 0 秒，注意月份从 0 开始
var d3 = new Date(2012, 2, 15, 14, 25, 48);  //2012 年 3 月 15 日 14 点 25 分 48 秒
var year = d3.getFullYear();  //年，结果为 2012
var month = d3.getMonth() + 1;  //月，结果为 3
var day = d3.getDate();  //日，结果为 15
var week = d3.getDay();  //星期几，结果为 4
var hours = d3.getHours(); //时，结果为 14
var minutes = d3.getMinutes();  //分，结果为 25
var seconds = d3.getSeconds();  //秒，结果为 48
var millSeconds = d3.getMilliseconds();  //毫秒，结果为 0
var utcDate = d3.getUTCDate();  //世界时（UTC）的日，结果为 15
var utcHours = d3.getUTCHours();  //世界时（UTC）的小时,结果为 6
var s1 = d3.toLocaleDateString(); //2012 年 3 月 15 日
var s2 = d3.toLocaleString(); //2012 年 3 月 15 日 14:25:48
var s3 = d3.toString(); //Thu Mar 15 14:25:48 UTC+0800 2012
var s4 = d3.toUTCString(); //Thu,15 Mar 2012 06:25:48 UTC
```

利用这些函数还可以获取指定的日期和时间，如 3 天前、6 个月前的日期和时间等。

【例 4-6】演示 JavaScript 日期时间处理的基本用法，程序运行效果如图 4-7 所示。

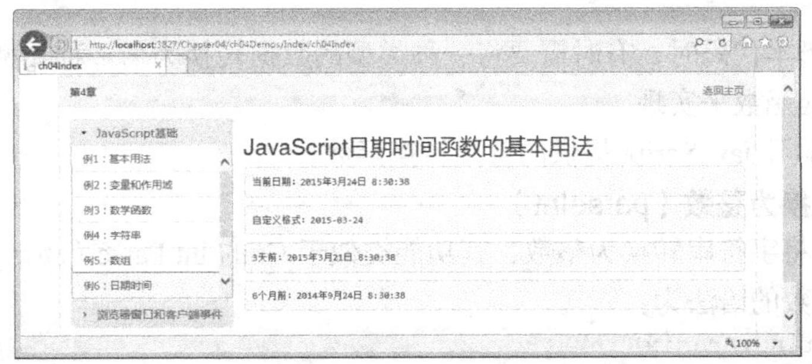


图4-7　例4-6的运行效果

该例子的源程序见 date.cshtml 文件。

**2. 自定义函数和对象**

除了 JavaScript 内置的函数和对象外，程序员还可以自定义函数和对象。

**（1）自定义函数**

JavaScript 利用 function 关键字声明函数，函数中如果有参数，各参数之间用逗号分隔。

定义“JavaScript 函数”与定义“C#语言的方法”在形式上也比较相似，但 C#要求必须声明方法参数的类型，而在 JavaScript 函数中，不需要声明参数的类型。

下面是自定义函数的基本语法：

```
function named() {}
var handler = function() {}
```

例如：

```
var c = function Add(a, b)
{
   return a + b;
}
function Calculate(a, b)
{
   document.writeln(a + "和" + b + "两个数的和为" + Add(a, b));
}
```

这段代码定义了两个函数 Add（ ）和 Calculate（ ）。

**（2）自定义对象**

定义 JavaScript 对象与定义 C#语言的对象形式上也比较相似，下面的代码定义一个名为 point 的对象：

```
<pre id="pre1"></pre>
<pre id="pre2"></pre>
@section scripts{
<script>
    $(document).ready(function ()
    {
        var point = { x: 12, y: -3 };
        $("#pre1").html("x="+point.x+", y="+point.y);
        point.x = 15;
        point.y = 24;
        $("#pre2").html("x=" + point.x + ", y=" + point.y);
    });
</script>
}
```

如果在定义 JavaScript 对象的同时赋初值，用大括号将其括起来即可。

### 4.2.3 不同类型之间的数据转换

编写客户端脚本代码时，有时需要将一种类型的数据转换为另一种类型的数据，此时需要用数据类型转换函数来实现。

这一节我们学习 JavaScript 提供的常用转换函数。

**1. 字符串转换为整数（parseInt）**

parseInt 函数将字符串转换为整数，其功能类似于 C#的 int.Parse（string，radix）方法的功能。parseInt 函数的语法为：

```
parseInt(string, radix)
```

其中，string 表示被转换的字符串。radix 表示被转换的数字的基数，该值介于 2 ~ 36 之间。如果省略 radix 参数，则将字符串看作以十进制为基数进行转换。如果该参数小于 2 或者大于 36，则返回 NaN，例如：

```
<pre id="pre1"></pre>
<pre id="pre2"></pre>
@section scripts{
<script>
    $(document).ready(function (){
        var s = "11.6";
        $("#pre1").html(parseInt(s));  //将字符串转换为十进制数字
        $("#pre2").html(parseInt(s, 16)); //将十六进制字符串转换为十进制数字
    });
</script>
}
```

这段代码的执行结果如下：

```
11
17
```

下面列出了其他常用的转换形式和返回的结果：

```
(1) parseInt("10");          //将字符串转换为十进制数字，返回 10
(2) parseInt("11",2);        //将二进制字符串转换为十进制数字，返回 3
(3) parseInt("17",8);        //将八进制字符串转换为十进制数字，返回 15
(4) parseInt("1f",16);       //将十六进制字符串转换为十进制数字，返回 31
(5) parseInt("0xff");        //将十六进制字符串转换为十进制数字，返回 255
(6) parseInt("19",40);       //返回 NaN，表示结果为非数字
```

**2. 字符串转换为浮点数（parseFloat）**

该函数将字符串转换为浮点数，类似于 C#的 float.Parse（string）方法的功能。语法为：

```
parseFloat (string)
```

如果字符串中存在除了数字、小数点和指数符号以外的字符，则停止转换并返回已经转换的结果。如果第一个字符就不能转换，则返回“NaN”，例如：

```
(1) parseFloat("10");            //返回 10
(2) parseFloat("10.33");         //返回 10.33
(3) parseFloat("34 45 66");      //返回 34
(4) parseFloat("40 years");      //返回 40
(5) parseFloat("He was 40");     //返回 NaN
```

**3. 整数或浮点数转换为字符串**

以下函数可以完成将整数或浮点数转换为指定格式的字符串的功能。

（1）toString 函数：将一个数转换为十进制、二进制、八进制、十六进制的字符串。

（2）toFixed 函数：将一个数转换为固定长度的字符串，参数指定小数位数。

（3）toExponential 函数：将一个数转换为指数形式的字符串，参数指定小数位数。

**【例 4-7】**演示 JavaScript 不同类型之间的数据转换函数的基本用法，程序运行效果如图 4-8 所示。

该例子的源程序见 dataParse.cshtml 文件。

**4. 判断转换结果是否为非数字（isNaN）**

当使用 parseInt（）函数或者 parseFloat（）函数时，如果不能将字符串转换成数字，将自动返回一个值为“NaN”的结果，意思是“Not a Number”。

利用 isNaN 函数，可以测试转换是否成功，如果转换成功，则 isNaN 函数返回 false，否则返回 true，例如：

```
var a = isNaN(parseInt("10"));        //结果为 false
```

```
var b = isNaN(parseFloat("hello"));      //结果为 true
```

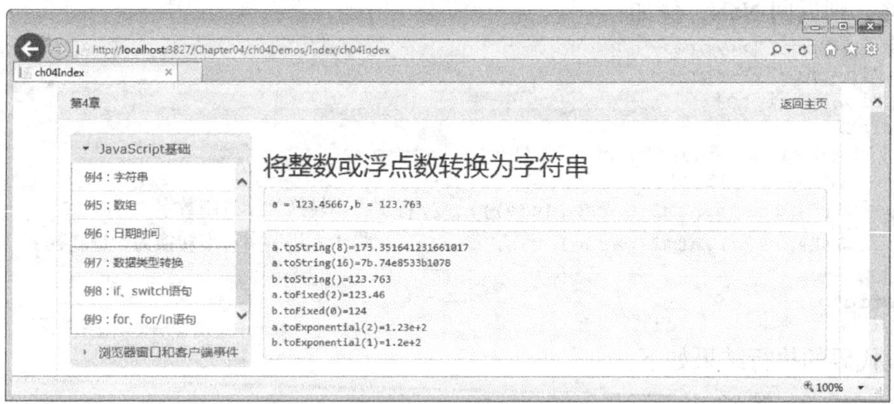


图4-8　例4-7的运行效果

### 4.2.4　流程控制语句

JavaScript 语句和 C#语句的语法大部分都相同。这一节我们主要学习 JavaScript 常用的流程控制语句，并用具体代码演示其基本用法。

**1. if 语句和 switch 语句**

JavaScript 的 if 语句和 switch 语句的语法和 C#语言的 if 语句和 switch 语句的用法完全相同。

**【例 4-8】** 演示 JavaScript 的 if 语句和 switch 语句的基本用法，程序运行效果如图 4-9 所示。

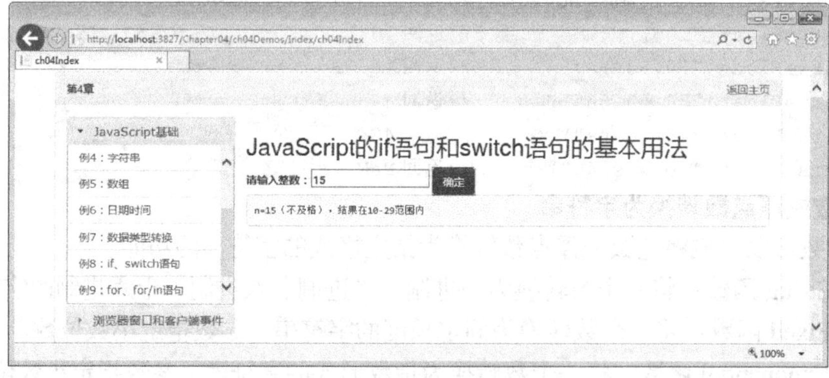


图4-9　例4-8的运行效果

该例子的源程序见 ifswitch.cshtml 文件。

**2. for 语句和 for/in 语句**

JavaScript 的 for 语句的语法和 C#语言的 for 语句语法相同，一般形式为：

```
for(<变量名>=<初值>; <循环条件>; <增量>)
{
    //语句块
}
```

JavaScript 的 for/in 语句和 C#的 foreach 语句作用相同，可以用它遍历数组或者集合中的每个元素。一般形式为：

```
for(<变量名> in <对象名>)
{
    //语句块
}
```

下面的代码演示了如何用 jQuery 实现：

```
var x = [ 1, 2, 3 ];
jQuery.each( x, function( index, value ) {
    console.log( "index: ", index, "value: ", value );
});
```

console.log 方法表示在控制台输出窗口中输出结果。

【例 4-9】演示 JavaScript 的 for 语句和 for/in 语句的基本用法，运行效果如图 4-10 所示。

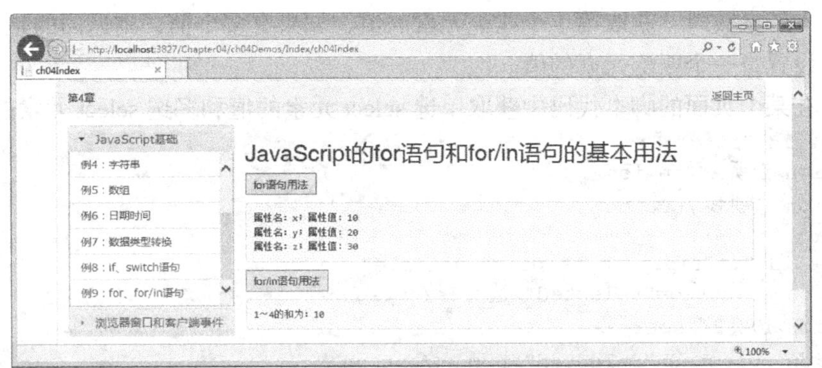


图4-10　例4-9的运行效果

该例子的源程序见 for.cshtml 文件。

**3. 其他语句**

对于其他的 JavaScript 语句（while、do-while、try-catch、try-finally、try-catch-finally），由于其用法和 C#语言对应语句的用法相同，因此这里不再举例介绍。

可见，学会 C#和 JavaScript 中任何一种语言的基本用法，就能很快熟悉另外一种语言的基本用法。

## 4.3　利用 jQuery 操作 HTML5 元素

这一节我们将学习 jQuery 提供的常用方法。在客户端脚本中，利用 CSS3 选择器或者 jQuery 选择器，再通过 jQuery 提供的这些方法，可以方便地操作和控制 HTML5 元素，包括显示、隐藏、定位、样式控制以及对元素进行增、删、改、查等操作。

当然，也可以直接用 JavaScript 代码实现与 jQuery 提供的这些方法相同的功能。

### 4.3.1　jQuery 提供的基本方法

利用 jQuery 提供的 html 方法、text 方法以及 val 方法，可获取或设置 HTML5 元素的内容或选项的值。

**1. html（[value]）、html（function（index，html））**

html（[value]）方法内的中括号表示该参数为可选项。不带参数时，该方法获取第 1 个匹配元素的 HTML 内容；带参数时，设置每一个匹配元素的 HTML 内容且自动对参数 value 进行 HTML 编码。

html（function（index，html））方法利用参数返回的 HTML 字符串设置每一个匹配元素的 HTML 内容。该方法的参数 function（index，html）返回一个 HTML 字符串，第 1 个参数 index 为元素在集合中的索引位置，第 2 个参数 html 表示原来的 HTML 值。

**2. text（[value]）、text（function（index，html））**

这两个方法的用法和 html（[value]）、html（function（index，html））的用法相似，区别是这两个方法获取或设置的是所有匹配元素包含的文本内容组合在一起的字符串。

**3. val（[value]）**

该方法不带参数时，获取第 1 个匹配元素的值，如果有多个值，则返回的是一个数组。带参数时，设置每一个匹配元素的值。

例如，在某个页面的脚本代码中获取单选 select 元素的值和多选 select 元素的值：

```
<select id="single">
  <option>选项 A</option>
  <option>选项 B</option>
</select>
<select id="multiple" multiple="multiple">
  <option selected="selected">选项 1</option>
  <option>选项 2</option>
  <option selected="selected">选项 3</option>
</select>
<script>
    $(document).ready(function () {
        $("#single").val() //结果为："选项 A"，
        $("#multiple").val().join(",") //结果为："选项 1，选项 3"。
    }
</script>
```

### 4.3.2 jQuery 对象（PlainObject）和回调（callback）

jQuery 的 PlainObject 类型是指包含零个或多个"键/值"对（key/value）的 Object 类型的对象，这样做是为了将其和 JavaScript 的 Object 类型（如 null、自定义数组等）区分开。

下面的代码演示了 JavaScript 的 Object 类型和 jQuery 的 PlainObject 类型的区别：

```
var a = [];
var d = document;
var o = {};
typeof a; // object
typeof d; // object
typeof o; // object
jQuery.isPlainObject( a ); // false
jQuery.isPlainObject( d ); // false
jQuery.isPlainObject( o ); // true
```

回调（callback）是指作为参数传递给 JavaScript 方法的函数，例如：

```
$( "body" ).click(function( event ) {
    console.log( "clicked: " + event.target );
});
```

实现页面交互功能时，如果希望取消表单提交（如验证失败时防止将 form 提交给服务器），可以用下面的办法实现：

```
$( "#myform" ).submit(function() {
```

```
    return false;
});
```

### 4.3.3　元素大小和位置操作

元素大小和位置相关的方法用于获取或设置元素的大小、位置和偏移量。

**1. width、height、innerWidth、innerHeight、outerWidth、outerHeight**

width（[value]）、height（[value]）：不带参数表示获取第 1 个匹配元素的宽和高，带参数表示设置所选元素的宽和高。参数可以是数值（单位默认为 px）、字符串（如“20%”、“25px”），还可以是一个函数（函数第 1 个参数是元素在原来集合中的索引位置，第 2 个参数为原来的高度）。

innerWidth（）、innerHeight（）：这两个方法分别用于获取第 1 个匹配元素内部区域的宽度和高度（包括内边距 padding、不包括边框 border），两个方法都不带参数。

outerWidth（[option]）、outerHeight（[option]）：这两个方法分别用于获取第 1 个匹配元素的外部宽度和高度。参数 option 有两个值：true、false。true 表示计算时包括外边距，false 表示计算时不包括外边距。

**2. offset（[coordinates]）**

不带参数时，该方法获取匹配元素在当前视区（工作区，即 document 对象）的相对偏移量，返回的对象包含两个整型属性 top 和 left。

带参数时，设置匹配元素相对于 document 对象的坐标，如果对象原来的 position 样式属性是 static，会被自动变为 relative 来实现重定位。参数必须包含 top 和 left 属性作为元素的新坐标。这个参数也可以是一个返回一对坐标的函数，函数的第 1 个参数是元素的索引，第 2 个参数是当前的坐标。

该方法只对可见元素有效，例如：

```
var p = $("p:last");
var offset = p.offset();
p.html( "left: " + offset.left + ", top: " + offset.top );
$("p:last").offset({ top: 10, left: 30 });
```

**3. position（）**

该方法获取匹配元素相对父元素的偏移量，返回的对象包含两个整型属性 top 和 left。为精确计算结果，需要在内边距、边框和填充属性上用像素（px）作为度量单位。

此方法只对可见元素有效。

**4. scrollLeft（[value]）、scrollTop（[value]）**

scrollLeft 方法不带参数时，获取匹配元素相对水平滚动条左侧的偏移量。带参数时，设置水平滚动条左侧的偏移量。

scrollTop 方法不带参数时，获取匹配元素相对垂直滚动条顶部的偏移量。带参数时，设置垂直滚动条顶部的偏移量。

这两个方法对可见和隐藏元素都有效，例如：

```
$("#div1 ").scrollLeft("300px");
$("#div1 ").scrollLeft(200);  //单位默认为 px
```

### 4.3.4　元素的特性和属性操作

jQuery 提供的 attr 方法用于获取或设置元素的特性（Attribute），prop 方法用于获取或设置元素的属性（Property）。

**1. attr（attributeName）、prop（propertyName）**

attr（attributeName）方法获取第 1 个匹配元素的特性值。如果元素没有相应的特性，则返回“undefined”，例如：

```
<img id="img1" src="test.jpg" alt="图片 1"/>
```

则$（“img”）.attr（“src”）的结果为“test.jpg”。

prop（propertyName）方法获取第 1 个匹配元素的属性值而不是特性值，例如：

```
<input id="checkbox1" type="checkbox" checked="checked" />
```

对这行 HTML 代码来说，attr（"checked"）获取的是 checked 特性的值，返回的结果是“checked”；而 prop（"checked"）获取的是 checked 属性的值，返回的结果为 true。

如果不声明 checked 特性，则 attr（"checked"）得到的结果为“undefined”，而 prop（"checked"）得到的结果为 false。

像 selectedIndex、tagName、nodeName、nodeType、ownerDocument、defaultChecked 以及 defaultSelected 等都是指 HTML 元素的属性，而不是指 HTML 元素的特性。

**2. attr（attributeName，value）、prop（propertyName，value）**

attr（attributeName，value）为所有匹配的元素设置特性值，例如：

```
$("img").attr("src","test.jpg");  //为一个特性设置值
$('#img1').attr({"alt":"图片 1","src":"test.jpg"});  //为多个特性设置值
```

prop（propertyName，value）为所有匹配的元素设置属性值。

**3. attr（attributeName，function）、prop（propertyName，function）**

attr( attributeName, function( index, attr ) )将返回的结果作为特性值，prop( propertyName, function（index，prop））将返回的结果作为属性值，例如：

```
$("#img1").attr"'title", function(index, value) {
    return value + "-风光图片"
});
```

介绍 HTML5 时，我们再结合相关的概念进一步演示 attr 和 prop 方法的基本用法。

**4. removeAttr（attributeName）、removeProp（propertyName）**

removeAttr（attributeName）为所有匹配的元素移除用 attributeName 指定的特性。

removeProp（propertyName）为所有匹配的元素移除用 propertyName 指定的属性，但是注意该方法仅限于移除用 prop 方法添加的属性。对于内建的 DOM 对象的属性，如 checked、disabled、selected 等，不要使用此方法，这是因为一旦移除了 DOM 内建的属性，就无法再添加这些属性了。在这种情况下，用 prop 方法将其设置为 false 即可。

### 4.3.5 插入、删除、查找和替换元素

利用 jQuery 提供的方法，可方便地在 HTML 文档中插入、删除、查找和替换元素。

**1. 在元素内部插入新元素**

内部插入是指将内容插入匹配的 HTML 元素的内部（开始标记的后面或者结束标记的前面），例如：

```
<p>abc</p>
```

则调用 append 方法追加"<span>123</span>"的结果为：

```
<p>abc<span>123</span></p>
```

调用 prepend 方法插入"<span>123</span>"的结果为：

```
<p> <span>123</span> abc </p>
```

（1）append、appendTo

这两个方法的功能相似，都是向匹配的元素内部追加内容。区别是$（A）.append（B）的含义是向 A 中追加 B，而$（A）.appendTo（B）的含义是向 B 中追加 A。

语法为：

```
append( content [, content] )
appendTo(target)
```

例如：

```
<h2>Greetings</h2>
<div class="container">
    <div class="inner">Hello</div>
    <div class="inner">Goodbye</div>
</div>
<script>
  $(document).ready(function () {
    $('.inner').append('<p>Test</p>');  //向元素中追加内容
    $('.container').append($('h2'));  //向元素中追加另一个元素
    $('body').append($('<div id="div2">div2</div>'));  //在文档末尾添加一个 div
    $("<b>hello</b>" ).appendTo("body");
    $($.parseHTML("bye<b>hello</b>")).appendTo("body");
  });
</script>
```

（2）prepend（content [，content]）、prependTo（target）

这两个方法和 append 及 appendTo 方法的区别是在匹配元素内部的最前面增加内容，用法和 append 及 appendTo 方法的用法相同。

**2. 在元素外部插入元素**

外部插入是指将内容插入元素的外部（开始标记的前面或者结束标记的后面），例如：

```
<p>abc</p>
```

则调用 after（）函数追加"<span>123</span>"的结果为：

```
<p>abc</p><span>123</span>
```

调用 before（）函数插入"<span>123</span>"的结果为：

```
<span>123</span><p>abc</p>
```

（1）after（content [，content]）、insertAfter（target）

这两个方法的用法和 append 及 appendTo 方法的用法相同，唯一的区别就是被插入的内容是插入元素的外部了。

（2）before（content [，content]）、insertBrfore（target）

这两个方法的用法和 prepend 及 prependTo 方法的用法相同，唯一的区别就是被插入的内容是插入元素的外部了。

**3. 删除元素**

从 DOM 中删除匹配的元素。

（1）remove（[selector]）、detach（[selector]）

这两个方法的功能相似，都是从 DOM 中删除匹配的元素。区别是 remove 方法包括数据和事件一块删除，而 detach 方法不删除数据和事件。

例如：

```
<p class="hello">Hello</p> how are <p>you?</p>
<script>
  $(document).ready(function () {
    $("p").remove(".hello");
```

```
    });
</script>
```

执行删除后的结果如下：

```
how are <p>you?</p>
```

（2）empty（ ）

该方法删除匹配的元素集合中所有的子节点。

**4. 查找元素**

jQuery 提供了各种查找元素的方法，限于篇幅，这里不再演示这些方法的用法。

**5. 插入容器元素**

插入容器元素（wrap）的含义是将原始元素的外围插入新元素作为容器，例如：

```
<p>abc</p>
```

则在 p 元素的外围插入一个 div 容器后的结果为：

```
<div><p>abc</p></div>
```

（1）wrap（wrappingElement）

用指定的元素作为匹配元素的容器，例如：

```
$("p").wrap($(".doublediv"));  //将 p 元素作为具有 CSS 类的元素的容器
$("span").wrap("<div></div>");  //将 span 作为 div 元素的容器
$("span").wrap("<div><div></div></div>");  //将 span 作为多个 div 元素的容器
```

（2）wrap（function（index））

该方法用指定的元素作为匹配元素的容器，即利用容器元素将其包围起来，例如：

```
$('.inner').wrap(function()
{
    return '<div class="' + $(this).text() + '" />';
});
```

（3）wrapAll（wrappingElement）

该方法用单个元素作为匹配元素的容器。它与 wrap（ ）的区别是 wrap（ ）为每一个匹配的元素都包裹一次，而该函数只用单个元素包裹。其他用法都和 wrap 方法相同，例如：

```
<p>a</p><p>b</p>
```

则$（"p"）.wrapAll（document.createElement（"div"））；的结果为：

```
<div><p>a</p><p>b</p></div>
```

（4）wrapInner（wrappingElement）

该方法将每一个匹配的元素的子内容（包括文本节点）用 DOM 元素包裹起来，例如：

```
<p>Hello</p><p>cruel</p><p>World</p>
```

则$（"p"）.wrapInner（document.createElement（"b"））；的结果为：

```
<p><b>Hello</b></p><p><b>cruel</b></p><p><b>World</b></p>
```

（5）unwrap（ ）

该方法将移出元素的父元素。这能快速取消 wrap（ ）方法的效果。匹配的元素以及它们的同辈元素都会在 DOM 结构上替换它们的父元素。

**6. 替换元素**

替换元素用于将一种或多种元素替换为另一种元素。

（1）replaceWith（newContent）

该方法先从页面中删除与 newContent 匹配的元素，然后再将所有匹配的目标元素替换为用 newContent 指定的元素，例如：

```
<div class="container">
  <div class="inner first">Hello</div>
  <div class="inner second">And</div>
```

```
    <div class="inner third">Goodbye</div>
  </div>
```

则$（'div.third'）.replaceWith（$（'.first'））；的结果为：

```
  <div class="container">
    <div class="inner second">And</div>
    <div class="inner first">Hello</div>
  </div>
```

（2）replaceAll（target）

该方法用匹配的元素替换掉所有用 target 选择的元素。

### 4.3.6　利用 data 方法操作自定义数据

利用 jQuery 的 data 方法可以在指定的元素上存储自定义的数据。

**1. data（[key]，[value]）**

该方法用于在一个元素上存取“键/值”数据，其基本用法如表 4-1 所示。

表 4-1　data 方法的基本用法

| 函　数 | 说　明 |
|---|---|
| data（） | 把所有数据作为一个 JavaScript 对象来返回 |
| data（key） | 返回元素上储存的相应名字的数据。如果 jQuery 集合指向多个元素，则只返回第一个元素的对应数据 |
| data（key，value） | 设置 key 的值为 value |

例如：

```
  <div id="div1"></div>
  ……
  <script>
      $("#div1").data("MyData");  // 获取 MyData 的值，结果为 undefined
      $("#div1").data("MyData", "hello");  //将 MyData 的值设置为 hello
      $("#div1").data("MyData");  //获取 MyData 的值，结果为 hello
      $("#div1").data("MyData", 86);  // 将 MyData 的值设置为 86
      $("#div1").removeData("MyData");  //移除 MyData
      $("#div1").data("MyData");  //移除后再次获取，结果为 undefined
      //-----以下代码演示了如何存储“键/值”对-----
      $("#div1").data("test", { first: 16, last: "age" });
      $("#div1").data("test").first  //结果为 16
      $("#div1").data("test").last  //结果为 age
  </script>
```

**2. removeData（key）**

该方法用于移除在元素内存放的名为“key”的数据。

## 4.4　浏览器窗口和客户端事件

在网页中，程序员可以利用 JavaScript 或者 jQuery 获取浏览器窗口的信息，并处理各种客户端事件。

### 4.4.1 获取客户端屏幕和浏览器窗口信息

利用 DOM 的 screen 对象获取客户端屏幕信息，利用 DOM 的 window 对象获取客户端浏览器窗口信息。

**1. 获取客户端屏幕大小**

screen 对象用于获取客户端屏幕大小和颜色渲染能力等信息。

availHeight 属性：获取屏幕的工作区高度，不包括 Windows 任务栏可用高度。

availWidth 属性：获取屏幕的工作区宽度，不包括 Windows 任务栏可用宽度。

width 属性：获取屏幕宽度。

height 属性：获取屏幕高度。

colorDepth：获取颜色深度，即可用的颜色数量。

下面通过例子说明具体用法。

【例 4-10】利用 screen 对象获取客户端屏幕的高度和宽度等信息，运行效果如图 4-11 所示。

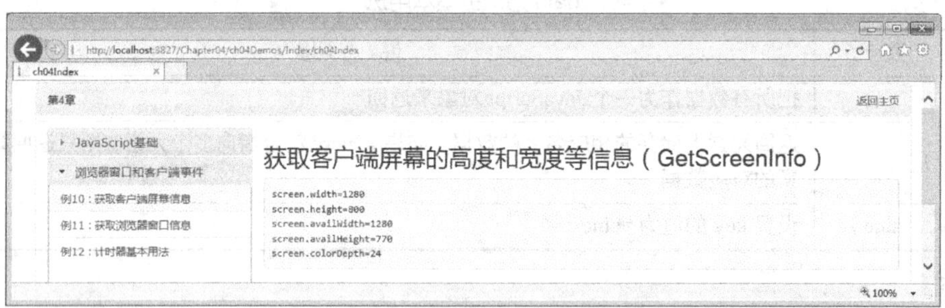


图4-11 例4-10的运行效果

该例子的源程序见 GetScreenInfo.cshtml 文件，代码如下：

```
<h2>获取客户端屏幕的高度和宽度等信息（GetScreenInfo）</h2>
<pre id="pre1"></pre>
<script>
   $(function () {
       var a = [
           "screen.width=" + screen.width,
           "screen.height=" + screen.height,
           "screen.availWidth=" + screen.availWidth,
           "screen.availHeight=" + screen.availHeight,
           "screen.colorDepth=" + screen.colorDepth
       ];
       $("#pre1").html(a.join("<br/>"));
   });
</script>
```

**2. 获取浏览器窗口大小**

利用 window 对象，可以获取浏览器窗口的大小、弹出不同的对话框以及使用计时器处理指定的功能。表 4-2 列出了 window 对象提供的常用属性和方法。

表 4-2 window 对象提供的常用属性和方法

| 成员名称 | 说　明 |
|---|---|
| screenX 属性 | 获取浏览器窗口左上角相对于屏幕左上角的 x 坐标 |
| screenY 属性 | 获取浏览器窗口左上角相对于屏幕左上角的 y 坐标 |

续表

| 成员名称 | 说　明 |
| --- | --- |
| alert 方法 | 用法：alert（<字符串>）；<br>功能：弹出一个只包含【确定】按钮的对话框，显示<字符串>的内容 |
| confirm 方法 | 用法：confirm（<字符串>）；<br>功能：弹出一个包含【确定】和【取消】按钮的对话框显示<字符串>的内容。如果用户按下【确定】，则返回 true，否则返回 false |
| prompt 方法 | 用法：prompt（<字符串>[，<初始值>]）；<br>功能：弹出一个包含【确认】、【取消】和一个文本框的对话框。如果用户按下【确认】按钮，则返回文本框的内容，按下【取消】按钮则返回 null。<初始值>为文本框指定默认值 |
| setTimeout 方法 | 用法：var id = setTimeout（脚本，延迟时间）；<br>经过指定毫秒值后开始执行某个脚本，如鼠标指针在某个元素上停留 1 秒后将自动提示如何操作 |
| clearTimeout 方法 | 用法：clearTimeout（用 setTimeout 得到的脚本 id，延迟时间）；<br>经过指定毫秒值后取消 setTimeout 准备执行或正在执行的脚本，如 setTimeout 规划鼠标指针在某个元素上停留 2 秒后将自动提示如何操作，如果在 2 秒前鼠标指针离开了该元素，则取消 2 秒后的自动提示 |
| setInterval 方法 | 用法：setInterval（脚本，延迟时间）；<br>经过指定毫秒值后重复执行某个脚本 |
| clearInterval 方法 | 用法：clearInterval（脚本，延迟时间）；<br>经过指定毫秒值后取消将要重复执行或正在重复执行的脚本 |

在这些属性和方法中，有些用法比较简单，列表中已经清楚地说明了如何使用它。但是有些用法则比较复杂，这里只介绍最基本的用法。

【例 4-11】演示获取浏览器窗口信息的基本用法，运行效果如图 4-12 所示。

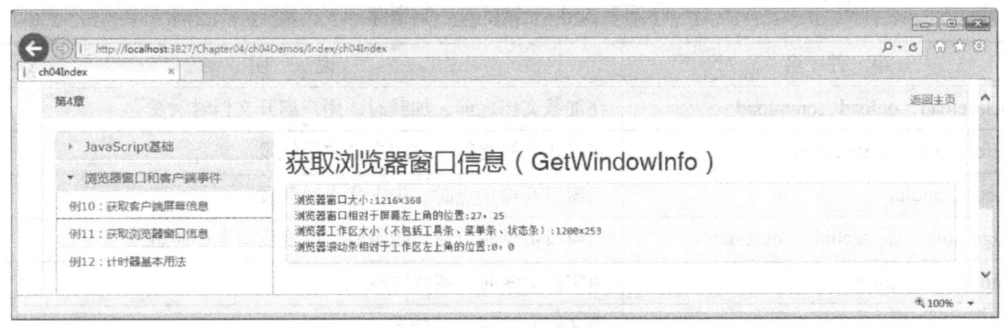


图4-12　例4-11的运行效果

该例子的源程序见 GetWindowInfo.cshtml 文件。

## 4.4.2　客户端事件的分类

按照事件的分类，可将客户端事件分为鼠标事件、键盘事件、窗体（body）事件等。

**1．鼠标事件**

鼠标事件是指由鼠标或相似的用户动作触发的事件。这些事件适用于所有元素，如表 4-3

所示。为简单起见，动作相似的事件都放在了同一行中。

表 4-3　　　客户端鼠标事件

| 事 件 名 | 说 明 |
| --- | --- |
| onclick、ondblclick | 当单击鼠标时、双击鼠标时触发 |
| ondrag、ondragend | 当拖动元素时、拖动操作结束时触发 |
| ondragenter、ondragleave | 当元素被拖动至有效的拖放目标时、离开有效拖放目标时触发 |
| Ondragstart、ondragover | 当拖动操作开始时、元素被拖动至有效拖放目标上方时触发 |
| ondrop | 当被拖动元素正在被拖放时触发 |
| onmousedown、onmousemove、onmouseup | 当按下鼠标按钮时、鼠标指针移动时、松开鼠标按钮时触发 |
| onmouseover、onmouseout | 当鼠标指针移至元素之上时、鼠标指针移出元素时触发 |
| onmousewheel | 当转动鼠标滚轮时触发 |
| onscroll | 当滚动元素的滚动条时触发 |

**2. 键盘事件**

键盘事件是指由键盘触发的事件。这些事件适用于所有 HTML 元素，如表 4-4 所示。

表 4-4　　　客户端键盘事件

| 事 件 名 | 说 明 |
| --- | --- |
| onkeydown | 当按下按键时运行脚本 |
| onkeypress | 当按下并松开按键时运行脚本 |
| onkeyup | 当松开按键时运行脚本 |

**3. 用于 body 元素的事件**

用于 body 元素的事件是指这些事件仅对 body 元素起作用，如表 4-5 所示。

表 4-5　　　用于 body 元素的客户端事件

| 事 件 名 | 说 明 |
| --- | --- |
| onbeforeload、onload、onunload | 在加载文档之前、加载时、用户离开文档时触发 |
| onbeforeprint、onafterprint | 在打印文档之前、打印文档之后触发 |
| onfocus、onblur | 当窗口获得焦点时、失去焦点时触发 |
| onpageshow、onpagehide、onresize | 当窗口可见时、窗口隐藏时、改变窗口大小时触发 |
| ononline、onoffline | 当文档上线时、离线时触发 |
| onerror | 当文档发生错误时触发 |

对于 body 元素来说，除了这些常用事件外，还有一些未列出的事件，有兴趣的读者可参考相关资料。

**4. 表单事件**

表单事件是指这些事件一般用于 form 元素或者 form 容器内的其他交互元素，如表 4-6 所示。从理论上说，这些事件可应用于网页中的所有 HTML 元素，不过一般都是在表单（form）的内部才使用这些事件。

表 4-6　　用于表单交互的事件

| 事 件 名 | 说　明 |
|---|---|
| onfocus、onblur | 当元素获得焦点时、元素失去焦点时触发 |
| oninput、onchange | 当元素获得用户输入时、元素的内容改变时触发 |
| oncontextmenu | 当触发上下文菜单时触发 |
| onformchange、onforminput、onsubmit | 当表单改变时、表单获得用户输入时、提交表单时触发 |
| oninvalid | 当元素无效时触发 |
| onselect | 当选取元素时触发 |

事件捕获分为两种情况，一种称为“隧道”或者“潜入”，即先捕获最外层 HTML 元素的事件，再依次捕获内层元素的事件。另一种称为“冒泡”，其过程与“潜入”刚好相反。

为了保证浏览器的兼容性，在对事件的处理上，jQuery 统一默认在事件模型的冒泡阶段注册事件处理程序。

### 4.4.3　使用计时器自动执行客户端代码

JavaScript 计时器提供了一个可以异步延时执行 JavaScript 代码片段的能力。注意 JavaScript 本身是单线程的（在一定时间范围内仅一部分脚本能运行），利用计时器则可以突破这种限制，设计在指定时间后自动执行的代码。

【例 4-12】利用 JavaScript 的计时器函数实现计时功能，运行效果如图 4-13 所示。

图4-13　例4-12的运行效果

该例子的源程序见 TimeCount.cshtml 文件，代码如下：

```
<div class="text-center">
    <h2>计时器基本用法（TimeCount）</h2>
    <p>计时时间（秒）：<label id="txt1"></label></p>
    <p>剩余时间（秒）：<label id="txt2"></label></p>
    <p>
        <button id="btn1" type="button" class="btn btn-primary">开始计时</button>
        <button id="btn2" type="button" class="btn btn-warning">停止计时</button>
    </p>
    <pre>提示：单击开始计时按钮，输入框会每秒更新 1 次计时时间，按停止计时按钮结束计时。</pre>
</div>
<script>
    var m = 30;
    var n1 = 0;
    var n2 = m;
```

```
    var t;
    $(function () {
        $("#btn1").click(function () { start() });
        $("#btn2").click(function () { stop(); });
    });
    function start() {
        $("#txt1").html(n1.toString());
        $("#txt2").html(n2.toString());
        n1++; n2--;
        if (n1 > m) stop();
        else t = window.setTimeout("start()", 1000);
    }
    function stop() {
        window.clearTimeout(t);
        n1 = 0; n2 = m;
        $("#txt1").html("已停止");
        $("#txt2").html("已停止");
    }
</script>
```

## 习 题

1. jQuery 与 JavaScript 和 Bootstrap 是什么关系？
2. 利用 jQuery 获取和设置 HTML 页面元素的方法有哪些？
3. 如何用 jQuery 获取和设置元素的 CSS 属性？

# 第 5 章 超文本标记语言（HTML5）

ASP.NET MVC 5 默认开发人员用 HTML5 设计网页。为了简化视图与控制器之间交互的复杂度，MVC 还提供了与 HTML5 元素对应的帮助器方法。

Web 前端开发架构（Bootstrap）提供的 CSS 类增强了 HTML5 的视觉效果，将 HTML5 元素和 Bootstrap 提供的 CSS 类相结合，能快速设计出非常漂亮的页面。

## 5.1 基本概念

HTML（Hypertext Markup Language，超文本标记语言）是一种用标记（tag）来描述网页元素信息的描述语言，HTML5 是指 W3C 规定的 HTML 正式标准第 5 版。

### 5.1.1 HTML5 简介

HTML5 是在 HTML4（HTML 4.01 版）的基础上推出的新一代 Web 标准，目标是取代 HTML 4.01 标准，以期能在互联网应用迅速发展的时候，将 Web 带入一个成熟的富互联网应用平台，在这个平台上，文本、图像、音频、视频、动画以及同计算机和移动设备的网络交互都被标准化。

2014 年，W3C 公布了 HTML5 正式标准（Recommendation，简称 REC）的技术报告（Technical Reports，简称 TR），这是自 2008 年以来历经 5 次修改后最终确定的正式标准，官方网址如下：

```
http://www.w3.org/TR/2014/REC-html5-20141028/
```

如果读者希望查看 W3C 关于 HTML 标准的制定历史，可参考下面的官方网址：

```
http://www.w3.org/standards/techs/html#w3c_all
```

如果读者希望查看 W3C 关于 Web 设计标准的更多细节，可参考下面的官方网址：

```
http://www.w3.org/standards/webdesign/
```

随着 HTML5 正式标准的推出，不支持 HTML5 的浏览器正在被迅速淘汰。另外，由于 W3C 公布的其他相关的 Web 设计新标准都是以 HTML5 为核心来进行的，因此，我们必须学习 HTML5 而不是学习早期版本的 HTML 技术。

近几年来，在 HTML5 正式标准之前的标准草案多次修改过程中，各软件生产厂家为了在浏览器竞争中处于不败地位，也都在紧随草案标准的变化频繁地升级其版本，以适应新标准的修改。但是，由于研发时间不同，即使是同一个浏览器生产厂家，不同的版本对 HTML5 的支持程度也不完全相同。因此，目前的浏览器一般都采用自动升级的办法，让用户使用其最新的版本。

目前世界上最流行的 IE 浏览器、Chrome 浏览器以及 Firefox 浏览器，其最新版本均支持 HTML5 正式标准。

IE 浏览器从 9.0 版开始支持 HTML5，随后又推出 IE 10.0，但这两种版本都是部分支持 HTML5 标准（当时 HTML5 正式标准还没有确定，因此不可能完全支持正式标准）。IE 浏览器目前的最新版本为 11.0，该版本支持 HTML5 正式标准，可在 Windows 7、Windows 8 操作系统上运行，但无法在已被淘汰的 Windows XP 操作系统上运行。

调试本书的例子时，建议使用 IE 11.0 浏览器，当然也可以选择其他厂家的浏览器，如 Firefox 浏览器、Chrome 浏览器等，或者选择国内的其他浏览器（国内浏览器大部分使用的都是 IE 内核，少部分使用的是非 IE 内核）。总之，不论选择哪种现代浏览器，只要使用其最新的浏览器版本，都能正常访问用 HTML5 设计的网页。

### 5.1.2 HTML5 的基本结构

在 HTML5 文档中，与 HTML 4.01 相比，有些标记增强了功能，有些标记对其特性和属性进行了补充和完善，同时，HTML5 又增加了一些新的标记。但是，我们并不需要特别花费精力去记住哪些 HTML 标记符合 HTML5 规范，这是因为当使用不符合 HTML5 规范的标记时，开发工具会立即用绿色的下划线给出提示，此时再将其改为用符合标准的 HTML5 标记去实现就行了。

#### 1. HTML5 文档的基本格式

HTML5 文档一般由首部（head 元素）和主体（body 元素）两大部分组成，其基本格式如下：

```
<!DOCTYPE html>
<html>
<head>
    <meta ...... />
    <title>......</title>
</head>
<body>
  ......
</body>
</html>
```

在本书源程序的多个布局页中，都可以看到 HTML5 文档的完整实现。

（1）head 元素

HTML 文档的首部描述用 head 元素表示，首部内容位于<head>和</head>之间。但是，包含在<head>与</head>之间的信息并不在客户端浏览器中显示出来，它只是设置供客户端解析 HTML5 文档时所需要的信息，如网页采用的编码、网页标题以及网页所使用的媒体查询描述等。

下面是在<head>与</head>之间使用的常用 HTML 元素。

- title：定义网页标题。网页标题一般显示在浏览器的标题栏（选项卡）中。
- link：定义链接的外部资源，如层叠式样式表（CSS 文件）等。
- meta：定义媒体元数据信息，如网页在屏幕中的缩放比例等。
- style：用 CSS 定义可在该网页中引用的样式。

在 Mvc5Examples 项目的_Layout.cshtml 文件中，我们可看到这些标记的基本用法。

（2）body 元素

HTML 文档的主体描述位于<body>和</body>之间。

用户在浏览器中实际看到的页面都在主体中用 HTML 标记来描述，包括文字、图片、链接以及其他 HTML 标记都包含在该元素所包含的区域内。

在 bootstrap.css 文件中，可看到为 body 元素字体大小（font-size）的默认设置为 14px，行高（line-height）默认设置为 1.428571429，同时还能看到默认的字体、前景色、背景色。

**2. 元素和标记**

在 HTML5 文档中，一个 HTML 元素（element）一般由开始标记（start tag）和结束标记（end tag）以及开始标记和结束标记之间的内容（content）来描述，开始标记和结束标记一律都用尖括号"〈"和"〉"括起来，例如：

```
<div>......</div>
```

这行 HTML 代码表示用 div 标记来描述 div 元素。其中，<div>是该元素的开始标记，</div>是该元素的结束标记，在<div>和</div>之间可编写其他内容。

如果某个元素的内容是长度为 0 的空字符串，或者该元素的内容是通过特性来描述的，也可以用既包含开始标记也包含结束标记的简化形式来表示。

例如：

```
<input type="text">123</input>
```

这行代码也可以用下面的简化形式来表示：

```
<input type="text" value="123" />
```

如果元素的内容为 null，则这些元素必须用简化形式来表示。例如，br 元素只能用<br />标记来表示。

注意：为了避免概念混淆，在本书中，我们统一把英文单词"tag"称为"标记"，把英文单词"label"称为"标签"。

为了让不同的浏览器都能顺利解析 HTML 元素，编写 HTML 代码时，建议所有标记都采用下面的格式。

（1）大小写

所有 HTML5 元素的标记名一律都采用小写形式。

（2）嵌套

嵌套使用 HTML5 元素时，要求所有的嵌套层次都必须完全正确，不能交叉嵌套。

（3）空格

默认情况下，HTML 文档中的多个空格会被浏览器解析为一个空格。为了能在某个元素内显示多个空格，可以在该元素的开始标记内用 CSS 来控制它，例如：

```
<p style="white-space: pre;">abcd    efg   hijk</p>
```

### 5.1.3 HTML5 的全局特性

全局特性是指所有 HTML5 元素都可以使用的特性。

**1. 特性和属性的区别**

对某个 HTML5 元素来说，特性（attribute）是指该元素在页面描述中所呈现的特征，属性（property）是指该元素公开的 DOM（文档对象模型）接口。或者说，特性是对 HTML 文档而言的（在元素的开始标记内描述），属性是对文档对象模型而言的（一般通过脚本访问其提供的 API）。

对于某个 HTML 元素来说，其特性值和属性值可能相同，也可能不相同。例如，id 特性的值和 id 属性的值是相同的，但 checked 特性的值和 checked 属性的值是不相同的。

下面通过代码说明 HTML5 元素的特性和属性的区别。

**【例 5-1】** 演示 HTML5 特性和属性的区别，运行效果如图 5-1 所示。

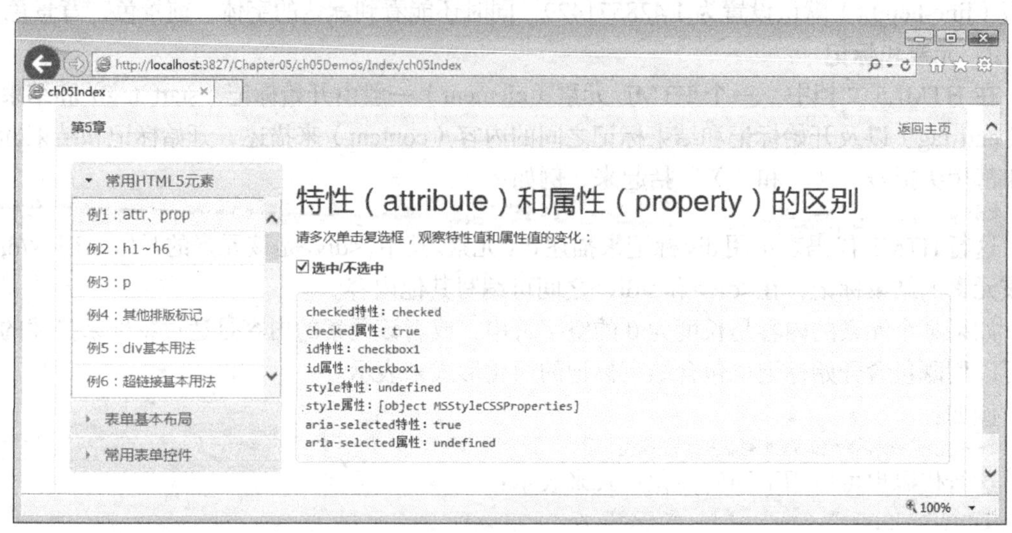


图5-1　例5-1的运行效果

该例子的源程序见 attr.cshtml 文件。

这个例子在 input 元素的开始标记内声明了该元素的 id 特性、type 特性以及 checked 特性，并给出了这些特性的值：

```
<input id="Checkbox1" type="checkbox" checked="checked" />
```

当在脚本中用 jQuery 的 attr 方法获取该元素 checked 特性的值时，得到的结果为“checked”。但是，当用 jQuery 的 prop 方法获取该元素 checked 属性的值时，得到的结果却是 true 而不是“checked”。另外，如果不在 input 元素的开始标记内声明 checked 特性，则用 attr 方法获取该元素 checked 特性的值为“undefined”，而用 prop 方法获取该元素所对应的 checked 属性的值为 false。

### 2. 常用的全局特性

网页中的每个 HTML 元素一般都有一个以上的特性，在元素的开始标记内，既可以直接声明该元素具有某个特性（不设置特性的值时将自动使用其默认值），也可以在声明特性名称时同时设置该特性的值。

在网页的 HTML 表示中，有一些特性所有元素都可以使用，这些特性称为全局特性，下面介绍最常用的一些全局特性。

#### （1）id 特性和 name 特性

在 HTML5 文档中，每个元素都可以声明 id 和 name 特性，如<a id="a1" name="a1">，<img id="img1" name="image1">等。

id 特性和 name 特性的最大区别是：在同一个网页中，不同的元素不能有相同的 id 值，但可以有相同的 name 值。换言之，id 是为了区分是哪个元素，name 是为了区分同一个元素中具有相同 name 特性的不同子元素，例如：

```
<select id="DropDownList1" name="list1">
   <option name="list1" value="aaa">aaa</option>
   <option name="list1" value="bbb">bbb</option>
   <option name="list1" value="ccc">ccc</option>
</select>
```

由于同一个网页中没有重复的 id，这样一来，在客户端脚本中，就可以利用 JavaScript 或者 jQuery 通过 id 获取唯一的元素。

**（2）style 特性**

style 关键字有两个用途：一个是将其作为特性来使用（称为 style 特性），另一个是将其作为元素名来使用（称为 style 元素）。

style 特性用于在某个元素的开始标记内设置该元素的 CSS 属性。例如，字体大小、字体颜色、背景色等都是 CSS 属性。一般格式为：

```
<元素名 style="属性1:值1; 属性2:值2; ……">……</元素名>
```

格式中的每个 CSS 属性与 CSS 值之间都用冒号（“：”）分隔。如果一个元素的 style 特性中有多个 CSS 属性，这些属性之间用分号（“；”）分隔。

例如：

```
<body style="color: blue; background: white">
```

**（3）class 特性**

class 特性的用途是在元素的开始标记内引用在 style 元素内或者在.css 文件中定义的 CSS 类的名称，例如：

```
<style>
   .myClass { color: white; background-color: red; }
</style>
<p class="myClass"></p>
```

在这段代码中，用 style 元素定义了一个名为 myClass 的 CSS 类，并在 p 元素中用 class 特性引用了这个 CSS 类。注意定义时用“点”（.）前缀表示这是一个 CSS 类，但用 class 引用它时不要加“点”前缀。

介绍 Bootstrap 时，我们已经学习了一些常用 CSS 类的用法，这里不再重复。

**（4）自定义特性（data-*、aria-*）**

data-*、aria-*是 HTML5 新增的特性。

data-*用于在元素的开始标记内自定义随元素一起传递的数据，其名称以字符串“data-”开头，连字符后至少要有 1 个字符，如 data-mydata1、data-mydata2 等。自定义数据的优点是无论是客户端脚本还是服务器代码，都可以通过这些自定义的数据获取或设置要传递的相关信息。

aria-*用于让该元素的内容更容易理解，以便使网站可供具有各种不同的浏览习惯和有身体缺陷的用户访问（该技术也叫残疾人访问技术）。或者说，这是另一种描述元素内容语义的辅助方式，其名称以字符串“aria-”开头，连字符后是已经定义好的相关的属性，如 aria-labelledby、aria-level 等。

关于 aria-*的更多内容，请参看其他相关资料，此处不再对其进行过多介绍。

**（5）其他全局特性**

除了前面介绍的这些常用的全局特性外，HTML5 还提供了其他一些全局特性，如 accesskey、dir、lang、tabindex、title、contenteditable、contextmenu、draggable、dropzone、hidden 等，对这些特性有兴趣的读者可参考 W3C 标准中相关的规定。

# 5.2 基本 HTML5 元素

在由 HTML5 元素组成的页面中，一个 HTML 元素要么由一对标记来构造（开始标记和结束标记），要么由一个简写形式的标记来构造（既包含开始标记又包含结束标记）。为了避免读起来绕口，有时候我们将其称为 HTML 元素，有时候又可能称为 HTML 标记，但对实际的 HTML 表示形式来说，这些叫法并没有什么本质的差别。

这一节我们介绍一些最常用的 HTML5 元素。

## 5.2.1 标题和段落

标题标记（h1 ~ h6）和段落标记（p、span、br 等）是网页中使用最频繁的元素。

**1. 标题标记（hx）**

HTML5 提供的标题元素共有 6 个，分别是 h1、h2、h3、h4、h5、h6。这些元素都是用来控制文档中字体的大小。默认情况下，从 h1 到 h6 字体逐步减小，h1 表示最大字体的标题，h6 表示最小字体的标题。例如：

```
<h1>标题 1</h1>
<h2>标题 2</h2>
```

除了直接用 h1 ~ h6 元素控制字体大小外，还可以通过 Bootstrap 定义的 CSS 类控制其他元素的大小，例如：

```
<div class="h3">Hello</div>
```

【例 5-2】演示 h1 ~ h6 标记的基本用法，运行效果如图 5-2 所示。

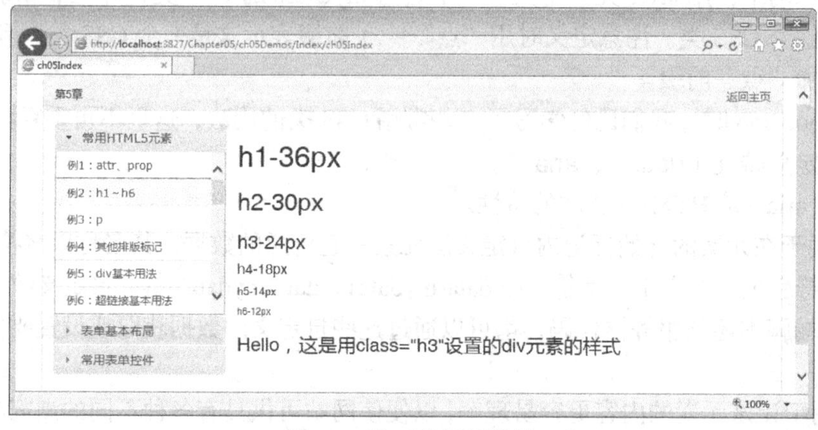


图5-2　例5-2的运行效果

该例子的源程序见 hx.cshtml 文件，代码如下：

```
<h1>h1-36px</h1>
<h2>h2-30px</h2>
<h3>h3-24px</h3>
<h4>h4-18px</h4>
<h5>h5-14px</h5>
<h6>h6-12px</h6>
<div class="h3">Hello，这是用 class="h3"设置的 div 元素的样式</div>
```

**2. 段落标记（p）**

p 标记用于为文本划分段落，例如：

```
<p>Hello, It's me</p>
```

Bootstrap 为 p 标记设置的外边距（margin）默认等于 1/2 行高（10px）。另外，还可以通过 CSS 类（lead）突出显示某个段落或者该段落内的某一部分文字。例如：

```
<p class="lead">Hello</p>
```

**【例 5-3】**演示 p 标记的基本用法，运行效果如图 5-3 所示。

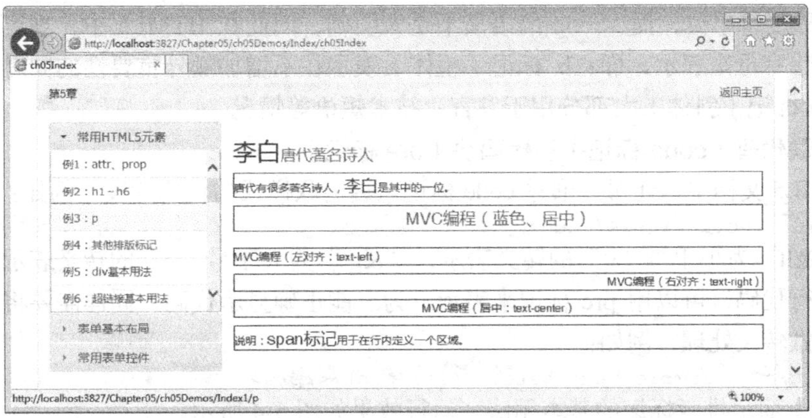

图5-3　例5-3的运行效果

该例子的源程序见 p.cshtml 文件，代码如下：

```
<style>
   p { border:1px solid blue; }
</style>
<h2>李白<small>唐代著名诗人</small></h2>
<p>唐代有很多著名诗人，<span class="lead">李白</span>是其中的一位。</p>
<p class="lead text-primary text-center">MVC 编程（蓝色、居中）</p>
<p class="text-left">MVC 编程（左对齐：text-left）</p>
<p class="text-right">MVC 编程（右对齐：text-right）</p>
<p class="text-center">MVC 编程（居中：text-center）</p>
<p>说明：<span class="lead">span 标记</span>用于在行内定义一个区域。</p>
```

在这段代码中，h2 为父元素（100%大小），h2 内的 small 在 Bootstap 的 CSS 中自动设置为父元素大小的 85%，class="lead"的效果是将 span 元素内的字体变大，以突出显示它所包含的文字。另外，为了能看出左对齐、右对齐以及居中等效果，我们给这些 p 标记通过 style 设置了边框，但在实际应用中，一般不会添加这些边框。

### 3. 其他常用的排版标记

除了上面介绍的常用标记外，还有一些排版标记，如 br、span、hr、sup、sub 等。

#### （1）段内换行标记（br）

<br />表示段内强制换行，该标记的作用类似于在 Word 文档中按<shift>+<Enter>组合键产生的软回车。

#### （2）行内区域标记（span）

span 元素用于在行内（inline）定义一个区域，如果网页中某一行中部分文字的内容需要用特殊的形式显示，可以用<span>和</span>将其包围起来，例如：

```
<p>说明：<span class="lead">span 标记</span>用于在行内定义一个区域。</p>
```

#### （3）水平分隔线标记（hr）

修饰段落时，还可以选用 hr 标记。该标记自动实现段落的换行，并相对于其父容器的宽度绘制一条长度为 100%的水平线，同时，还在水平线的上方和下方留出一定的间隔。

**（4）上标和下标（sup 标记、sub 标记）**

sup 标记将它包含的文字显示为上标，sub 标记将它包含的文字显示为下标。

**（5）粗体和斜体标记（b、i）**

在 HTML 的早期版本中，一般用 strong 和 em 来表示粗体和斜体，但是，由于在 CSS3 中 em 是一种度量单位，而 strong 的语义不是太明确，因此在 HTML5 中，规定用能体现其语义的英文首字母来表示，即：b 标记（粗体）表示在不增加额外重要性的同时将词或短语高亮显示，i 标记（斜体）大部分用于发言、技术短语等情况。

**（6）内联代码（code 标记）和代码块（pre 标记）**

在 HTML5 文档中，还可以通过 code 标记包裹内联样式的代码片段，例如：

```
<code>&lt;section&gt;</code>
```

其中“<”为小于号“<”的转义表示，“>”为大于号“>”的转义表示。

对于多行代码，可以用 pre 标记来表示，为了能正确显示代码，同样需要将 pre 标记块内的尖括号做转义处理，例如：

```
<pre>&lt;p&gt;Sample text here...&lt;/p&gt;</pre>
```

**【例 5-4】**演示排版标记的基本用法，运行效果如图 5-4 所示。

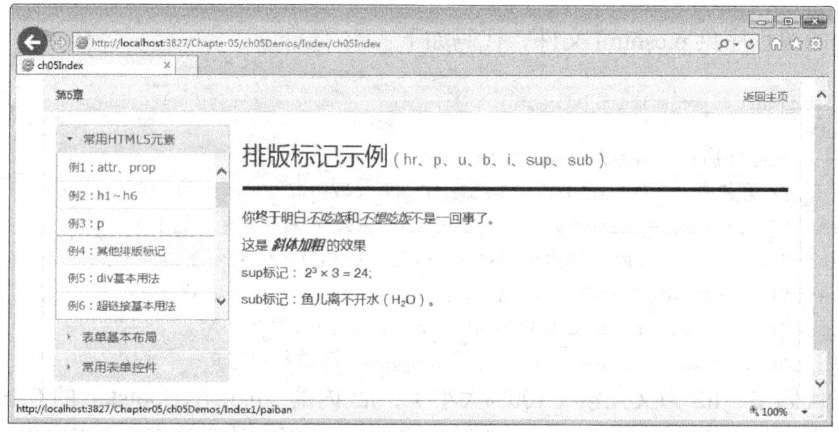


图5-4　例5-4的运行效果

该例子的源程序见 paiban.cshtml 文件，代码如下：

```
<style>
   p{font-size:16px;}
</style>
<h2>排版标记示例<small>（hr、p、u、b、i、sup、sub）</small></h2>
<hr style="height:5px; background-color:blue;" />
<p>你<b>终于</b>明白<i><u>不吃饭</u></i>和<i><u>不想吃饭</u></i>不是一回事了。</p>
<p>这是 <i><b>斜体加粗</b></i> 的效果</p>
<p>sup 标记： 2<sup>3</sup> × 3 = 24;</p>
<p>sub 标记：鱼儿离不开水（H<sub>2</sub>O）。</p>
```

## 5.2.2　容器（div）

在 HTML5 表示中，div 仅仅是一个容器，其用途是控制它包含的多个子元素。例如，只需要控制 div 容器的显示和隐藏，就能让它所包含的所有子元素都显示或者都隐藏。

由于 div 是一个容器元素，因此其应用非常广泛，利用它可以实现很多特殊的功能，例如，页面上的可移动窗口、对话框、同一位置不同图片的叠加显示，以及文字、图片等元素的动态重叠显示等。

随着学习的深入，我们会陆续看到 div 元素各种各样的用法，这里只介绍最基本的用法。

**1. div 居中显示，div 的内容左对齐显示**

默认情况下，div 的宽度占其父容器宽度的 100%，块内的区域左对齐显示。

下面的代码将 div 居中，div 宽度占其父容器宽度的 100%：

```
<div class="center-block">hello</div>
```

下面的代码将 div 居中，相对于其父容器的宽度为 70%：

```
<div class="center-block" style="width:70%">hello</div>
```

**2. div 居中显示，div 的内容也居中显示**

下面的代码将 div 居中，宽度占其父容器宽度的 100%，并将其内容也居中显示：

```
<div class="center-block text-center">hello</div>
```

下面的代码将 div 居中，宽度占其父容器宽度的 70%，并将其内容也居中显示：

```
<div class="center-block text-center" style="width:70%">hello</div>
```

**【例 5-5】**演示 div 标记的基本用法，运行效果如图 5-5 所示。

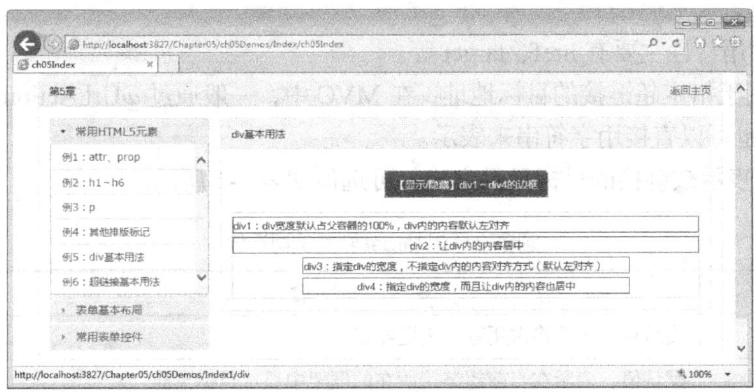

图5-5　例5-5的运行效果

为了能看出每个 div 的宽度及其对齐方式，可以给这些 div 添加边框。

该例子的源程序见 div.cshtml 文件，代码如下：

```
<style>
    .solid-border { border: 1px solid red; margin-top: 5px; margin-bottom: 5px; }
    .custom-width { width: 70%; min-width: 100px; }
</style>

<div class="panel panel-default">
    <div class="panel-heading">div 基本用法</div>
    <div class="panel-body">
        <button type="button"
            class="center-block btn btn-primary text-center"
            style="margin-top: 15px;">【显示/隐藏】div1～div4 的边框</button>
        <br />
        <div id="div0" style="border: 1px solid #ffd800;">
        <div id="div1">
            div1: div 宽度默认占父容器的 100%, div 内的内容默认左对齐</div>
        <div id="div2" class="center-block text-center">
            div2: 让 div 内的内容居中</div>
            <div id="div3" class="center-block custom-width">
```

```
            div3：指定 div 的宽度，不指定 div 内的内容对齐方式（默认左对齐）</div>
         <div id="div4" class="center-block custom-width text-center">
            div4：指定 div 的宽度，而且让 div 内的内容也居中</div>
      </div>
   </div>
</div>
<script>
   $(document).ready(function () {
      $("button").click(function () {
         $("#div0").children().toggleClass("solid-border");
      });
   });
</script>
```

### 5.2.3 超链接

超链接（a 标记）的用途是利用它链接到某个页面（通过声明 href 特性声明链接的目标地址）或者某个页面中的某一部分（用“#”号分隔目标地址和链接位置的 id 名称）。

在 HTML5 表示中，也可以将 a 标记仅作为一个占位符来看待（单击该超链接不会有任何反应），例如：

```
<a href="#">...</a>
```

a 标记的常用特性主要有 href、target 等。

href 特性用于指定超链接的目标地址，在 MVC 中，一般通过@Url.Action 方法指定链接的目标 URL，也可以直接用字符串来表示。

target 特性表示被链接的目标显示方式，可选值如表 5-1 所示。

表 5-1　　超链接标记 target 特性的可选值

| 特　性 | 含　义 |
| --- | --- |
| _top | 表示目标页面将占用整个浏览器窗口 |
| _self | 默认值，表示在当前超链接所在的框架中显示目标页面 |
| _blank | 表示在新选项卡中显示页面 |
| _parent | 表示将目标页面装入当前框架的父框架中，但是有的浏览器会将其解释为_top |
| 自定义 url | 链接到指定的目标 url（目标元素用 id 来定义） |

target 的默认值为“_self”，表示在本窗口或者浏览器的选项卡内显示相应内容。也可以将其设置为“_blank”，表示在新窗口或者新选项卡中显示被链接的目标，例如：

```
<a href="http://validator.w3.org/" target="_blank">W3C 校验服务</a>
```

执行这行代码时，在浏览器中就会显示链接信息“W3C 校验服务”，单击该链接，对于现代浏览器来说，就会在浏览器的新选项卡中打开用 href 指定的页面。

**1. 基本用法**

通过 a 标记的 herf 特性指定 URL 地址，可以链接到各种媒体资源，包括网站自身的资源以及互联网上的其他资源。

**（1）链接到某个网页**

链接到某个网页时，既可以使用相对 URL（一般用@Url.Action 指定链接目标，适用于链接到同一个项目中另一个网页的情况），也可以使用绝对 URL（如 http://...，适用于链接到其他网站中某个网页的情况）。不过，建议的用法还是用@Html.ActionLink 或者

@Ajax.ActionLink 来实现，例如：

```
@Html.ActionLink("attr", "Index", "ch04Demos", new {id="attr"})
```

它和下面的代码是等效的：

```
<a href="@Url.Action("Index", "ch04Demos", new {id="attr"})">attr</a>
```

【例 5-6】演示超链接的基本用法，运行效果如图 5-6 所示。

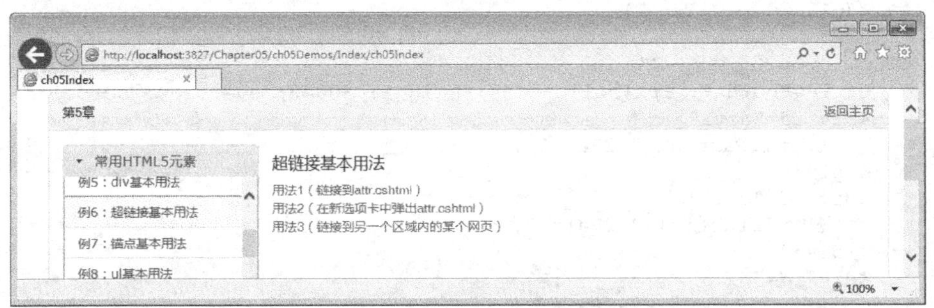


图5-6　例5-6的运行效果

该例子的源程序见 a1.cshtml 文件，代码如下：

```
<h4>超链接基本用法</h4>
@Html.ActionLink("用法 1（链接到 attr.cshtml）", "Index", "ch04Demos",
      new { id = "attr" }, null)<br />
@Html.ActionLink("用法 2（在新选项卡中弹出 attr.cshtml）", "Index",
    "ch04Demos", new { id = "attr" }, new { @target = "_blank" })<br />
@Html.ActionLink("用法 3（链接到另一个区域内的某个网页）", "Index", "ch03Demos",
    new { id = "LayoutDemo", area = "Chapter03" }, null)<br />
```

这个例子仅演示了 Html.ActionLink 的不同用法，至于 Ajax.ActionLink 的基本用法，在每一章的导航页例子中都有演示，因此不再重复介绍。

**（2）链接到某个图像文件**

使用 href 特性还可以链接到指定的图像文件，此时浏览器将在窗口中按图像的原始大小将被链接的图像显示出来，例如：

```
<a href="~/Areas/Chapter04/common/images/html5.png">html5</a>
```

**2. 链接到锚点**

当目标网页的内容比较长时，可以利用锚点（用 id 特性指定锚点的名称）让超链接直接定位到网页内的某个位置。

**（1）链接到当前页中的某个锚点**

下面的代码演示了如何链接到当前页中的某个锚点：

```
<a  href="#div1">...</a>
......
<div id="div1">
   ......
</div>
```

在这段代码中，a 标记通过 href 特性链接到了 div1 锚点，单击该超链接，它就会自动定位到 div1 处。这里的“#”和 CSS 类的 id 选择符的作用相同，“#div1”表示定位的目标是 id 为 div1 的元素。

【例 5-7】演示链接到当前网页内某个锚点的基本用法，运行效果如图 5-7 所示。

该例子的主页面源程序见 a2.cshtml 文件，代码如下：

```
<h2 class="text-center">系统功能简介</h2>
<div class="row">
```

```
    <div class="col-md-3">
        <ul class="list-group">
            <li class="list-group-item"><a href="#div1">第 1 部分</a></li>
            <li class="list-group-item"><a href="#div2">第 2 部分</a></li>
            <li class="list-group-item"><a href="#div3">第 3 部分</a></li>
            <li class="list-group-item"><a href="#div4">第 4 部分</a></li>
        </ul>
    </div>
    <div class="col-md-9"
        style="border: 1px solid blue; height: 300px; overflow: scroll;">
        <div id="div1">
            @Html.Partial("a2Part1")
        </div>
        <div id="div2">
            @Html.Partial("a2Part2")
        </div>
        <div id="div3">
            @Html.Partial("a2Part3")
        </div>
        <div id="div4">
            @Html.Partial("a2Part4")
        </div>
    </div>
</div>
```

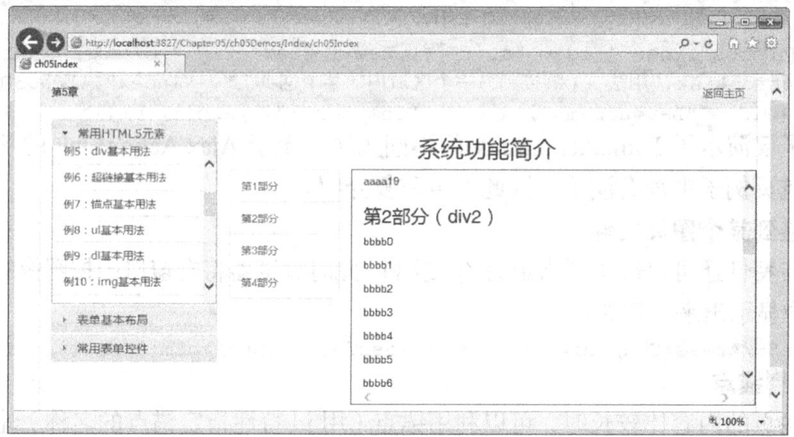


图5-7　例5-7的运行效果

该例子涉及多个分部视图文件（每个文件模拟一部分内容）。例如，a2Part1.cshtml 文件的内容如下：

```
<h3>第 1 部分（div1）</h3>
@for (int i = 0; i < 20; i++)
{
    <p>aaaa@(i)</p>
}
```

由于该例子仅为了演示如何链接到锚点，因此只用循环生成了每一部分的内容。其他分部视图文件的内容与此相似，此处不再列出这些代码。

**（2）链接到另一个网页中的某个锚点**

如果希望直接链接到另一个页面内的某个锚点，先在目标页面内用 id 指定这些锚点，然后在源页面内用类似 href="目标 URL#目标 id" 的形式定位到目标页面内相应的锚点位置即可，例如：

```
@{
    var url = Url.Action("Index", "ch04Demos", new { id="a2"});
}
<a href="@url#div2">第 2 部分</a>
<a href="@url#div3">第 3 部分</a>
```

## 5.2.4　列表和导航（ul、ol、dl、nav）

HTML5 提供了 3 种列表标记：无序列表（ul）、有序列表（ol）和自定义列表（dl），这些标记除了用于显示列表信息外，还可以在这些标记内用超链接实现导航功能。

导航标记（nav）的用途是明确指定它所包含的子元素是用于导航的。

### 1．无序列表（ul）

ul 表示顺序无关紧要的列表元素。ul 元素中的每一子项都必须包含在<li>和</li>之间。默认情况下，li 有自动换行的作用，每个子项占一行。

【例 5-8】演示 ul 标记的基本用法，运行效果如图 5-8 所示。

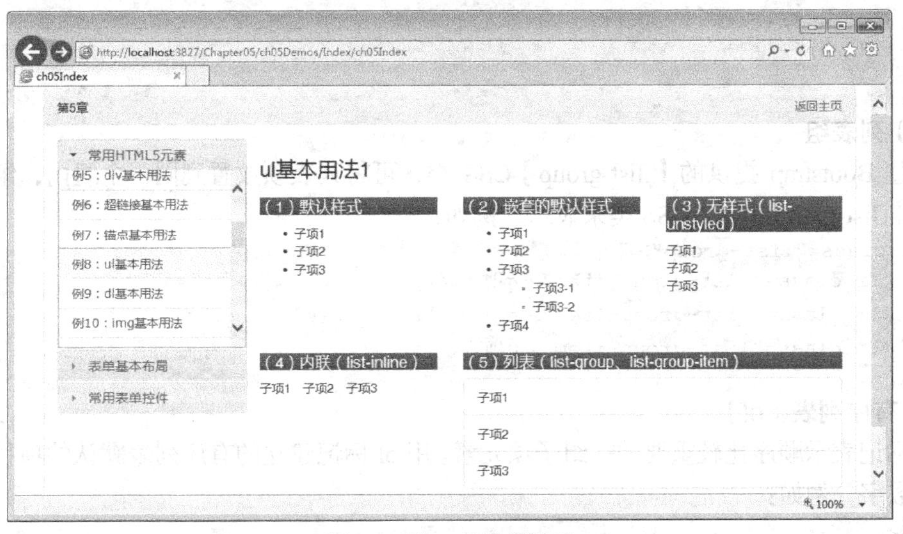


图5-8　例5-8的运行效果

该例子的源程序见 ul.cshtml 文件，下面解释其基本用法。

#### （1）默认样式

可以用 style 特性的 list-style-type 属性设置 ul 列表项的符号。list-style-type 属性有 3 种取值："disc"、"circle" 和 "square"，分别表示实心圆、空心圆和小方块，默认值为 "disc"。如果不指定任何样式，此时它将使用默认的 "disc" 样式，例如：

```
<ul>
    <li>子项 1</li>
    <li>子项 2</li>
    <li>子项 3</li>
</ul>
```

#### （2）列表嵌套

也可以嵌套使用 ul，例如：

```
<ul>
    ......
    <li>子项 3
```

```
        <ul>
            <li>子项 3-1</li>
            <li>子项 3-2</li>
        </ul>
    </li>
    ......
</ul>
```

**（3）无样式列表**

利用 Bootstrap 提供的【.list-unstyled】CSS 类，可移除默认样式和左侧外边距的一组元素，这种样式设置只针对 ul 的直接子元素（<li>…<li>），对 li 元素内嵌套的 ul 元素不起作用，例如：

```
<ul class="list-unstyled">
    ......
</ul>
```

**（4）内联列表**

通过 Bootstrap 提供的【.list-inline】CSS 类，可直接将所有子项放置于同一行，例如：

```
<ul class="list-inline">
    <li>...</li>
    <li>...</li>
    ......
</ul>
```

**（5）列表组**

通过 Bootstrap 提供的【.list-group】CSS 类，可将列表项放置到同一个组内，组内每一项都用【.list-group-item】CSS 类来表示，例如：

```
<ul class="list-group">
    <li class="list-group-item">子项 1</li>
    <li class="list-group-item">子项 2</li>
    <li class="list-group-item">子项 3</li>
</ul>
```

**2. 有序列表（ol）**

ol 标记表示顺序比较重要的一组子项元素。用 ol 标记建立的有序列表默认的项目序号是十进制数字，例如：

```
<ol>
   <li>子项 1</li>
   <li>子项 2</li>
</ol>
```

下面是这段代码在浏览器中显示的效果为：

```
1.   子项 1
2.   子项 2
```

**3. 自定义列表（dl）**

dl 标记表示带有描述信息的短语列表，列表中的每一个子项一般由 dt 标记和 dd 标记组成。其中，dt 用于定义子项的标题，随后跟随的 dd 是对 dt 的描述、解释和补充，例如：

```
<dl>
    <dt>子项 1</dt>
    <dd>子项 1 的描述信息</dd>
    <dt>子项 2</dt>
    <dd>子项 2 的描述信息</dd>
</dl>
```

如果在 dl 的开始标记内指定了 Bootstrap 提供的【.dl-horizontal】类，还可以让 dl 元素内的每一对子元素（dt 和 dd）自动排在同一行，例如：

```
<dl class="dl-horizontal">
   .....
</dl>
```

【例 5-9】演示 dl 标记的基本用法，运行效果如图 5-9 所示。

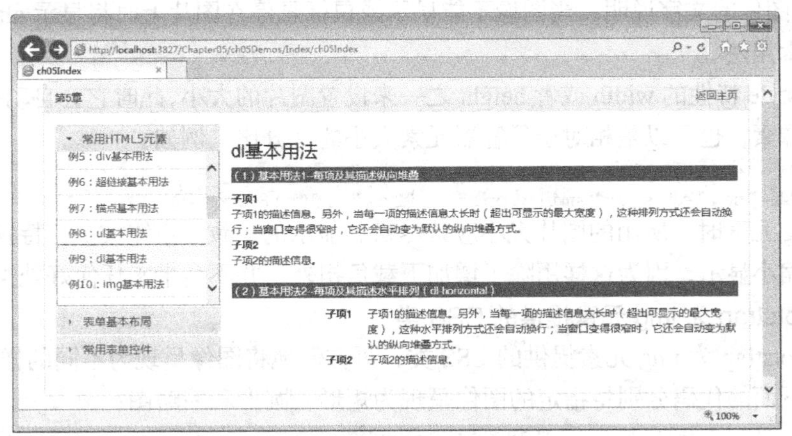


图5-9　例5-9的运行效果

该例子的主页面源程序见 dl.cshtml 文件，此处不再列出源代码。

#### 4. 导航标记（nav）

nav 标记是 HTML5 新增的标记。该标记用来将具有导航性质的链接分类组织在一起，使代码结构在语义化方面更加准确。

##### （1）基本用法

在没有 nav 标记之前，一般使用形如<div id="nav">或<ul id="nav">的形式编写页面的导航代码，而在 HTML5 中，可直接将导航链接放到 nav 标记中，例如：

```
<nav>
    <ul>
        <li><a href="index.htm">主页</a></li>
        <li><a href="about.htm">关于</a></li>
    </ul>
</nav>
```

nav 标记不仅可以作为页面全局导航，也可以将其放在 article 标记内，作为单篇文章内容的相关导航标识，以链接到当前页面的其他位置，但是，并不是所有的链接组都要被放到 nav 元素内。例如，在页脚中通常会有一组链接，包括服务条款、首页、版权声明等，这时使用 footer 元素是最恰当的，而不是使用 nav 元素。

##### （2）Bootstrap 为 nav 提供的 CSS 类

Bootstrap 为 nav 提供的 CSS 类是在网站中作为导航标头的响应式元组件，它们在移动设备上可以折叠和展开，且在可用的视区宽度增加时自动变为水平展开模式。例如，在 _ch01Layout.cshtml 文件中，顶部导航条就是用 nav 元素实现的。

### 5.2.5　图像、音频和视频（img、audio、video）

在页面中，有时候可能需要显示图像、播放音频或视频，在 HTML5 中，可直接用相应的元素来实现，而不需要任何插件。

### 1. 图像显示（img）

在 HTML5 中，仍然和旧版本一样用 img 元素显示图像，该元素的常用特性如下。

- src：图像的位置，它和超链接（a 标记）的 href 特性相似，可以为相对路径、绝对路径，一般用 Url.Action 方法设置该特性。
- alt：图像的文字说明，当图像不能显示或鼠标悬停在图片上时将显示 alt 的值。

#### （1）基本用法

一般用 style 特性的 width 或者 height 之一来设置图片的大小，此时它会自动按比例缩放，单位可以是像素，也可以是相对于父容器元素大小的百分比，例如：

```
<img  alt="smile" src="smile.png" />
<img  alt="smile" src="smile.png" style="width:80px" />
```

使用 img 元素时，所用的图片大小应该尽量和显示的一致（不缩放），特别是不要将原始的大图片缩小显示，因为这样用除了增加下载负担外，并不会带来任何好处。

#### （2）Bootstrap 为 img 元素提供的 CSS 类

利用 Bootstrap 为 img 元素提供的 CSS 类，可方便地将图像呈现为不同的样式。

例如，下面的代码分别将指定的图像呈现为矩形、圆形和缩略图：

```
<img src="..." alt="..." class="img-rounded">
<img src="..." alt="..." class="img-circle">
<img src="..." alt="..." class="img-thumbnail">
```

【例 5-10】演示 img 标记的基本用法，运行效果如图 5-10 所示。

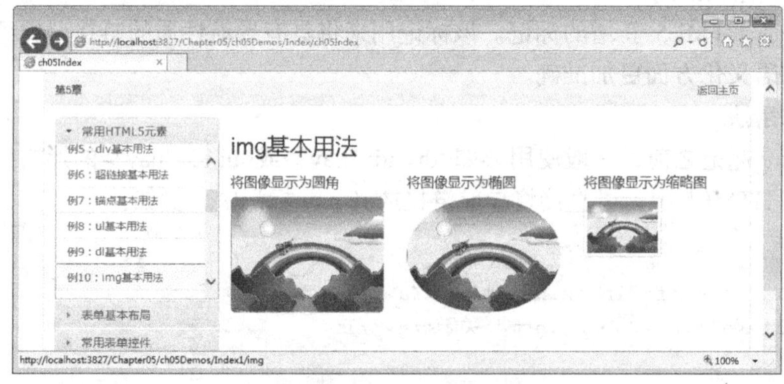


图5-10　例5-10的运行效果

该例子的源程序见 img.cshtml 文件，代码如下：

```
<h2>img 基本用法</h2>
@{
    var imageUrl = "/Areas/Chapter05/common/pic1.jpg";
}
<div class="row">
    <div class="col-md-4">
        <h4>将图像显示为圆角</h4>
        <img src="@imageUrl" style="width:100%" class="img-rounded"
           alt="圆角图像">
    </div>
    <div class="col-md-4">
        <h4>将图像显示为椭圆</h4>
        <img src="@imageUrl" style="width:100%" class="img-circle"
            alt="椭圆图像">
    </div>
```

```
    <div class="col-md-4">
        <h4>将图像显示为缩略图</h4>
        <img src="@imageUrl" style="width:50%" class="img-thumbnail"
            alt="缩略图">
    </div>
</div>
```

### 2. 音频播放（audio）

audio 标记用于播放音频文件，如音乐或者其他音频流。表 5-2 列出了 audio 标记的常用特性。

表 5-2　　audio 标记相关的特性

| 特　　性 | 说　　明 |
|---|---|
| autoplay | 如果声明该特性，则音频在就绪后马上播放 |
| controls | 如果声明该特性，则向用户显示播放按钮、播放进度条等 |
| loop | 如果声明该特性，则每当音频结束时重新开始播放 |
| preload | 如果声明该特性，则在页面加载时就加载音频，并预备播放。如果使用“autoplay”，则忽略该特性 |
| src | 要播放的音频的 URL |

目前所有的现代浏览器都能播放.mp3 格式的音频文件。

【例 5-11】演示 audio 标记的基本用法，运行效果如图 5-11 所示。

图5-11　例5-11的运行效果

该例子的源程序见 audio.cshtml 文件，代码如下：

```
<h2>audio 基本用法</h2>
@{
    var audioUrl = "/Areas/Chapter05/common/dj.mp3";
}
<h4>用法 1</h4>
<audio id="audio1" src="@audioUrl" controls="controls"></audio>
<h4>用法 2</h4>
<audio id="audio2" src="@audioUrl"
       autoplay="autoplay" controls="controls"></audio>
```

### 3. 视频播放（video）

video 标记用于播放视频文件。表 5-3 列出了 video 标记的常用特性。

表 5-3　　video 标记相关的特性

| 特　性 | 说　明 |
|---|---|
| autoplay | 如果声明该特性，则视频在就绪后马上播放 |
| controls | 如果声明该特性，则向用户显示播放按钮、播放进度条等 |
| width | 设置视频播放器的宽度 |
| height | 设置视频播放器的高度 |
| loop | 如果声明该特性，则每当视频结束时重新开始播放 |
| start | 指定开始播放的位置 |
| preload | 如果声明该特性，则在页面加载时就加载视频，并预备播放。如果使用“autoplay”，则忽略该特性 |
| src | 要播放的视频的 URL |

目前所有现代浏览器都能播放 MPEG4 格式的视频，MPEG4 是指带有 H.264 视频编码和 AAC 音频编码的视频文件。

【例 5-12】演示 video 标记的基本用法，运行效果如图 5-12 所示。

图5-12　例5-12的运行效果

该例子的源程序见 video.cshtml 文件，代码如下：

```
<h2>video 基本用法</h2>
@{
    var videoUrl = "/Areas/Chapter05/common/happyfit.mp4";
}
<h4>用法 1</h4>
<video id="video2" src="@videoUrl"
       loop="loop" autoplay="autoplay" controls="controls"></video>
<h4>用法 2</h4>
<video id="video1" src="@videoUrl" controls="controls"></video>
```

### 5.2.6　表格（table）

一个表格元素由<table>和</table>组成。表格内的行由 tr 标记定义，<tr>与</tr>之间用<td>和</td>填充。表 5-4 列出了 table 元素内相关的标记。

表 5-4 表格标记

| 标　记 | 说　明 |
| --- | --- |
| thead | 定义表头 |
| th | 定义每列的表头，文字为粗体居中显示。包含在<thead>和</thead>之间 |
| tbody | 定义表格的主体 |
| tr | 定义表格的行，每个<tr>构成一行。如果定义了 tbody，包含在<tbody>和</tbody>之间 |
| td | 定义表格单元格，包含在<tr>和</tr>之间 |
| tfoot | 定义表格的脚注 |
| col | 定义表格的列 |
| colspan | 在 td 和 th 标记中，用来指定单元格横向跨越的列数 |
| rowspan | 在 td 和 th 标记中，用来指定单元格纵向跨越的行数 |

th 标记和 td 标记的不同点在于 th 标记仅用于每列表头的单元格，默认加粗显示，若表格没有列标题则可以省略该标记。

利用 CSS 的 table-layout 属性，可以设置表格的布局方式，该属性有两个选项值：auto 和 fixed，默认为 auto。

auto 表示自动布局，这种布局会自动拉伸单元格的内容，列的宽度由列单元格中没有换行的最宽内容确定。在这种布局下，表格在所有单元格读取计算之后才会显示出来。

fixed 表示固定布局。在表格固定布局中，水平布局仅取决于表格的宽度、列宽度、表格边框的宽度以及单元格间距，而与单元格内的内容无关。使用固定表格布局的优点是浏览器在接收到第一行后就可以显示表格，比自动布局速度快；缺点是没有自动布局灵活。

**1. 规则表格**

规则表格是指每一行的列数都相同，每一列的宽度也相同，例如：

```
<table>
   <tr>
      <td>…</td>
      <td>…</td>
      <td>…</td>
   </tr>
   <tr>
      <td>…</td>
      <td>…</td>
      <td>…</td>
   </tr>
</table>
```

**2. 非规则表格**

非规则表格用 colspan 特性和 rowspan 特性来指定 td 或者 th 标记所跨越的列数或行数。

colspan：在 td 和 th 中都可以使用，指定单元格横向跨越的列数。

rowspan：在 td 和 th 中都可以使用，指定单元格纵向跨越的行数。

例如：

```
<table>
   <tr>
      <td colspan="3">…</td>
   </tr>
   <tr>
      <td>…</td>
```

```
        <td>…</td>
        <td>…</td>
      </tr>
  </table>
```

【例 5-13】演示规则表格和非规则表格的基本用法，运行效果如图 5-13 所示。

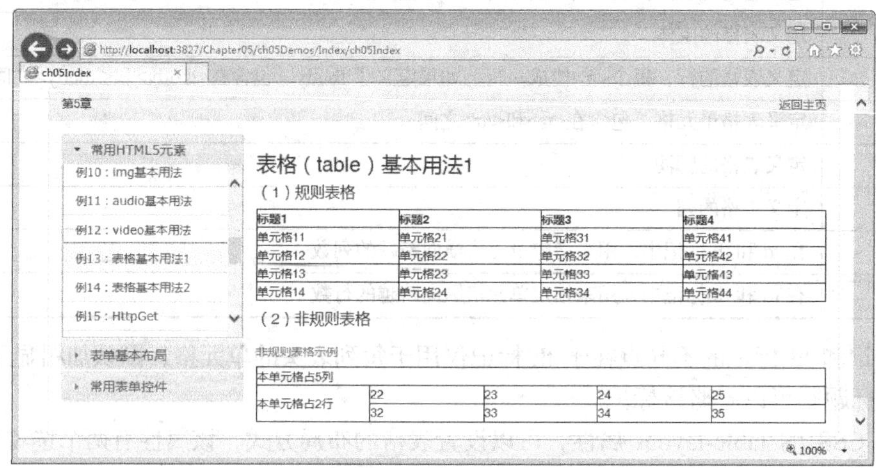


图5-13　例5-13的运行效果

该例子的源程序见 table1.cshtml 文件，此处不再列出代码。

### 3. Bootstrap 为表格提供的 CSS 样式

为了避免表格样式与日历及日期选择之类的插件冲突，Bootstrap 为 table 标记提供了专门的【.table】类，换言之，使用时需要先为 table 标记添加这个 CSS 类，然后再添加其他的 CSS 类。

【例 5-14】演示不同表格样式的基本用法。

该例子的源程序见 table2.cshtml 文件，下面介绍相关的基本用法。

#### （1）仅显示横线

为 table 标记添加【.table】类可让该表格具有少量的内边距（padding）和仅有水平方向的分隔线，例如：

```
<table class="table">
   ......
</table>
```

这种用法的运行效果如图 5-14（a）所示。

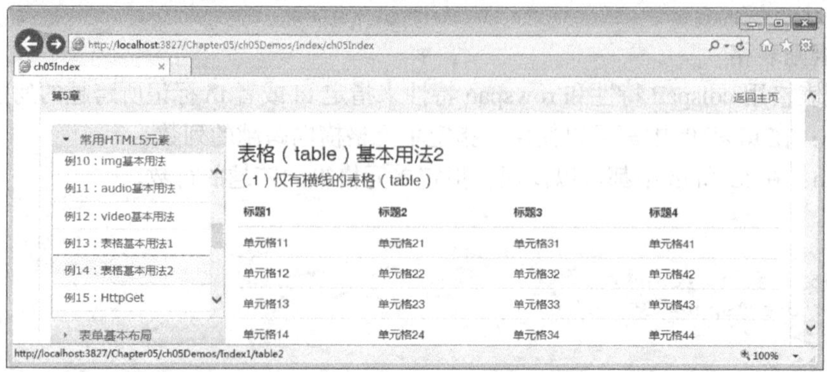


图5-14（a）　用法（1）的运行效果

### （2）条纹状表格

利用【.table-striped】类可以给<tbody>之内的每一行增加斑马条纹样式，例如：

```
<table class="table table-striped">
  ......
</table>
```

这种用法的运行效果如图 5-14（b）所示。

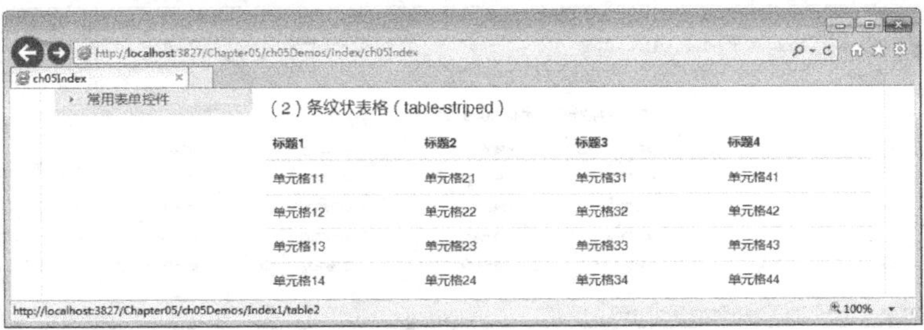


图5-14（b）　用法（2）的运行效果

### （3）带边框的表格

利用【.table-bordered】类可为表格和其中的每个单元格增加边框，例如：

```
<table class="table table-bordered">
  ......
</table>
```

这种用法的运行效果如图 5-14（c）所示。

图5-14（c）　用法（3）的运行效果

### （4）紧缩表格

利用【.table-condensed】类可以让表格更加紧凑，单元格中的内部（padding）均会减半，例如：

```
<table class="table table-condensed">
  ...
</table>
```

这种用法的运行效果如图 5-14（d）所示。

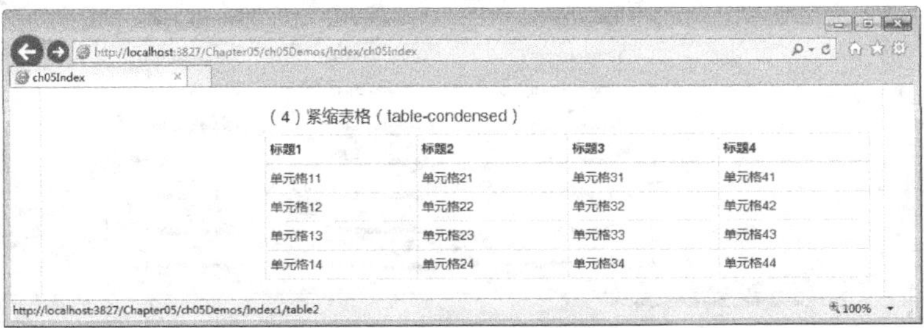


图5-14（d）　用法（4）的运行效果

**（5）鼠标悬停**

利用【.table-hover】类可以让<tbody>中的每一行响应鼠标悬停状态，例如：

```
<table class="table table-hover">
  ...
</table>
```

这种用法的运行效果如图 5-14（e）所示。

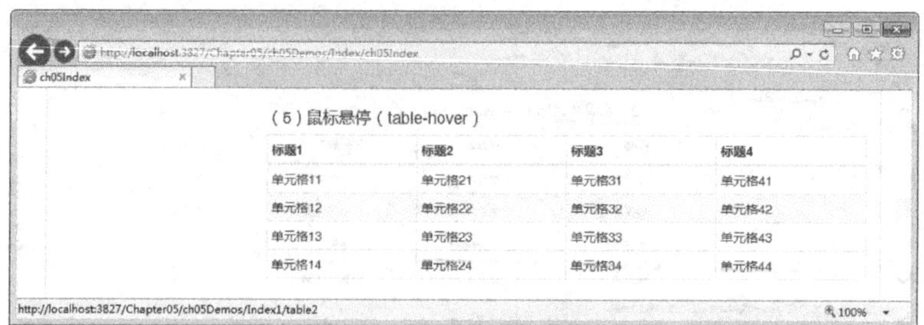


图5-14（e） 用法（5）的运行效果

**（6）状态类**

通过下面的这些状态类可以为行或单元格设置颜色组合。

- .active　鼠标悬停在行或单元格上时所呈现的颜色。
- .success　成功或积极的动作。
- .info　普通的提示信息或动作。
- .warning　警告或需要用户注意。
- .danger　危险或潜在的带来负面影响的动作。

下面的代码演示了如何控制一行的颜色：

```
<tr class="active">.......</tr>
<tr class="success">......</tr>
<tr class="warning">......</tr>
<tr class="danger">......</tr>
```

下面的代码演示了如何控制一个单元格的颜色：

```
<tr>
  <td class="active">...</td>
  <td class="success">...</td>
  <td class="warning">...</td>
  <td class="danger">...</td>
</tr>
```

这种用法的运行效果如图 5-14（f）所示。

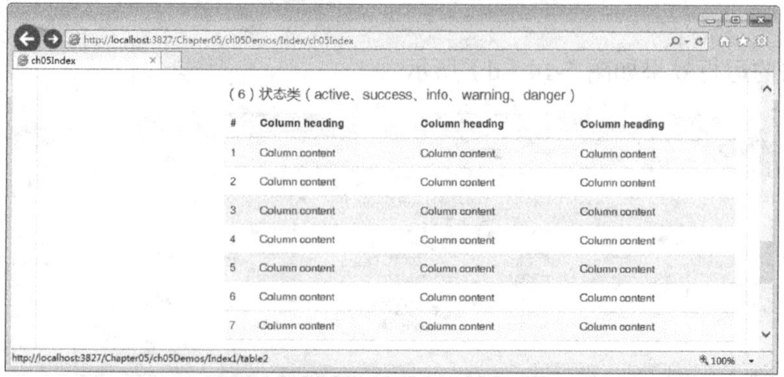


图5-14（f） 用法（6）的运行效果

**（7）响应式表格**

将任何具有【.table】类的元素包裹在【.table-responsive】中即可创建响应式表格。响应式表格的含义是这种表格会自动在小屏幕设备上（小于 768px）显示水平滚动条，当屏幕大于 768px 宽度时，水平滚动条自动消失。

例如：

```
<div class="table-responsive">
  <table class="table">
    ...
  </table>
</div>
```

# 5.3　表单和表单交互元素

当用户通过网页以表单形式提交数据时，它所包含的界面交互元素都必须包含在 form 元素的开始标记（<form>）与结束标记（</form>）之间，HTML5 提供的常用界面交互元素有：input 元素、select 元素、datalist 元素、textarea 元素、label 元素等。

## 5.3.1　form 元素

form 元素是其他界面交互元素的容器，用户和界面交互的内容一律保存在 form 元素内。

**1．method 特性**

form 元素的 method 特性提供了多种提交表单的 HTTP 数据传输方式，包括 GET、POST、DELETE、PUT 等，在这些传输方式中，最常用的有两种：GET 和 POST。

**（1）GET 方式**

GET 方式也叫 GET Method，用于向服务器发送 GET 请求，该方式通过 URL 来传递用户请求的数据，同时将参数以字符串的形式存放在向服务器提交的 URL 的后面。

form 默认采用 GET 方式提交，也可以在 form 的开始标记内显式添加 method="get"。

例如：

```
<form method="get" action="@Url.Action(...)">
   ......
</form>
```

**【例 5-15】**演示用 GET 方式提交数据的基本用法，运行效果如图 5-15 所示。

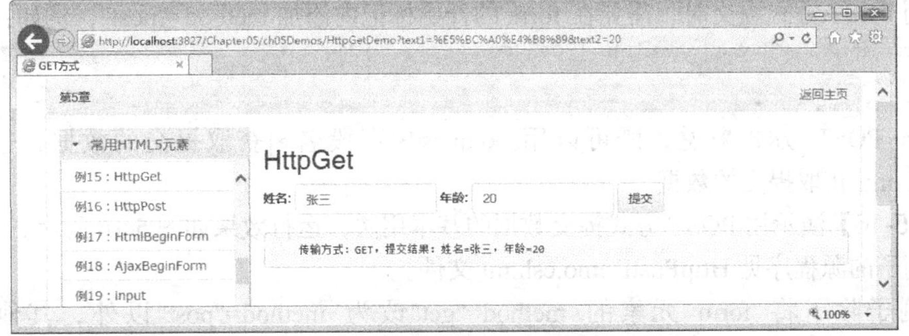


图5-15　例5-15的运行效果

该例子的源程序见 HttpGetDemo.cshtml 文件，代码如下：

```
<h2>HttpGet</h2>
<form class="form-inline" method="get">
   <div class="form-group">
      <label for="text1">姓名:</label>
      <input name="text1" type="text" value="@ViewBag.UserName"
             class="form-control">
      <label for="text2">年龄:</label>
      <input name="text2" type="text" value="@ViewBag.Age"
             class="form-control">
      <button type="submit" class="btn btn-default">提交</button>
   </div>
</form>
<br />
<pre>
   @(string.Format("传输方式: {0}, 提交结果: 姓名={1}, 年龄={2}",
   Request.HttpMethod, ViewBag.UserName, ViewBag.Age))
</pre>
```

代码中 class 的值是 Bootstrap 提供的 CSS 类，其中，"form-inline"表示将"form-group"包含的多个表单交互元素以内联式横向排列在一行内。input 元素中的 class="form-control"用于控制文本框显示的宽度。

控制器（ch06NavDemosController.cs 文件）中对应的操作方法如下：

```
public ActionResult HttpGetDemo()
{
   ViewBag.UserName = Request["text1"];
   ViewBag.Age = Request["text2"];
   return PartialView();
}
```

当运行此示例时，输入姓名为“张三”，年龄为“23”，单击【提交】按钮后，浏览器地址栏中就会显示下面的地址：

```
http://localhost:3827/Chapter05/ch05Demos/HttpGetDemo?text1=%E5%BC%A0%E4%B8%89
&text2=23
```

可见，采用 GET 方式提交数据时，这些参数会直接在 URL 中显示出来，而且这些参数都是以“?”开头（“%E5%BC%A0%E4%B8%89”是对“张三”进行 URL 编码后的字符串）。

当有多个参数时，各参数之间用“&”分隔。

很多搜索引擎一般都是用这种方式向服务器提交搜索的内容。

**（2）POST 方式**

POST 方式也叫 POST Method，该方式是将表单（form 元素）内各字段名称及其内容放置在 HTML 的头文件（head 元素）内传送给服务器，而不是通过 URL 来传递参数。

采用 POST 方式提交时，需要在 form 的开始标记内添加 method="post"，例如：

```
<form method="post" action="@Url.Action(...)">
   ......
</form>
```

对于 POST 方式来说，既可以用 Request[<字段名>]获取提交的数据，也可以用 Request.Form 获取提交的数据。

**【例 5-16】**演示用 POST 方式提交数据的基本用法，运行效果如图 5-16 所示。

该例子的源程序见 HttpPostDemo.cshtml 文件。

该例子除了将 form 元素的 method="get"改为 method="post"以外，其他代码与 HttpGet.cshtml 文件中的代码相同。

运行该例子，未单击【提交】按钮时，仍然是以 GET 方式发送请求，当单击【提交】按钮时，才以 POST 方式提交，此时，姓名字段传递的参数是“张三”，年龄字段传递的参数是“23”。但是，浏览器地址栏中的地址却没有发生变化。

图5-16　例5-16的运行效果

**2. 在控制器或视图中处理 GET 或 POST 请求**

在控制器中或者视图页面内通过 form 元素进行界面交互时，不论是 GET 方式还是 POST 方式，都可以通过 C#代码获取并处理提交的数据。

在控制器的操作方法中，可通过 Request.HttpMethod 属性获取客户端使用的 HTTP 数据传输方法，该属性返回的是一个表示 HTTP 数据传输方式的字符串（“GET”“POST”），例如：

```
if (Request.HttpMethod == "POST")
{
    //处理 POST 请求
}
```

**3. 表单与控制器和模型的交互**

在常用的控制器操作方法中，有两种获取和处理表单数据的办法：一是用 Request 实现，二是用模型实现。

**（1）利用 Request[<字段名>]获取和处理表单数据**

不使用模型时，可利用 ViewBag 在视图中声明 value 特性的值，然后在控制器的操作方法中再利用 Request[<字段名>]获取页面中用 name 特性声明的表单控件字段名，该属性返回的是该表单控件的 value 特性的值，例如：

```
<input name="text1" type="text" value="张三" class="form-control">
```

当传递 name 特性的值为“text1”的字段时，Request 方法会自动将所有传递的数据（字段对应的 value 特性的值）都包含在一个以【“键/值”对】形式组成的集合内，因此我们可以通过 Request[<key>]来获取该键对应的 value 值。

介绍多按钮交互操作时，我们再说明其具体实现。

**（2）利用模型获取和处理表单数据**

虽然利用 Request 方法可方便地处理数据，但是当有大量数据时，这种办法的处理效率并不高，此时可利用模型来实现。

实际上，在实际的 Web 应用项目中，大部分情况都是利用模型来实现数据交互的，只有少量的交互（如按钮交互）才利用 Request 方法去实现。

在后面的学习中，我们会用大量的例子说明采用这种方式的交互办法。

**4. 呈现 form 元素的 Html 帮助器和 Ajax 帮助器**

System.Web.Mvc.Html 命名空间以及 System.Web.Mvc.Ajax 命名空间都提供了 form 元素

的帮助器方法，在视图中，可通过@Html.BeginForm（ ）或者@Ajax.BeginForm（ ）以实例方式调用这些扩展方法。

**（1）Html.BeginForm 方法**

System.Web.Mvc.Html 命名空间下的 FormExtensions 类包含了可呈现 form 元素的 Html 扩展方法：BeginForm 方法和 EndForm 方法。

BeginForm 方法用于生成 form 元素的开始标记，并默认使用 POST 方式提交数据，当用户提交表单时，由操作方法处理 form 的 POST 请求。另外，如果 BeginForm 方法不带参数，它就用同样的 URL 来处理 GET 和 POST 请求。

EndForm 方法生成 form 元素的结束标记，同时释放表单资源。

具体使用时，有两种使用呈现 form 元素的 Html 帮助器办法。

第 1 种用法是将 Html.BeginForm 方法包含在一个 using 语句块中，当退出该 using 语句块时，将自动释放表单占用的资源，这是推荐使用的办法，例如：

```
@using(Html.BeginForm())
{
    ......
}
```

第 2 种用法是直接调用 Html.BeginForm 和 Html.EndForm 方法，例如：

```
@{
    Html.BeginForm();
      ......
    Html.EndForm();
}
```

不过，一般很少用第 2 种办法来实现。

【例 5-17】演示 BeginForm 方法的基本用法，运行效果如图 5-17 所示。

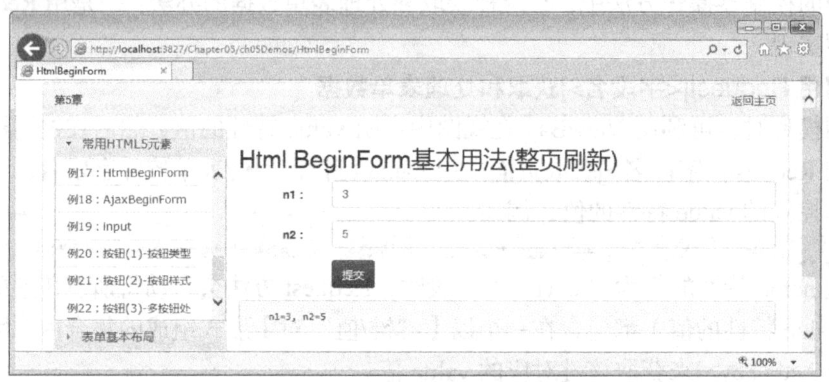


图5-17　例5-17的运行效果

该例子的源程序见 HtmlBeginForm.cshtml 文件，代码如下：

```
@model Mvc5Examples.Areas.Chapter05.Models.MyClass1Model
@{
    ViewBag.Title = "HtmlBeginForm";
    var c1 = new { @class = "control-label col-md-2" };
    var c2 = "col-md-10";
    var c3 = "form-control";
}
<h2>Html.BeginForm 基本用法(整页刷新)</h2>
@using (Html.BeginForm())
{
    <div class="form-horizontal">
```

```
        <div class="form-group">
            @Html.Label("n1: ", c1)
            <div class="@c2">
              <input type="text" name="n1" value="@Model.n1" class="@c3" />
            </div>
        </div>
        <div class="form-group">
            @Html.Label("n2: ", c1)
            <div class="@c2">
              <input type="text" name="n2" value="@Model.n2" class="@c3" />
            </div>
        </div>
        <div class="form-group">
            <div class="col-md-offset-2 col-md-10">
                <input type="submit" class="btn btn-primary" value="提交" />
            </div>
        </div>
    </div>
}
<pre>
    @ViewBag.Result
</pre>
```

控制器（ch05DemosController.cs）中对应的操作方法如下：

```
public ActionResult HtmlBeginForm(MyClass1Model c1)
{
    if (Request.HttpMethod == "GET")
    {
        c1 = new MyClass1Model { n1 = 3, n2 = 5 };
        ViewBag.Result = "";
    }
    else
    {
        ViewBag.Result = string.Format("n1={0}, n2={1}", c1.n1, c1.n2);
    }
    return View(c1);
}
```

这个例子用到了 Models 文件夹下的模型类（MyClass1Model.cs 文件），该文件的主要代码如下：

```
public class MyClass1Model
{
    [Required] public int n1 { get; set; }
    [Required] public int n2 { get; set; }
}
```

（2）Ajax.BeginForm 方法

Ajax.BeginForm 方法的用法和 Html.BeginForm 方法的用法相似，主要区别是前者为整页更新，后者为页面局部更新。

例如：

```
@{
    var ajaxOptions = new AjaxOptions { UpdateTargetId = "bodyContent" };
}
@using (Ajax.BeginForm(ajaxOptions))
{
    ......
}
```

另外，在控制器中，操作方法返回的类型是 PartialViewResult 类型。除了这些区别之外，其他用法和 Html.BeginForm 方法的用法相同。

【例 5-18】演示 Ajax.BeginForm 方法的基本用法，运行效果如图 5-18 所示。

图5-18　例5-18的运行效果

该例子的源程序见 AjaxBeginForm.cshtml 文件，代码如下：

```
@model Mvc5Examples.Areas.Chapter05.Models.MyClass1Model
@{
    var ajaxOptions = new AjaxOptions { UpdateTargetId = "bodyContent" };
    var c1 = new { @class = "control-label col-md-2" };
    var c2 = "col-md-10";
    var c3 = new { @class = "form-control" };
}
<h2>Ajax.BeginForm 方法的基本用法</h2>
@using (Ajax.BeginForm(ajaxOptions))
{
    <div class="form-horizontal">
        <div class="form-group">
            @Html.Label("n1: ", c1)
            <div class="@c2">
                @Html.TextBoxFor(m => m.n1, c3)
            </div>
        </div>
        <div class="form-group">
            @Html.Label("n2: ", c1)
            <div class="@c2">
                @Html.TextBoxFor(m => m.n2, c3)
            </div>
        </div>
        <div class="form-group">
            <div class="col-md-10 col-md-offset-2">
                <input type="submit" class="btn btn-primary" value="提交" />
            </div>
        </div>
    </div>
}
<pre>
    @ViewBag.Result
</pre>
```

控制器（ch05DemosController.cs）中对应的操作方法如下：

```
public ActionResult AjaxBeginForm(MyClass1Model c1)
{
    if (Request.HttpMethod == "GET")
    {
        c1 = new MyClass1Model { n1 = 3, n2 = 5 };
        ViewBag.Result = "";
    }
```

```
    else
    {
        ViewBag.Result = string.Format("n1={0}, n2={1}", c1.n1, c1.n2);
    }
    return PartialView(c1);
}
```

## 5.3.2　input 元素

在<form>和</form>之间，最常用的是利用 input 元素实现界面交互功能。这一节我们先了解该元素常用的特性，为进一步学习表单控件打下基础。

**1. type 特性**

HTML5 的 input 元素是一个复合控件，该元素通过不同的 type 特性声明其实现的输入类型，例如：

```
<form method="post">
    <input name="n1" type="text"/>
</form>
```

HTML5 的 input 元素可用的 type 特性值有：text、button、password、number、datetime、date、time、month、week、range、email、url、search、tel、color 等。

使用 input 元素时，Bootstrap 提供的样式支持 HTML5 为 input 提供的所有的 type 类型，但是一定要注意，必须为 input 元素声明 type 类型后 Bootstrap 才能为其提供正确的样式。另外，当 input 元素获得输入焦点后，Boostrap 还利用 CSS3 的 box-shadow 属性在输入框周围显示发散的浅蓝色阴影效果。

**2. name 特性和 value 特性**

在 ASP.NET MVC 中，如果直接用 input 元素来实现交互功能，要让控制器能获取到这些元素提交的数据，除了在页面中使用 Html.BeginForm 方法以外，还必须给每个 input 元素声明 name 特性，例如：

```
<input name="userName" type="text" ...... >
```

声明了 input 元素的 name 特性以后，在控制器对应的操作方法中，就可以用下面的办法获取该元素包含的 value 特性的值：

```
string name = Request["userName"];
```

**3. placeholder 特性和 title 特性**

placeholder 特性的用途是：如果 input 元素 value 特性的值为 null 或空字符串，此时将会自动以水印方式显示 placeholder 特性的值，例如：

```
<input type="text" name="n1" placeholder="输入 n1 的值"/>
```

title 特性的用途是：当鼠标悬停在 input 元素的上方时自动弹出用 title 特性指出的提示信息，例如：

```
<input type="text" name="n1" title="输入 n1 的值"/>
```

**4. 用于输入验证的特性**

除了前面介绍的最常用的特性外，HTML5 标准还为 input 元素规定了用于客户端输入验证的特性，其目标是以一种统一的标准取代各种不同的验证插件。

下面简单介绍这些特性的基本用法。

**（1）disabled、readonly**

disabled 特性的用途是禁用该 input 元素，例如：

```
<input name="result" type="text" disabled />
```

readonly 特性的用途是将该元素设为只读，以防止用户编辑其内容，例如：

```
<input name="result" type="text" readonly />
```

（2）required

required 特性表示该 input 元素不能为 null 或者空字符串，例如：

```
<input name="n1" type="text" required/>
```

当用户不在 input 元素内输入任何内容时，在 IE11.0 浏览器中，会自动用红色边框包围该元素，并在该元素的下方弹出一个对话框。

（3）min、max、maxlength

min 特性表示该 input 元素中可输入的最小值，max 特性表示该 input 元素中可输入的最大值，maxlength 特性表示该 input 元素中可输入的最大字符串长度，例如：

```
<input name="n1" type="number" min="1" max="100" />
<input name="userName" type="text" maxlength="10"/>
```

**5. 示例**

下面通过例子演示 input 元素的基本用法。

【例 5-19】演示 input 元素常用特性的基本用法，运行效果如图 5-19 所示。

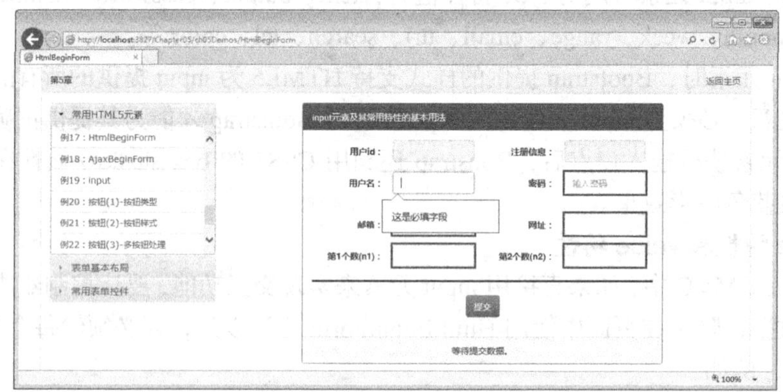


图5-19　例5-19的运行效果

该例子的源程序见 inputDemo.cshtml 文件和控制器中的 inputDemo 操作方法。

由于这个例子仅为了演示 input 元素的不同特性，所以并没有处理单击【提交】按钮后数据不再显示的问题，在后面的例子中，我们会看到解决这个问题的多种办法。

### 5.3.3　按钮和按钮组

网页中有两种实现按钮的方式，一种是用 button 元素实现，另一种是用 input 元素实现，在这两个元素中，name 特性表示按钮的名称，value 特性表示按钮显示的值，type 特性用于指定按钮的类型。

**1. 按钮类型**

利用 button 元素或者 input 元素的 type 特性可指定按钮的类型，type 的取值如下。

（1）reset：重置按钮。单击这种类型的按钮时，表单（form 标记）中的内容不会提交到服务器处理，而是直接将表单中所有文本框的内容全部还原到原来的初始值。例如，原来的初始姓名为“张三”、年龄为“23”，当将姓名修改为“张三易”、将年龄修改为“33”后，单击重置按钮，它会还原到原来的初始值“张三”和“23”。

（2）button：普通按钮。单击这种类型的按钮时，表单中的内容不会提交到服务器处理，该类型主要用于在客户端处理按钮事件。

（3）submit：提交按钮。单击该按钮时，表单中的内容将提交到服务器进行处理。

例如：

```
<input class="btn btn-default" type="submit" value="提交"/>
<button class="btn btn-default" type="submit" value="提交">提交</button>
```

这里有一点需要说明，如果用户使用的是现代浏览器（即支持 HTML5 和 CSS3 的浏览器，目前大部分厂家最新版本的浏览器都属于现代浏览器，如 IE 11.0 浏览器等），此时用 button 元素和用 input 元素实现的效果完全相同。但是，如果用户使用的是早期版本的 IE 浏览器（如 IE6、IE8），由于其对 input 元素和 button 元素实现的按钮效果不一致，为了让这些旧版本的浏览器也都能按预期的样式显示，建议尽可能用 button 标记实现按钮的功能。

下面以 button 元素为例说明按钮的具体用法，这些用法同样适用于 input 元素。

【例 5-20】演示 button 元素 3 种类型的基本用法，运行效果如图 5-20 所示。

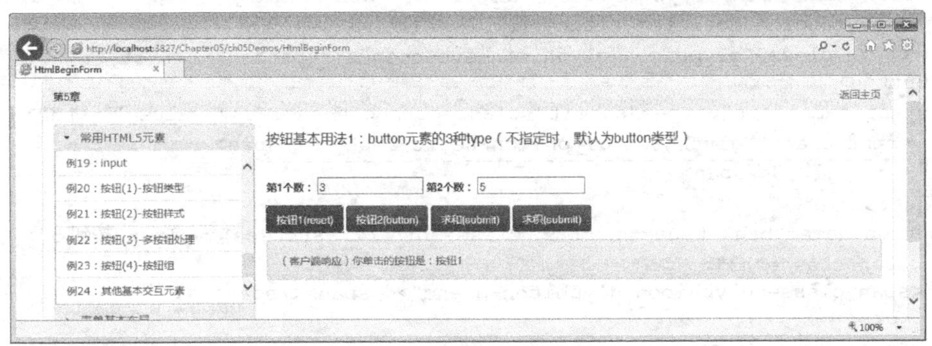


图5-20　例5-20的运行效果

该例子的源程序见 buttonDemo1.cshtml 文件及其对应的操作方法。

## 2. 按钮样式

利用 Bootstrap 为按钮提供的 CSS 类，可以方便地控制按钮的样式，包括选择组合色、指定大小、显示为图标按钮、自动拉伸以及将其设置为禁用状态等。

【例 5-21】演示按钮样式的基本用法，运行效果如图 5-21 所示。

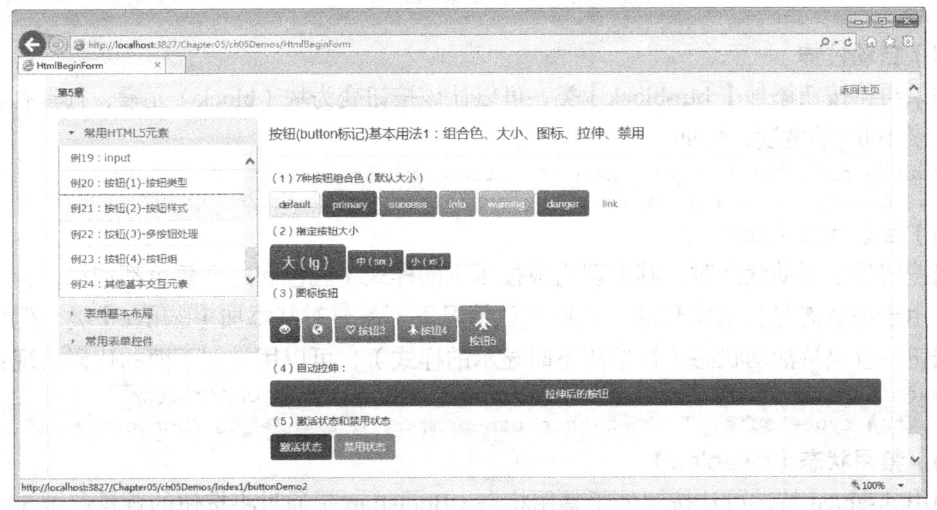


图5-21　例5-21的运行效果

该例子的源程序见 buttonDemo2.cshtml 文件，下面解释其基本用法。

（1）7 种组合色

Bootstrap 为按钮预设了具有 7 种组合色的 CSS 类：【.btn-default】、【.btn-primary】、【.btn-success】、【.btn-info】、【.btn-warning】、【.btn-danger】、【.btn-link】。

例如：

```
<button type="button" class="btn btn-primary">OK</button>
```

（2）指定按钮大小

如果需要让按钮具有不同的大小，可通过【.btn-lg】类（大字体）、【.btn-sm】类（小字体）、【.btn-xs】类（超小字体）来指定，例如：

```
<button type="button" class="btn btn-primary btn-lg">大字体按钮</button>
```

（3）图标按钮

使用 button 元素还可以只显示图标，或者同时显示图标和文字，例如：

```
<button name="btn" type="submit" class="btn btn-primary"
   data-toggle="tooltip" title="按钮 1：眼睛" value="按钮 1">
   <span class="glyphicon glyphicon-eye-open"></span>
</button>
<button name="btn" type="submit" class="btn btn-success" value="按钮 3">
   <span class="glyphicon glyphicon-heart-empty"></span>
   <span>按钮 3</span>
</button>
<button name="btn" type="submit" class="btn btn-success" value="按钮 5">
  <span class="h3">
  <span class="glyphicon glyphicon-plane"></span></span>
   <br />
   <span>按钮 5</span>
</button>
<button name="btn" type="submit" class="btn btn-success"
   data-toggle="tooltip" title="按钮 6：笑脸" value="按钮 6">
   <span><img src="~/Common/images/eg_smile.gif"
         style="width:20px; height:20px;" alt="" /></span>
</button>
<button name="btn" type="submit" class="btn btn-success" value="按钮 7">
   <img src="~/Common/images/eg_smile.gif"
        style="width:20px; height:20px;" alt="" />按钮 7
</button>
```

（4）自动拉伸

如果再给按钮添加【.btn-block】类，可以让该按钮变为块（block）元素，且具有相对于其父元素 100%的宽度，例如：

```
<button name="btn" type="submit" value="primary block"
     class="btn btn-primary btn-block">primary block</button>
```

（5）活动状态（active）

当按钮处于活动状态时，其表现为被按压下的样式（底色和边框颜色都加深，且内置阴影）。由于该状态是自动实现的，因此默认情况下不需要对其添加【.active】类，但如果希望某按钮一直保持活动状态（被按压下时显示的样式），可以用类似下面的代码实现：

```
<button type="button" class="btn btn-primary active">OK</button>
<button type="submit" class="btn btn-primary active">提交</button>
```

（6）禁用状态（disabled）

利用 disabled 特性可让按钮处于禁用状态（Bootstrap 是通过将按钮的背景色做 50%的褪

色处理来实现禁用状态的），例如：

```
<button type="button" class="btn btn-primary"
        disabled="disabled">OK</button>
<button type="submit" class="btn btn-primary"
        disabled="disabled">提交</button>
```

**（7）关闭按钮**

通过呈现一个类似关闭按钮的图标，可以让模式对话框和警告框消失，例如：

```
<button type="button" class="close" aria-hidden="true">&times;</button>
```

### 3. 在服务器端处理多个按钮

如果页面中有多个按钮而且这些按钮都需要通过服务器处理时，有多种实现方式，其中之一是利用 button 元素或者 input 元素的 name 特性指定向控制器的操作方法传递单击的按钮名称。例如，将多个 button 元素或者 input 元素的 name 特性一律指定为“btn”，这样一来，当单击某个按钮时，控制器中的操作方法就可以通过 Request["btn"]获取单击的是哪个按钮，这是因为 Request["btn"]中的“btn”获取的是所单击按钮的 name 特性的值，而返回的结果则是所单击按钮的 value 特性的值。

例如：

```
<form method="post">
   <input name="btn" type="submit" value="计算两数的和"/>
   <input name="btn" type="submit" value="计算两数的乘积"/>
</form>
```

在这段代码中，有 2 个用 input 元素实现的按钮，两个按钮的 name 特性值都是“btn”，但其 value 特性的值不同。当用户单击其中某个按钮时，在控制器的操作方法中，就可以通过下面的代码获取该按钮 value 特性的值：

```
string btn= Request["btn"];
if(btn=="计算两数的和"){ ....... }
else{ ...... }
```

控制器通过 Request 方法获取到所单击按钮的 value 特性值以后，就可以进一步判断用户单击的是哪个按钮。

如果不声明按钮的 value 特性，Request["btn"]获取的 value 值为 null。

【例 5-22】演示服务器处理多个按钮的基本用法，运行效果如图 5-22 所示。

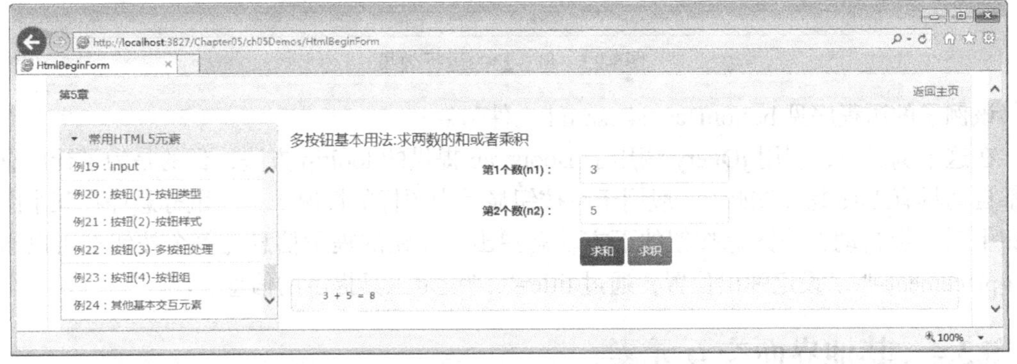


图5-22　例5-22的运行效果

该例子的源程序见 buttonDemo3.cshtml 文件和控制器中的 buttonDemo3 操作方法。

### 4. 按钮组

除了按钮最基本的用法外，利用 button 元素或者 input 元素以及 Bootstrap 提供的样式，还可以实现其他各种漂亮的组合形式，由于这些形式都是通过将多个按钮组合在一起来实现的，因此称为按钮组。

按钮组的基本用法是将一组按钮包含在一个 div 容器内，并利用 Bootstrap 提供的 CSS 类声明该容器为【.btn-group】，例如：

```
<div class="btn-group">
    ......
</div>
```

另外，把多组声明为【.btn-group】的 div 组合到一个<div class="btn-toolbar">的容器中，还可以做成各种按钮工具栏组件，例如：

```
<div class="btn-toolbar">
    <div class="btn-group">
        ......
    </div>
    <div class="btn-group">
        ......
    </div>
</div>
```

下面通过例子说明具体用法。

**【例 5-23】**演示按钮组的基本用法，运行效果如图 5-23 所示。

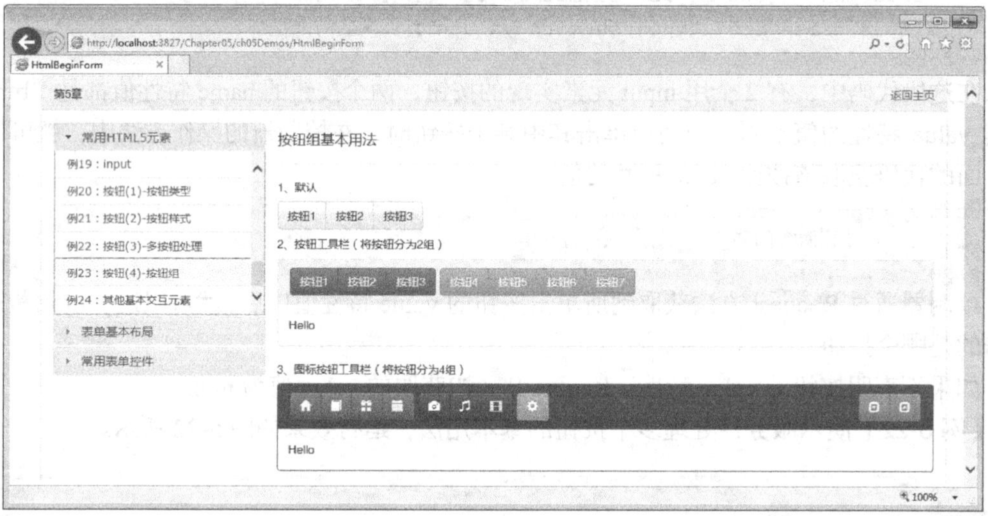

图5-23　例5-23的运行效果

该例子的源程序见 buttonDemo4.cshtml 文件。

在这个例子中，利用 jQuery 调用了 Bootstrap 提供的 tooltip 方法，目的是为了让所有按钮都自动具有工具提示功能（一般用于将按钮显示为图标的情况），当鼠标悬停在某个图标按钮上时，会自动在该图标按钮的下方动态弹出该按钮的提示信息（每个按钮都可以通过 data-placement="..."设定弹出位置，通过 title="..."设定工具提示的信息）。

## 5.3.4　其他界面交互元素

除了 input 元素以外，用于表单交互的元素还有 label、textarea、select、datalist 等。这一节我们先简单了解这些元素的基本用法，后面还会学习如何通过强类型的帮助器将这些元素与模型绑定在一起来提高代码设计的效率。

### 1. label 元素

label元素用于为input元素定义辅助显示的内容，该元素有一个for特性，一般将它和input元素的 name 特性绑定在一起，其作用是当用户单击该 label 元素显示的内容时，光标焦点会自动定位到与它绑定在一起的 input 元素上，例如：

```
<label for="inputName">用户名</label>
<input name="inputName" type="text">
```

在这段代码中，由于 for 特性的值是 inputName，因此，当用户单击【用户名】时，光标焦点会自动定位到 name 特性值为 inputName 的 input 元素（文本框）内。

如果不声明 label 元素的 for 特性，单击 label 的内容区域时，不会将焦点自动定位到 input 元素内，在这种情况下，只能直接单击 input 元素将焦点定位到 input 元素内。

### 2. fieldset 元素

该元素用于对其子元素进行分组，在每个 fieldset 组内，可利用 legend 元素设置该组的标题，例如：

```
<fieldset>
    <legend>分组 1 标题</legend>
    ......
</fieldset>
<fieldset>
    <legend>分组 2 标题</legend>
    ......
</fieldset>
```

### 3. textarea 元素

textarea 元素表示多行文本域，用于多行文本输入，例如：

```
<textarea  style="height:60px; width:300px;"></textarea>
```

或者：

```
<textarea class="form-control" rows="3"></textarea>
```

### 4. select 元素

select 元素用于构造列表框，在该元素内通过 option 元素构造子项，例如：

```
<select name="gender">
    <option selected>男</option>
    <option>女</option>
</select>
```

默认情况下，用户每次只能选择其中的一项，如果希望让用户同时选择多项，可以在 select 元素中添加 multiple 特性，例如：

```
<select name=" gender " multiple>
    ......
</select>
```

### 5. datalist 元素

datalist 元素用于构造下拉框，它与 select 元素的主要区别是：datalist 元素除了提供列表选项外，还提供了一个可编辑的文本框，以便让用户添加下拉列表选项中没有的内容。

例如：

```
<input name="gender" type="text" list="genders" />
<datalist id="genders">
    <option>男</option>
    <option>女</option>
</datalist>
```

当鼠标单击下拉框上方的文本框时，datalist 将在其下方显示一组可供选择的下拉选项。

选中某选项，它就会被自动输入该文本框内。另外，用户还可以先清除文本框（单击文本框右端的“×”号），然后再选择选项或者在文本框内直接输入其他值（如输入“未知”）。

**6. 示例**

下面通过例子演示这些其他元素的基本用法。

【例 5-24】演示其他界面交互元素的基本用法，运行效果如图 5-24 所示。

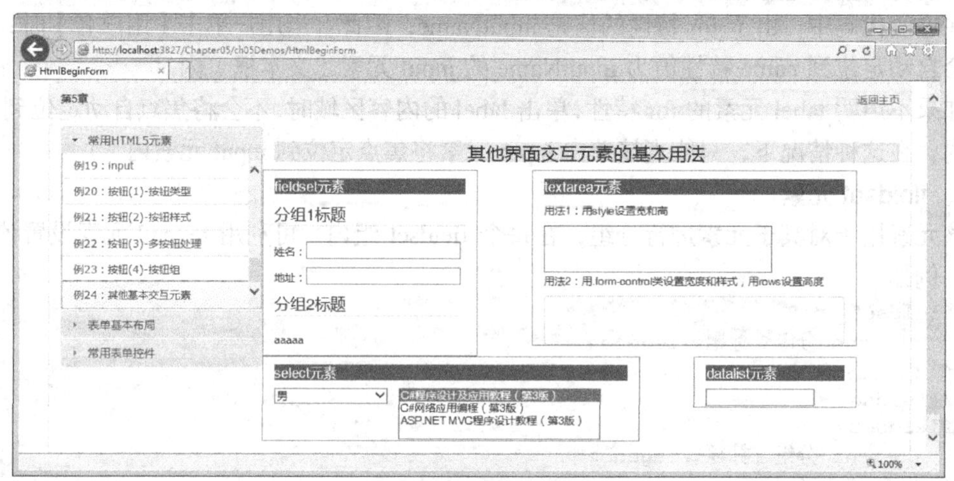


图5-24　例5-24的运行效果

该例子的源程序见 other.cshtml 文件，此处不再列出代码。

# 5.4　表单控件帮助器及其布局方式

在 form 元素内，可利用 button、input、textarea、select、datalist 等实现界面交互，我们将这些在 form 元素内实现界面交互的元素统称为表单控件。

为了简化表单提交的形式，MVC 分别提供了与表单交互元素对应的 Html 帮助器和 Ajax 帮助器。另外，将帮助器和 Bootstrap 提供的 CSS 类相结合，可方便地实现表单布局。

## 5.4.1　表单控件帮助器的分类

为了简化模型与页面和控制器之间的交互，ASP.NET MVC 专门为表单控件提供了 Html 帮助器，利用这些帮助器，可方便地将模型对象和表单控件绑定在一起，从而实现模型数据的查看、编辑、修改、搜索等功能。另外，还可以在模型中声明表单控件的验证规则，并通过视图反馈验证结果。

下面是 ASP.NET MVC 实现的这些帮助器所在的类及其扩展功能，列出这些类的目的是为了让读者对其内部实现有一个大概的整体印象。

- InputExtensions 类包含了呈现 input 元素的扩展方法。该类通过设置 input 元素的 type 值可实现以下类型的控件：CheckBox、RadioButton、TextBox、Password、Hidden。
- TextAreaExtensions 类包含了可呈现 textarea 元素的扩展方法。
- SelectExtensions 类包含了可呈现 select 元素的扩展方法。

- LabelExtensions 类包含了可呈现 label 元素的扩展方法。
- EditorExtensions 类包含了呈现 input 元素以及 textarea 元素的扩展方法，具体呈现的元素取决于传递的参数和模型声明。例如，利用 Html.TextBox 方法或者 Html.TextBoxFor 方法可实现单行文本框的输入控制。
- ValidationExtensions 类包含了实现数据验证的扩展方法。

表单控件帮助器主要分为两大种类型。

第 1 种是用于强类型视图的 Html 帮助器，这些帮助器的方法名都带有后缀“For”（如 Html.TextBoxFor 扩展方法），方法的参数多数都用 Lambda 表达式来实现，当视图通过模型和控制器交互时，一般使用这种帮助器。

第 2 种是用于动态类型视图（或者叫普通视图）的 Html 帮助器，这些帮助器都不带后缀“For”（如 Html.TextBox 扩展方法），当视图通过 ViewBag 和控制器交互时，一般使用这种帮助器。

在实际应用时，可根据需要选择这两类帮助器中的一种。

### 5.4.2　利用防伪标记阻止黑客攻击

除了用于表单控件的 Html 帮助器以外，为了阻止黑客攻击，ASP.NET MVC 还提供了一个 Html.AntiForgeryToken 扩展方法，该方法会利用 input 元素的 hidden 类型自动在表单中生成一个隐藏的防伪标记。当客户端提交请求时，如果操作方法在提交的数据中检测不到隐藏的标记，或者提交的隐藏标记与操作方法自动生成的防伪标记不一致时，或者频繁地持续提交相同的请求时，服务器就会直接阻止该客户端继续提交数据。

为了在控制器中利用特性声明验证防伪标记，需要在控制器中定义两个同名的操作方法（一个用于 GET 请求，另一个用于 POST 请求），而不是只用一个操作方法来实现，例如：

```
public ViewResult MyAction()
{
   ......
}
[HttpPost]
[ValidateAntiForgeryToken]
public ActionResult MyAction(MyModel m)
{
   ......
}
```

这样一来，在页面中只需要添加一行代码即可实现防伪功能，例如：

```
@using (Ajax.BeginForm(ajaxOptions))
{
   @Html.AntiForgeryToken()
   ......
}
```

在实际的应用项目中，建议都采用这种办法来实现界面交互。

当然，作为教材来说，示例毕竟不是实际项目，而是为了针对某个问题来演示其基本用法，所以我们没有在所有章节的示例中都采用这种办法来处理。

### 5.4.3　表单控件基本布局

Bootstrap 为 form 元素专门定义了一些 CSS 类，如【.form-group】类、【.form-control】

类等，利用这些 CSS 类，可方便地控制 form 元素内各种表单控件的布局。

这一节我们以文本框为例介绍表单控件的常见布局方式，示例中使用的模型类是我们学习模型验证时已经使用过的 MyUserModel 类（见 Chapter03 区域）。

### 1. 让 form 内的每个 label 和 input 都单独占一行

如果希望每个 label 和文本输入元素都单独占一行，可先将这些元素包含在一个 div 元素内，并通过该 div 元素的【.form-group】类将其子元素包含在同一组内，组内再通过【.form-control】类控制每个子元素显示的宽度（默认占其父元素宽度的 100%）。

例如：

```
<div class="form-group">
    <label for="userName">用户名:</label>
    <input name="userName" type="text" class="form-control" />
    ......
</div>
```

【例 5-25】演示让每个 label 和 input 都单独占一行的基本用法，运行效果如图 5-25 所示。

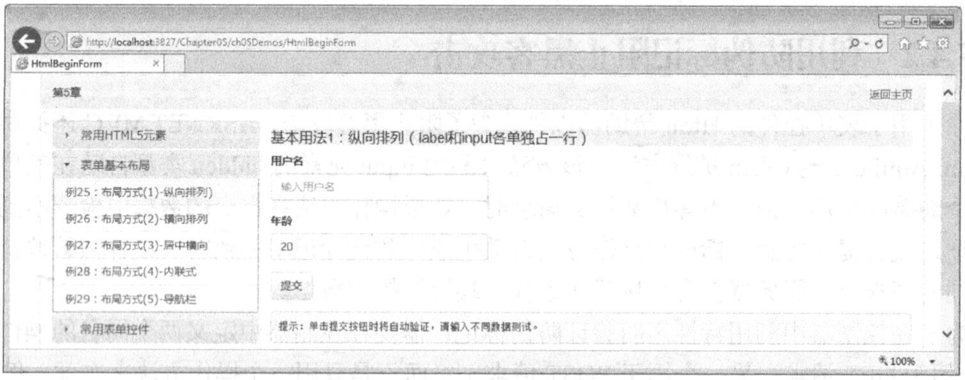

图5-25　例5-25的运行效果

该例子的源程序见 form1.cshtml 文件，控制器中相关的代码见 FormDemo 操作方法。

### 2. 组间纵向组内横向

这种方式是在方式 1 的基础上，先将所有交互元素都包含在一个 div 元素内，然后通过【.form-horizontal】类将该 div 包含的每一组用【.form-group】类控制的元素横向排列在同一行，而各组之间仍为纵向排列，例如：

```
<div class="form-horizontal">
    <div class="form-group">
        ......
    </div>
    <div class="form-group">
        ......
    </div>
    ......
</div>
```

在每一组内，为 label 和 input 元素添加栅格列宽，即可将表单内的每组元素按照栅格布局横向排列（水平排列）。另外，由于【.form-horizontal】类会改变【.form-group】类的行为，使其表现为栅格系统中的行（row），因此无需再添加【.row】类。

【例 5-26】演示水平排列的表单基本用法，运行效果如图 5-26 所示。

该例子的源程序见 form2.cshtml 文件，控制器中相关的代码见 FormDemo 操作方法，导航到本例子的代码见本章的 ch05Demos.cshtml 文件。

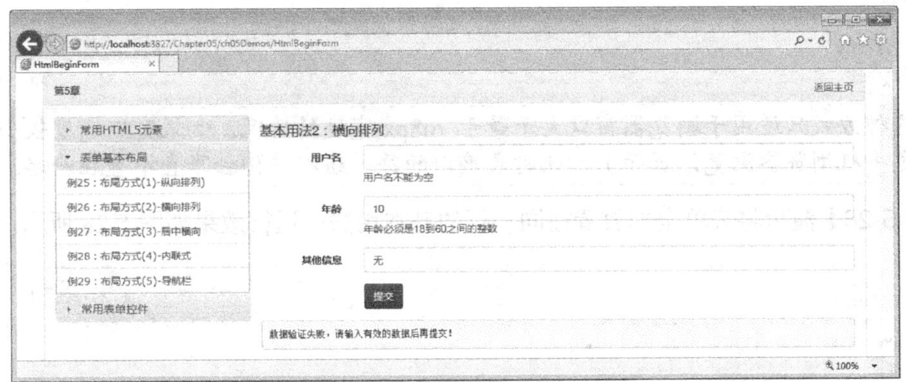

图5-26　例5-26的运行效果

在 form2.cshtml 文件中，还同时演示了水平布局中如何利用 p 元素实现将一行纯文本放置在和 label 处于同一行的位置，相关代码如下：

```
<p class="form-control form-control-static">无</p>
```

**3. 水平居中排列**

如果希望表单水平居中排列，只需要在其外围再包裹一层居中的 div，然后通过 CSS 的【.center-block】类让每一组元素都居中显示即可，例如：

```
<div class="center-block">
    <div class="form-horizontal">
        <div class="form-group">
            ......
        </div>
        <div class="form-group">
            ......
        </div>
        ......
    </div>
</div>
```

【例 5-27】演示水平居中排列的表单基本用法，运行效果如图 5-27 所示。

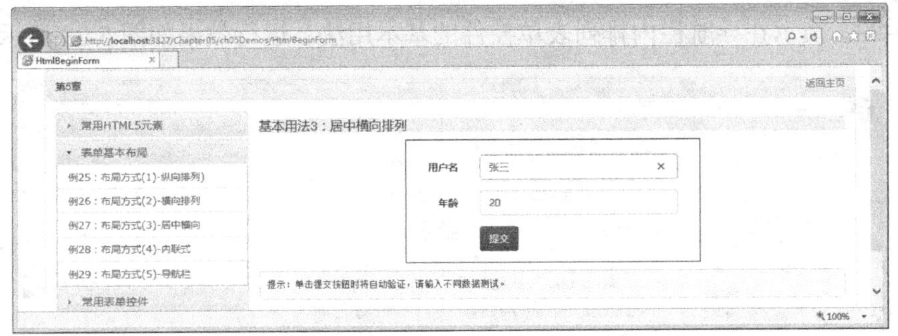

图5-27　例5-27的运行效果

该例子的源程序见 form3.cshtml 文件，控制器中相关的代码见 FormDemo 操作方法，导航到本例子的代码见本章的 ch05Demos.cshtml 文件。

**4. 内联式横向排列**

通过为 form 元素添加【.form-inline】类，可使它包含的表单控件左对齐并且表现为类似用【.inline-block】类设置的样式效果，例如：

```
<div class="form-inline">
    <div class="form-group">
```

```
        ......
    </div>
</div>
```

注意：这种方式只适用于浏览器窗口大于等于 768px 宽度的情况。如果窗口宽度较小（如通过手机浏览器浏览该页面），此时表单内的每一组控件仍会垂直堆叠在一起。

【例 5-28】演示将表单全部放置在同一行的基本用法，运行效果如图 5-28 所示。

图5-28　例5-28的运行效果

该例子的源程序见 form4.cshtml 文件。

由于表单控件全部放置在同一行，当数据验证失败时，将错误提示信息分别放在每个控件的后面就不合适了，在这种情况下，使用 Html.ValidationSummary 扩展方法在同一个元素内显示所有验证失败的信息是较好的解决办法，在这个例子中，也同时演示了这种解决办法的具体用法。

**5. 在导航栏内以内联式横向排列**

使用【.navbar-form】类，可让组内所有表单控件全部横向显示在导航栏内。另外，还可以通过【.navbar-left】类或者【.navbar-right】类控制左对齐、右对齐，例如：

```
<div class="navbar-form navbar-left">
    <div class="form-group">
        ......
    </div>
</div>
```

【例 5-29】演示在导航栏内排列表单控件的基本用法，运行效果如图 5-29 所示。

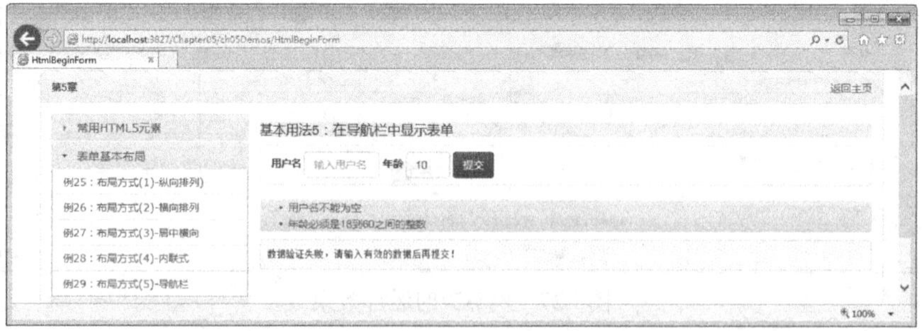

图5-29　例5-29的运行效果

该例子的源程序见 form5.cshtml 文件，控制器中相关的代码见 FormDemo 操作方法。

## 5.5　常用表单控件

这一节我们学习常用的表单控件，这些表单控件也是最基本的界面交互控件。在后面的章节中，我们还会进一步学习 Bootstrap 和 jQueryUI 提供的更多组件和插件。

## 5.5.1　文本框和密码框

文本框有两种呈现形式：单行文本框和多行文本框。

**1. 单行文本框**

当 input 元素的 type="text"时，该 input 元素将呈现一个单行文本输入框。

Html.TextBoxFor 扩展方法可自动为单行文本框生成 input 元素及其相关特性的值。另外，如果是旧版本的浏览器，该扩展方法还能自动生成对应的客户端 JavaScript 代码以实现等效的功能。

**2. 多行文本框**

如果是多行文本框，除了直接用 textarea 元素来实现以外，还可以利用 Html.TextAreaFor 帮助器来实现，该帮助器用于呈现多行文本框并返回对应的 textarea 元素。

**3. 密码框**

当 input 元素的 type= “password” 时，表示该标记为密码输入框，例如：

```
<input id="pwd" type="password" value="12345" />
```

密码输入框与单行文本输入框的功能基本相同，不同之处是当用户输入密码时，密码框中的文本显示的是同一个字符。

Html.PasswordFor 方法呈现用于输入密码的文本框，该方法返回 type 特性值为“password”的 input 元素，例如：

```
Html.PasswordFor(m => m.UserPassword);
```

**4. 示例**

下面通过例子说明 Html.TextBoxFor、Html.TextAreaFor 以及 Html.PasswordFor 的基本用法。

【例 5-30】演示单行和多行文本框以及密码框的基本用法，运行效果如图 5-30 所示。

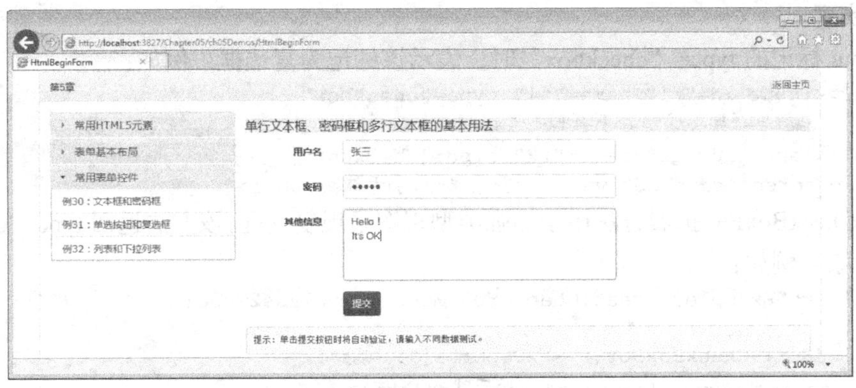


图5-30　例5-30的运行效果

该例子的源程序见 TextBoxPasswordTextArea.cshtml 文件，控制器中相关的代码见 FormDemo 操作方法。

## 5.5.2　单选按钮和复选框

单选按钮和复选框都是提供一组选项让用户选择。单选按钮用于从多个选项中仅选择一项，复选框用于从多个选项中选择一项或多项。

**1. 单选按钮**

单选按钮的用途是给用户提供一组选项，在这些选项中，每次只能有一项被选中。

当 input 元素的 type=“radio”时，表示该元素为单选按钮。对于属于同一组的多个单选按钮，注意其 name 特性的值必须相同，这样才能确保每次只有一个选项被选中。另外，通过声明 checked 特性可以让该按钮处于选中状态。

Html.RadioButtonFor 扩展方法用于为强类型视图呈现单选按钮，该方法会自动生成对应的 type=“radio”的 input 元素。使用该帮助器的优点是可在模型类中设置初始化数据并通过控制器将其传递给视图，另外，当用户选择选项并单击【提交】按钮后，在操作方法中直接获取模型的值即可。

例如：

```
@model Mvc5Examples.Areas.Chapter05.Models.MyClass2Model
......
<label>@Html.RadioButtonFor(x => x.Gender, "男",
      new{@id="r1", @checked="checked"})男</label>
<label>@Html.RadioButtonFor(x => x.Gender, "女", new{@id="r2"})女</label>
```

这段代码中的 Gender 是在模型类中定义的属性，x => x.Gender 负责将选项赋值给模型类中的 Gender 属性，该属性的值由扩展方法中的第 2 个参数指定（单击“男”选项时返回的值为“男”，单击“女”选项时返回的值为“女”），第 3 个参数是为了设置 input 元素的 id 特性的值和 checked 特性的值。另外，x => x.Gender 还负责生成 input 元素的 name 特性的值。其最终生成的 HTML 代码如下：

```
<label><input id="r1" name="Gender"
      type="radio" value="男" checked="checked"/>男</label>
<label><input id="r2" name="Gender" type="radio" value="女" />女</label>
```

**2. 复选框**

复选框提供多选功能，当用户需要从若干给定的多个选项中选取一项或多项时，可以用复选框来实现。

当 input 标记的 type=“checkbox”时，表示该标记为复选框，例如：

```
<label><input id="t1" name="t1" type="checkbox"
       value="乒乓球" />乒乓球</label>
<label><input id="t2" name="t2" type="checkbox"
      checked="checked" value="羽毛球"/>羽毛球</label>
```

Html.CheckBoxFor 扩展方法用于为强类型视图呈现复选框,该方法返回 type=“checkbox”的 input 元素，例如：

```
@model Mvc5Examples.Areas.Chapter05.Models.MyClass2Model
......
<label>@Html.CheckBoxFor(x =>x.Sports["乒乓球"],
      new{@checked="checked"})乒乓球</label>
<label>@Html.CheckBoxFor(x =>x.Sports["羽毛球"])羽毛球</label>
```

**3. Bootstrap 为单选按钮和复选框提供的样式**

Bootstrap 为单选按钮和复选框专门提供了一些 CSS 类，以控制多个选项的布局（横向排列或纵向排列），同时还会自动让多个选项之间保留一定的边距。

**（1）多个选项之间横向排列**

下面的代码让单选按钮的多个选项之间横向排列：

```
<label class="radio-inline">
    <input type="radio" ...... />选项 1
</label>
<label class="radio-inline">
    <input type="radio" ...... />选项 2
</label>
```

**（2）多个选项之间纵向排列**

如果希望单选按钮的多个选项之间纵向排列，将所有【.radio-inline】类改为【.radio】类即可，例如：

```
<label class="radio">
    <input type="radio" ...... />选项 1
</label>
```

下面的代码让复选框的多个选项之间横向排列：

```
<label class="checkbox-inline">
    <input type="checkbox" ...... />选项 1
</label>
<label class="checkbox-inline">
    <input type="checkbox" ...... />选项 2
</label>
```

如果希望复选框的多个选项之间纵向排列，将其中的所有【.checkbox-inline】类改为【.checkbox】类即可。

**（3）以按钮组的形式排列多个选项**

也可以将一组单选按钮或一组复选框保存到按钮组中（在 label 中设置按钮样式）。

例如（注意同一组单选按钮的 name 特性值必须相同）：

```
<div id="radioGroup1" class="btn-group">
    <label class="btn btn-success"><input name="r" type="radio">选项 1</label>
    <label class="btn btn-success"><input name="r" type="radio">选项 2</label>
    <label class="btn btn-success"><input name="r" type="radio">选项 3</label>
</div>
<div id="checkGroup1" class="btn-group">
    <label class="btn btn-primary"><input type="checkbox">选项 4</label>
    <label class="btn btn-primary"><input type="checkbox">选项 5</label>
    <label class="btn btn-primary"><input type="checkbox">选项 6</label>
</div>
```

**4. 示例**

了解了单选按钮、复选框、对应的强类型帮助器以及 Bootstrap 为其提供的样式等基本表示形式后，我们就可以将其综合在一起实现各种实际的功能了。

下面通过例子说明单选按钮和复选框在实际项目中的具体用法。

**【例 5-31】** 演示单选按钮和复选框的基本用法，运行效果如图 5-31 所示。

该例子的源程序见 RadioButtonCheckBox.cshtml 文件，控制器中相关的代码见 FormControlDemo 操作方法，使用的模型类见 MyClass2Model.cs 文件，导航到本例子的代码见本章的 ch05Demos.cshtml 文件。

在 MyClass2Model.cs 文件中，通过枚举列出的可选项比较多，这是为了在页面中演示超出指定的高度时自动显示的滚动条效果。

## 5.5.3　列表和下拉列表

HTML5 的 select 元素用于让用户从列表中选择一个或多个选项，这些选项是通过 select

元素内的 option 元素来实现的，当列表项大于默认高度或者指定的高度时，还会自动出现滚动条。

图5-31　例5-31的运行效果

在实际项目中，一般用强类型的 ListBoxFor 和 DropDownListFor 帮助器来实现相应的功能，这两个帮助器都返回 select 元素。

下面通过例子说明具体用法。

**【例 5-32】** 演示列表和下拉列表的基本用法，运行效果如图 5-32 所示。

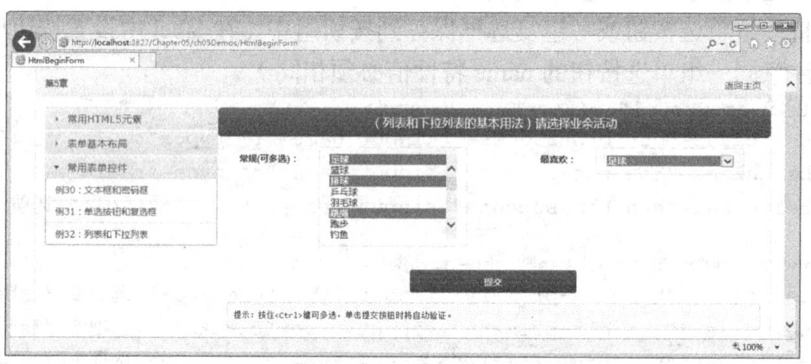


图5-32　例5-32的运行效果

该例子的源程序见 ListBoxDropDownList.cshtml 文件，控制器中相关的代码见 FormControlDemo 操作方法，使用的模型类见 MyClass2Model.cs 文件，导航代码见 ch05Demos.cshtml 文件。

至此，我们学习了最常用的 HTML5 元素以及基本的网页设计方法，并学习了一些常用的表单控件。实际上，除了本章介绍的常用 HTML5 元素外，还有一些 HTML5 元素以及其他类型的各种表单控件本书并没有介绍，有兴趣的读者可参考其他相关资料。

## 习　题

1. 简要回答 GET 方式和 POST 方式有什么区别。
2. 简要回答 Html.BeginForm 和 Ajax.BeginForm 有什么区别。
3. 简要回答表单的排列方式有哪些，这些排列方式分别适用于什么情况。

# 第 6 章 层叠式样式表（CSS3）

CSS3 是指 W3C 发布的 CSS 第 3 版正式标准的具体实现，这一章我们主要学习 CSS3 的基本概念和基本用法。

## 6.1 基本概念

CSS 是 Cascading Style Sheets 的缩写，称为级联样式表，也叫层叠式样式表。CSS 的作用是控制网页中的 HTML 元素在浏览器中呈现的样式，如字体大小、字体颜色、背景色、边框样式、布局方式、背景图像的样式以及 2D、3D 变换等。

通过 CSS，可以有效地对页面效果实现更加精确的控制。

### 6.1.1 创建本章导航

这一章我们将演示同时包含左侧导航页和右侧导航页的基本用法，同时还演示了 3D 变换的 CSS3 表示形式，从主页导航到这一章时，在主窗口中默认显示的页面如图 6-1 所示。

图6-1　本章默认导航页

布局页和导航页的主要创建步骤如下。

（1）在 Chapter06 区域的 Shared 文件夹下分别添加 ch06DemosLeft.cshtml 文件和 ch06DemosRight.cshtml 文件。

（2）添加控制器（ch06DemosController.cs 文件）。

（3）修改本章示例默认引用的布局页。

（4）修改_ViewStart.cshtml 文件，将其 Layout 属性改为引用本章的布局页：

```
@{
    Layout = "~/Areas/Chapter06/Views/Shared/_ch06Layout.cshtml";
}
```

（5）学习本章介绍的例子，添加相关代码。

### 6.1.2 CSS 简介

1998 年，W3C 发布了 CSS 2.1 标准，早期版本的浏览器（如 IE6、IE8 以及其他厂家浏览器的早期版本）使用的都是这个版本。

从 2005 年开始，W3C 将 CSS 规范逐步划分为更小的分支模块，并陆续对每个分支模块都规定了一个标准，这也是现代浏览器目前都正在遵循的标准。

2011 年，W3C 发布了 CSS3 的一系列标准草案，这些草案目前都已经成为正式标准。

关于 W3C 制定的 CSS 标准的细节，有兴趣的读者可参考下面的网址：

```
http://www.w3.org/Style/CSS/
```

如果读者希望查看 CSS 标准制定的状态，可参考下面的网址：

```
http://www.w3.org/Style/CSS/current-work
```

其中，标注为“REC”的都是正式标准（Recommendation），包括：CSS Color Module Level 3（2011 年 6 月发布）、Selectors Level 3（2011 年 9 月发布）、Selectors API Level 1（2013 年 2 月发布）、CSS Namespaces Module Level 3（2014 年 3 月发布）。

可以看出，CSS3 实际上是指它所包含的一系列 CSS 分支模块标准的统称，由于这些分支模块标准的核心模块是 Selectors Level 3，因此 W3C 将其简称为 CSS3。

注意：VS2013 默认使用的 CSS 版本是 CSS 3.0，本书介绍的 Web 前端开发架构 Bootstrap 和 jQuery 使用的 CSS 版本也是 CSS 3.0。

概括来说，CSS3 把很多以前需要使用图片和脚本才能实现的网页效果，变为只需要短短几行 CSS 代码就能实现。同时，利用 CSS3，还能很容易地实现以前让初学者望而却步的二维、三维图形操作以及动画控制等高级图形处理功能。

CSS3 不仅能简化 Web 前端开发人员的设计过程，还能加快页面加载到内存中的速度。

### 6.1.3 CSS 的级联控制

CSS 2.1 规定了 3 种定义样式的方式，分别为内联式（Inline Styles）、嵌入式（Embedding a Style Block）和外部链接式（Linking to a Style Sheet）。在 CSS3 中，使用的仍然是这种控制方式。

下面我们先通过一个例子说明 CSS 级联控制的基本用法，然后再解释相关的概念。

**【例 6-1】**演示 CSS 级联控制的基本用法，运行效果如图 6-2 所示。

该例子的源程序见 CssDemo1.cshtml 文件，主要设计步骤如下（例子中省略了和前面章节相似的其他文件的创建过程）。

（1）在 Chapter06 区域中添加一个名为“common”的子文件夹，然后在该文件夹下添加一个文件名为“ch06Styles.css”的样式表文件。

将 ch06Styles.css 文件的内容改为下面的代码：

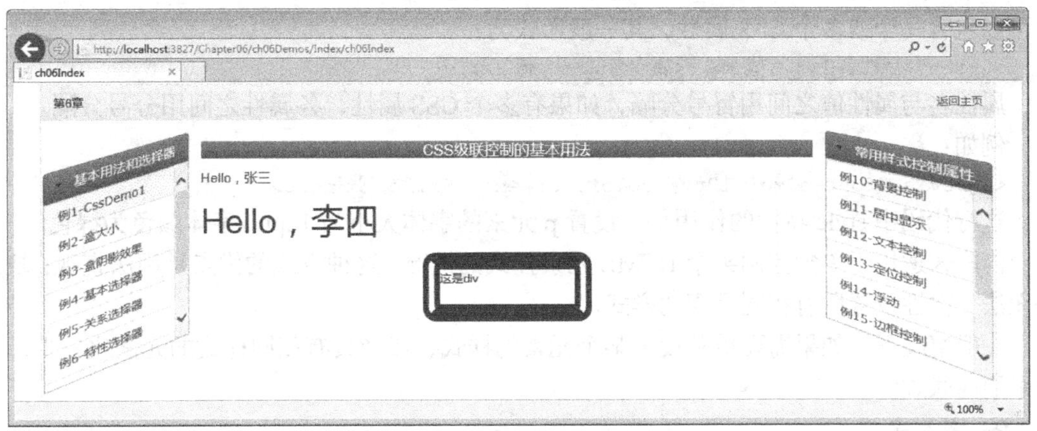


图6-2　例6-1的运行效果

```
.style1 { font-size:30pt; color:Red; }
.style2 {
    border-radius: 15px;
    border-width: 10px;
    border-style: solid double;
    border-color: Red;
}
```

（2）鼠标右击 ch06DemosController.cs 文件中的 Index 操作方法，添加一个文件名为“CssDemo1.cshtml”的分部视图文件。

（3）将 ch06Styles.css 文件拖放到 CssDemo1.cshtml 文件中，此时它就会自动添加对该 CSS 文件的引用，拖放后自动生成的代码为：

```
<link href="~/Areas/Chapter06/common/ch06Styles.css" rel="stylesheet" />
```

在这行代码中，href 特性指定了要链接的样式表文件，rel 特性指定了当前文件与被链接文件的关系是样式引用。继续修改该文件，最后得到的代码如下：

```
<h4 class="btn-success text-center">CSS 级联控制的基本用法</h4>
@*外部链接式*@
<link href="~/Areas/Chapter06/common/ch06Styles.css" rel="stylesheet" />
@*嵌入式*@
<style>
    .style3 { border-width: 20px; border-color: Red; }
</style>
@*内联式*@
<p style="font-size: 12pt; color: green;">Hello, 张三</p>
@*级联控制*@
<p class="style1" style="color: green;">Hello, 李四</p>
<div class="center-block style2 style3" style="width: 200px; height: 80px;">
    这是 div
</div>
```

（4）观察 ch06DemosLeft.cshtml 文件中与该例子相关的导航代码：

```
@Ajax.ActionLink("例 1-CssDemo1", "Index1", "ch06Demos", new { id = "CssDemo1" },
      ajaxOptions, new { @class = "list-group-item" })
```

（5）按<F5>键运行程序，观察该例子的运行效果。

下面解释例子中涉及的相关概念。

### 1. 内联式

内联式是指直接在网页的 HTML 元素内通过 style 特性设置元素的样式。每个 style 特性内可以包含一个或多个 CSS 属性，其一般形式为：

```
style="<属性名 1>: <值 1>; <属性名 2>: <值 2>; ……"
```

属性名与属性值之间用冒号分隔，如果有多个 CSS 属性，各属性之间用分号分隔。

例如：

```
<p style="font-size: 12pt; color: green;">Hello, 张三</p>
```

这行代码中 style 特性的作用是：设置 p 元素的字体大小为 12pt，字体颜色为绿色。

内联式适用于单独控制某个 HTML 元素样式的情况。这种方式的优点是用法直观；缺点是无法一次性设置所有相同元素的样式。

一般情况下，如果需要单独设置某个元素的样式，或者具有相同样式的元素比较少，可以采用内联式。

**2. 嵌入式**

嵌入式是指在 style 元素内定义当前页面 HTML 元素的样式。

如果是布局页，一般在<head>与</head>之间声明 style 元素；如果是视图或分部视图，直接在文件中使用 style 元素设置即可，所定义样式的作用范围为从定义 style 元素开始一直到文件结束。

在 style 元素内，每个样式定义的一般格式为：

```
CSS 选择符 { <属性名 1>:<值 1>; <属性名 2>:<值 2>; ……}
```

例如：

```
......
<style>
   .style3 { border-width: 20px; border-color: Red; }
</style>
......
```

如果需要修改当前网页内所有引用 style3 的元素的样式，只需要修改 style3 的样式即可。可见，采用嵌入式比内联式方便多了，代码看起来也比较简洁。

嵌入式适用于控制当前网页内具有相同样式的多个元素。采用这种方式的优点是当需要修改某些元素的样式时，只需要修改在 style 元素内定义的样式即可，这样一来，当前网页内所有具有相同样式的元素都会自动应用新的样式。

但是，嵌入式仅适用于修改当前网页内具有相同样式的元素，如果多个网页内的很多元素的样式都相同，采用这种方式时仍然需要分别在各个网页内重复定义。

**3. 外部链接式**

外部链接式是指在扩展名为.css 的样式表文件中单独保存样式的定义。

嵌入式只解决了当前网页内具有相同样式的元素控制问题。而一般情况下，一个网站是由很多网页组成的，如果不同网页中的某些元素使用的样式相同，比较好的方式是将样式定义放在单独的.css 文件中，然后根据需要可随时添加所引用的.css 文件。

采用外部链接式的优点是：当需要修改元素的样式时，只需要一次性修改.css 文件中的样式即可。一旦修改了.css 文件中的某个样式，凡是引用了该.css 文件的网页，都会自动应用新的样式。

在单独的.css 文件中，定义样式的办法和直接在 style 元素内定义样式的办法相同。

**4. 级联控制**

如果网页文件中的某个 HTML 元素既引用了外部链接式，又引用了嵌入式，同时也定义了内联式，而这些样式的定义又产生冲突，那么元素最终呈现的效果会是什么样的呢？在这种情况下，浏览器会按照文档解析的顺序，依次应用所定义的样式。

为了说明这个问题，观察 demo1.cshtml 文件下面的一段代码：

```
@*级联控制*@
<p class="style1" style="color: green;">Hello, 李四</p>
<div class="center-block style2 style3" style="width: 200px; height: 80px;">
    这是 div
</div>
```

对于这段代码中的 p 元素来说，由于用 style 特性重新定义了该元素为绿色字体，因此在 ch06Styles.css 文件中定义的【.style1】类中指定的 color 样式不起作用。

对于这段代码中的 div 元素来说，通过 class 特性依次引用了 Bootstrap 定义的【.center-block】类、ch06Styles.css 文件中定义的【.style2】类以及当前页面中定义的【.style3】类，同时还使用 style 特性定义了该元素的宽度和高度，因此，该元素最终呈现的效果将是这几种样式级联后的结果。由于在 CssDemo1.cshtml 文件中通过嵌入式定义的样式在所引用的外部链接式文件的下面，浏览器解析这段代码时，按照解析顺序应该先应用 Bootstrap 定义的样式（即【.center-block】类，该样式引用定义在该页使用的布局页中），再应用 ch06Styles.css 中定义的样式（【.style2】类），然后应用嵌入式定义的样式（【.style3】类），最后应用在 div 元素的开始标记内用 style 特性定义的样式。

如果将嵌入式定义的样式代码放在外部链接式的引用代码上面，此时，按照解析顺序，最终呈现的应该是 ch06Styles.css 中定义的【.style2】类中的 border-width 和 border-color，而嵌入式中定义的 border-width 和 border-color 将不起作用。当然，如果两者定义的样式不产生冲突，则都会起作用。

这就是将样式控制称为“级联控制”的原因。

可见，CSS 的定义非常灵活，程序员可以根据情况选择其中的一种或者多种控制方式。一般在样式表文件（.css 文件）中定义适用于大多数网页公用的样式，对于某个网页内需要的特殊样式，可以用嵌入式或者内联式来实现。

### 6.1.4　CSS 的单位表示形式

CSS 提供了多种单位表示形式，选择合适的 CSS 单位，能更准确地控制页面的样式。

**1. 长度单位**

在 CSS 中，长度单位分为绝对长度单位和相对长度单位。一般来说，使用像素（“px”）以及百分比（“%”）作为长度单位的网页比较多。

绝对长度单位有 px（像素）、cm（厘米）、mm（毫米）、in（英寸）、pt（点，1pt=1/72 英寸）、pc（1pc=12 点）等。

常用的相对长度单位有两种，一种是%（百分比），如 50%；另一种是 em，如 0.1em。

em 指相对于父元素的字体大小比例，一般用来表示一行文字的高度。在默认字体大小的情况下，em 和%、px、pt 的关系为：

```
1em = 100% = 14px = 10.5pt
1.143em = 114.3%≈16px = 12pt
```

例如：

```
p { text-indent: 1.429em; }
p { text-indent: 0; }
```

控制字间距和行间距时，多数情况下都是用“em”作为长度单位。

### 2. 颜色单位

我们知道，任何一种颜色都是通过对红（R）、绿（G）、蓝（B）三个颜色通道的变化和它们相互之间的叠加来得到的，另外，还可以通过 Alpha 通道（A）设置透明度。

CSS3 提供了 HEX、RGB、RGBA、HSL、HSLA 以及 transparent 等颜色表示形式，这些颜色模型是 W3C 在 CSS Color Module Level 3 正式标准中定义的模型，这里我们仅介绍最基本的颜色单位表示形式，详细内容请参考 W3C 的官方网站，网址如下：

```
http://www.w3.org/TR/css3-color/
```

在 VS2013 开发环境下，键入或编辑 CSS3 代码的过程中，系统提供了非常方便的智能提示，如图 6-3（a）所示。另外，设置前景色、背景色等颜色时，只要键入“#”“rgb(”“rgba(”“hsl(”“hsla(”之中的任何一个字符串（不需要键入右小括号），智能提示就会自动显示常用的颜色以及颜色选择器，如图 6-3（b）所示，一旦选择了某种颜色，它就会自动生成对应的颜色代码。

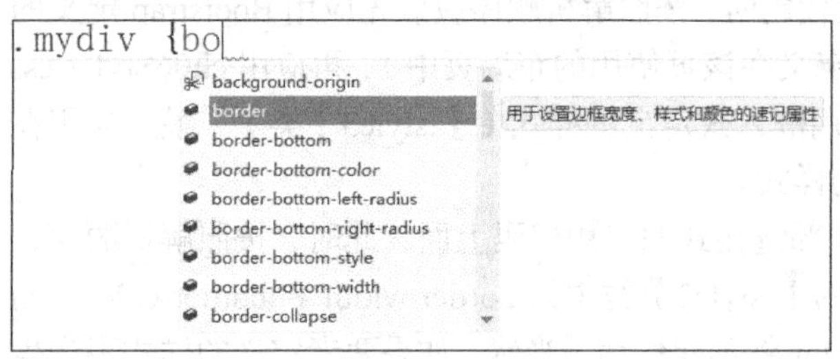


（a） 键入 CSS 代码时的智能提示

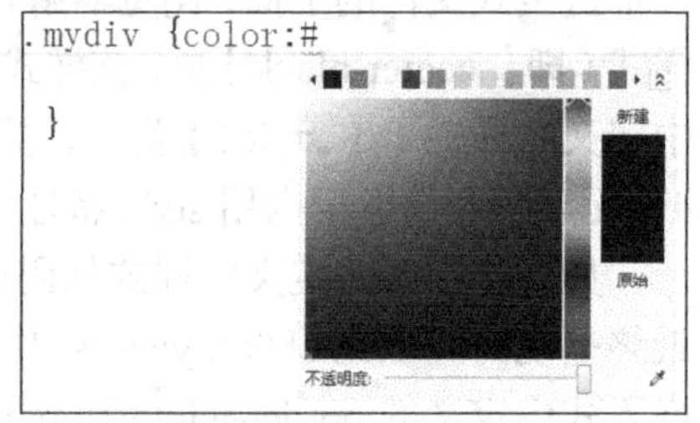


（b）键入颜色代码时的智能提示

图6-3 键入CSS代码的过程中自动显示的智能提示

在后面介绍的内容中，我们将分别学习各种样式及其选项值的含义，这里只需要了解如何利用 CSS 编辑器的智能提示快速键入 CSS 代码。

下面简单解释“#”“rgb()”“rgba()”“hsl()”“hsla()”所表示的颜色含义。

#### （1）HEX

HEX 表示形式使用两位十六进制数表示 RGB 通道中每个通道的颜色，每个颜色通道的取值范围均为 00 ~ FF。一般形式为“#RRGGBB”，如“#3B04C5”。如果每个参数各自在两位上的数字都相同，那么也可缩写为“#RGB”的方式，如“#FF8800”也可以缩写为“#F80”。

#### （2）RGB

这种表示形式使用十进制数表示颜色，格式为 rgb（R，G，B），其中 R、G、B 分别表示红色通道、绿色通道、蓝色通道，这三个值都是 0～255 之间的整数或者范围为 0%～100%之间的百分数，例如：

```
foreground{color:rgb(255,0,0);}
background{background-color:rgb(128,128,128);}
percent-color{background-color:rgb(50%,50%,50%);}
```

#### （3）RGBA

RGBA 是 CSS3 新增的颜色表示形式，格式为 rgba（R，G，B，A），它和 rgb（R，G，B）的区别是多了一个 Alpha 通道（即透明度），该值为 0～1 之间的数（包括 0 和 1）或者 0%～100%之间的百分数。0 表示完全透明，1 表示完全不透明，例如：

```
background-color:rgba(255,0,0,0.5);
background-color:rgba(100%,0%,0%,0.5);
```

**（4）HSL**

除了前面介绍的三种形式外，还可以使用 CSS3 支持的色调（Hue）、饱和度（Saturation）和亮度（Lightness）来表示颜色，格式为 HSL（H，S，L）。其中，色调被定义为指示颜色在颜色盘上的角度，取值范围为 0°～360°。例如 0 或 360 表示红色，120 表示绿色，240 表示蓝色。饱和度和亮度则均以百分比的形式来表示，例如：

```
background-color:hsl(0,100%,50%);
```

**（5）HSLA**

HSLA（H，S，L，A）前 3 个值的含义与 HSL 相同，最后一个值"A"表示不透明度，其范围为 0～1 之间的值（包括 0 和 1），例如：

```
background-color:hsla(0,100%,50%,0.5);
```

**（6）透明色（transparent）**

transparent 是全透明黑色（black）的速记法，其效果与 rgba（0，0，0，0）效果相同。在 CSS3 中，可将 transparent 应用到任何一个具有颜色值的 CSS 属性上，例如：

```
.test{color:red; background:transparent;}
```

**3. 角度、时间和频率单位**

CSS3 包含了表示各种 2D、3D 角度变换的单位，这些单位有 deg（度）、rad（弧度）、turn（旋转圈数）、grad（梯度，一圈为 400grad）。其中，“30deg”表示顺时针旋转 30°，“-30deg”表示逆时针旋转 30°。在 ch06DemosLeft.cshtml 和 ch06DemosRight.cshtml 文件的代码中，可看到利用 CSS3 实现 3D 旋转时指定的旋转角度。

时间单位主要用于控制 CSS 动画，表示时间的单位有 ms（毫秒）、s（秒）。在 CSS3 中，可直接通过设置 CSS 样式来实现动画，而不需要用脚本来实现。介绍动画设计时，我们还会学习 CSS3 动画的具体实现。

频率主要用于通过 CSS 表示语音阅读文本的音调。频率越小音调越低，频率越大音调越高。在 CSS3 中，表示频率的单位有 Hz（赫兹）、kHz（千赫）等。

# 6.2　CSS 的盒模型

CSS 盒模型（box model）的用途是控制 HTML 元素在网页中的呈现形式。利用 CSS 盒模型，可动态计算元素的呈现区域。

## 6.2.1　盒模型简介

在 CSS3 中，呈现 HTML5 元素的基本盒模型仍然由如图 6-4 所示的 4 个区域组成。

这 4 个区域从里向外分别是如下内容。

content：指显示元素内容的区域。content 的外边界包围的矩形区域称为“content-box”。

padding：内边距。padding 的外边界包围的矩形区域称为“padding-box”。内边距区域是指 padding-box 减去 content-box 构成的矩形环区域。

border：边框。border 的外边界包围的矩形区域称为“border-box”。边框区域是指 border-box 减去 padding-box 构成的矩形环区域。

margin：外边距。指图中虚线包围的矩形区域减去 border-box 构成的矩形环区域。

盒模型的概念非常重要，所有 CSS 的样式规定都和盒模型有关。

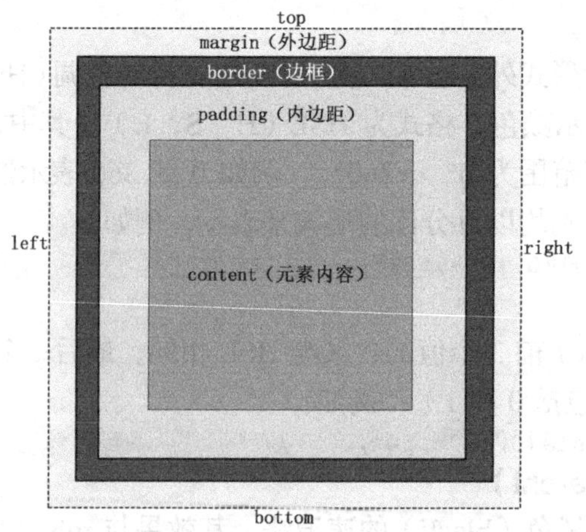


图6-4　CSS规定的描述HTML元素的基本盒模型

## 6.2.2　外边距、内边距和盒大小

在 CSS 定义中，使用最多的就是外边距（margin）和内边距（padding）的设置，除此之外，还可以设置盒大小（box-sizing）以改变元素内容的宽和高。

**1. 外边距基本用法**

margin 属性用于设置元素边框 4 个方向所有的外边距属性，控制环绕某元素的矩形区域与其他元素之间的距离，包括 margin-top、margin-right、margin-bottom 和 margin-left 这 4 个属性。左、右两边的外边距对所有元素都起作用，而上、下两边的外边距只对块级元素才起作用。

margin 属性的值一般使用 px 或 em 作为长度单位，也可以是百分比或者 auto，而且可以是负值。

如果提供全部 4 个参数值，将按上、右、下、左的顺序作用于 4 条边。例如，按上、右、下、左的顺序，外边距依次为 0.25em、20%、0.2em、10%：

```
margin 0.25em 20% 0.2em 10%;
```

如果只提供一个参数值，将用于全部的 4 条边。例如，元素的上、下、左、右的外边距均为 12px：

```
margin : 12px;
```

如果提供两个参数值，第一个用于上、下，第二个用于左、右。例如，上 0.25em，右 20%，下与上相同（0.2em），左与右相同（20%）：

```
margin : 0.25em 20%;
```

如果提供 3 个参数值，第一个用于上，第二个用于左、右，第三个用于下。例如，上 0.5em，右 5px，下 0.25em，左与右相同（5px）：

```
margin:0.5em 5px 0.25px
```

也可以使用 margin-top、margin-right、margin-bottom 和 margin-left 这 4 个属性分别设置各个边的外边距，例如：

```
h2 { margin-top: 20px; margin-right: 30px; margin-left: 20px;}
```

如果希望块级元素居中显示，只需要将左右两边的外边距设置为 auto 即可，例如：

```
<div style="margin: 10px auto 5px auto; width: 200px; height: 100px;">
    ......
</div>
```

不过，更常用的办法是直接引用 Bootstrap 提供的 CSS 类，例如：

```
<div class="center-block text-center" style=" width: 200px; height: 100px;">
    ......
```

```
</div>
```

### 2. 内边距基本用法

padding 用于控制元素内部与元素边框之间的间距，包括 padding-top、padding-right、padding-bottom 和 padding-left 这 4 个属性。padding 属性可以使用长度值或百分比值，但不允许为负值。

padding 的用法和 margin 的用法相似。例如，让所有 h1 元素的各边都有 10 像素的内边距，只需要这样定义：

```
h1{padding:10px;}
```

还可以按照上、右、下、左的顺序分别设置各边的内边距，各边均可以使用不同的单位或百分比值，例如：

```
h1 {padding: 10px 12px 10px 12px;}
```

也可以使用 padding-top、padding-right、padding-bottom 和 padding-left 这 4 个属性分别定义内边距，例如：

```
h1
{
    padding-top: 10px;
    padding-right: 12px;
    padding-bottom: 10px;
    padding-left: 12px;
}
```

### 3. 盒大小（box-sizing）

box-sizing 属性主要用于设置元素的边界盒宽度和高度计算方式，以便让其以合适的大小适应某个区域的内容。其常用取值有：content-box（默认）、border-box。

#### （1）content-box（默认）

content-box 表示元素的宽度和高度仅指 content 的宽和高，而 padding、border 不包含在内，例如：

```
.t1{ box-sizing:content-box; width:200px; padding:10px; border:15px solid #eee; }
```

在这行代码中，设置元素内容盒（content-box）的宽度是 200px，边框（border）宽度为 15px，边框的形状为实线，颜色为十六进制的“eee”。其效果是元素在页面中显示的实际宽度为：左边框宽 15+左内边距 10+内容宽度 200+右内边距 10+右边框宽 15=250px。

如果不指定 box-sizeing 的值，默认为“content-box”。

#### （2）border-box

border-box 的含义是 content、padding 和 border 都被包含在元素的 width 和 height 之内。元素的实际宽度和高度就等于设置的 width 值和 height 值。例如，如果宽度的值固定了，即使改变 border 和 padding 的值也不会改变元素的实际宽度，但会改变元素内容的宽度。

例如：

```
.t2{ box-sizing:border-box; width:200px; padding:10px; border:15px solid #eee; }
```

在这行代码中，元素在页面中显示的实际宽度是 200px，但是元素内容（content-box）的实际宽度应该只有 200−2 × 10−2 × 15=150px。

假如我们需要将 2 个 div 横向排列在同一行，而且让每个 div 的宽度都是 50%，则应该将 box-sizing 设置为“border-box”。

### 4. 示例

下面通过例子说明基本用法。

**【例 6-2】**演示外边距、内边距以及盒大小的基本用法，运行效果如图 6-5 所示。

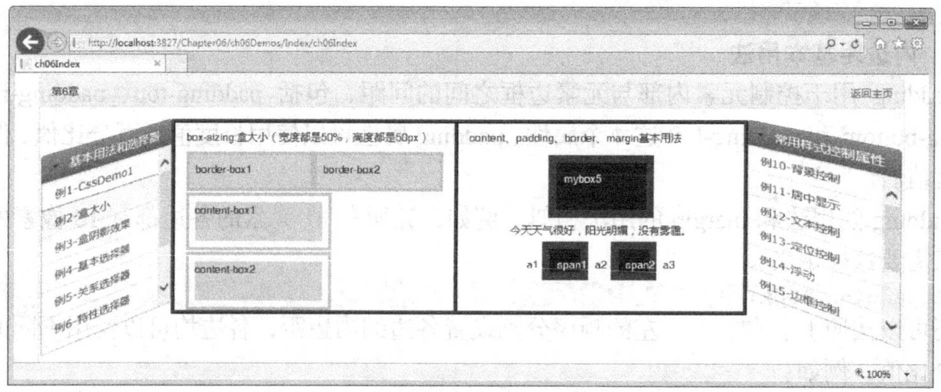

图6-5　例6-2的运行效果

该例子的源程序见 boxSizing.cshtml 文件。

## 6.2.3　盒阴影效果（box-shadow）

box-shadow 用于设置边框盒的阴影效果，常用形式为：

```
box-shadow: none  /*无阴影(默认) */
box-shadow: inset <dx>, <dy>, [n1], [n2] <color>   /*设置外阴影*/
box-shadow: inset <dx>, <dy>, [n1], [n2] inset <color>  /*设置内阴影*/
```

各参数的含义如下：

- dx、dy 分别表示对象的阴影水平偏移值和阴影垂直偏移值，这两个值都可以为负值。
- n1 表示对象的阴影模糊值，n2 表示对象的阴影扩散值，这两个值都不允许为负值，可省略。
- color 表示外延阴影的颜色。

例如：

```
box-shadow: 20px 20px; /*水平偏移、垂直偏移*/
box-shadow: 20px 20px 30px; /*水平偏移、垂直偏移、模糊值*/
box-shadow: 20px 20px 30px 30px; /*水平偏移、垂直偏移、模糊值、扩散值*/
box-shadow: 20px 20px 30px gray; /*水平偏移、垂直偏移、模糊值、颜色*/
box-shadow: 20px 20px 30px 30px gray; /*水平偏移、垂直偏移、模糊值、扩散值、颜色*/
```

利用 box-shadow，可以实现各种光晕、渐变等多阴影重叠效果。

【例 6-3】演示 box-shadow 的基本用法，运行效果如图 6-6 所示。

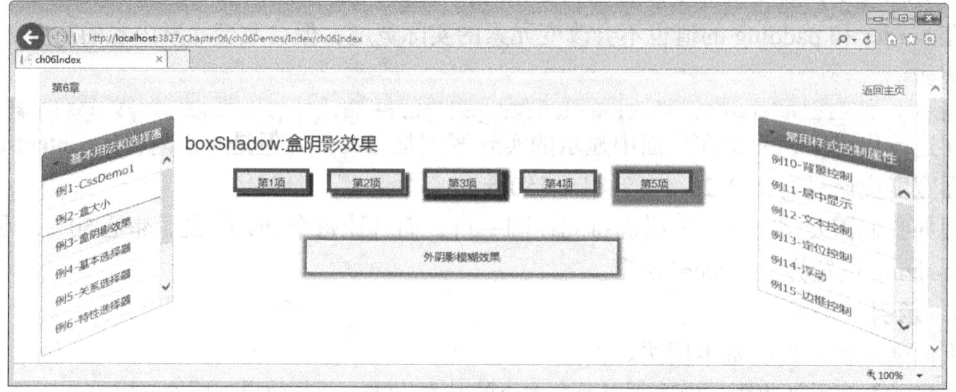


图6-6　例6-3的运行效果

该例子的源程序见 borderShadow.cshtml 文件。

# 6.3　CSS3 选择器

如果希望控制某个 HTML 元素的样式，首先必须找到这个元素。CSS 选择器的用途就是通过 HTML 标记名、特性名、元素内容或其他 CSS 样式属性等多种方式，快速找到将要对其操作的元素。

W3C 推荐的 CSS 选择器的最新规范有两种，一种是 W3C 在 2011 年 9 月发布的标准（Selectors Level 3，称为 CSS3 选择器），这是 W3C 规定的 CSS3 正式标准；另一种是 W3C 在 2013 年 5 月发布的工作组草案（Selectors Level 4）。如果读者希望了解这两个规范的详细信息，可参考 W3C 的官方网站。

Selectors Level 3 正式标准的详细内容网址如下：

```
http://www.w3.org/TR/selectors/
```

Selectors Level 4 工作组草案的详细内容网址如下：

```
http://www.w3.org/TR/selectors4/
```

这一节我们介绍的是 Selectors Level 3 正式标准规定的内容，该标准将 CSS 选择器分为基本选择器、关系选择器、特性选择器、伪元素选择器以及伪类选择器。

## 6.3.1　CSS 选择器的一般格式

有两种使用 CSS 选择器的方式，一种是直接用 CSS 声明来实现（内联式、嵌入式或者外部链接式），另一种是用脚本来实现（jQuery 脚本或者 JavaScript 脚本）。

### 1. 用 CSS 声明实现

声明 CSS 选择器的一般格式为：

```
<选择符>{<属性名 1>:<值 1>; <属性名 2>:<值 2>; ……}
```

例如：

```
<style>
    .myclass {color:red; font-size:14px;}
</style>
```

在这段代码中，【.myclass】是选择符（selector），color 和 font-size 是属性名，red 和 14px 是属性值。这行代码的作用是：定义一个名为 myclass 的 CSS 类，文字颜色定义为红色，字体大小为 14 像素。

### 2. 用 jQuery 实现

利用 jQuery 提供的方法控制 CSS 时，jQuery 选择符的表示形式与 CSS 选择符的表示形式完全相同，区别仅是利用 jQuery 方法还可以动态地控制 CSS 属性。

用 jQuery 方法实现的一般格式为：

```
$(<选择符>).方法名(<参数>)
```

例如：

```
$(".myclass").css({"color":"red", "font-size":"14px"})
```

假如有以下 CSS 选择器代码：

```
.bar
#div1.bar
```

与其对应的 jQuery 代码如下：

```
$(".bar")
$("#div1.bar")
```

另外，使用 jQuery 指定 CSS 选择符时，如果字符串内部也包含字符串，此时可以用单引号将外部的字符串引起来，而内部的字符串则用双引号引起来，例如：

```
$('a[rel="nofollow self"]')
```

可见，只要掌握了 CSS 选择器的含义和基本用法，也就知道如何用 jQuery 来动态控制 CSS 的样式了。

这里需要说明一点，jQuery 的早期版本还单独提供了一套选择器（称为 jQuery 选择器），当时用起来感觉非常方便，但随着 W3C 新的 CSS 选择器标准的发布，jQuery 的新版本（2.0 及更高版本）也改为直接用 W3C 公布的 CSS 选择器标准了，这也是我们不再系统地介绍 jQuery 选择器的原因。当然，jQuery 仍然兼容其早期版本（2.0 以下版本）单独提供的选择器，以保持它所提供的技术的延续性。

## 6.3.2 基本选择器

基本选择器是 CSS 选择器中最常用的选择器，包括元素选择器、类选择器、id 选择器、群组选择器以及通配符选择器，如表 6-1 所示。

表 6-1　　基本选择器

| 选择器名称 | CSS 选择符 | 功能说明 | jQuery 用法示例 |
|---|---|---|---|
| 元素选择器 | E | 选择所有标记为 E 的元素，如 div、p、span 等 | $("div") |
| 类选择器 | .classname | 选择所有 class="classname"的元素 | $(".mini") |
| | E.classname | 选择 E 元素内所有 class="classname"的元素 | $("div.mydiv1") |
| id 选择器 | #idname | 选择 id 为"idname"的元素 | $("#one") |
| 群组选择器 | s1，s2，…，sN | 一次性选择多个元素 | $("span，#one") |
| 通配符选择器 | * | 选择 HTML 文档内的所有元素 | $("*") |

### 1. 元素选择器（E）

元素选择器是指以 HTML 文档的元素名作为选择器，此处的 E 表示任何一个 HTML 元素，如 html、body、p、div 等。

例如，CSS 代码：

```
p{ font-size: 14px;}
```

jQuery 代码：

```
$("p").css({"font-size":"14px"})
```

这行代码表示所有 p 元素的字体大小全部为 14 像素。

### 2. 类选择器（.classname、E.classname）

类选择器指自定义的 CSS 类，一般形式为：

```
.<自定义类名>{<属性 1>:<值 1>; <属性 2>:<值 2>; ……}
```

注意，自定义类名的左边有一个点“.”，它和“*.<自定义类名>”是等价的。

例如，CSS 代码：

```
.div_Center
{
    text-align:center;
    color:red;
```

```
}
```

jQuery 代码：

```
$(".div_Center").css({"text-align":" center", "color":"red"})
```

在 HTML 元素的开始标记中，使用 class="classname"引用定义的样式（注意引用时自定义类名的左边不加点“.”）：

```
<div id="div1" class="div_Center">网页设计</div>
<div id="div2" class="div_Center">网站开发</div>
```

由于 div1 和 div2 中的文字属于同一个自定义类，所以都居中，并以红色字体显示。

类选择器还可以与元素选择器结合使用，一般形式为：

```
E.myclass{属性 1:值 1; 属性 2:值 2; ……}
```

其中，E 表示元素名（Element），myclass 指自定义类名。

例如，CSS 代码：

```
div.first
{
    color:red;
    font-size:32pt;
}
```

jQuery 代码：

```
$("div.first").css({"color":"red", "font-size":"32pt"})
```

其含义是只有在 div 元素内引用的自定义类（first）才采用红色 32pt 的样式显示。

在 HTML 元素的开始标记中按照下列方式引用：

```
<div class="first">网页设计</div>
<p class="first">网站开发</div>
```

由于第 1 行的 div 使用 class="first"引用了自定义的 first 类，所以“网页设计”用红色 32pt 的样式显示，而第 2 行虽然也使用 class="first"引用了自定义的 first 类，但是由于它不是 div 元素，所以 CSS 的 div.first 对第 2 行的 p 元素不起作用。

### 3. id 选择器（#idname）

当无法通过类选择器或者元素选择器区分要选择的元素时，或者只选择某一个元素时，可先给该元素指定一个 id 特性，然后通过 id 选择器来实现。

id 选择器的定义和用法与类选择器的定义和用法从形式上来看非常相似，但是，在同一个 HTML 元素的开始标记中，多个元素可以使用同一个自定义的 CSS 类，但不能有相同的 id 特性名。

例如，CCS 代码：

```
#myId1 {color:red}
```

jQuery 代码：

```
$("#myId1").css({"color":"red"})
```

HTML 代码：

```
<p id="customId1">本段落文字为红色</p>
```

如果在一个元素的样式定义中，既有元素选择器，又有类选择器和 id 选择器，则 id 选择器的优先级最高，其次是类选择器，元素选择器的优先级最低。

### 4. 群组选择器（s1，s2，...，sN）

如果有多个选择器定义的样式相同，此时可以使用群组选择器来简化定义，这样就可以一次性地设置所选元素的样式。

例如，CSS 代码：

```
div1, div2, div3 {color:red}
```

jQuery 代码：

```
$("div1, div2, div3").css({"color":"red"})
```

该规则的含义是 div1、div2、div3 的字体都以红色显示。注意在这种表示法中，各个选择符之间用英文逗号“,”分隔。

**5. 通配符选择器（*）**

通配符选择器是指选择 HTML 文档内的所有元素。

例如，CSS 代码：

```
*{color:Red; }
```

jQuery 代码：

```
$("*").css({"color":"red"})
```

这行代码的含义是设置所有 HTML 元素的颜色为红色。

不过，使用这种选择器应该非常小心，否则可能带来意想不到的结果。

**6. 示例**

下面通过例子演示基本选择器的用法。

【例 6-4】演示基本选择器的用法，运行效果如图 6-7 所示。

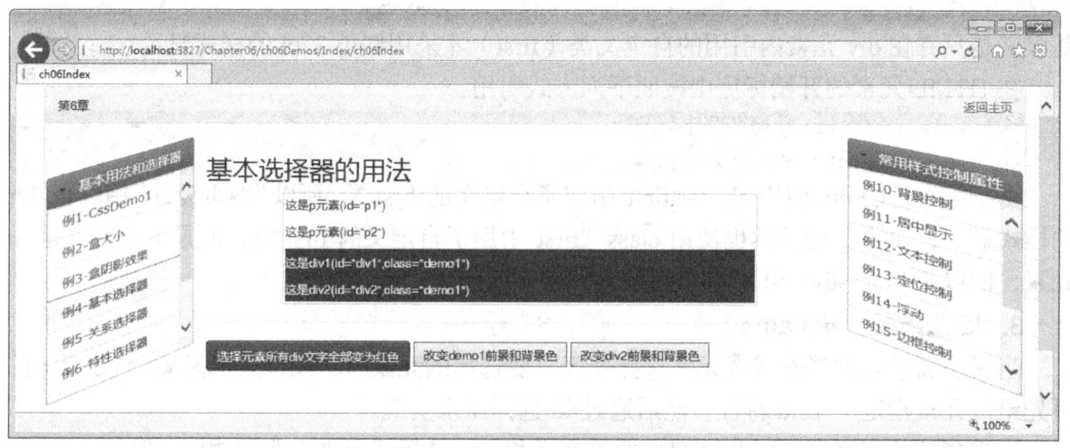


图6-7 例6-4的运行效果

该例子的源程序见 BasicSelector.cshtml 文件。运行时，先单击某个按钮查看选择的元素，再次单击取消选择，依此类推。

这个例子同时演示了如何使用 click 事件，以及如何传递事件参数，同时也演示了 jQuery 的 toggleClass 方法的用法。

## 6.3.3 关系选择器

关系选择器也叫层次选择器。如果希望通过元素之间的嵌套层次关系来获取特定的元素，可以用关系选择器来实现。

**1. 关系选择器的分类**

关系选择器分为选择后代元素、选择子元素、选择兄弟元素和选择相邻兄弟元素，其含义如表 6-2 所示。

表 6-2　　关系选择器的分类

| 名　称 | 选择符 | 功能说明 | jQuery 用法示例 |
|---|---|---|---|
| 选择后代元素 | E　F | 选择 E 元素的一个或多个和 F 相同的后代元素 | $("div span") |
| 选择子元素 | E > F | 选择 E 元素的子元素 F | $("div>span") |
| 选择兄弟元素 | E~F | 选择 E 元素后面的所有兄弟元素 F | $("#two~div") |
| 选择相邻兄弟元素 | E + F | 选择 E 元素和 F 元素相邻，而且 F 和 E 具有相同的父元素的所有元素 | $(".one+div") |

### 2. 基本用法示例

下面通过例子说明关系选择器的含义和基本用法。

【例 6-5】演示关系选择器的基本用法，程序运行效果如图 6-8 所示。

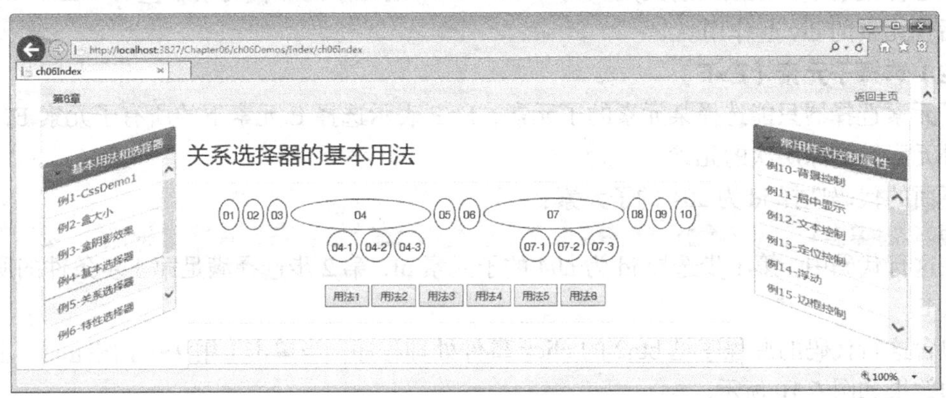

图6-8　例6-5的默认运行效果

该例子的源程序见 relationSelector.cshtml 文件。

下面分别解释基本用法。

#### （1）选择后代元素（E F）

后代元素选择器（E F）表示选择 E 元素的一个或多个和 F 相同的后代元素。

如果 F 为*（E *），表示选择所有后代元素。

下面的代码选择 id 为 parent 的后代 ul 中的 li：

```
#parent ul li
```

包含这行代码的源程序见 btn1 的 click 事件处理程序，当单击【用法 1】按钮时，主窗口得到的效果如图 6-9 所示。

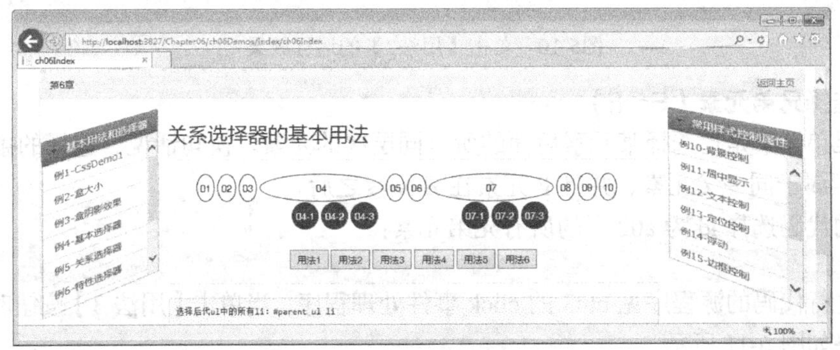

图6-9　单击【用法1】的运行效果

后代元素也叫包含元素，包括具有多层次嵌套关系的元素（子元素、孙元素、……）。一般格式为：

```
<选择符 1> <选择符 2> …<选择符 n> { <属性 1>:<值 1>; <属性 2>:<值 2>; … <属性 n>:<值 n>;}
```

选择后代元素时，各选择符之间用空格分隔，例如：

```
p b {color:red}
```

在这行代码中，如果 b 为 p 的后代元素，则选中它。这种定义方式只对 p 所包含的 b 起作用，对单独的 p 或 b 均无效。另外，不论 b 是 p 元素的子元素或者是孙元素或者是更深层次的嵌套包含关系，都将被选中。

选择后代元素定义的样式规则并不是仅适用于选择 HTML 元素，也可以将其应用到自定义类、自定义 id 以及任何样式选择，例如：

```
.div1  .div2  div{……}
```

在这行代码中，定义的规则是只对 class="div1"的元素的后代元素中包含 class="div2"元素的后代元素的 div 起作用。

**（2）选择子元素（E>F）**

子元素选择器只能选择某元素的子元素，E>F 表示选择 E 元素下的所有子元素 F，但不包括孙元素等更深层次的元素。

下面的代码选择 id 为 a04 的子元素：

```
#a04 > ul li
```

在这行代码中，第 1 步选择 id 为 a04 的子元素 ul，第 2 步选择满足第 1 步条件的所有后代元素 li。

包含这行代码的源程序见 btn2 的 click 事件处理程序，当单击【用法 2】按钮时，主窗口得到的效果如图 6-10 所示。

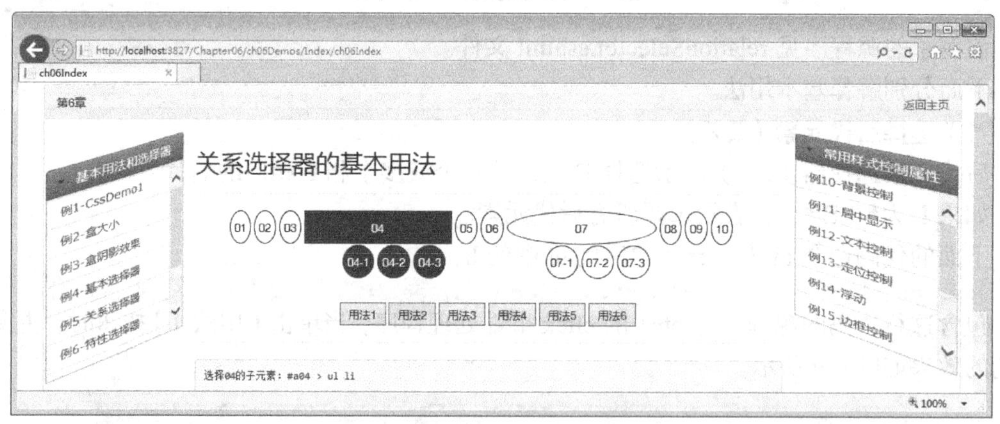


图6-10　单击【用法2】的运行效果

**（3）选择兄弟元素（E～F）**

选择兄弟元素是指选择某元素后面的所有同层次的元素。换句话说，选择的条件是 F 元素和 E 元素属于同一父元素，并且 F 元素在 E 元素之后。

下面的代码选择 id 为 a02 后的所有兄弟元素：

```
#a02～li
```

包含这行代码的源程序见 btn3 的 click 事件处理程序，当单击【用法 3】按钮时，主窗口得到的效果如图 6-11 所示。

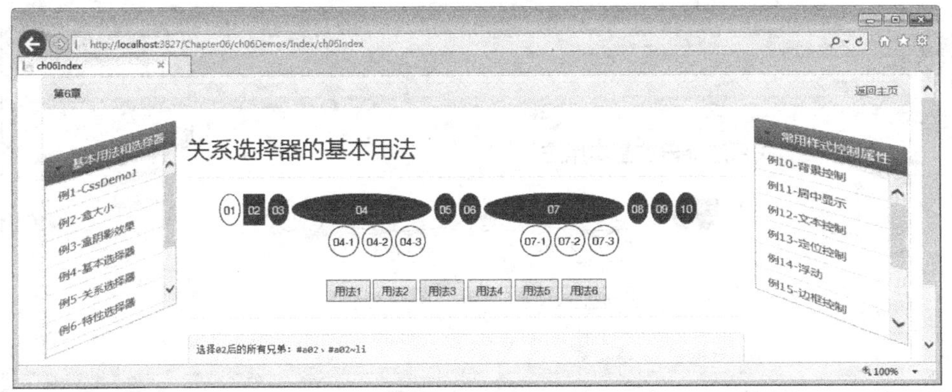

图6-11　单击【用法3】的运行效果

### （4）选择相邻兄弟元素（E+F）

相邻兄弟元素选择器选择 E 元素和 F 元素相邻，而且 F 和 E 具有相同的父元素的所有元素。

下面的代码选择#parent 的所有子代 ul 的第 1 个 li 后的所有相邻兄弟元素：

```
#parent ul li+li
```

对于这行代码来说，由于 li+li 中第 2 个 li 是第 1 个 li 的相邻元素，第 3 个又是第 2 个的相邻元素，所以第 3 个也被选中，依此类推。

包含这行代码的源程序见 btn4 的 click 事件处理程序，当单击【用法 4】按钮时，主窗口得到的效果如图 6-12 所示。

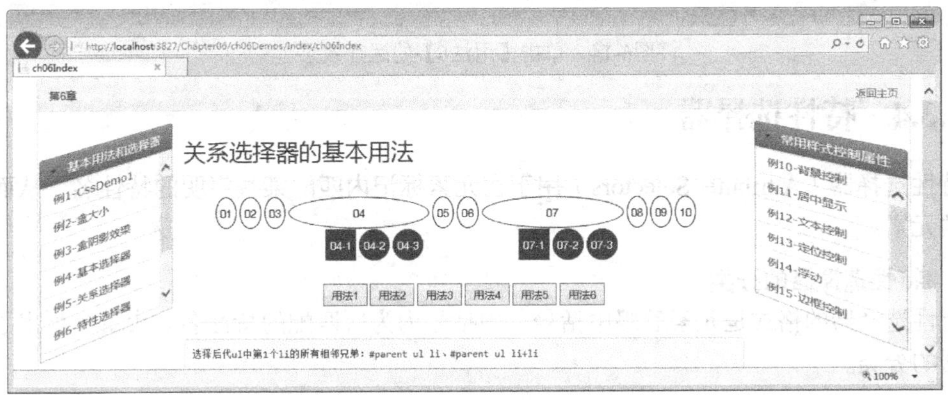

图6-12　单击【用法4】的运行效果

下面的代码选择 id 为 a02 后的相邻兄弟元素：

```
#a02+li
```

包含这行代码的源程序见 btn5 的 click 事件处理程序，当单击【用法 5】按钮时，主窗口得到的效果如图 6-13 所示。

下面的代码选择 id 为 a02 后的相邻兄弟的相邻兄弟元素：

```
#a02+li+li
```

在这行代码中，第 1 步选择 id 为 a02 的相邻兄弟元素，第 2 步选择满足第 1 步条件的相邻兄弟元素。

包含这行代码的源程序见 btn6 的 click 事件处理程序，当单击【用法 6】按钮时，主窗口得到的效果如图 6-14 所示。

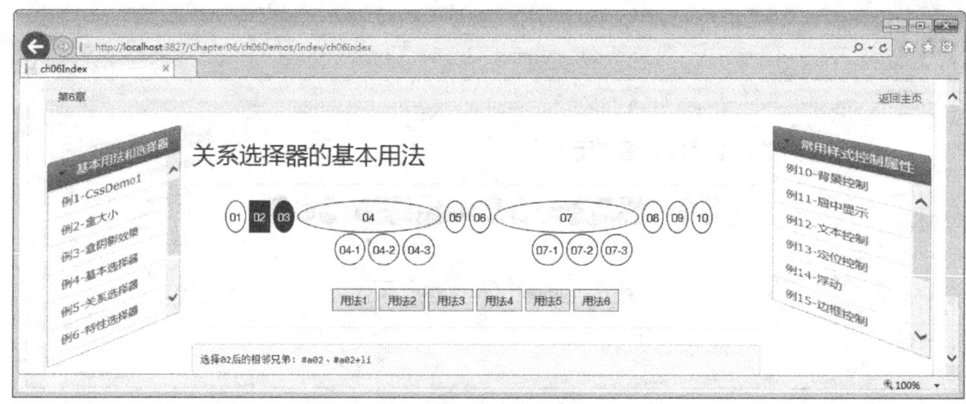


图6-13　单击【用法5】的运行效果

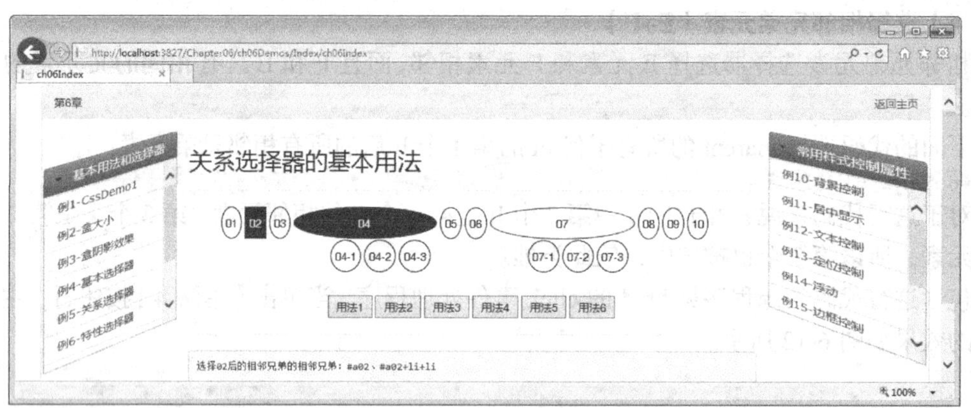


图6-14　单击【用法6】的运行效果

## 6.3.4　特性选择器

特性选择器（Attribute Selectors）用于在元素标记内匹配某些声明的特性名，从而得到对应的元素。

### 1．特性选择器的分类

特性选择器的格式是元素后跟中括号，中括号内为所匹配的特性名。表 6-3 列出了特性选择器的分类。

表 6-3　特性选择器的分类

| 选 择 器 | 功能描述 |
| --- | --- |
| E[att] | 选择具有 att 特性的 E 元素 |
| E[att="val"] | 选择具有 att 特性且其特性值等于“val”的 E 元素 |
| E[att ~ ="val"] | 选择具有 att 特性且其特性值为用空格分隔的字词列表，其中一个字词列表等于“val”的 E 元素 |
| E[att\|="val"] | 选择具有 att 特性且其特性值为“val-”开头的 E 元素 |
| E[att^="val"] | 选择具有 att 特性且其特性值以“val”开头的 E 元素 |
| E[att$="val"] | 选择具有 att 特性且其特性值以“val”结尾的 E 元素 |
| E[att*="val"] | 选择具有 att 特性且其特性值包含“val”的 E 元素 |

**2. 基本用法示例**

下面用 jQuery 代码演示特性选择器的基本用法。

【例 6-6】演示特性选择器的基本用法，程序运行效果如图 6-15 所示。

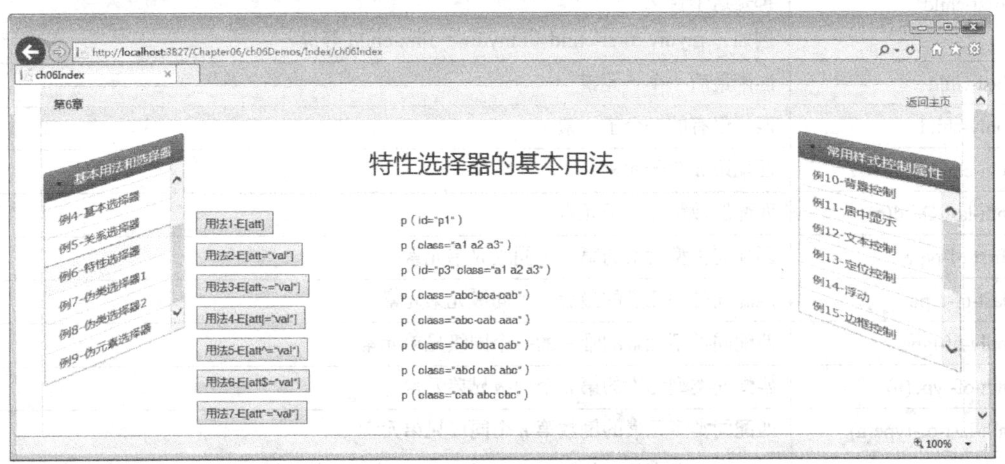

图6-15　特性选择器的基本用法

该例子介绍了特性选择器的 7 种基本用法，源程序见 attSelector.cshtml 文件。

## 6.3.5　伪类选择器

伪类选择器（Pseudo-Classes Selectors）也叫虚类选择器，它是在基本选择器、关系选择器或者特性选择器的基础上，通过进一步添加伪类来控制所选元素的样式。

伪类选择器的选择符和伪类名称之间用冒号（:）分隔。

例如：

```
.mydiv {background-color:white; color:black; }
.mydiv:hover {background-color:blue; color:white; }
```

这两行 CSS 代码的作用是：当鼠标指针悬停在 class 为 mydiv 的元素上时，该元素将自动变为蓝色背景白色前景；当鼠标指针离开该元素时，又还原为白色背景黑色前景。

在 Bootstrap 提供的 CSS 类中，很多动态效果都是通过伪类选择器来实现的。

**1. 伪类选择器的分类**

伪类选择器的分类如表 6-4 所示，选择符中的字母“E”是“Element”的第 1 个字母，表示某个 HTML 元素（省略时表示任意元素，此时其作用和“*”相同）。

表 6-4　常用的伪类选择器

| 选择符 | 说　明 |
|---|---|
| E:link | 设置未被访问时的 E 元素样式（适用于超链接元素 a） |
| E:visited | 设置已被访问过的 E 元素样式（适用于超链接元素 a） |
| E:hover | 设置鼠标悬停在 E 元素上的样式 |
| E:active | 设置元素在被用户激活（在鼠标按钮按下与抬起之间发生的事件）时的样式 |
| E:focus | 设置元素在成为输入焦点（该元素的 onfocus 事件发生）时的样式 |
| E:root | 匹配文档的根元素。在 HTML 文档中，根元素永远是“html” |

续表

| 选择符 | 说 明 |
| --- | --- |
| E:first-child | 匹配第一个子元素，E 表示子元素名（如 div），省略表示“*”。所有冒号前面的 E 都是这个含义。<br>例如，.mydiv :first-child 和.mydiv *:first-child 等价 |
| E:last-child | 匹配最后一个子元素 |
| E:only-child | 匹配仅有的一个子元素 |
| E:nth-child(n) | 匹配第 *n* 个子元素 |
| E:nth-last-child(n) | 匹配倒数第 *n* 个子元素 |
| E:first-of-type | 匹配同类型元素的第一个同级兄弟元素 |
| E:last-of-type | 匹配同类型元素的最后一个同级兄弟元素 |
| E:only-of-type | 匹配同类型元素的唯一的一个同级兄弟元素 |
| E:nth-of-type(n) | 匹配同类型元素的第 *n* 个同级兄弟元素 |
| E:nth-last-of-type(n) | 匹配同类型元素的倒数第 *n* 个同级兄弟元素 |
| E:checked | 匹配处于选中状态的元素（用于 input 元素 type 为 radio 与 checkbox 的情况） |
| E:enabled | 匹配处于可用状态的元素 |
| E:disabled | 匹配处于禁用状态的元素 |
| E:not(s) | 选择与 s 不匹配的元素 |

例如：

```
<style>
    #my-div :first-child {background-color:red;}  /*所选元素为 sub1*/
    #my-div :nth-child(6) {background-color:blue;}  /*所选元素为 sub6*/
    #my-div p:first-of-type {background-color:green;}  /*所选元素为 sub3*/
    #my-div h5:first-of-type {background-color:yellow;}  /*所选元素为 sub5*/
</style>
<div id="my-div">
    <div id="sub1">sub1</div>
    <div id="sub2">sub2</div>
    <p id="sub3">sub3</p>
    <p id="sub4">sub4</p>
    <h5 id="sub5">sub5</h5>
    <div id="sub6">sub6</div>
    <div id="sub7">sub7</div>
</div>
```

**2. 示例**

下面用 jQuery 代码演示伪类选择器的基本用法。

**【例 6-7】**演示伪类选择器的基本用法，运行效果如图 6-16 所示。

该例子的源程序见 PseudoClassesSelector1.cshtml 文件。

从例子中可以看出，使用伪类选择器时，需要注意以下几个方面。

（1）当单击【用法 1】按钮选择第 1 个子元素时，使用的选择器不是“#div2:first-child”，而是“#div2:first-child”，即#div2 和它后面的冒号之间有一个空格，表示选择的是#div2 的后代元素。

（2）当单击【用法 2】按钮选择第 2 个子元素时，注意 nth 表示从 1 开始编号。

（3）当单击【用法 3】按钮选择第 3 个子元素时，选择器是“#div2 p:nth-child(3)”，其实际含义是：选择 id 为 div2 的第 3 个子元素（从 1 开始编号），如果第 3 个子元素不是 p 元素，则返回 null。

后两个按钮事件演示的都是稍微复杂一点的基本用法，希望读者能举一反三，进一步练习其他伪类选择器的用法。

下面再通过一个更接近实际应用的例子，演示伪类选择器的更多用法。

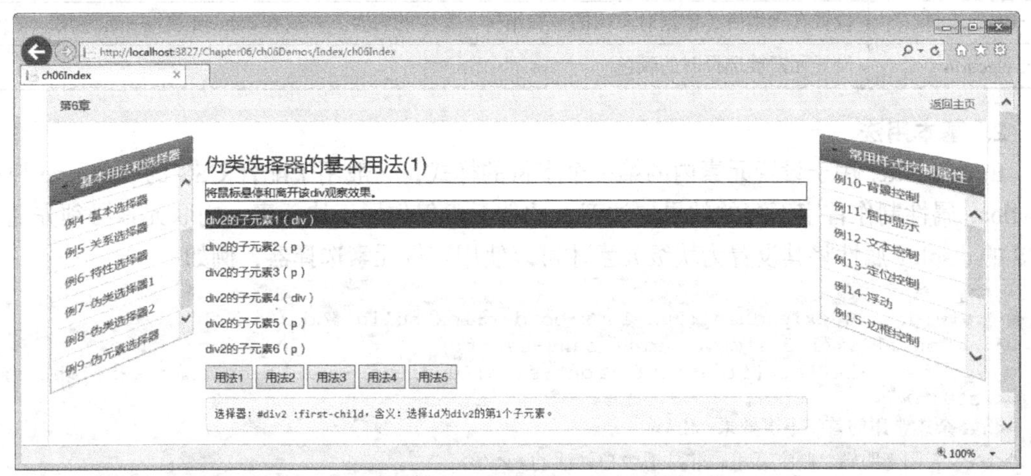


图6-16　伪类选择器基本用法示例

**【例 6-8】**利用伪类选择器实现下列功能：（1）实现一个自定义的菜单样式；（2）实现鼠标悬停和离开时让图片自动缩放的功能，程序运行效果如图 6-17 所示。

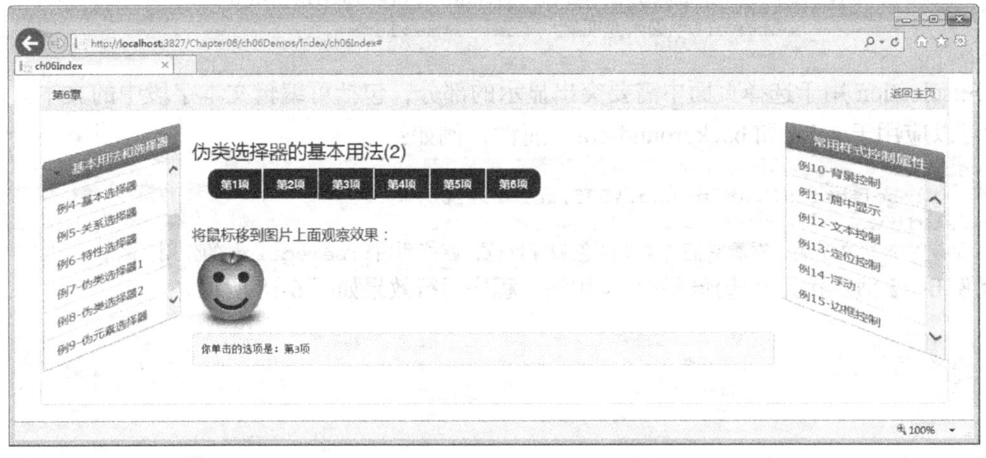


图6-17　伪类选择器的更多用法

该例子的源程序见 PseudoClassesSelector2.cshtml 文件。

## 6.3.6　伪元素选择器

伪元素选择器（Pseudo-Element Selectors）一般用于控制所选元素的特殊样式。伪元素选择器的选择符和名称之间用两个冒号（::）分隔。

### 1. 伪元素选择器的分类

表 6-5 列出了 CSS 3 支持的伪元素选择器的分类。

表 6-5　　　　　　　　　　　　伪元素选择器

| 选 择 器 | 说　明 |
|---|---|
| E::first-letter | 设置元素内容第一个字符的样式 |
| E::first-line | 设置元素内容第一行的样式 |
| E::before | 设置在元素前（依据对象树的逻辑结构）发生的内容。一般和 content 属性一起使用 |
| E::after | 设置在元素后（依据对象树的逻辑结构）发生的内容。一般和 content 属性一起使用 |
| E::selection | 设置元素被选择时的颜色 |

**2. 基本用法**

E::first-letter 用于设置元素内的第一个字符的样式，一般用于配合 CSS 的 font-size 属性和 float 属性制作首字下沉的效果。注意，此伪元素仅作用于块元素。内联元素必须先通过 CSS 的 display 属性将其设置为块级元素才可以使用该伪元素选择器，例如：

```
<style>
  p{width:200px;padding:5px 10px;border:1px solid #ddd;
    font:14px/1.5 simsun,serif,sans-serif;}
  p::first-letter {float:left;font-size:40px;font-weight:bold;line-height:1;}
</style>
<h4>杂志常用的首字下沉效果</h4>
<p>今天阳光明媚，晴空万里，非常适合户外活动。</p>
```

E::before 用于设置在所选元素显示前发生的内容，E::after 用于设置在所选元素显示后发生的内容。一般将这两个伪元素选择器和 CSS 的 content 属性一起使用，例如：

```
<style>
   p{position:relative;color:#f00;font-size:14px;}
   p::before{position:absolute;background:#fff;color:#000;
             content:"今天阳光明媚";font-size:14px;}
</style>
```

E::selection 用于选择页面中需要突出显示的部分，包括可编辑文本字段中的文本。此伪元素可以应用于 color 和 background-color 属性，例如：

```
<style>
   p::selection{background:#000;color:#f00;}
</style>
<p>选中这段文字后，看看它们的文本颜色和背景色，就能明白::selection 的作用。</p>
```

【例 6-9】演示伪元素选择器的基本用法，程序运行效果如图 6-18 所示。

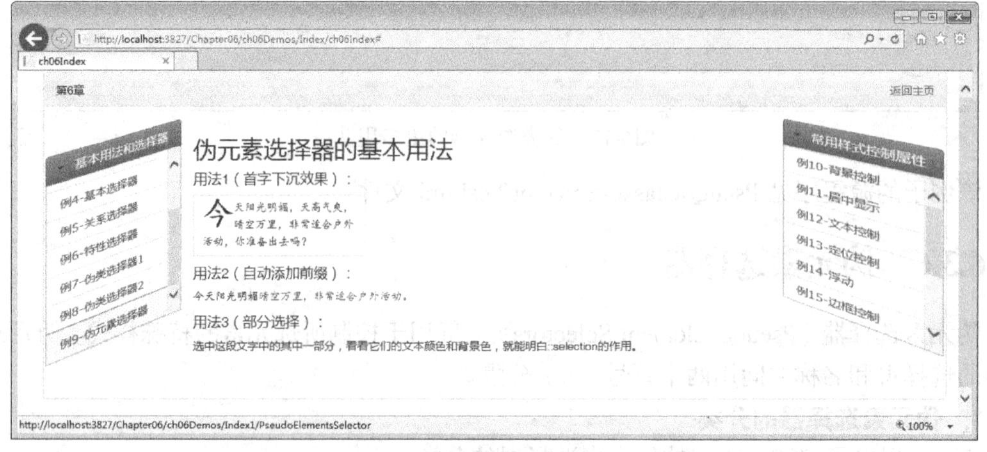


图6-18　伪元素选择器基本用法

该例子的源程序见 PseudoElementsSelector.cshtml 文件。

# 6.4　CSS3 样式控制

通过 CSS3 选择器选择一个或多个 HTML5 元素后，就可以控制这些元素在网页中呈现的样式了。这一节我们主要学习常用的 CSS3 样式控制属性。

## 6.4.1　背景图和背景渐变控制

CSS3 的背景控制通过设置 CSS 属性来控制页面元素的背景色、背景图片的平铺方式、背景图片位置、线性渐变背景、径向渐变背景等。

**1. 复合属性（background）**

CSS 的 background 属性是一个复合属性，其基本语法为：

```
background: [ background-color ] || [ background-image ] || [ background-repeat ]
|| [ background-attachment ] || [ background-position ]
```

例如：

```
background: url(/Areas/Chapter06/common/border.png) #faf6df no-repeat center 5%;
```

这行代码表示背景色为#faf6df，背景图为 Chapter06 区域 common 文件夹下的 border.png，不平铺，图像随对象滚动，图像位置为“center，5%”。

**2. 背景色与背景图像**

background-color 属性用于设置或检索对象的背景色，默认值为 transparent。当同时定义了背景颜色和背景图像时，背景图像将覆盖在背景颜色之上。

如果设置了 background-image，建议同时设置 background-color，以便当背景图像不可见时用背景色来填充它。

background-image 用于设置元素的背景图像，默认值为 none，表示无背景图，其他参数如下。

<url>：使用绝对或相对地址指定背景图像。

<linear-gradient>：使用线性渐变创建背景图像。

<radial-gradient>：使用放射性渐变创建背景图像。

<repeating-linear-gradient>：使用重复的线性渐变创建背景图像。

<repeating-radial-gradient>：使用重复的放射性渐变创建背景图像。

**（1）图像背景**

一般使用 jpg 或者 gif 图像文件作为背景图，这两种格式的文件都比较小，可以提高网页下载的速度。

如果将多个图像组合在一起作为背景，各个 url 之间用逗号分隔，例如：

```
background-image:url(flower.gif),url(tree.gif);
```

**（2）渐变背景**

CSS3 提供的渐变背景有两种：线性渐变和径向渐变。这里我们以线性渐变为例说明其基本用法。按照 W3C 标准的规定，线性渐变的正则表达式语法如下：

```
linear-gradient([[<angle> | to <side-or-corner> ],]?<color-stop>[,<color-stop>]+)
```

从语法可以看出，线性渐变可包括多个参数。其中，第 1 个参数指定渐变的方向（省略时默认为从上到下），该参数既可以是渐变角度（正数表示顺时针旋转，负数表示逆时针旋转，如 0 表示从下向上，90deg 表示从左向右，-90deg 表示从右向左），也可以是以下更容易理解的取值之一：to top、to right、to left、to bottom、to left top、to left bottom、to right top、to right bottom。

从第 2 个参数开始指定的都是渐变停止点，各渐变停止点之间用逗号分隔。

例如：

```
background-image: linear-gradient(red, yellow, green);
background-image: linear-gradient(45deg, red, yellow, green);
background-image: linear-gradient(to top, red, yellow, green);
background-image: linear-gradient(to left top, red, yellow, green);
```

径向渐变的用法和线性渐变相似，区别仅是径向渐变从指定的中心点沿半径方向向四周逐渐变化而已。

### 3. 背景图像的定位控制

控制背景的参数比较多，包括大小、位置、平铺、滚动、原点设置、剪切和多背景等。

#### （1）平铺（background-repeat）

background-repeat 用于设置或检索背景图像的平铺方式，必须先指定 background-image 属性后，该属性才有效，常用取值如表 6-6 所示。

表 6-6　background-repeat 的常用取值

| 值 | 含　义 |
|---|---|
| no-repeat | 不平铺 |
| repeat（默认） | 背景图像在横向和纵向平铺，即图像沿水平和垂直两个方向重复排列 |
| repeat-x | 背景图像在横向上平铺，即图像在页面上从左向右重复排列 |
| repeat-y | 背景图像在纵向上平铺，即图像在页面上从上到下重复排列 |

#### （2）背景图像固定或滚动（background-attachment）

background-attachment 指定背景图像是随内容滚动还是位置固定，取值如下：

fixed：背景图像相对于窗体固定。

scroll（默认）：背景图像相对于元素固定，当元素的内容滚动时，背景图像不会跟着滚动，因为背景图像总是要跟着元素本身，但会随元素的祖先元素或窗体一起滚动。

#### （3）背景图像位置（background-position）

该属性设置或检索对象的背景图像位置，注意必须先指定 background-image 属性，该属性才有效。

如果为背景设置一个位置，但不设置 background-repeat 属性，则该背景图像将固定在指定位置。如果为某个图像背景设置一个位置，又设置了 background-repeat 属性，则该位置将作为 background-repeat 的起始点。

如果为该属性指定两个值，则第 1 个用于横坐标，第 2 个用于纵坐标，例如：

```
background-position:50% 200px;
```

如果只提供 1 个值，则该值将同时作用于横坐标和纵坐标，例如：

```
background-position:center;
```

#### （4）背景图像大小（background-size）

该属性用于检索或设置对象的背景图像的尺寸大小，其取值可以是长度、百分数，或者采用以下值。

auto：背景图像的实际大小，这是默认值。

cover：将背景图像等比缩放到完全覆盖容器，此时背景图像有可能超出容器。

contain：将背景图像等比缩放到宽度或高度与容器的宽度或高度相等，背景图像始终被包含在容器内。

当采用长度或百分数时，如果提供两个值，则第 1 个值定义背景图像的宽度，第 2 个值定义背景图像的高度。如果只提供 1 个值，该值表示背景图像的宽度，第 2 个值（高度）默认为 auto，此时背景图以提供的宽度作为参照来进行等比缩放。

**（5）背景原点（background–origin）**

背景原点用于控制从哪个区域位置开始显示背景图像，取值如下。

padding-box（默认）：从 padding 区域（含 padding）开始显示背景图像。

border-box：从 border 区域（含 border）开始显示背景图像。

content-box：从 content 区域开始显示背景图像。

border-box、padding-box 以及 content-box 的含义如图 6-19 所示。

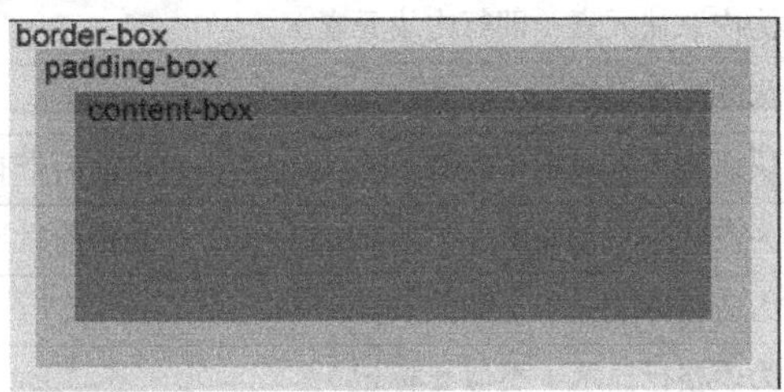


图6-19　border-box、padding-box和content-box的含义

**（6）背景图像剪切（background–clip）**

利用该属性可以只将背景图像的某一部分作为背景，取值有：border-box、padding-box、content-box。这 3 个值的含义与 background-origin 属性中参数的含义相同。

**4. 示例**

下面通过例子说明具体用法。

【例 6-10】演示 CSS3 背景控制的基本用法，运行效果如图 6-20 所示。

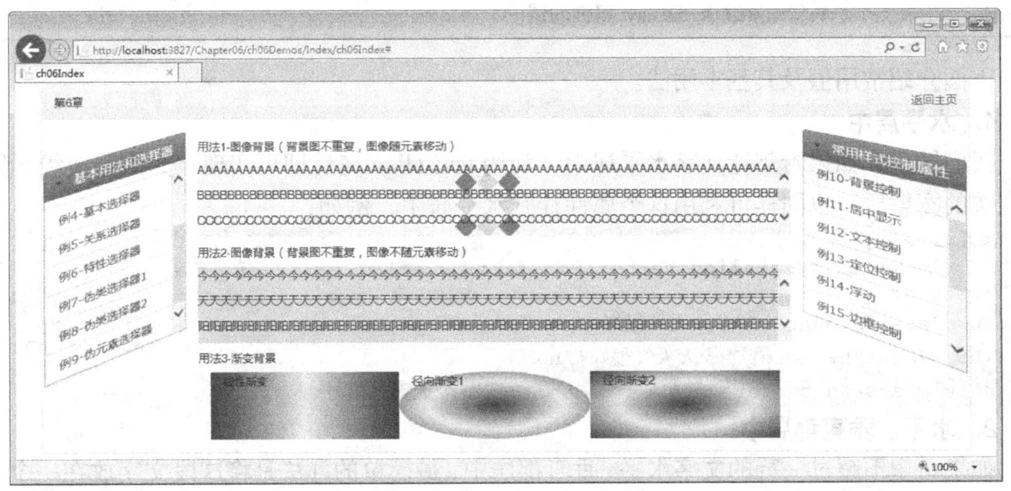


图6-20　例6-10的运行效果

该例子的源程序见 background.cshtml 文件。

## 6.4.2 显示样式控制

CSS3 的 display 属性用于控制元素是否显示以及是作为块元素（block）显示还是作为内联元素（inline）显示。块元素指从新行开始显示，且块的大小不能大于其父容器。内联元素不从新行开始，而是根据其自身内容的高度和宽度调整大小。

display 属性的可选值非常多，常用可选值如表 6-7 所示。

表 6-7　　display 属性的常用可选值

| 属性值 | 说 明 |
|---|---|
| none | 隐藏对象。与 visibility 属性的 hidden 值不同的是该隐藏对象不保留其物理空间 |
| block | 将对象作为块级元素，该元素前后会自动添加换行符 |
| inline | 将对象作为内联元素（即行内元素，类似<span>），元素前后没有换行符 |
| inline-block | 将对象作为内联块元素（即行内块元素） |
| list-item | 将对象作为列表项显示 |
| table | 将对象用块级表格来显示（类似 table 标记），表格前后带有换行符 |
| inline-table | 将对象作为内联表格来显示（类似 table 标记），表格前后没有换行符 |
| table-caption | 将对象作为表格标题显示（类似 caption 标记） |
| table-row | 将对象作为表格行显示（类似 tr 标记） |
| table-cell | 将对象作为表格单元格显示（类似 td 标记） |
| table-row-group | 将对象作为一个或多个行的分组来显示（类似 tbody 标记） |
| table-column | 将对象作为表格列显示（类似 col 标记） |
| table-column-group | 将对象作为一个或多个列的分组来显示（类似 colgroup 标记） |
| table-header-group | 将对象作为表格的标题分组来显示（类似 thead 标记） |
| table-footer-group | 将对象作为表格的脚注分组来显示（类似 tfoot 标记） |
| run-in | 根据上下文自动将对象作为块级元素或内联元素显示 |
| inherit | 从父元素继承 display 属性的值 |

下面介绍常用值及其基本用法。

**1. 水平居中**

我们知道，如果希望让文字水平居中，利用 text-align 属性即可实现；如果是块级元素，指定块的宽度后，也同样可利用这个属性让其水平居中，例如：

```
<style>
   .h-center{text-align:center; border:1px solid red}
</style>
<p class="h-center">今天天气很好</p>
<h5 class="h-center">今天天气很好</h5>
<div class="h-center" style="width:100%">今天天气很好</div>
```

**2. 水平、垂直都居中**

如果希望不超过一行的文字水平、垂直都居中，最简单的办法是将这段文字放在一个 div 元素中，然后设置该元素的 line-height、text-align 和 vertical-align，例如：

```
<div style="line-height: 100px;vertical-align: middle; text-align:center; >
    今天天气很好
</div>
```

这种方式仅适用于文字信息不超过一行的情况。

如果是块级元素，如 div、img 等，可将其父元素的 display 属性设置为 table-cell，同时设置父元素的 text-align 属性的值为 center、vertical-align 属性的值为 middle，并指定父元素的宽和高（否则看不出是否居中显示了），然后将该块级元素的 display 属性设置为 inline-block，就可以让这个块级元素在其父元素内水平、垂直都居中显示，例如：

```
<div style="display: table-cell;vertical-align: middle; text-align:center;
          width:200px; height :200px; border:1px solid red">
    <div style="display: inline-block; width:100px;">
        今天天气很好
    </div>
</div>
```

下面通过例子说明具体用法。

**【例 6-11】**演示让 div、img 等块级元素在其父元素内水平、垂直都居中显示的基本用法，运行效果如图 6-21 所示。

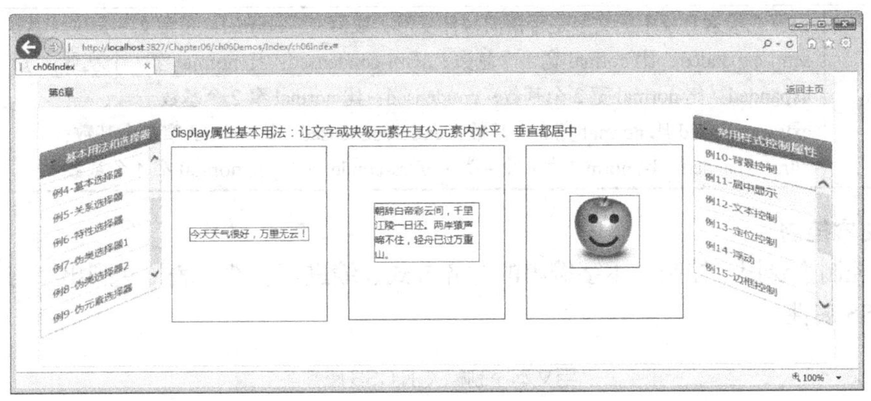


图6-21　例6-11的运行效果

该例子的源程序见 display.cshtml 文件。

**3. 可见性（visibility）**

visibility 属性用于控制元素在页面中是否隐藏，但不论是显示还是隐藏，使用该 CSS 属性的元素都会占据页面空间，取值有：visible、hidden、collapse。

collapse 主要用来隐藏表格的行或列。隐藏的行或列能够被其他内容使用。对于表格外的其他元素，其作用等同于 hidden。

如果希望某个元素为可见，其父元素也必须是可见的。

visibility 属性和 display 属性的区别是：即使 visibility 设置为 hidden，它仍会占据页面空间。而如果将某元素的 display 属性设置为 none，则浏览器会忽略这个元素，即不会占据页面位置。因此，当页面中包含 display 属性为 none 的元素时，其在浏览器中的显示速度比将该元素的 visibility 设置为 hidden 要快。

## 6.4.3　字体和文本控制

字体和文本控制主要用于控制字体和文本的样式。

### 1. 字体控制

CSS3 的字体样式属性用于控制网页上所显示的文本字符的字体系列、字体的大小、粗细、样式、颜色和外观等样式。表 6-8 列出了与字体控制相关的属性。

表 6-8　　与字体控制相关的 CSS 属性

| 属　性 | 说　明 |
|---|---|
| font | 复合属性。设置或检索对象中的文本特性，如 font: 15px 宋体 |
| font-style | 设置或检索对象中的字体样式，取值有：italic（斜体）、oblique（倾斜）或 normal（正常字体） |
| font-variant | 设置或检索对象中的文本是否为小型的大写字母 |
| font-weight | 设置或检索对象中的文本字体的粗细，选项有：normal（标准字符）、bold（粗体字符）、bolder（更粗字符）、lighter（更细字符）和 100～9009 个数字值。其中 100～900 这 9 个数字值定义从细到粗的字体，数字值 400 相当于 normal，700 等价于 bold |
| font-size | 设置或检索对象中的字体尺寸 |
| font-family | 设置或检索用于对象中文本的字体名称序列。对于中文网页，一般选择“宋体”即可。例如：font-family：宋体，Arial，Helvetica，sans-serif；其含义是从左往右依次应用指定的文本字体，即如果不支持“宋体”，就用“Arial”，依此类推 |
| font-stretch | 设置或检索对象中的文字是否横向拉伸变形，取值有：normal：正常文字宽度（默认）；<br>semi-expanded：比 normal 宽 1 个基数；semi-condensed：比 normal 窄 1 个基数；<br>expanded：比 normal 宽 2 个基数；condensed：比 normal 窄 2 个基数<br>extra-expanded 比 normal 宽 3 个基数；extra-condensed：比 normal 窄 3 个基数；<br>ultra-expanded：比 normal 宽 4 个基数；ultra-condensed：比 normal 窄 4 个基数 |

### 2. 文本控制

文本控制主要用于控制文本字符串的对齐方式、缩进等属性。表 6-9 列出了与文本控制相关的 CSS 属性。

表 6-9　　与文本控制相关的 CSS 属性

| 属　性 | 说　明 |
|---|---|
| text-indent | 检索或设置对象中的文本的缩进 |
| text-overflow | 设置或检索是否使用一个省略标记（...）标示对象内文本的溢出 |
| text-align | 设置或检索对象中文本的对齐方式，选项有：center（居中）、left（左对齐）、right（右对齐）、justify（两端对齐）等 |
| text-transform | 检索或设置对象中的文本的大小写 |
| text-decoration | 检索或设置对象中的文本的装饰，如下划线、闪烁等 |
| text-shadow | 设置或检索对象中文本的文字是否有阴影及模糊效果 |
| letter-spacing | 检索或设置对象中的文字之间的间隔 |
| word-spacing | 检索或设置对象中的单词之间插入的空格数 |
| vertical-align | 设置或检索对象内容的垂直对其方式 |
| word-wrap | 设置或检索当当前行超过指定容器的边界时是否断开转行 |
| white-space | 设置或检索对象内空格的处理方式 |
| direction | 检索或设置文本流的方向 |
| unicode-bidi | 用于同一个页面里存在从不同方向读进的文本显示。与 direction 属性一起使用 |
| line-height | 检索或设置对象的行高。即字体最底端与字体内部顶端之间的距离 |
| tab-size | 检索或设置对象中的制表符的长度 |

下面介绍常用的属性。

**（1）行间距（line-height）**

line-height 属性指字体最底端与字体内部顶端之间的距离，可以用它来控制文本行与行之间的距离。取值有 normal（允许内容顶开或溢出指定的容器边界）、length（用长度值指定行高，可以为负值）、percentage（用百分比指定行高，其百分比取值是基于字体的高度尺寸，可以为负值）、number（用乘积因子指定行高，可以为负值），例如：

```
div{line-height:1.5;}
```

使用乘积因子定义 line-height 是非常安全的方式，这样可以避免文字重叠的现象。

**（2）字间距（letter-spacing）**

letter-spacing 定义在文本字符框之间插入多少间隙，选项有 normal 和<length>。取值为 normal 时为正常间距，也可以通过指定<length>设定字符与字符之间的间隔大小。允许指定<length>为负长度值，但这会让各个字符之间挤得更紧，例如：

```
p{letter-spacing:10px;}
```

**（3）词间距（word- spacing）**

该属性将指定的间隔添加到每个单词（词内不发生）之后，但最后一个字符将被排除在外。判断是否为单词的依据是单词间是否有空格，例如：

```
p{word-spacing:50px;}
```

**（4）自动换行（word-wrap）**

word-wrap 的取值有 normal（允许内容顶开或溢出指定的容器边界）、break-word（内容将在边界内换行），例如：

```
p{word-wrap:break-word;}
```

**（5）首行缩进（text-indent）**

首行缩进的单位默认为 pt，默认值为 0。内联元素要使用该属性必须先让该元素表现为 block 或者 inline-block，例如：

```
.inline-demo span{text-indent:30px;}
.inline-block-demo span{display:inline-block;text-indent:30px;}
.block-demo span{display:block;text-indent:30px;}
```

**（6）文本溢出（text-overflow）**

该属性设置或检索是否使用一个省略标记（...）标示对象内文本的溢出。默认值为 clip。

clip：当对象内文本溢出时不显示省略标记（...），而是将溢出的部分裁切掉。

ellipsis：当对象内文本溢出时显示省略标记（...）。

例如：

```
.clip{overflow:hidden;width:200px;white-space:nowrap;text-overflow:clip;}
p{overflow:hidden;width:200px;white-space:nowrap;text-overflow:ellipsis;}
```

**（7）文本大小写转换（text-transform）**

检索或设置对象中的文本的大小写，默认值为 none，取值有：none（无转换）、capitalize（将每个单词的第一个字母转换成大写）、uppercase（转换成大写）、lowercase（转换成小写）。

例如：

```
span{text-transform:capitalize;}
.uppercase span{text-transform:uppercase;}
.lowercase span{text-transform:lowercase;}
```

**（8）文字修饰（text-decoration）**

选项有：none、underline（下划线）、line-through（删除线）和 overline（上划线）。如果未选择 none，则可以选择其余效果的任意组合。例如，可以同时选择“下划线”和“删除线”。

**（9）空格处理方式（white-space）**

white-space 设置如何处理元素内的空格字符。取值如表 6-10 所示。

表 6-10　　空格符处理方式的取值

| 值 | 含　义 |
|---|---|
| normal（默认） | 默认处理方式。空白会被浏览器忽略 |
| pre | 用等宽字体显示预先格式化的文本，不合并文字间的空白距离，当文字超出边界时不换行。其行为方式类似于 HTML 中的<pre>标记 |
| nowrap | 强制在同一行内显示所有文本，直到文本结束或者遭遇 br 对象为止 |
| pre-wrap | 用等宽字体显示预先格式化的文本，不合并文字间的空白距离，当文字碰到边界时发生换行 |
| pre-line | 保持文本的换行，不保留文字间的空白距离，当文字碰到边界时发生换行 |

例如：

```
.pre p{white-space:pre;}
.pre-wrap p{white-space:pre-wrap;}
.pre-line p{white-space:pre-line;}
.nowrap p{white-space:nowrap;}
```

**3. 示例**

下面通过例子说明字体和文本控制的基本用法。

【例 6-12】演示字体和文本控制的基本用法，运行效果如图 6-22 所示。

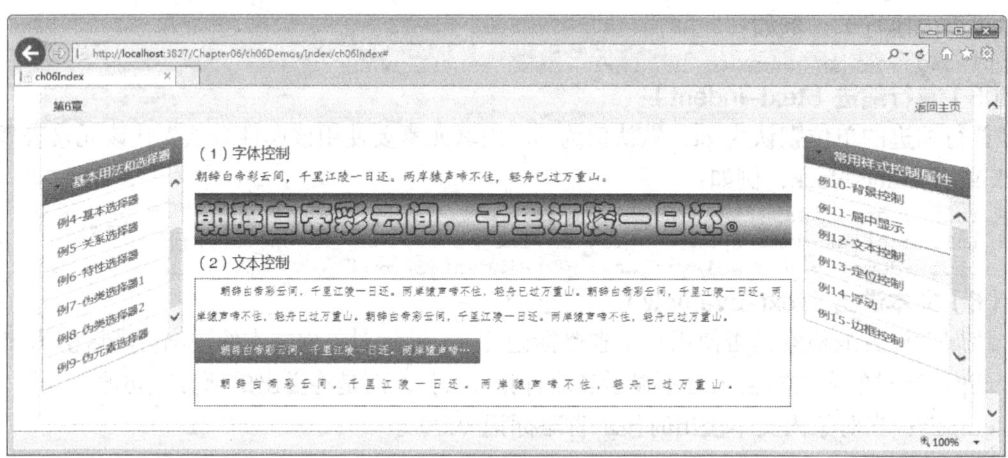


图6-22　例6-12的运行效果

该例子的源程序见 text1.cshtml 文件。

## 6.4.4　定位控制

定位控制是指控制元素呈现的位置。布局控制是指控制元素显示的样式，如元素的宽度和高度、元素是否浮动、显示溢出时如何处理等。

**1. 定位方式（position、z-index）**

网页中元素的排列布局方式分为流布局（static）、绝对定位（absolute）、相对定位（relative）和固定布局（fixed）。流布局是页面中的元素按照从左到右、从上到下的顺序依次显示，各元素之间不重叠。如果不设置元素的定位属性，默认为流布局（static）方式。

**（1）定位属性（position）**

在 CSS3 中，position 属性的值非常多，这里我们仅介绍最基本的常用属性，包括 static、relative、absolute 和 fixed。

static 表示元素没有特殊的定位，这些元素都按流布局的方式显示，各元素之间不重叠，此时表示位置偏移量的 top、left、right、bottom 等 CSS 属性不起作用。

relative 是指相对于正常流的偏移量。元素的正常流是指该元素应用此样式之前的位置。采用相对定位时，元素在页中显示的位置由 left、top 以及 z-index 属性决定，具有相同 z-index 值的元素不会重叠。

absolute 是指相对于其父元素的位置为绝对偏移量，偏移量由元素的左上角（left，top）、右下角（right，bottom）、宽和高（width，height）以及 z-index 属性决定，具有相同 z-index 值的元素可能会重叠。

fixed 也是绝对定位，但是它与 absolute 不同的是 fixed 是相对于浏览器窗口进行定位，而不是相对于其父元素进行定位，当出现滚动条时，用 fixed 定位的元素也不会随着滚动条滚动。

**（2）Z 索引（z-index）**

z-index 称为 Z 索引或者 Z 顺序，用于控制绝对定位、相对定位或固定布局的元素重叠时显示的顺序，当元素重叠时，其效果就像多张纸（透明或不透明）按顺序叠在一起一样。z-index 值可以为正值也可以为负值，z-index 值大的元素会覆盖 z-index 值小的元素内容，即 z-index 值大的元素显示在上面。

只有定义了元素的 position 属性值为 absolute、relative 或 fixed，此时 z-index 才起作用。

**（3）示例**

下面通过例子说明具体用法。

【例 6-13】演示 position 属性和 z-index 属性的基本用法，运行效果如图 6-23 所示。

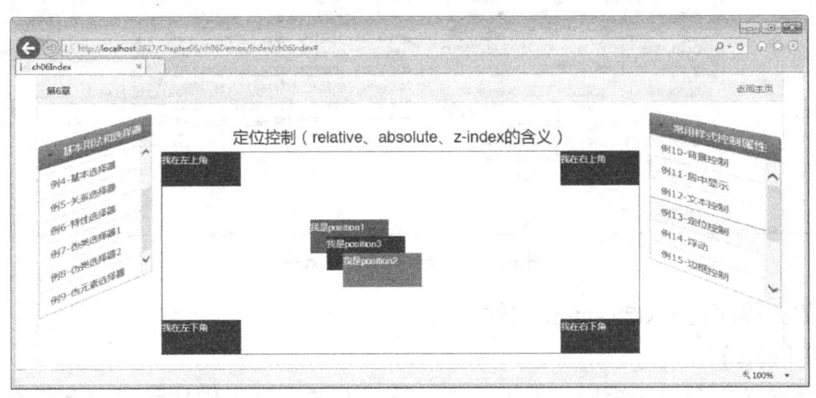


图6-23　例6-13的运行效果

该例子的源程序见 position.cshtml 文件。

**2. 溢出（overflow、overflow-x、overflow-y）**

overflow 属性用于设置当元素的内容溢出显示区域时，如何处理溢出的内容。

auto：自动判断是否显示滚动条，这是最常用的设置。

hidden：剪切掉溢出的内容。

scroll：浏览器会始终显示滚动条，以便查看溢出的内容。

visible：默认值。不剪切，溢出部分会自动呈现在元素框之外。

对于 table 元素来说，假如其 table-layout 属性设置为 fixed，则 td 对象支持带有默认值为 hidden 的 overflow 属性。如果设置为 hidden、scroll 或者 auto，那么超出 td 尺寸的内容将被自动剪切。如果设置为 visible，将导致额外的文本溢出到右边或左边的单元格（溢出到左边还是右边与 direction 属性的设置有关）。

overflow-x 用于检索或设置当对象的内容超过其指定宽度时如何处理溢出的内容。overflw-y 用于检索或设置当对象的内容超过其指定高度时如何处理溢出的内容。它们的处理办法与 overflow 的处理办法相同。

**3．浮动和清除（float、clear）**

float 属性用于定义元素在哪个方向浮动，可选项有：none（默认值，元素不浮动），left（元素向左浮动，其他元素流向该元素的右边），right（元素向右浮动，其他元素流向该元素的左边）。

clear 属性定义元素在哪个方向不允许出现浮动元素，可选项有 none（默认值，两边都可以有浮动元素）、right（清除右侧的浮动元素）、left（清除左侧的浮动元素）和 both（清除左右两侧的浮动元素）。

【例 6-14】演示 float 属性的基本用法，运行效果如图 6-24 所示。

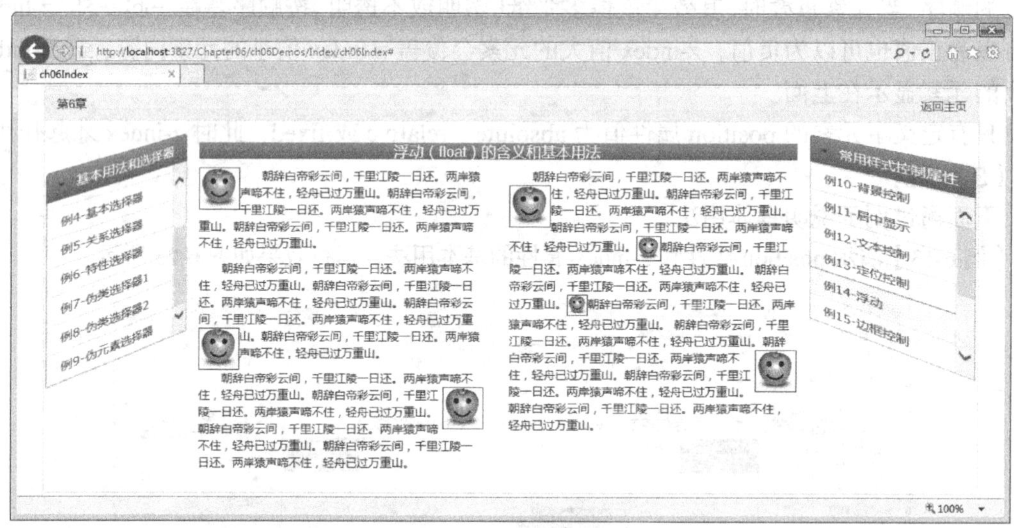


图6-24　例6-14的运行效果

该例子的源程序见 text2.cshtml 文件。

**4．剪切（clip）**

clip 属性定义一个剪切矩形，按上、右、下、左的顺序提供从元素左上角为（0，0）坐标计算的 4 个边的偏移值，其中任何一个值都可用 auto 替换，auto 表示此边不剪切，例如：

```
clip:rect(auto 50px 20px auto);
```

这行代码表示上边不剪切，右边从第 50 个像素开始剪切直至最右边，下边从第 20 个像素开始剪切直至最底部，左边不剪切。

clip 属性只可以剪切绝对定位的元素，即将 position 的值设为 absolute 时，此属性方可使用。超出这个剪切区域的内容会根据 overflow 的值来处理。剪切区域可能比元素的内容区大，也可能比内容区小。

### 6.4.5　边框控制

边框控制是指对盒模型中边框的宽度、样式、颜色、圆角、阴影和图像等进行设置。

**1. 复合属性（border）**

border 属性是一个复合属性，用于一次性设置边框的宽度、样式、颜色，语法为：

```
border: [ border-width ] || [ border-style ] || [ border-color ]
```

在这个复合属性中，既可以按任意顺序指定 border-width、border-style、border-color，也可以只指定其中的一个值或者两个值。

除了用这种复合属性表示之外，还可以分别设置这些属性值。

**2. 边框宽度（border-width）**

border-width 属性用于获取或设置元素的边框宽度，该属性按上、右、下、左的顺序进行定义，也可以分别用 border-top-width、border-right-width、border-bottom-width 和 border-left-width 来设置。

边框宽度不允许指定负值，默认宽度为 0，只有当边框宽度大于 0 而且 border-style 的值不是 none 时才可能出现边框，语法为：

```
border-width: <border-width>{1,4}
<border-width> = <length> | thin | medium | thick
```

其中，medium 表示默认的边框宽度；thin 表示比默认宽度细的边框；thick 表示比默认宽度粗的边框；length 表示用数值指定边框的宽度。

如果只提供一个参数值，将用于全部的 4 条边；如果提供两个参数值，第 1 个用于上、下，第 2 个用于左、右；如果提供 3 个参数值，第 1 个用于上，第 2 个用于左、右，第 3 个用于下；如果提供全部 4 个参数值，将按上、右、下、左的顺序作用于 4 边；如果 border-style 设置为 none，则 border-width 不起作用，例如：

```
p { border-width: 15px 15px 15px 15px;}
```

这行代码定义了 p 元素 4 条边的宽度都是 15px。这行代码也可以直接写为：

```
p { border-width: 15px;}
```

**3. 边框样式（border-style）**

border-style 属性用于获取或设置元素的边框样式，按上、右、下、左的顺序进行定义，也可以分别用 border-top-style、border-right-style、border-bottom-style 和 border-left-style 来设置。如果边框样式是 none，则边框宽度为 0。

border-style 的可选值如表 6-11 所示。

表 6-11　　border-style 的可选值

| 选项名 | 含义 |
|---|---|
| none | 无边框 |
| hidden | 隐藏边框。不过应用于表时除外，对于表，hidden 用于解决边框冲突 |
| dotted | 点状边框 |
| dashed | 虚线边框 |
| solid | 实线边框 |
| double | 双线边框。两条单线与其间隔的和等于指定的 border-width 的值 |
| groove | 3D 凹槽边框。其效果取决于 border-color 的值 |
| ridge | 3D 凸槽边框。其效果取决于 border-color 的值 |
| inset | 3D 凹边边框。其效果取决于 border-color 的值 |
| outset | 3D 凸边边框。其效果取决于 border-color 的值 |

下面的代码指定了一个边框的上、右、下、左 4 个边分别为实线上边框、点状右边框、虚线下边框和双线左边框：

```
p.aside {border-style: solid dotted dashed double;}
```

下面的代码仅定义了段落的左边框是实线边框：

```
p { border-left-style: solid;}
```

#### 4．边框颜色（border-color）

border-color 属性用于设置元素 4 条边框的颜色。可以使用简写形式设置一个元素的所有边框中可见部分的颜色，也可以使用 border-top-color、border-right-color、border-bottom-color 和 border-left-color 分别为 4 条边设置颜色。

如果 border-width 等于 0 或者 border-style 设置为 none，则 border-color 属性不起作用。

border-color 属性与 border-width 属性的关系如下：如果设置了 border 的宽度是 *n* px，那么就可以在这个 border 上使用 *n* 种颜色，每种颜色显示 1px 的宽度。如果 border 的宽度是 10 个像素，但是只声明了 5 或 6 种颜色，那么最后一种颜色将被添加到剩余的宽度。

#### 5．边框圆角（border-radius）

border-radius 属性用于设置或检索 HTML5 元素使用的圆角边框。该属性可以提供 2 个参数，第 1 个参数表示水平半径，第 2 个参数表示垂直半径。这 2 个参数以“/”分隔，其中每个参数允许设置 1～4 个值。如果省略第 2 个参数，则第 2 个参数默认等于第 1 个参数。

表示水平半径时，如果该参数提供全部 4 个值，将按上左（top-left）、上右（top-right）、下右（bottom-right）、下左（bottom-left）的顺序作用于 4 个角；如果只提供 1 个值，将作用于全部的 4 个角；如果提供 2 个值，则第 1 个值用于上左（top-left）、下右（bottom-right），第 2 个值用于上右（top-right）、下左（bottom-left）；如果提供 3 个值，则第 1 个值用于上左（top-left），第 2 个值用于上右（top-right）、下左（bottom-left），第 3 个值用于下右（bottom-right）。

【例 6-15】演示边框圆角的基本用法，运行效果如图 6-25 所示。

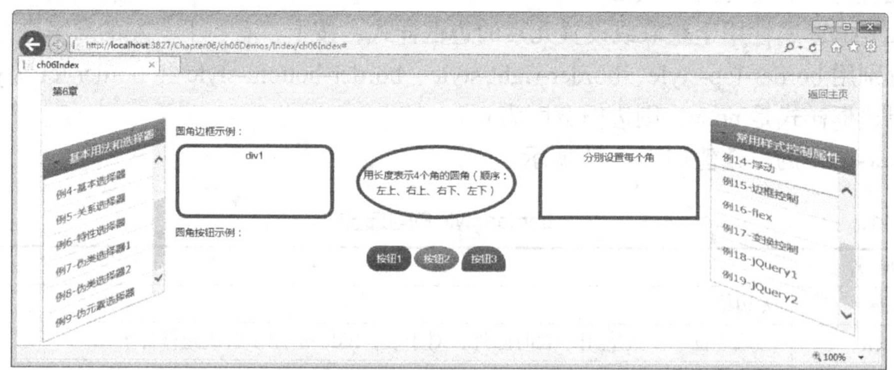


图6-25　例6-15的运行效果

该例子的源程序见 RoundCorner.cshtml 文件。

### 6.4.6　伸缩盒（flex）

为了和 HTML5 标准配套，CSS3 正式标准又规定了一个称为伸缩盒（flexible box，简称 flex）的新模型，该模型在原有盒模型的基础上新增了一些属性，通过这些新增的属性，除了继续提供盒模型原有的功能外，还能实现多列动态控制（横向排列、纵向排列）。

限于篇幅，我们不再详细介绍它，仅通过例子演示其基本用法和布局效果。

【例 6-16】演示 flex 的基本用法，在 IE 11.0 浏览器中运行的效果如图 6-26 所示。

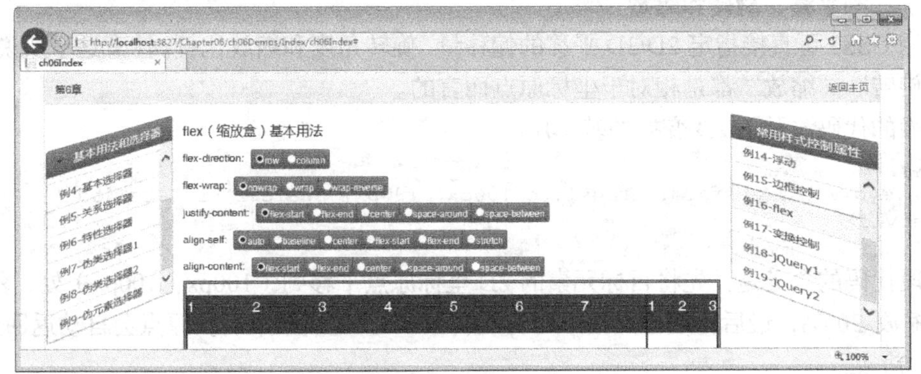

图6-26　flex的基本用法

## 6.4.7　二维和三维变换控制

W3C 制定的二维（2D）和三维（3D）变换模型定义在 CSS Transforms Module Level 1 中，该模型定义了 3 种 CSS 变换标准：CSS 2D transforms、CSS 3D transforms 和 SVG transforms。官方网址如下：

```
http://www.w3.org/TR/css-transforms-1/
```

由于这些模型都是 CSS3 的组成部分，因此我们可直接通过 CSS 进行 2D 和 3D 变换。

该部分内容涉及的知识和相关技术非常多，限于篇幅，我们不准备详细介绍用于 2D、3D 变换的 CSS 样式定义的各种实现技术，仅简单介绍其基本含义和基本用法，目的是为了让读者明白，除了本章前面介绍的基本内容外，还有很多本章没有涉及的 CSS3 高级用法，或者说，仅仅是 CSS3 的各种实现技术，就足以写出高达上千页的内容。

下面仅介绍一些最基本的概念。

### 1. transform 属性

该属性表示它的值指定的是 2D/3D 变换。在该属性值中，可通过其他属性对元素进行旋转、缩放、移动或倾斜等控制。

例如，下面的代码将 div 元素按顺时针旋转 7°：

```
div { transform:rotate(7deg); }
```

### 2. 2D 变换控制

W3C 制定的 CSS 变换模型规定：2D 坐标系的 $x$ 轴正方向朝右，$y$ 轴正方向朝下。

#### （1）二维坐标原点（transform-origin）

2D 坐标系的坐标原点默认在（0，0）处，即容器元素（如 div）的左上角。

下面的代码演示了如何指定 2D 坐标原点：

```
<style>
    .mydiv {
        height: 100px; width: 100px;
        transform-origin: 50px 50px;
        transform: rotate(45deg);
    }
</style>
<div class="mydiv"></div>
```

这段代码的含义是：先将目标元素的 2D 坐标原点平移到（50px，50px）处，然后绕原点按顺时针旋转 45°（负值表示按逆时针旋转）。由于 2D 坐标系 *x*、*y* 在同一个平面上，因此不需要指定绕哪个轴旋转。变换结束后，原点会自动返回到原始的（0，0）处。

**（2）二维平移、旋转和缩放**

利用 CSS3 可直接指定 2D/3D 平移的偏移量、旋转角度和缩放比例。注意这里所说的“平移”“旋转”“缩放”都是相对于坐标原点而言的。

下面的代码演示了 2D 变换的基本用法：

```
<style>
    .mydiv { transform: translate(100px, 100px) scale(2) rotate(45deg); }
</style>
<div class="mydiv"></div>
```

这段代码的含义是：先将目标元素的 2D 坐标原点平移到（100px，100px）处，然后 *x*、*y* 同时缩放 200%，最后再绕原点按顺时针旋转 45°。变换结束后，原点会自动返回到原始的（0，0）处。

下面的代码演示了分别指定 *x*、*y* 缩放比例的用法（都缩放到原始大小的 150%）：

```
<style>
    .mydiv {
        height: 100px; width: 100px;
        transform: translate(80px, 80px) scale(1.5, 1.5) rotate(45deg);
    }
</style>
<div class="mydiv"></div>
```

### 3. 3D 变换控制

CSS 变换模型规定：3D 坐标系的 *x* 轴正方向朝右，*y* 轴正方向朝下，*z* 轴正方向垂直朝向屏幕内。

**（1）perspective**

perspective 用于指定透视相机 3D 场景的深度，即近平面和远平面之间的场景范围，该值越大表示场景中的目标看起来越小，超出该范围的场景不可见（拍摄不到）。

由于变换的是子元素，所以 perspective 属性必须在父容器元素内设置，例如：

```
<style>
    .mydiv { height: 150px; width: 150px; }
</style>
<div class="mydiv" style=" perspective: 500px; border: 1px solid black; ">
    <div class="mydiv" style=" transform: rotateY(50deg); background-color: blue;">
        <div class="mydiv"
            style=" transform: rotateY(75deg); background-color: green;">
        </div>
    </div>
</div>
```

**（2）perspective-origin**

perspective-origin 用于指定 3D 变换的原点 *x* 和 *y* 的值，默认值为（50%，50%），*z* 值默认为 0。*x* 坐标的可选值有：left、center、right、长度、百分数。*y* 坐标的可选值有：top、center、bottom、长度、百分数。

例如：

```
div{perspective:150; perspective-origin: 10% 10%;}
```

该属性与 perspective 属性的用法类似，即必须在父容器元素内设置该属性（变换的是其子元素）。另外，该属性必须与 perspective 属性一同使用，而且只影响 3D 变换的元素。

### （3）transform-style

transform-style 属性规定如何在 3D 空间中呈现被嵌套的子元素（可多重嵌套），利用它可使被变换的子元素保留其 3D 变换的位置。该属性的可选值有：flat（默认，子元素不保留其 3D 变换的位置）、preserve-3d（子元素保留其 3D 变换的位置）。

例如：

```
div{ ransform: rotateY(60deg); transform-style: preserve-3d; }
```

### （4）backface-visibility

backface-visibility 属性用于指定当 3D 元素的背面不是面向屏幕时是否可见，默认值为 visible，如果希望背面不可见，可将该属性设置为 hidden，例如：

```
div{ backface-visibility:hidden; }
```

### （5）三维平移、旋转和缩放

由于 3D 坐标值由 $x$、$y$、$z$ 分别指定，因此其用法和 2D 变换稍微有些区别。另外还要注意，对于 3D 变换来说，平移、旋转、缩放的顺序不同，其最终得到的效果也不同。

下面的代码演示了 3D 变换的基本用法：

```
.div-demo {
   transform: translate(100px, 100px, 100px)
              scale3d(1, 0, 0, 2)
              rotate3d(0, 0, 1, 45deg);
}
```

这段代码的含义是：先将 3D 坐标原点平移到（100px，100px，100px）处，然后将 $x$ 轴缩放 2 倍，最后再按 $z$ 轴顺时针旋转 45° 。变换结束后，原点会自动返回到原始的（0，0，0）处。

rotate3d 中的前 3 个参数分别表示绕哪个轴旋转（用 0 和 1 表示）。例如，（1，0，0）表示绕 $x$ 轴旋转，（0，1，0）表示绕 $y$ 轴旋转，（0，0，1）表示绕 $z$ 轴旋转，最后一个参数表示旋转角度。

不过，进行 3D 变换时，一般使用不带有“3d”后缀的方法，而是分别指定变换的 $x$、$y$、$z$ 坐标，这样看起来更直观。例如，rotateX（45deg）表示绕 $x$ 轴旋转，rotateY（45deg）表示绕 $y$ 轴旋转，rotateZ（45deg）表示绕 $z$ 轴旋转。

scale3d 的用法和 rotate3d 的用法相似。例如，scale3d（1，0，0，2.0）表示 $x$ 轴缩放 2 倍，但是，直接用 scaleX（2.0）来实现更直观。

## 4. 示例

下面通过例子简单演示二维和三维变换的基本用法。

【例 6-17】演示 2D、3D 变换的基本用法，运行效果如图 6-27 所示。

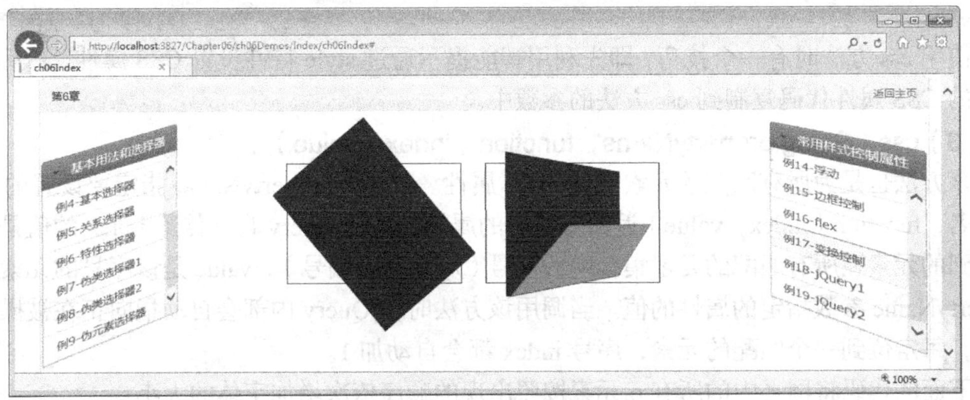


图6-27　例6-17的运行效果

该例子的源程序见 transform.cshtml 文件。

至此，我们学习了 CSS3 最基本的内容，除此之外，在后面的章节中，我们还将了解到 CSS3 提供的动画控制功能。

## 6.5 jQuery 提供的与 CSS 操作相关的功能

除了通过 CSS3 直接设置 HTML5 元素的样式外，当用户与界面进行交互操作时，很多情况下还需要通过脚本来动态选择和控制网页中的元素，而不是每次交互操作都提交到服务器去处理。由于 jQuery 提供了非常方便的 JavaScript 库函数，因此，一般利用 jQuery 实现动态控制 CSS 的功能。

**1. jQuery 提供的与 CSS 相关的方法**

为了动态控制 CSS3 的选择器和 CSS 属性，jQuery 提供了一些非常方便的操作 CSS 的方法，如获取、设置、添加、删除、切换 CSS 属性等。

**（1）css（PlainObject properties）**

该方法为匹配的每个元素设置一个或多个 CSS 属性。其中，properties 参数包含在大括号内，大括号内的每个属性名和属性值之间用冒号分隔，多个属性之间用逗号分隔。一般格式为：

```
.css({"<属性名 1>":"<值 1>", "<属性名 2>":"<值 2>", …, "<属性名 n>":"<值 n>"})
```

例如：

```
$(this).css({"background-color":"blue", "color":"white"});
$("p").css({"background-color":"red", "font-size":"150%"});
```

**（2）css（String propertyName，value）**

该方法如果有两个参数，则用于设置所匹配元素的 CSS 属性。参数 propertyName 指定要设置的 CSS 属性名，value 指定 propertyName 的值。如果 value 是一个数，还可以用原来的值参与运算，例如：

```
$(this).css("background-color", "#FF0000");  //设置当前对象的背景色
$(this).css("background-color", "");  //移除当前对象的背景色属性
$("div").css("background-color", "red");  //设置所有 div 元素的背景色
$(this).css("width", "+=10");  //将原来的宽度增加 10px
$(this).css("height", "-=15");  //将原来的宽度减少 15px
```

如果参数中只有一个属性名而没有属性值，则获取所匹配元素的 CSS 属性值，例如：

```
var b1 = $(this).css("background-color");  //获取当前对象的背景色
var b2 = $("#div1").css("background-color");  //获取 id="div1"的对象的背景色
```

使用 css 方法时有一个技巧，即先利用智能提示通过 style 特性设置 CSS 属性，然后再将生成的 CSS 属性代码复制到 css 方法的参数中。

**（3）css（String propertyName，function（index，value））**

该方法也是为所有匹配的元素设置 CSS 属性。其中，propertyName 指定要设置的 CSS 属性名，function（index，value）返回要设置的属性的值。jQuery 自动传给 index 的值是当前被找到的元素在所有匹配的元素集合中的序号（从 0 开始编号），value 是该序号的元素中用 propertyName 参数指定的属性的值。当调用该方法时，jQuery 内部会自动指向正在被操作的元素，每定位到一个匹配的元素，序号 index 都会自动加 1。

下面的代码将网页中的所有 p 元素按照出现的顺序依次增加字体的大小：

```
$("p").css("font-size", function(n,v){return "1." + n * 2 + "em";});
```

再看一段代码：

```
$("#div1").click(function ()
{
    $(this).css({
        width: function (n, v){ return parseFloat(v) * 1.2; },
        height: function (n, v){return parseFloat(v) * 1.2;}
    });
});
```

这段代码功能是：每单击一次 id 为 div1 的元素，该元素的大小就会增加一次（增大到原来大小的 1.2 倍）。

**（4）addClass 方法和 removeClass 方法**

addClass 方法为所选元素添加 class 特性的值，其值由 className 指定，如果有多个 class 值，各个值之间用空格分隔。

removeClass 方法删除所选元素的 class 中的值。

例如：

```
<style>
    p { margin: 8px; font-size:16px; }
    .selected { color:red; }
    .highlight { background:yellow; }
</style>
<p class="">Hello</p>
<script>
    $(document).Ready(function(){
        $("p").addClass("selected highlight");  //添加 class
        $("p").removeClass("otherclass1 otherclass2")  //先删除
              .addClass("selected highlight");  //再添加
    });
</script>
```

**（5）hasClass（className）、toggleClass（className）**

hasClass 方法判断指定的 className 是否存在，如果存在则返回 true，否则返回 false。

toggleClass 方法在添加 className 和删除 className 之间切换。如果存在就删除，如果不存在就添加。

**（6）示例**

下面通过例子说明这些方法的基本用法。

**【例 6-18】**演示 jQuery 提供的 css 方法的基本用法，运行效果如图 6-28 所示。

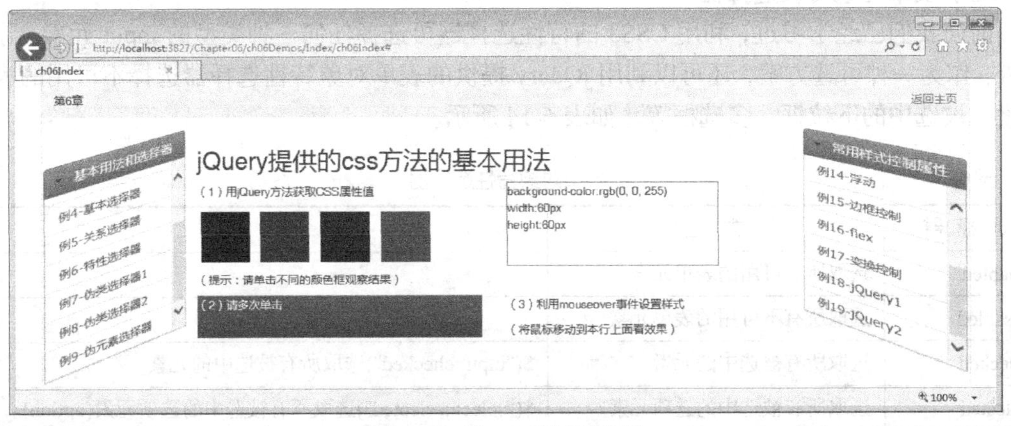


图6-28　例6-18的运行效果

该例子的源程序见 jQuery 1.cshtml 文件。

**2. jQuery 提供的选择器**

既然 CSS3 提供了功能非常丰富的选择器，为什么还要介绍 jQuery 选择器呢？这是因为在有些情况下用 jQuery 选择器实现比直接用 CSS3 选择器实现更直观。

在实际应用中，可将 jQuery 选择器和 CSS3 选择器结合在一起来使用，从而快速找到要对其操作的元素。另外，找到这些元素后，除了控制显示的样式外，还可以对其执行其他的操作，如动态地在这些元素后面显示警告对话框等。

**（1）基本过滤选择器**

jQuery 基本过滤选择器用于在一组元素中选择满足条件的元素，如表 6-12 所示。

表 6-12 基本过滤选择器

| 选 择 器 | 描 述 | 示 例 |
| --- | --- | --- |
| :even | 选取索引是偶数的所有元素 | $("div:even")选取索引是偶数的 div 元素，索引从 0 开始 |
| :odd | 选取索引是奇数的所有元素 | $("div:odd")选取索引是奇数的 div 元素，索引从 0 开始 |
| :eq(index) | 选取索引等于 index 的元素 | $("div:eq(1)")选取索引等于 1 的 div 元素 |
| :gt(index) | 选取索引大于 index 的元素 | $("div:gt(1)")选取索引大于 1 的 div 元素 |
| :lt(index) | 选取索引小于 index 的元素 | $("div:lt(3)")选取索引小于 3 的 div 元素 |
| :animated | 选择正在执行的动画元素 | $("div:animated")选择正在执行动画的 div 元素 |

**（2）内容过滤选择器**

jQuery 的元素内容过滤选择器用于对元素的文本内容进行筛选，从而准确地选取所需要的元素，如表 6-13 所示。

表 6-13 内容过滤选择器

| 选 择 器 | 描 述 | 示 例 |
| --- | --- | --- |
| :contains(text) | 选取含有文本内容为"text"的元素 | $('div:contains("book")')选取含有文本"book"的 div 元素 |
| :empty | 选取不包含子元素和文本的空元素 | $("div:empty")选取不包含文本和子元素的 div 空元素 |
| :parent | 选取含有子元素或者文本的元素 | $("div:parent")选取包含文本或子元素的 div 元素 |

**（3）表单对象特性选择器**

前面我们已经学习过，利用 CSS3 的特性选择器可选择任何一种类型的 input 元素。除此之外，作为一种可选方案，还可以利用 jQuery 提供的表单对象特性选择器选择不可用的表单元素、被选中的下拉框、多选框等，如表 6-14 所示。

表 6-14 表单对象特性选择器

| 选 择 器 | 描 述 | 示 例 |
| --- | --- | --- |
| :enabled | 选取所有可用的表单元素 | |
| :disabled | 选取所有不可用的表单元素 | |
| :checked | 选取所有被选中的元素 | $("input:checked")选取所有被选中的元素 |
| :selected | 选取所有被选中的选项元素 | $("select :selected")选取所有被选中的选项元素(option)。 |

**（4）示例**

下面通过例子说明如何将 CSS3 选择器和 jQuery 选择器结合起来使用，以便快速找到将要对其操作的元素。找到了这些元素之后，对其执行什么操作是根据实际的业务需求来定的。

**【例 6-19】**演示将 CSS3 选择器和 jQuery 选择器结合在一起使用的基本用法，运行效果如图 6-29 所示。

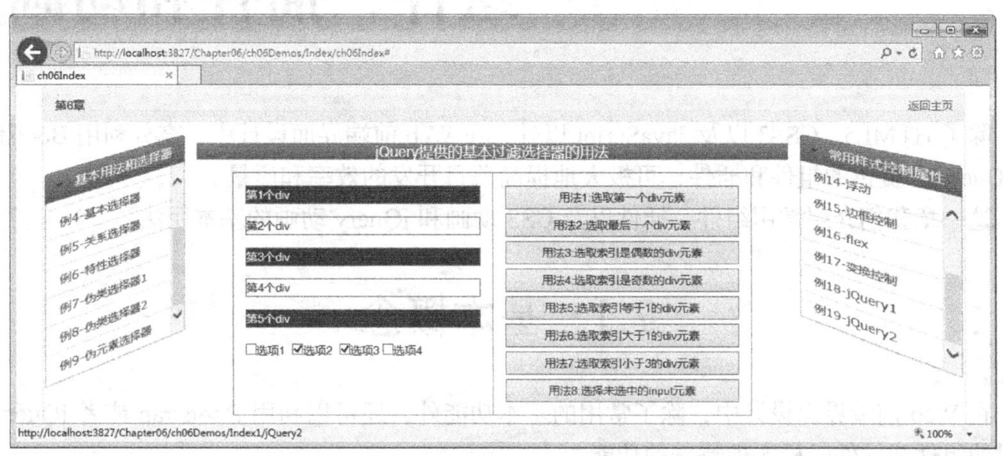


图6-29　例6-19的运行效果

该例子介绍了 8 种基本用法，源程序见 jQuery2.cshtml 文件。在这个例子中，还同时演示了处理客户端事件时传递参数的办法。

## 习　　题

1. CSS 有哪些定义方式？每种方式适用的场合是什么？
2. CSS 类选择器和 id 选择器的区别是什么？
3. 简要回答下列问题，并用 HTML5 和 CSS3 代码举例说明。

　（1）什么是流布局？什么是坐标定位布局？

　（2）什么是相对定位？什么是绝对定位？两者的区别是什么？

# 第7章 组件、插件和动画

除了 HTML5、CSS3 以及 JavaScript 以外，在 Web 前端界面设计中，充分利用 Bootstrap 和 jQueryUI 提供的组件和插件，可极大地提高项目开发的效率和质量。

这一章我们介绍常用组件、插件以及 CSS 动画和 jQuery 动画的基本用法。

## 7.1 基本概念

在 Web 前端界面设计中，除了常用的基本功能外，还可以利用 Bootstrap 或者 jQueryUI 提供的组件或插件轻松实现特殊的功能。

虽然大部分情况下使用 Bootstrap 提供的插件即可实现需要的功能，但有些特殊的功能 Bootstrap 并没有提供，如日历和日期选择、滑动条、带动态图标标题的可折叠面板等，对于这些 Bootstrap 没有提供的功能，可以用 jQueryUI 来实现。

jQueryUI 也是一套专门用于界面交互的插件，官方网址为：

```
http://jqueryui.com/
```

建议在 MVC 项目中直接用 NuGet 下载和更新 jQuery UI，这是因为 jQuery UI 提供的其他主题（Themes）并不美观，因此我们只需要下载默认的主题，然后再利用 Bootstrap 更改它的外观即可。

### 7.1.1 如何使用 Bootstrap 插件和 jQueryUI 插件

Bootstrap 和 jQueryUI 都提供了使用非常方便的 JavaScript 插件，两种技术各有优缺点，在实际开发中，可将两者结合起来使用。

**1. 通过 data 特性调用 Bootstrap 插件**

Bootstrap 提供的组件和插件是在 jQuery 的基础上设计的，这些组件或插件有时也叫构件，或者说，不论是组件还是插件，其本质都是通过一个或多个 HTML 元素以及相关的 CSS 类组合出来的，或者是组合后再通过 JavaScript 脚本或者 jQuery 脚本构造出来的。

在 Web 前端开发过程中，强烈建议在 HTML5 元素的开始标记内直接通过 CSS 类以及以“data-”为前缀的 data 特性（如 data-toggle、data-parent 等）来使用 Bootstrap 组件和插件，而不是通过编写 JavaScript 脚本来实现，这是使用 Bootstrap 组件和插件的首选方式。

通过 data 特性使用 Bootstrap 插件时，不要在同一个元素上混合使用不同的插件功能。例如，不要在同一个 button 元素的开始标记内同时使用工具提示插件和模式对话框插件，如果确实需要这样做的话，可以在 button 元素的外层再包裹一个 div 元素。

#### 2. 通过脚本调用 Bootstrap 或者 jQueryUI 插件

除了通过 data 特性使用 Bootstrap 或者 jQueryUI 插件以外，所有这些插件也同时都提供了纯 JavaScript 方式的编程 API，而且两者提供的所有这些公开的 API 既支持在网页中通过脚本直接去调用，也支持在单独的.js 文件中去调用，这些 API 都返回所操作的元素集合。

例如：

```
$('.btn-danger').button('toggle').addClass('fat')  //Boostrap 的调用方式
$('.btn-danger').toggle ( “c1 c2” )  //jQueryUI 的调用方式
```

不论是 Bootstrap 插件还是 jQueryUI 插件，通过脚本以编程方式调用的形式都非常相似，即所有方法都可以将一个可选的 option 对象作为参数。当调用不带 option 参数的方法时，Bootstrap 和 jQueryUI 都会自动使用默认值对选项进行初始化处理。但是一定要注意，Bootstrap 插件和 jQueryUI 插件提供的选项值和事件并不完全相同，相同的只是获取或设置选项的方式而已。

### 7.1.2　解决 Bootstrap 和 jQueryUI 冲突的办法

在同一个项目中同时引用 Bootstrap 插件和 jQueryUI 插件时，如果两者提供的方法名相同，则会产生冲突。例如，Bootstrap 插件和 jQueryUI 插件都提供了 button 方法，但这两个方法的含义并不相同，Bootstrap 隐式调用的 button 方法实际上和用脚本显式调用 jQueryUI 的 buttonset 方法功能相同。当通过脚本调用 jQueryUI 的 button 或者 buttonset 方法时，如果不解决冲突，这两个方法都不会起作用。在这种情况下，如果希望使用 jQueryUI 的 button 方法和 buttonset 方法，可在调用这两个方法前先添加下面的语句：

```
try { $.fn.button.noConflict(); } catch (e) { }
```

通过这种方式解决冲突后，就可以正常使用 jQueryUI 提供的 button 方法和 buttonset 方法了。另外，之所以将该语句包含在 try-catch 块内，是因为解决了冲突后再次执行该语句可能会产生“找不到 button”的异常，而该异常仅仅表示已经解决了 button 冲突，所以 catch 块内不需要做任何处理。

对于其他的 jQueryUI 插件，如果其名称或者内部使用的名称和 Bootstrap 插件的名称相同，解决办法和此类似，如解决模式对话框的冲突采用的也是这种办法。

下面通过例子说明具体用法。

【例 7-1】演示解决 Bootstrap 的 button 方法和 jQueryUI 的 button 和 buttonset 方法冲突的基本用法，运行效果如图 7-1 所示。

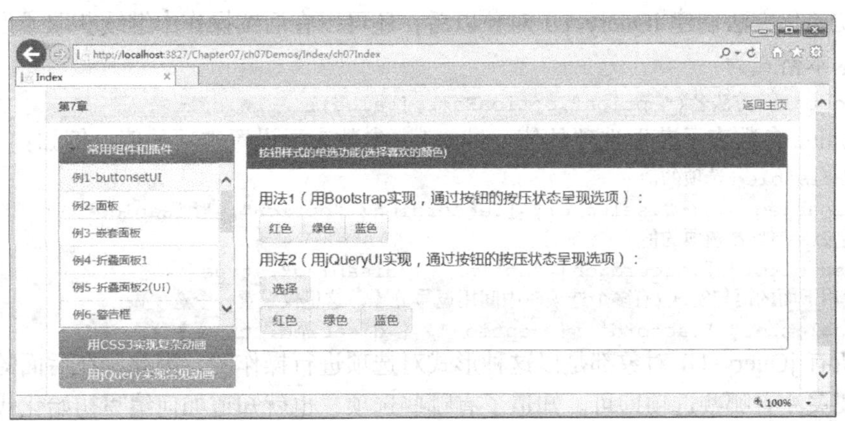


图7-1　例7-1的运行效果

该例子的源程序见 buttonsetUI.cshtml 文件。

通过这个例子，我们既了解了呈现单选按钮选项的不同方式，也了解了如何解决 Bootstrap 和 jQueryUI 的命名冲突，同时还了解了 jQueryUI 提供的 button 和 buttonset 的基本用法。

### 7.1.3 Bootstrap 和 jQuery UI 提供的选项

jQuery UI 对每个 JavaScript 插件都提供了很多选项、方法和事件。由于不同的插件对选项、方法和事件的操作语法非常相似，为了避免重复讲解，这里先单独介绍这些选项的基本用法。

**1. 基本用法**

jQuery UI 对每个插件都提供了一些方法，这些方法包含了对选项（option）进行操作的参数。其基本格式为：

```
$(selector).方法名(参数);
```

如果方法中不指定参数，jQueryUI 会自动使用默认值。

**2. 初始化选项**

初始化 jQuery UI 时，可以在 jQuery 方法的参数中同时指定多个选项的值。其基本格式为：

```
.方法名({<选项名 1>:<值 1>, <选项名 2>:<值 2>, ……, <选项名 n>:<值 n>})
```

这些选项用一对大括号括起来，每个选项由 optionName 和 optionValue 组成，如“disabled”选项的值为 true 或 false。当参数中有多个选项时，各选项之间用逗号分隔，每个选项名和选项值之间用冒号分隔。

下面的代码将 div1 作为可折叠面板的容器，初始化时指定 disabled 选项的值为 false、active 选项的值为 0。

```
<div id="div1">
    <h3>标题 1</h3>
    <div>
        ......
    </div>
    <h3>标题 2</h3>
    <div>
        ......
    </div>
</div>
......
$("#div1").accordion({ disabled:false, active:0});
```

**3. 获取或设置选项的值**

利用初始化方法创建 jQuery UI 对象以后，还可以在后续操作中继续获取或设置这些选项的值，基本格式为：

```
$(selector).方法名("option",optionName,[value])
```

不带 value 参数表示获取选项的值，带 value 参数表示设置选项的值，例如：

```
//获取 disabled 选项的值
var disabled = $( ".selector" ).accordion( "option", "disabled" );
//设置 disabled 选项的值
$( ".selector" ).accordion( "option", "disabled", true );
//或者用下面的语句实现(有多个选项时中间用逗号分隔，这里仅设置一个选项)：
$( ".selector" ).accordion( "option", { disabled: true } );
```

由于所有 jQuery UI 对象都是以这种形式对选项进行操作的，因此，在后面的介绍中，我们只需要关注有哪些选项即可。知道了有哪些选项，也就知道如何编写初始化代码，以及如何获取或设置这些选项的值了。

# 7.2　常用组件和插件

在前面章节的学习中，实际上我们已经大量使用了某些组件和插件，如 Bootstrap 提供的 Glyphicons 字体图标、按钮组、缩略图、巨幕、工具提示、面板、嵌套面板以及 jQueryUI 提供的折叠面板、日期选择器等，只是没有完整地介绍其功能。

这一节我们系统地介绍这些常用组件和插件的含义以及各种用法。

## 7.2.1　面板和嵌套面板

Bootstrap 提供的面板（panel）是指带有边框的区域，这些区域由头部（panel-heading）、主体（panel-body）、尾部（panel-footer）组合而成，一般用 div 元素来构造面板，其中主体是必须包含的项，其他两项（头部、尾部）是可选项。

**1. 基本用法**

在 div 元素的开始标记内，通过【.panel】类声明该 div 为面板，例如：

```
<div class="panel panel-default">
    <div class="panel-heading">
        ......
    </div>
    <div class="panel-body">
        ......
    </div>
    <div class="panel-footer">
        ......
    </div>
</div>
```

最外层具有“panel-”前缀的 CSS 类用于设置面板标题和边框呈现的样式，这些颜色组合有：panel　default（灰色基调）、panel　primary（蓝色基调）、panel　success（绿色基调）、panel　info（天蓝色基调）、panel　warning（黄色基调）、panel　danger（红色基调）。

下面通过例子演示面板的各种基本用法。

【例 7-2】演示面板的基本用法和不同的颜色组合，运行效果如图 7-2 所示。

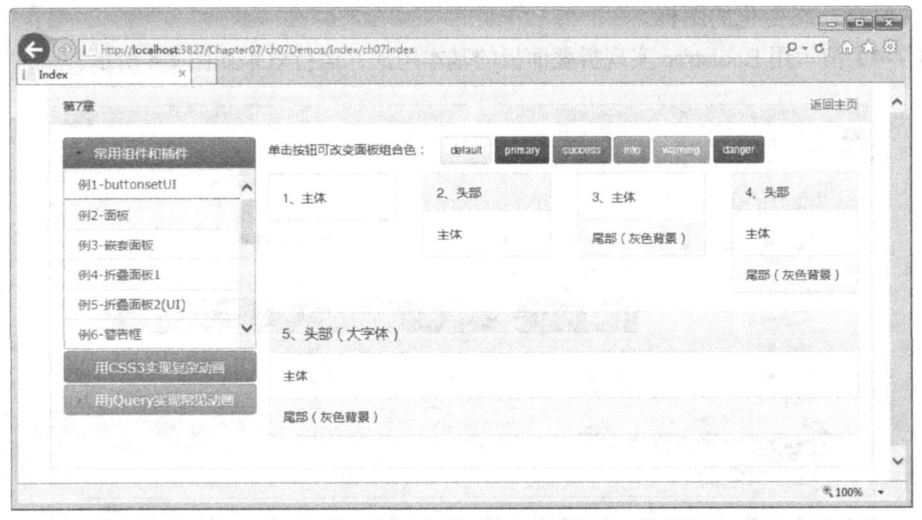


图7-2　例7-2的运行效果

该例子的源程序见 panel1.cshtml 文件。

**2. 嵌套的面板**

在一个面板内，还可以嵌套一个或多个其他面板。

【例 7-3】演示嵌套面板的基本用法，运行效果如图 7-3 所示。

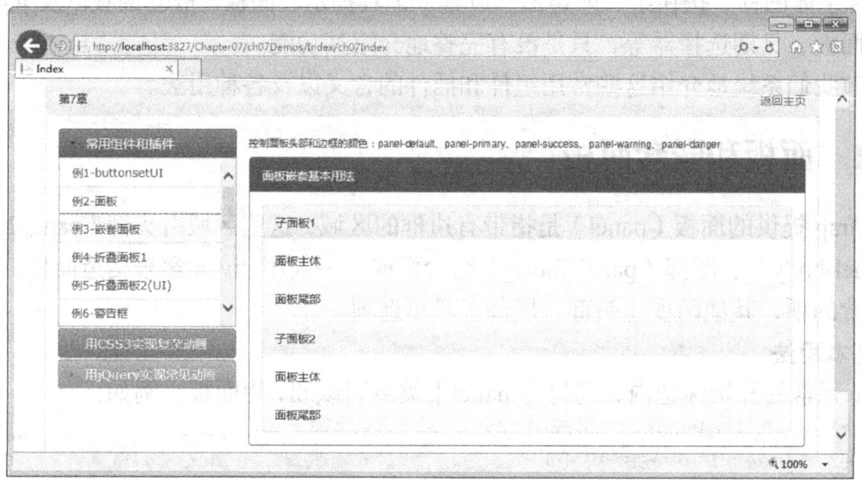


图7-3　例7-3的运行效果

该例子的源程序见 panel2.cshtml 文件。

## 7.2.2　折叠面板

折叠面板（accordion）是指在多个组合在一起的面板中，既可以全部折叠所有项，也可以只展开其中的某一项而让其他项自动折叠。

有两种构造折叠面板的办法，一种是利用 Bootstrap 提供的 data-api 去构造，另一种是直接用 jQuery UI 去实现。

**1. 用 Bootstrap 实现**

用 Bootstrap 实现折叠面板时，优点是不需要任何脚本代码，缺点是 HTML 代码较多，而且默认没有动态变化的图标。

【例 7-4】演示用 Bootstrap 实现折叠面板的基本用法，运行效果如图 7-4 所示。

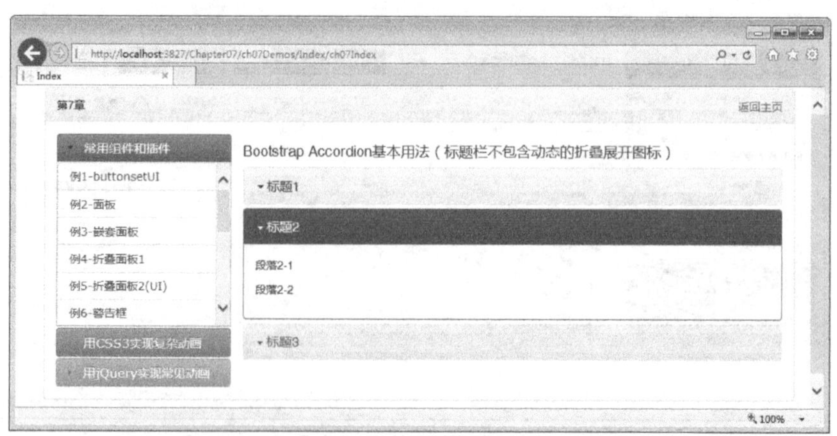


图7-4　例7-4的运行效果

该例子的源程序见 accordion1.cshtml 文件。

**2. 用 jQuery UI 实现**

用 jQuery UI 构造 accordion 时，每一项的标题栏默认用 h3 标记来实现，对应的内容用 div 来实现。定义 HTML 元素后，直接调用 jQuery UI 提供的 accordion 方法即可。

用 jQuery UI 实现折叠面板的优点是代码少，结构清晰，提供的选项也非常灵活。例如，只需要修改每一项 h3 元素的 CSS 类，就能实现不同标题样式的效果。另外，还可以实现当鼠标悬停在标题栏时自动展开该标题对应的内容。

表 7-1 列出了 jQuery UI 的 accordion 常用选项。

表 7-1　jQueryUI 的 accordion 常用选项

| 选项名 | 说　明 |
| --- | --- |
| active | 类型可以为以下之一：Selector、Element、jQuery、Boolean、Number<br>设置默认展开项，默认值为 0，false 表示都不展开。该值可以为选择器、元素、布尔值、数字。<br>例如：$("#div1").accordion({active:2}); |
| animated | 类型可以为以下之一：Boolean、String<br>选择动画效果或者禁用动画，默认"slide"。可选项有："slide""bounceslide"，例如：<br>$("#div1").accordion({animated:'bounceslide'}); |
| autoHeight | Boolean 类型。是否固定每项内容的高度，false 表示不固定高度，true 表示固定高度，默认 true |
| heightStyle | 每项内容高度的样式，默认值为"auto"，其他选项还有："content""fill" |
| fillSpace | Boolean 类型。每一项是否都按父元素的高度显示（true 或 false），默认 false |
| collapsible | Boolean 类型。true 表示单击任一个标题项都可以折叠/展开切换，false（默认）表示肯定有一项是展开的 |
| event | String 类型。折叠和展开时触发的事件，默认"click"，也可以是其他事件，如"mouseover" |
| header | 选择作为标题块的元素。默认值为"<li> :first-child,> :not(li):even"<br>例如：$( ".selector" ).accordion({ header: 'h3' }); |

下面的代码演示了用 jQuery UI 构造 accordion 的基本格式：

```
<div id=" myAccordion ">
   <h3>...</h3>
   <div>...</div>
   <h3>...</h3>
   <div>...</div>
</div>
var options = {
   event: " mouseover "
};
$("#myAccordion").accordion(options);
```

下面通过例子演示如何将 Bootstrap 和 jQuery UI 结合在一起来使用，以便更灵活地控制 accordion 的标题栏和折叠、展开的内容。

【例 7-5】演示 jQuery UI 的 accordion 基本用法，运行效果如图 7-5 所示。

该例子的源程序见 accordion2UI.cshtml 文件。

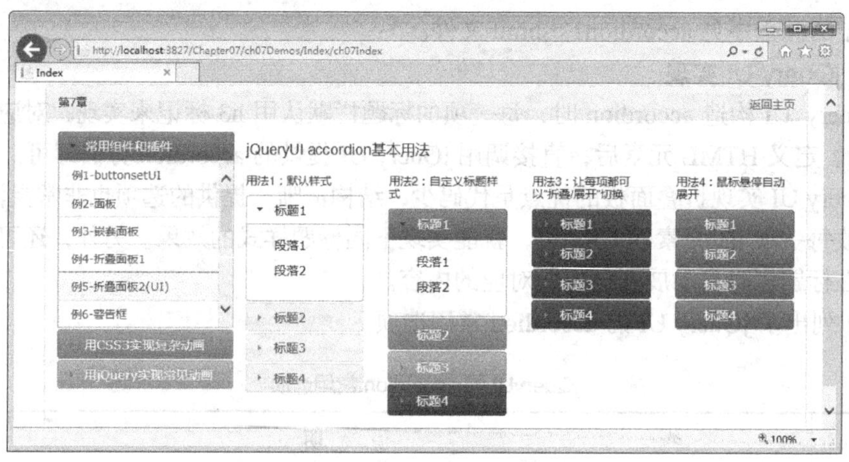


图7-5 例7-5的运行效果

### 7.2.3 对话框

网页中常用的有两种类型的对话框，一种是警告框，另一种是模式对话框。

**1. 警告框**

除了 JavaScript 内置的警告框（alert）以外，Bootstrap 还提供了内联式警告框，在有些应用中，如在页面中显示服务器处理过程中出现的错误时，用这种方式来实现非常方便。

**【例 7-6】**演示警告框的基本用法，运行效果如图 7-6 所示。

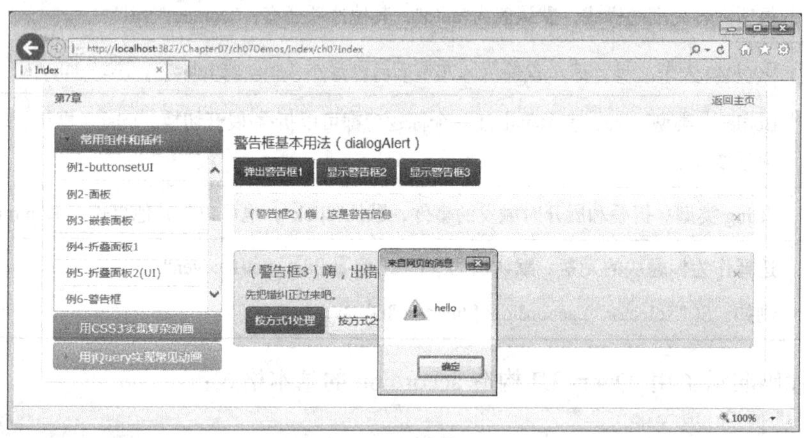


图7-6 例7-6的运行效果

该例子的源程序见 dialogAlert.cshtml 文件。

**2. 模式对话框**

模式对话框的特征是在关闭该对话框之前无法执行其他的操作。

用 Bootstrap 实现时，既可以不使用脚本见例 7-7，也可以在脚本中调用 model 方法来实现（见数据库一章中的例子）；用 jQuery UI 实现时，需要解决关闭按钮的冲突问题，具体实现见例 7-7 中的说明。

下面通过例子演示这两种模式对话框的基本用法。

**【例 7-7】**分别演示 Bootstrap 模式对话框和 jQuery UI 模式对话框的基本用法，运行效果如图 7-7 所示。

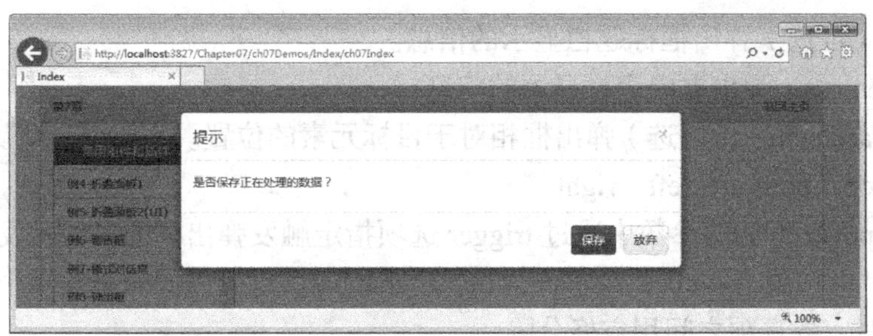

（a）Bootstrap 模式对话框的运行效果

（b）jQuery UI 模式对话框的运行效果

图7-7　例7-7的运行效果

该例子的源程序见 dialogModal.cshtml 文件。

使用 Bootstrap 提供的模式对话框时，需要注意以下问题。

（1）不要在一个模式对话框上重叠另一个模式对话框。

（2）尽量将模式对话框的 HTML 代码放在文档的最高层级内，也就是说，将其作为 body 元素的直接子元素，以避免其他组件影响模式对话框的正常显示。

但是，为了方便演示，该例子并没有这样做，而是将其放在栅格系统内来实现的。

## 7.2.4　弹出框和工具提示框

对于图标组件（如仅显示图标的按钮），当鼠标悬停到其上时，或者在服务器处理过程中出现错误时，除了对话框以外，也可以用弹出框或工具提示框来显示相关的信息。

实现弹出框和工具提示功能时，直接用 Bootstrap 实现即可。虽然 jQuery UI 也提供了对应的功能，但没有 Bootstrap 实现的效果漂亮。

**1. 弹出框**

Bootstrap 提供的弹出框用起来非常方便，这种弹出框默认显示在目标元素的右侧，而且还可以通过自定义的 data 特性或者以编程方式设置弹出框的位置、标题、内容等信息。

一般在 HTML 元素内设置要弹出的信息（title、data-content、data-placement），其他选项则通过 poperover 方法的参数指定。例如：

```
<input id="text1" type="text" title="提示" data-content="请输入 18 ~ 60 之间的数字"
       data-placement="bottom" />
......
<script>
   $("#text1").popover({trigger=" hover "});
</script>
```

在 HTML 元素的开始标记内设置的弹出框含义如下。

- title：（可选）弹出框标题栏显示的信息。
- data-content：弹出框内容栏显示的信息。
- data-placement：（可选）弹出框相对于目标元素的位置。不指定时默认为"right"，可选值有：top、bottom、left、right。

一般在 popover 方法的参数中通过 trigger 选项指定触发弹出框的事件触发器。该选项默认为“click”，可选值有：click、hover、focus、manual。也可以同时触发多个选项，当有多个触发器选项时，各选项之间用空格分隔。

下面通过例子说明具体用法。

【例 7-8】演示 Bootstrap 弹出框的基本用法，运行效果如图 7-8 所示。

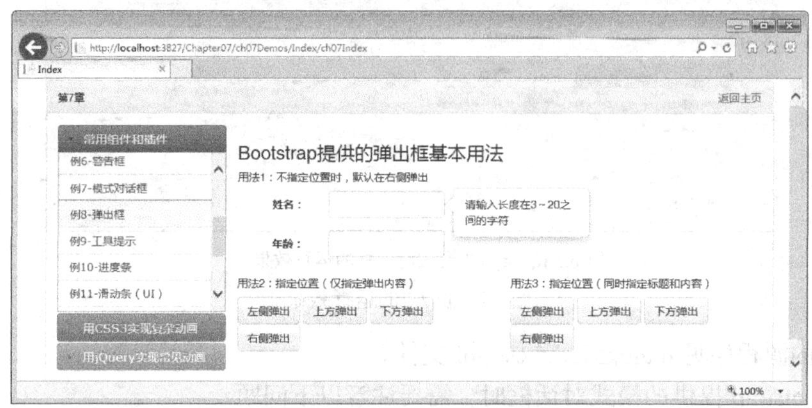


图7-8　例7-8的运行效果

该例子的源程序见 popover.cshtml 文件。

**2. 工具提示框**

工具提示框的用法和弹出框相似，区别仅是工具提示框用黑色背景白色字体框来显示弹出信息。另外，只需要用 title 指定提示信息即可。例如：

```
<input id="text1" type="text" title="请输入 18～60 之间的数字" />
<script>
    $("#text1").tooltip();
</script>
```

【例 7-9】演示工具提示框的基本用法，运行效果如图 7-9 所示。

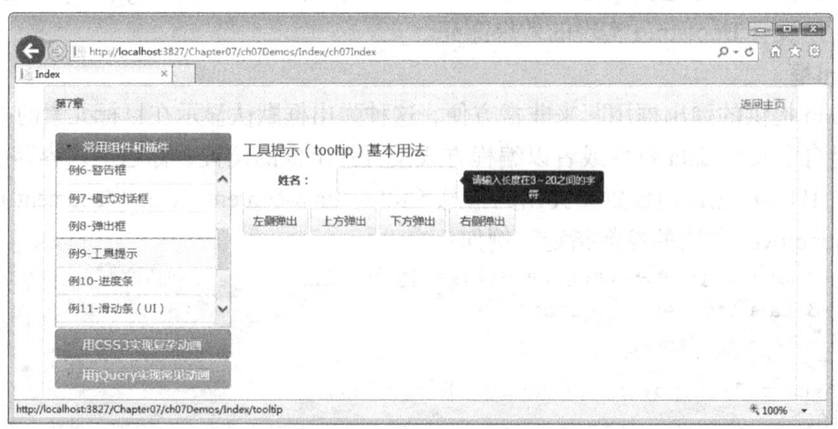


图7-9　例7-9的运行效果

该例子的源程序见 tooltip.cshtml 文件。

## 7.2.5　进度条

Bootstrap 进度条（progress-bar）是以组件的形式提供的，在 HTML 元素内直接设置对应的 CSS 类即可。

【例 7-10】演示进度条的基本用法，运行效果如图 7-10 所示。

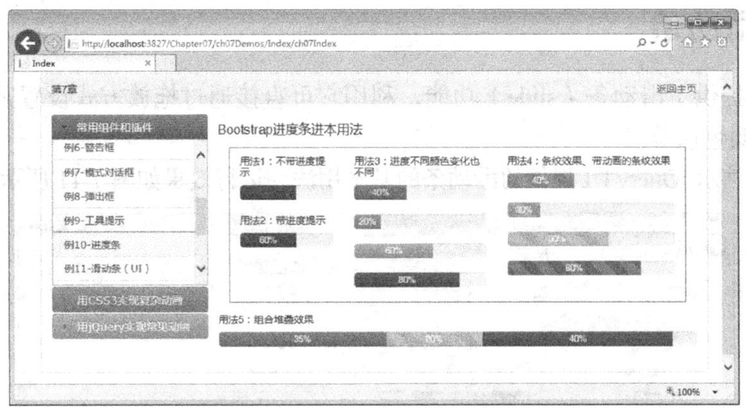

图7-10　例7-10的运行效果

该例子的源程序见 progressBar.cshtml 文件，下面解释例子中演示的用法及其含义。

### 1. 基本用法 1（默认）

由于 Bootstrap 是移动设备优先的架构，因此，默认情况下，进度条应该是不带文字形式的进度提示信息。例如：

```
<div class="progress">
   <div class="progress-bar" style="width: 60%;">
      <span class="sr-only">已完成 60%</span>
   </div>
</div>
```

### 2. 基本用法 2（带进度提示）

如果从进度条组件中移除.sr-only 类，就可以让进度提示显示出来。例如：

```
<div class="progress">
   <div class="progress-bar" style="width: 60%;">60%</div>
</div>
```

### 3. 基本用法 3（不同颜色）

Bootstrap 进度条组件使用与 Bootstrap 按钮和 Bootstrap 警告框相同的 CSS 类，通过 CSS 类的设置，可根据不同情境展现不同的颜色效果。例如：

```
<div class="progress">
   <div class="progress-bar progress-bar-success" style="width: 40%">40%</div>
</div>
```

### 4. 基本用法 4（条纹效果）

利用.progress-bar-striped 类，可以为进度条创建条纹效果。另外，为.progress-bar-striped 添加.active 类，还能使其呈现出由右向左运动的动画效果。例如：

```
<div class="progress">
   <div class="progress-bar progress-bar-success progress-bar-striped active"
        style="width: 40%">40%
   </div>
</div>
```

**5. 基本用法 5（组合堆叠）**

也可以在同一个进度条上堆叠各种不同的效果。例如：

```
<div class="progress">
    <div class="progress-bar progress-bar-success" style="width: 35%">35%</div>
    <div class="progress-bar progress-bar-warning progress-bar-striped active"
        style="width: 20%">20%</div>
    <div class="progress-bar progress-bar-danger" style="width: 10%">10%</div>
</div>
```

## 7.2.6 滑动条

jQuery UI 提供了滑动条（slide）功能，利用它可直接通过拖放方式设置某个范围的值，如选取不同的颜色值等。

【例 7-11】演示 jQuery UI 提供的滑动条的基本用法，运行效果如图 7-11 所示。

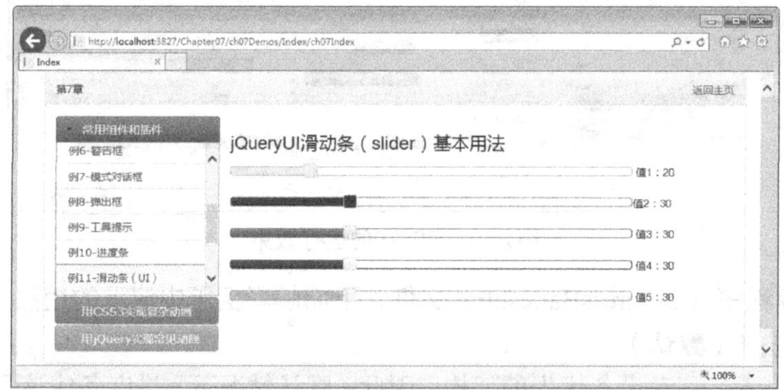


图7-11 例7-11的运行效果

该例子的源程序见 sliderUI.cshtml 文件。

## 7.2.7 菜单和下拉菜单

jQuery UI 提供了菜单（menu）功能，Bootstrap 提供了下拉菜单（dropdown-menu）功能，在实际应用中，也可以将这两个插件结合起来使用。

**1. 菜单**

实现菜单功能时，直接用 jQuery UI 提供的插件去构造即可。

【例 7-12】演示 jQuery UI 提供的菜单基本用法，运行效果如图 7-12 所示。

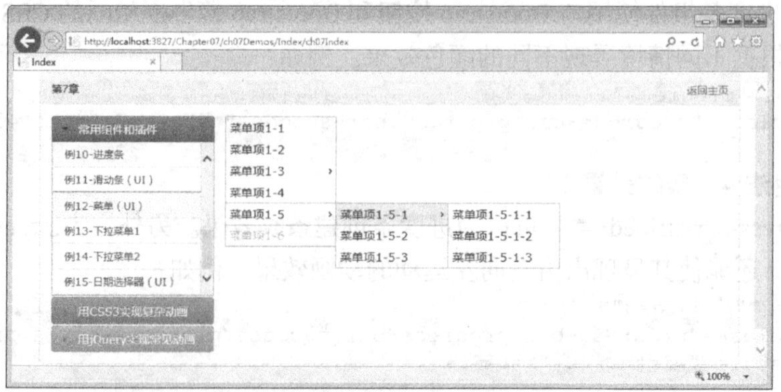


图7-12 例7-12的运行效果

该例子的源程序见 menuUI.cshtml 文件。

**2. 下拉菜单**

用 Bootstrap 实现下拉菜单是首选的方式，但该方式只能实现一级菜单的下拉功能，无法实现多级菜单功能。

【例 7-13】演示 Bootstrap 下拉菜单的基本用法，运行效果如图 7-13 所示。

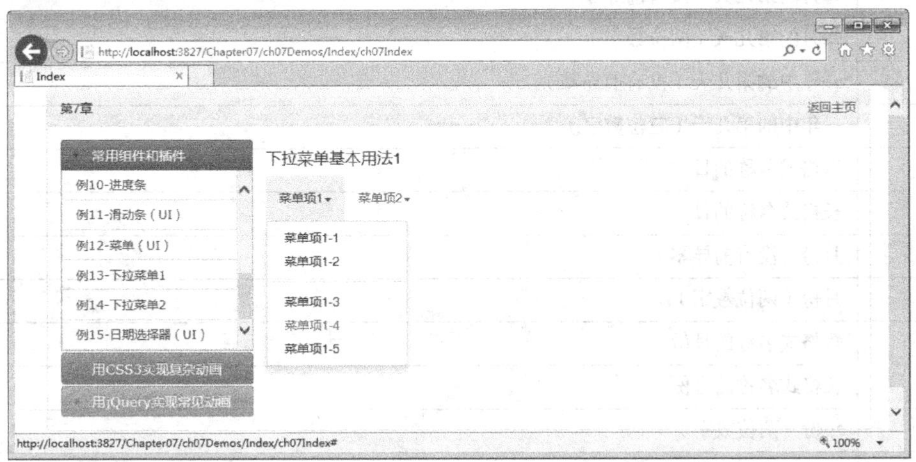


图7-13 例7-13的运行效果

该例子的源程序见 dropdown1.cshtml 文件。

**3. 多级下拉菜单**

将 Bootstrap 下拉菜单和 jQuery UI 的菜单结合起来使用，即可实现多级下拉菜单功能。

【例 7-14】演示多级下拉菜单的基本用法，运行效果如图 7-14 所示。

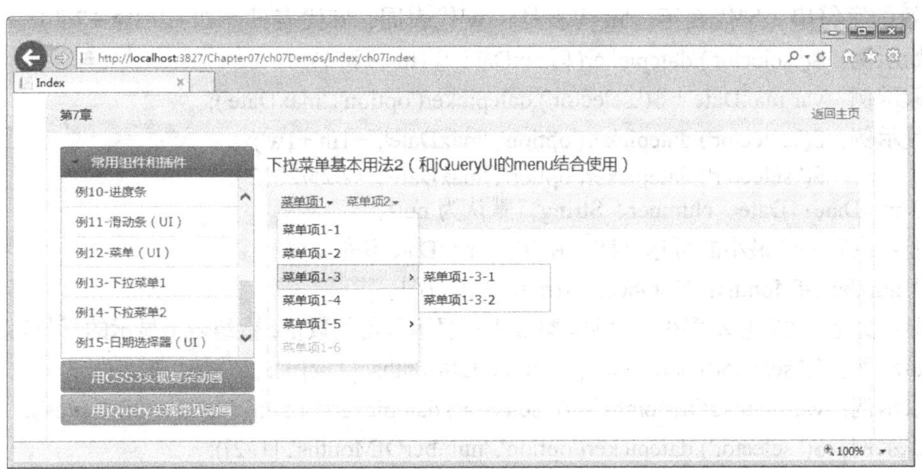


图7-14 例7-14的运行效果

该例子的源程序见 dropdown2.cshtml 文件、menu2UI.cshtml 文件和 menu3UI.cshtml 文件。

### 7.2.8 日期选择器

jQuery UI 提供的日期选择器（datepicker）用于显示一个日历，然后让用户从中选择年、月、日，选择的内容将自动添加到文本框中。

#### 1. 日期格式规定

如果希望自定义日期格式，必须符合表 7-2 所示的格式规定。

表 7-2　　datepicker 的自定义日期格式

| 格式符 | 说　明 |
| --- | --- |
| d | 每月的第几天（没有前导零） |
| dd | 每月的第几天（两位数字） |
| o | 一年中的第几天（没有前导零） |
| oo | 一年中的第几天（三位数字） |
| D | 短格式名称的日 |
| DD | 长格式名称的日 |
| m | 月份（没有前导零） |
| mm | 月份（两位数字） |
| M | 短格式名称的月份 |
| MM | 长格式名称的月份 |
| y | 年份（两位数字） |
| yy | 年份（四位数字） |

#### 2. 常用选项

datepicker 方法的常用选项如下。

（1）maxDate：Date、Number、String，默认为 null。

功能：设置一个最大的可选日期。可以是 Date 对象，或是数字（从今天算起，如+7），或者有效的字符串（'y'代表年，'m'代表月，'w'代表周，'d'代表日，如：'+1m +7d'）。

初始示例：$('.selector').datepicker({ maxDate: '+1m +1w' });

获取示例：var maxDate = $('.selector').datepicker('option', 'maxDate');

设置示例：$('.selector').datepicker('option', 'maxDate', '+1m +1w');
　　　　　$('.selector').datepicker('option', 'maxDate', '12/25/2012');

（2）minDate：Date、Number、String，默认为 null。

功能：设置一个最小的可选日期。用法与 maxDate 相似。

（3）numberOfMonths：Number、Array，默认为 1。

功能：设置一次要显示多少个月份。整数表示显示月份的数量，数组表示显示的行与列的数量。

初始示例：$('.selector').datepicker({ numberOfMonths: [1, 2] });

获取示例：var numberOfMonths = $('.selector').datepicker('option', 'numberOfMonths');

设置示例：$('.selector').datepicker('option', 'numberOfMonths', [1, 2]);

#### 3. 常用方法

destory：从元素中移除拖曳功能。用法：.datepicker( 'destroy' );

disable：禁用元素的拖曳功能。用法：.datepicker( 'disable' );

enable：启用元素的拖曳功能。用法：.datepicker( 'enable' );

option：获取或设置元素的参数。用法：.datepicker( 'option' , optionName , [value] );

#### 4. 多语言支持

多语言支持实际上就是本地化（Localization）设置。如果不做本地化处理，jQuery 默认使用英文。项目中可自定义不同的语言包插件，其内容可根据需要自行修改。本书创建的自定义 Datepicker 中文语言包见 Scripts 文件夹下的 jquery.ui.datepicker-cn.js 文件。

使用中文语言包时，只需要将其引用放在引用 jQuery UI 的后面，由于它默认使用最后一个引用的语言包，所以不需要在语句中重新设置本地化的语言即可显示中文。

【例 7-15】演示 jQuery UI 日期选择器的基本用法，运行效果如图 7-15 所示。

图7-15　例7-15的运行效果

该例子的源程序见 datePickerUI.cshtml 文件。

至此，我们学习了最常用的组件和插件及其基本用法，在后面章节的学习中，我们还会学习其他的插件。

# 7.3　用 CSS3 实现复杂动画

在 Web 前端开发中，实现动画功能的手段很多，如用 JavaScript 实现、用 CSS3 实现、用 Flash 实现，以及用 Bootstrap 或者 jQuery 实现等。

这一节我们简单介绍 CSS3 动画的基本用法。实际上，不论是多么复杂的动画，都可以用 CSS3 来实现。

## 7.3.1　CSS3 关键帧动画

CSS3 提供了非常强大而简单的自定义关键帧动画的功能，或者说，网页上的各种动画都可以通过 CSS3 关键帧动画来实现，而且不需要借助任何插件。W3C 为 CSS3 规定的关键帧动画标准定义在 CSS Animations Module Level 3 模块中，该标准的官方网址如下：

```
http://www.w3.org/TR/css3-animations/
```

所有 CSS3 动画功能都能在 IE 11.0 浏览器中流畅呈现。

### 1. 如何在 MVC 项目中定义和引用 CSS3 关键帧动画

CSS3 标准规定，网页中的各种动画都可以通过一系列类型为@keyframes 的关键帧属性（Key Frames Property）来描述，并通过 animation 来控制动画的呈现。

在 ASP.NET MVC 5 项目中，有两种定义@keyframes 的方式：一种是在页面的 style 元素内来声明；另一种是将其定义在单独的.css 文件中，然后在页面中通过引用该.css 文件来使用它。

注意：在 MVC 项目中定义@keyframes 时，默认情况下，所定义的@keyframes 属性和引用该属性的 CSS3 动画应该保存在同一个文档中。例如，不能仅仅在.css 文件中定义@keyframes 属性而在页面中引用该属性，这样做不会产生任何动画效果，应该是要么将两者都保存在页面中，要么将两者都保存在.css 文件中。

**（1）在 style 元素内声明@keyframes 属性**

在网页的 style 元素内声明@keyframes 属性时，由于“@”符号是 Razor 视图引擎使用的关键字，所以需要用“@@”符号来表示。例如：

```
<style>
    @@keyframes animation1 {
        from { left: 100px; top: 60px; }
        to { left: 400px; top: 60px; }
    }
    .mydiv { position: absolute; width: 50px; height: 50px; }
    .my-animation1 { animation: animation1 1s alternate infinite; }
</style>
<div class="mydiv my-animation1" style=" background-color: red"></div>
```

这里的 from、to 的含义和我们在《C#程序设计及应用教程》（第 3 版，马骏主编，人民邮电出版社）中学习的 From/To 动画的含义相同。另外，由于这段代码中动画改变的是元素的位置，所以需要将元素的 position 属性设置为“absolute”或者“relative”。当然，如果动画改变的是背景色、前景色之类的属性（如淡入淡出等效果），就不需要这样做了。

在 VS2013 中，style 元素内声明的关键帧属性的关键字“@@keyframes”应该以蓝色字体显示，如果发现所定义的关键字颜色没有发生变化，或者没有对应的智能提示，保存并关闭该文件，然后重新打开该文件即可。

**（2）在 css 文件中声明关键帧属性**

在扩展名为“.css”的文件中声明关键帧属性时，直接用@keyframes 来声明即可。

例如，在 Chapter07 区域 common 文件夹下的 ch07Styles.css 文件中定义下面的代码（注意引用该关键帧名称的动画实现代码也必须保存在该文件中）：

```
@keyframes animation2 {
    from { left: 400px; top: 60px; }
    to { left: 100px; top: 60px; }
}
.my-animation2 { animation: animation2 1s alternate infinite; }
```

在这段代码中，用@keyframes 定义的关键帧名称为“animation2”，实现动画的 CSS 类为【.my-animation2】（当然也可以声明多个 CSS 类）。

定义 CSS 类以后，在网页中就可以通过下面的代码播放该动画：

```
<link href="~/Areas/Chapter07/common/ch07Styles.css" rel="stylesheet" />
<style>
    .mydiv { position: absolute; width: 50px; height: 50px; }
</style>
<div class="mydiv my-animation2" style=" background-color: blue"></div>
```

下面通过例子说明 CSS3 关键帧动画最基本的用法。

**2. @keyframes 语法**

@keyframes 的语法形式如下：

```
@keyframes animationname {keyframes-selector {css-styles;}}
```

在 CSS3 中，keyframes-selector 的可选值有：0%～100%、from（其作用与 0%相同）、to（其作用与 100% 相同）。0%是指动画的开始时间，100%是指动画的结束时间。

例如：

```
@keyframes move-animation1 {
    0%   {top:0px;}
    25%  {top:200px;}
    50%  {top:100px;}
    75%  {top:200px;}
    100% {top:0px;}
}
@keyframes move-animation2{
    0%   {top:0px; background:red; width:100px;}
    100% {top:200px; background:yellow; width:300px;}
}
@keyframes move-animation3{
    from {top:0px; background:red; width:100px;}
    to {top:200px; background:yellow; width:300px;}
}
```

#### 3. animation-play-state 属性

该属性指定动画正在运行还是处于暂停状态，默认值是"running"，可选值有：running（正在播放）、paused（暂停播放）。

如果希望停止播放，将动画持续时间设置为 0 即可。

#### 4. animation-fill-mode 属性

该属性指定本次动画完成后，下一个动画开始时的状态，可选值如下。

none（默认）：表示不改变默认行为，即每个动画都是单独设置的。

forwards：本次动画完成后保持最后一个属性值，即后续的动画使用前一次最后一个关键帧中所定义的值。

backwards：本次动画完成后，后续的动画使用前一次第一个关键帧中所定义的值。

#### 5. animation 属性

在 CSS3 中，animation 是一个复合属性，控制动画播放的 6 个属性可以在这个复合属性中一次性指定，默认值为“none 0 ease 0 1 normal”，分别表示：animation-name、animation-duration、animation-timing-function、animation-delay、animation-iteration-count、animation-direction，语法形式如下：

```
animation: name duration timing-function delay iteration-count direction;
```

除了通过 animation 属性一次性指定 6 个动画播放属性外，还可以分别指定这些属性。

##### （1）animation-name

该属性指定用@keyframes 定义的关键帧动画的名称。

##### （2）animation-duration

该属性指定动画完成一个周期所花费的时间（秒或毫秒），默认的动画持续时间为是 0，即默认不播放动画。要产生动画效果，必须指定一个大于零的持续时间值。

##### （3）animation-timing-function

该属性指定调用的动画速度曲线函数，默认值是"ease"。动画速度曲线函数会自动调用三次贝塞尔（Cubic Bezier）曲线算法来实现动画，可在该函数中使用自定义的动画值，也可以使用下面的预定义值。

linear：动画自始至终变化速度都相同。

ease（默认）：动画以低速开始播放，然后逐渐加快，在动画结束前逐渐变慢。

ease-in：动画以低速开始播放，然后逐渐加快。

ease-out：动画以高速开始播放，然后逐渐变慢。

ease-in-out：动画以低速开始，然后逐渐加快，达到曲线最高点后开始逐渐变慢，最后以低速结束。

cubic-bezier（n，n，n，n）：自定义曲线变化的动画值，可选的 4 个值都是 0～1 之间的数（0%～100%）。

例如：

```
#div1 {animation-timing-function: linear;}
#div2 {animation-timing-function: ease-out;}
#div3 {animation-timing-function: cubic-bezier(0.25,0.1,0.25,1);}
```

**（4）animation-delay**

该属性指定动画的开始时间，默认值是 0。例如，2s 表示 2 秒后开始执行动画。

**（5）animation-iteration-count**

该属性指定动画播放的次数，默认值是 1，可选值有：n（播放次数）、infinite（无限循环播放）。例如：

```
div{animation-iteration-count:3;}
```

**（6）animation-direction**

该属性指定是否在下一个周期逆向播放动画，默认值是"normal"，表示正常播放。另外可选的值还有 alternate，表示动画在奇数次（1、3、5 等）正常播放，偶数次（2、4、6 等）逆向播放，如果动画只播放一次，该属性不起作用。

### 6. 示例

了解了这些基本概念后，我们就可以利用它实现各种动画功能了。

下面通过例子说明实现办法。

【例 7-16】分别演示在 style 元素内定义关键帧动画和在.css 中定义关键帧动画的基本用法，动画功能为：让两个矩形框不停地交叉左右移动，每个矩形框每 2 秒移动一个来回（即单程持续时间为 1 秒）。在 IE 11.0 浏览器中运行的效果如图 7-16 所示。

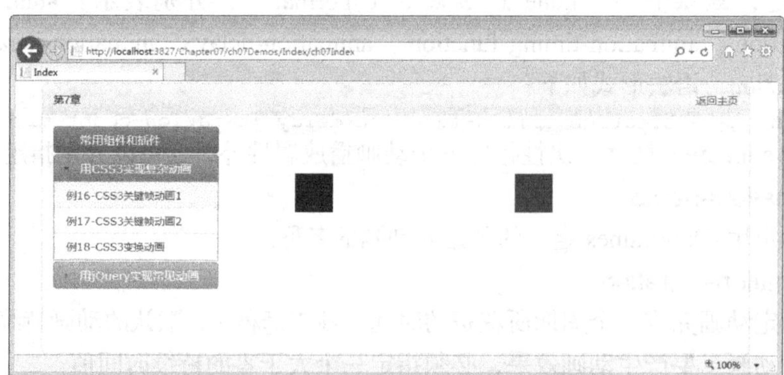


图7-16　例7-16的运行效果

该例子的源程序见 animation1.cshtml 文件和 ch07Styles.css 文件。设计步骤如下：

（1）在 Chapter07 区域下创建一个名为 common 的文件夹，并在该文件夹下新建一个文件名为“ch07Styles.css”的文件，在该文件中添加下面的代码：

```
@keyframes animation2 {
```

```
        from { left: 400px; top: 60px; }
        to { left: 100px; top: 60px; }
    }
    .my-animation2 { animation: animation2 1s alternate infinite; }
```

（2）添加分部视图（animation1.cshtml 文件），将 ch07Styles.css 文件拖放到该文件中让其自动生成引用代码，然后添加其他代码，最终实现的代码如下：

```
@* 基本用法 1：在 style 元素内定义关键帧 *@
<style>
    @@keyframes animation1 {
        from { left: 100px; top: 60px; }
        to { left: 400px; top: 60px; }
    }
    .mydiv { position: absolute; width: 50px; height: 50px; }
    .my-animation1 { animation: animation1 1s alternate infinite; }
</style>
<div class="mydiv my-animation1" style=" background-color: red"></div>
@* 基本用法 2：引用在 ch07Styles.css 中定义的关键帧动画 *@
<link href="~/Areas/Chapter07/common/ch07Styles.css" rel="stylesheet" />
<div class="mydiv my-animation2" style=" background-color: blue"></div>
```

（3）在 ch07Demos.cshtml 文件中添加导航代码：

```
@{
    AjaxOptions opts = (AjaxOptions)TempData["AjaxOptions"];
    string a = "Index", c = "ch07Demos";
    var attr = new { @class = "list-group-item" };
}
......
@Ajax.ActionLink("例 16-关键帧动画基本用法", a, c, new { id = "animation1" }, opts, attr)
```

（4）运行该例子，观察在 IE11.0 浏览器中动画执行的效果。

下面再看一个复杂的例子。

【例 7-17】利用 CSS3 关键帧动画设计一个“分：秒：毫秒”计时器，在 IE 11.0 浏览器中运行的效果如图 7-17 所示。

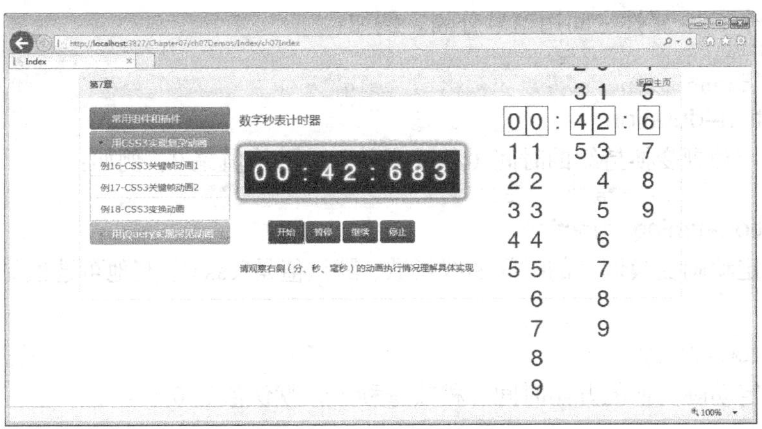


图7-17　例7-17的运行效果

该例子的源程序见 animation2.cshtml 文件。

这个例子涉及的知识点非常多，可以说涵盖了我们前面学习过的 CSS3 关键帧动画以及 CSS3 样式控制的多种实现技术。这里我们不再详细解释代码的含义，而是仅仅在界面右侧同时演示了左侧计时器动画实际执行的情况，请读者仔细观察右侧动画的执行过程，并结合实现的代码，理解相关的概念和实现技术。

## 7.3.2 CSS3 变换动画

CSS3 变换动画是指利用 CSS3 的 transition 属性将 HTML5 元素从一种样式逐渐变化到另一种样式，也叫 CSS3 过渡效果。

对于简单的动画变换，如将鼠标指针悬停到某个 HTML5 元素上时实现淡入淡出效果、旋转效果、线性渐变效果等，直接用 transition 属性即可快速实现，不需要采用适用范围更广的关键帧动画来实现。

### 1. transition

transition 属性是一个复合属性，可直接通过它设置 4 个动画变换属性。语法如下：

```
transition: property duration timing-function delay;
```

这 4 个属性的默认值为："all 0 ease 0"。

例如：

```
#mydiv { transition: width 2s; }
#mydiv:hover { width:300px; }
```

这段 CSS 代码的功能是：当鼠标指针悬停在 id 为 "mydiv" 的 HTML 元素上时，该元素的宽度将自动从原始值逐渐变化到 300px，持续时间是 2 秒，鼠标指针离开该元素时，会自动还原到原来的宽度。

如果希望实现多个 CSS 属性的渐变效果，直接指定需要变换的属性即可。例如：

```
#mydiv { transition: width 2s, height 2s, transform 2s; }
```

不过，使用 transition 最简单的方式是不指定要变换的是哪种 CSS 样式，只需要指定动画持续的时间即可，此时它会自动对鼠标悬停时所指定的 CSS 样式全部进行动画处理。

除了通过复合属性指定进行动画变换的属性外，还可以单独指定每个变换属性。

### 2. transition-property

该属性指定要对其进行动画变换的 CSS 属性的名称。如果不指定该属性，默认值为"all"，表示所有属性都将进行动画变换。也可以通过该属性指定要对目标元素的哪些 CSS 属性进行动画变换，多个 CSS 属性之间用逗号分隔。例如：

```
#mydiv1{ transition-property:width; }
#mydiv2{ transition-property:width, height; }
```

### 3. transition-duration

该属性指定动画变换持续的时间（秒或毫秒），默认值是 0。例如：

```
div { transition-duration: 5s; }
```

### 4. transition-timing-function

该属性指定动画变换调用的时间曲线函数，默认值是"ease"。其他可选值见 CSS3 关键帧动画的介绍。

### 5. transition-delay

该属性指定动画变换的开始时间（秒或毫秒），默认值是 0。

### 6. 示例

下面通过例子说明用 transition 实现动画变换的基本用法。

**【例 7-18】** 演示 CSS3 变换动画最基本的用法，实现下面的功能：当鼠标悬停在 id 为 mydiv1 的元素上时，先让该元素的宽和高自动放大 1 倍，然后自动旋转 360°，放大和旋转的持续时间为 2 秒。当鼠标指针离开 mydiv1 元素时，再将该元素自动反向变换到原来的初始状态。界面初始效果如图 7-18 所示。

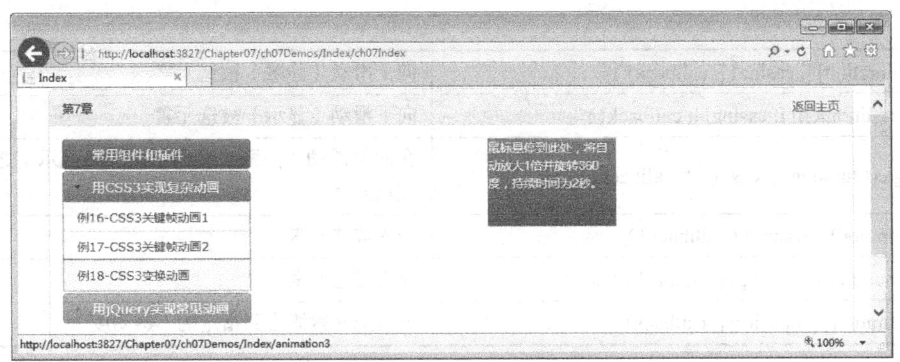


图7-18　例7-18的界面初始效果

该例子的源程序见 animation3.cshtml 文件，代码如下：

```
<style>
    #mydiv1 { width: 150px; height: 100px; transition: 2s; }
    #mydiv1:hover {width: 200px; height: 200px; transform: rotate(360deg); }
</style>
<div id="mydiv1" class="btn-success center-block">鼠标悬停到此处，将自动放大 1 倍并旋
转 360 度，持续时间为 2 秒。</div>
```

在这段代码中，transition 定义在#mydiv1 中，这样做的目的是为了实现鼠标指针离开时自动反向变换，如果将 transition 定义在#mydiv1:hover 中，将看不到反向变换的效果。

# 7.4　用 jQuery 实现常见动画

既然用 CSS3 关键帧动画和 CSS3 变换动画即可在网页中实现各种动画，为什么还要介绍 jQuery 动画呢？这是因为一些常用的基本动画用 jQuery 封装后的函数来实现更加方便和灵活，而且实现的代码也非常简洁。

为了方便介绍，我们将 Bootstrap 和 jQuery 提供的基本动画效果一律称为 jQuery 动画，这是因为 Bootstrap 提供的动画函数也是用 jQuery 提供的动画效果来实现的。

实际上，Bootstrap 提供的动画函数和 jQuery 提供的动画函数用法非常相似，两者都是在 CSS3 动画的基础上重新进行了封装。另外，由于引用 Bootstrap 之前必须先引用 jQuery，因此我们也没有必要去深究用脚本实现的这些动画到底是 Bootstrap 提供的还是 jQuery 提供的，只需要知道如何使用这些动画功能即可。

## 7.4.1　jQuery 动画函数

对于创建、隐藏、显示、切换、滑动等对 HTML5 元素操作的基本动画，一般通过脚本调用来实现比较简单，如表 7-3 所示。

表 7-3　　Bootstrap 和 jQuery 提供的基本动画效果

| 函　数 | 说　明 |
|---|---|
| show([duration] [, easing] [, callback] ) | 显示被选元素 |
| hide([duration] [, easing] [, callback] ) | 隐藏被选元素 |
| toggle([duration] [, easing] [, callback] ) | 切换被选元素的显示和隐藏状态 |

续表

| | |
|---|---|
| slideUp([duration] [, easing] [, callback] ) | 向上滑动（隐藏）被选元素 |
| slideDown([duration] [, easing] [, callback] ) | 向下滑动（显示）被选元素 |
| slideToggle([duration] [, easing] [, callback] ) | 在向上滑动（隐藏）和向下滑动（显示）之间切换被选元素 |
| fadeIn([duration] [, easing] [, callback] ) | 淡入被选元素 |
| fadeOut([duration] [, easing] [, callback] ) | 淡出被选元素 |
| fadeTo([duration] [, opacity] [, callback] ) | 把被选元素淡出到指定的不透明度 |

从表中可以看出，这些基本动画函数的参数完全相同，为了避免重复介绍，这里单独对其加以说明。

#### 1. duration

duration 参数指定动画持续的时间，类型可以是整数或字符串。如果是整数，单位为毫秒。如果是字符串，有 3 个可用的选项：fast、slow 和 normal，分别表示持续时间为 200 毫秒、400 毫秒、600 毫秒。例如：

```
$("div").show();  //默认为持续时间为 0
$("div").show("fast");  //持续时间为默认的 200 毫秒
$("div").show(1000);  //持续时间为 1000 毫秒
```

#### 2. easing

如果希望让元素达到自定义曲线函数的效果，需要通过 easing 参数来指定它调用的函数，具体见 CSS3 关键帧动画中对 animation-timing-function 属性的介绍。

如果不指定 easing 参数，Query 就会自动使用默认的渐变函数，如 show 方法、hide 方法默认使用的是 linear 函数，而 toggle 方法默认使用的是 swing 函数。

#### 3. callback

callback 称为回调函数，是指当该参数所在的方法执行完成后自动执行的函数。开发人员可以在 callback 函数中复位或者重新设置某些元素的位置、颜色等 CSS 属性。

使用 callback 函数的目的是为了确保让下一个继续执行的动画获取元素的某些 CSS 属性时能得到预期的结果，避免因已经执行的动画导致 CSS 属性值改变，而无法在下一个将要执行的动画中判断这些元素的 CSS 属性变化到什么值。如果下一个动画中引用的元素及其 CSS 与前面已经执行的动画没有关系，则不需要在前面的动画中使用 callback 函数。

#### 4. 常见问题及其解决办法

利用 Bootstrap 和 jQuery 实现常见的动画时，可能会遇到一些不太明白或者不知道如何解决的问题，这里我们简单对其加以说明。

##### （1）元素是如何产生动画的

当调用 show、hide、slideUp、slideDown 等方法时，如改变元素的宽和高，此时所调用的方法会自动将目标元素的 display 属性变为 block，当动画结束后，再自动还原为原来的样式。例如：

```
$("span").fadeIn("slow");
<div style="float:left;">...</div>
$("div").show("slow");
```

##### （2）如何判断某个元素是否引用了某个 CSS 类

通过 jQuery 提供的 hasClass 方法可判断某个元素是否引用了某个 CSS 类。例如：

```
$("div").click(function(){
  if ( $(this).hasClass("protected") )
    $(this)
      .animate({ left: -10 })
      .animate({ left: 10 })
      .animate({ left: -10 })
      .animate({ left: 10 })
      .animate({ left: 0 });
});
```

**（3）如何判断元素切换的状态**

下面的代码演示了判断方法。

```
var isVisible = $('#myDiv').is(':visible');
var isHidden = $('#myDiv').is(':hidden');
```

如果只有当元素为显示状态时才执行动画，也可以这样写：

```
$('#myDiv:visible').animate({left: '+=200px'}, 'slow');
```

**（4）如何设置/移除某个元素的 HTML 特性**

下面的代码演示了实现办法。

```
<select id="x" style="width:200px;">
  <option>one</option>
  <option>two</option>
</select>
<input type="button" value="Disable"
   onclick="$('#x').attr('disabled','disabled')"/>
<input type="button" value="Enable" onclick="$('#x').removeAttr('disabled')"/>
```

## 7.4.2　jQuery 动画基本用法

这一节我们通过例子学习 jQuery 提供的常见动画的具体实现。

### 1. 显示、隐藏和切换（hide、show、toggle）

通过 hide、show 和 toggle 方法，可以动态地显示、隐藏 html 元素，以及切换隐藏和显示的状态。其基本格式为：

```
$(selector).show([duration] [, easing] [, callback] )
$(selector).hide([duration] [, easing] [, callback] )
$(selector).toggle([duration] [, easing] [, callback] )
```

其中的 3 个参数都是可选项。

【例 7-19】演示 hide、show、toggle 的基本用法，界面初始效果如图 7-19 所示。

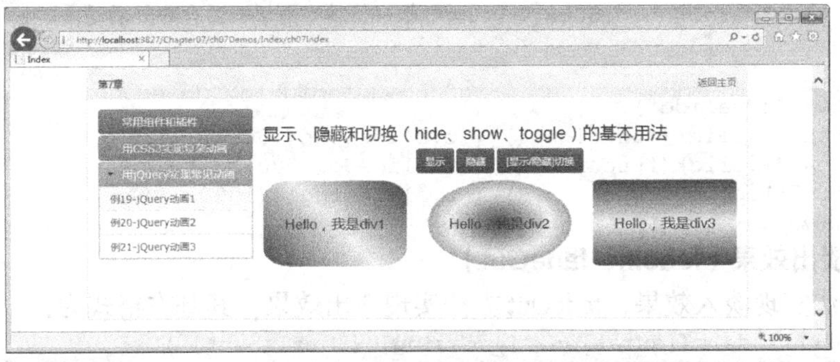


图7-19　例7-19的界面初始效果

该例子的源程序见 animation4.cshtml 文件。

在这个例子中，除了实现基本的动画功能外，我们又重温了通过背景控制实现 CSS3 线性渐变和径向渐变以及横向、纵向都居中的用法。

### 2. 滑动效果（slideDown、slideUp、slideToggle）

slideDown 方法为向下滑动，slideUp 方法为向上滑动，slideToggle 方法在向下滑动和向上滑动之间自动切换。其基本格式为：

```
$(selector). slideDown([duration] [, easing] [, callback] )
$(selector). slideUp([duration] [, easing] [, callback] )
$(selector). slideToggle([duration] [, easing] [, callback] )
```

其中，3 个参数的含义和 show( )函数中参数的含义相同。

【例 7-20】演示 slideDown、slideUp、slideToggle 的基本用法，界面初始效果如图 7-20 所示。

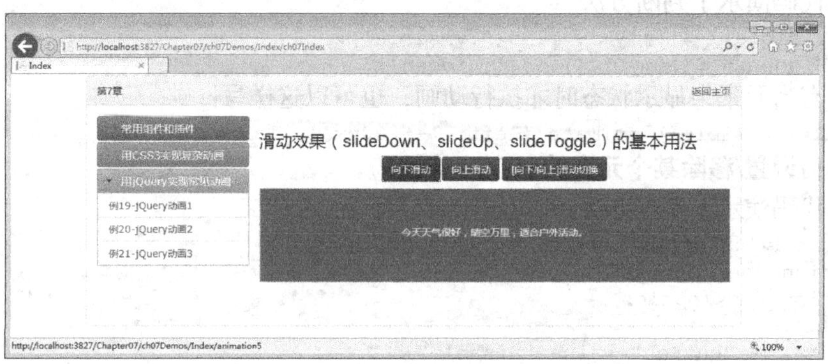


图7-20　例7-20的界面初始效果

该例子的源程序见 animation5.cshtml 文件，代码如下：

```
<style>
    .mydiv {
        text-align: center;
        background: #e5eecc; border: solid 1px #c3c3c3;
        width:100%;  height:120px;
    }
</style>
<h3>滑动效果（slideDown、slideUp、slideToggle）的基本用法</h3>
<p class="text-center">
    <button id="btn1" class="btn btn-primary">向下滑动</button>
    <button id="btn2" class="btn btn-primary">向上滑动</button>
    <button id="btn3" class="btn btn-primary">[向下/向上]滑动切换</button>
</p>
<div id="slide" class="mydiv" style="display:none">
    <p style="margin-top:50px">今天天气很好，晴空万里，适合户外活动。</p>
</div>
<script>
    var t = $("#slide");
    $("#btn1").click(function () { t.slideDown(1000); });
    $("#btn2").click(function () { t.slideUp(1000); });
    $("#btn3").click(function () { t.slideToggle(1000); });
</script>
```

### 3. 淡入淡出效果（fadeIn、fadeOut）

fadeIn 方法实现淡入效果，fadeOut 方法实现淡出效果。其基本格式为：

```
$(selector).fadeIn([duration] [, easing] [, callback] )
$(selector).fadeOut([duration] [, easing] [, callback] )
```

其中，3 个参数的含义和 show( )函数中参数的含义相同。

### 4. 透明度渐变（fadeTo）

fadeTo 方法实现透明度渐变效果。其基本格式为：

```
$(selector).fadeTo([duration] [, opacity] [, callback] )
```

其中的 opacity 参数指定从当前的不透明度渐变到的结果值，该值为 0～1 之间的数，如 0.25 表示将不透明度渐变到 25%。

【例 7-21】演示淡入淡出和透明度渐变的基本用法，界面初始效果如图 7-21 所示。

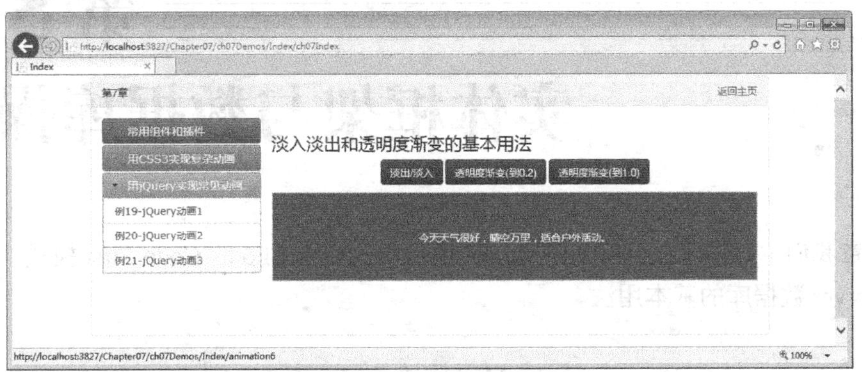


图7-21　例7-21的界面初始效果

该例子的源程序见 animation6.cshtml 文件，代码如下：

```
<style>
    .mydiv {
        text-align: center; color:white;
        background: #0094ff; border: solid 1px #c3c3c3;
        width:100%;  height:120px;
    }
</style>
<h3>淡入淡出和透明渐变的基本用法</h3>
<p class="text-center">
    <button id="btn1" class="btn btn-primary">淡出/淡入</button>
    <button id="btn2" class="btn btn-primary">透明度渐变</button>
</p>
<div id="div1" class="mydiv">
    <p style="margin-top:50px">今天天气很好，晴空万里，适合户外活动。</p>
</div>
<script>
    var t = $("#div1");
    $("#btn1").click(function () { t.fadeOut(3000).fadeIn(3000);; });
    $("#btn2").click(function () { t.fadeTo(2000, 0.20); });
</script>
```

## 习　　题

1. 用代码举例说明如何实现工具提示功能。

2. 什么是 CSS3 关键帧动画？用具体代码举例说明如何在 MVC 项目中设计 CSS3 关键帧动画。

3. 用代码举例说明如何利用 jQuery 动画实现页面滑动效果。

# 第 8 章 实体框架与数据库操作

这一章我们主要学习在 ASP.NET MVC 项目中，利用 EF6 的 Code First 模式，创建和访问 SQL Server 数据库的基本用法。

## 8.1 实体框架基础知识

实体框架（Entity Framework）使开发人员能够通过对“概念应用程序模型”进行编程来创建基于数据访问的应用程序，而不是直接对“关系存储架构”进行编程。EF6 是指 Entity Framework 6，即实体框架第 6 版。

实体框架的目标是降低面向数据的应用程序所需的代码量并减轻开发人员的维护工作。

### 8.1.1 实体数据模型和实体框架开发模式

Entity Framework 的核心是实体数据模型（Entity Data Model，EDM），该模型通过对象关系映射（Object/Relational Mapping，ORM），让开发人员使用语言集成查询（LINQ）来管理强类型的数据对象，而不是在页面中直接访问数据库。

使用 Entity Framework，可以方便地通过程序访问 SQL Server、Oracle、DB2、MySQL 等数据库。另外，将 LINQ 和实体框架相结合，能使我们快速开发出各种与数据访问相关的应用项目。

**1. EF 的特点**

Entity Framework 具有以下优点：它是一个以应用程序为中心的概念模型，不需要通过硬编码来实现特定的数据引擎或存储架构；可以在不更改界面应用程序代码的情况下更改概念模型与存储架构之间的映射；多个概念模型可以映射到同一个存储架构。

图 8-1（a）所示为 ADO.NET Entity Framework 的基本结构。

**2. EF 提供的开发模式**

图 8-1（b）所示为 EF 提供的 3 种开发模式。

**（1）数据库优先（Database First）**

数据库优先模式是指先创建数据库，然后再利用实体框架从数据库生成实体数据模型。其中，实体包括类和属性，类对应数据库中的表，属性对应表中的列；数据模型包括数据库结构信息、实体和数据库之间的映射等，这些信息都以 XML 的形式保存在扩展名为“.edmx”的文件中。该模式的优点是直观、方便，适用于数据库结构变化较少的情况；缺点是每次修改数据库结构，都要重新手工生成实体数据模型。

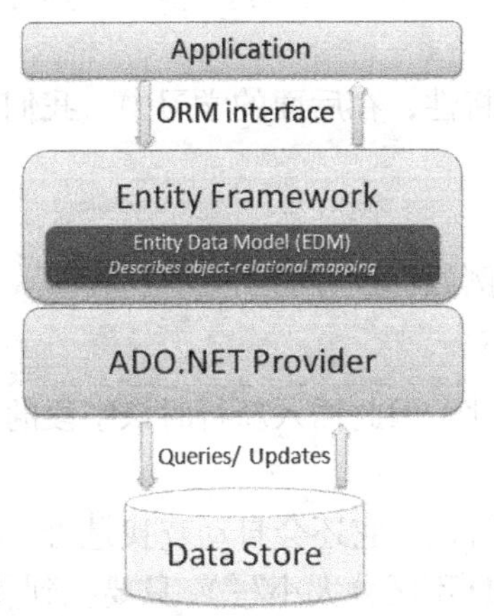


（a）ADO.NET Entity Framework 的基本结构

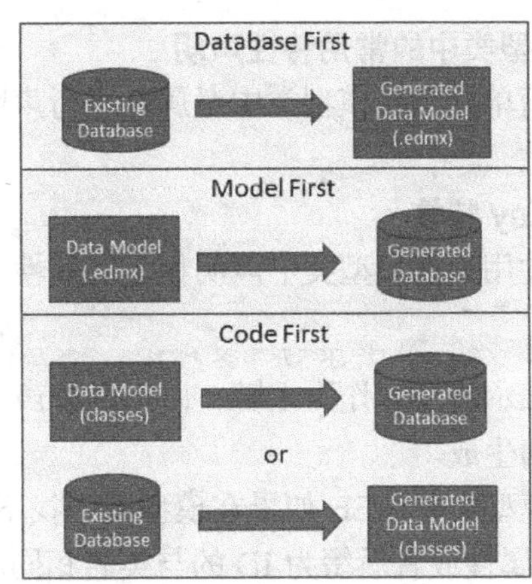


（b）Entity Framework 的 3 种开发模式

图8-1　Entity Framework的基本结构和开发模式

**（2）模型优先（Model First）**

模型优先模式是指先利用实体框架设计器创建模型，再通过设计器创建数据库。该模式仍然用一个.edmx 文件存储模型和映射信息。

**（3）代码优先（Code First）**

代码优先模式是指先编写一个或多个实体类（.cs 文件），或者根据已存在的数据库先生成一个或多个实体类（.cs 文件）。不论是哪种情况，一旦有了实体类和数据上下文类，当需要修改数据库结构时，只需要修改实体类中的代码即可，每次修改后，Entity Framework 都会自动删除已经存在的数据库，然后再创建新的数据库。

在项目的开发阶段，由于模块需求的变更，修改数据库结构是很常见的情况，因此，在这 3 种开发模式中，代码优先模式是最方便的一种模式，也是建议的首选开发模式。

## 8.1.2　在模型类中声明与数据库相关的特性

在前面的章节中学习模型及其验证规则时，我们已经了解了如何在模型类中通过特性声明客户端和服务器验证规则，这一节我们主要学习模型类中与数据库相关的特性，这些特性都定义在 System.ComponentModel.DataAnnotations 命名空间下。

**1. 模型类和数据上下文类**

我们可以将 Entity Framework 的“实体数据模型”理解为由“模型类”和“数据上下文类”两大部分组成。模型类和数据上下文类都是用 C#代码编写的类，在 MVC 项目中，这些类都保存在 Models 文件夹下。

**（1）模型类**

模型类与数据库中的数据库表相对应，这些类用于描述数据库表的结构。模型类中的属性对应数据库表的字段，类名对应数据库表的名称，类的实例对应数据库表中的一条记录。

**（2）数据上下文类**

数据上下文类负责将模型类组织在一起，以及连接、创建和维护数据库中的数据，包括对数据库中数据的 CRUD（Create、Read、Update、Delete）操作和数据存在性检查等。

数据上下文类与数据库相对应，一个数据库对应一个数据上下文类，数据库名既可以和数据上下文类的类名相同，也可以不同。

**2. 模型类中的常用特性声明**

下面简单介绍在模型类中对属性进行声明的常用特性，在后面的学习中，我们会多次使用这些特性。

**（1）Key 特性**

该特性用于在模型类中声明指定的属性为主键。例如：

```
[Key]
public int ID { get; set; }
```

这段代码表示将 ID 作为主键，由于没有声明其他特性，因此插入新行时该字段的值默认由数据库自动生成。

编译模型类时，EF 如果在模型类中找不到 Key 特性，它还会自动查找是否在模型类中定义了 ID 属性或者后缀为 ID 的与类名相同的属性（ID 不区分大小写），只要找到其中之一，就自动将其作为主键，如果找不到这些属性，也找不到 Key 声明，则创建数据库结构时会显示未定义主键的错误信息。

**（2）DatabaseGenerated 特性**

DatabaseGenerated 特性指定如何生成数据库表中主键的值，在该特性的参数中，用 DatabaseGeneratedOption 枚举来指定可选项，可选的枚举值有：Identity（默认，插入新行时由数据库自动生成主键的值）、None（插入新行时自定义主键的值）、Computed（插入或更新行时由数据库自动生成主键的值，一般用于主键不是仅由一个字段组成的情况）。

例如：

```
[Key, DatabaseGenerated(DatabaseGeneratedOption.None)]
public string ID { get; set; }
```

这段代码表示 ID 为主键，插入新行时自定义主键的值，而不是由数据库自动生成。

**（3）Column 特性**

该特性用于指定将属性映射到数据库表的字段时，数据库表中保存的字段名、数据类型以及该数据列的排序方式，一般用于属性名和字段名类型不一致的情况。

例如：

```
[Column(TypeName = "date")]
public DateTime? BirthDate { get; set; }
```

这段代码表示 DateTime?类型的 BirthDate 属性对应数据库表结构中的 date 类型，其中 DateTime?是泛型 Nullable<DateTime>的简写形式，表示可以为 null 的日期类型。

## 8.1.3 利用 EF6 模板和已存在的数据库创建实体模型

在前面的学习中我们已经知道，EF6（Entity Framework 6）提供的 Code First 模式分为两种情况，一种情况是数据库已经存在，另一种情况是还不存在数据库。

这一节我们简单介绍数据库已经存在时 Code First 模式的基本用法，目的是为了让读者理解相关的概念，但是一定要记住，Code First 模式并不要求先存在数据库。

EF6 提供的【来自数据库的 Code First】模板适用于数据库已经存在的情况，该模板对不知道如何编写 C#模型类代码和 C#数据上下文类代码的初学者来说很有帮助，利用它可帮助我们自动生成 C#模型类代码和 C#数据上下文类代码。或者说，利用该模板，既可以根据生成的代码理解数据库表中字段类型和 C#数据类型之间的对应关系，又可以简化 Code First 代码编写的工作量。

【空 Code First 模型】模板和【来自数据库的 Code First】用法相似，适用于不存在数据库，但是希望借助它先帮我们自动生成一部分 C#代码的情况。

**1. 创建数据库**

为了说明如何在代码优先模式下根据已存在的数据库创建实体模型，我们可以先创建一个数据库，然后再利用 EF6 自动生成用 C#实现的实体类和数据上下文类代码。

在 VS2013 开发环境下学习数据库应用编程时，用它自带的 SQL Server Express LocalDB 数据库来实现即可，这种数据库的优点是用法简单，而且将项目和数据库从一台计算机复制到另一台计算机上时，不需要对数据库做任何单独的额外操作。

LocalDB 数据库实际上并不是为 IIS 设计的，但是，在开发环境下，由于 LocalDB 数据库使用方便，而且开发完成后，将 LocalDB 数据库移植到其他版本的数据库中也非常容易（只需要修改项目根目录下 Web.config 中的数据库连接字符串即可，其他代码不需要做任何改变），因此，开发 Web 应用程序项目时，在调试阶段或者学习时也一样可以用 LocalDB 数据库来实现。

下面以创建 MyDb1.mdf 数据库为例介绍具体实现步骤。

（1）鼠标右击 Mvc5Examples 项目中的 App_Data 文件夹，选择【添加】→【新建项】命令，在弹出的窗口中，选择【SQL Server 数据库】模板，将名称改为 MyDb1.mdf，单击【添加】按钮。此时系统就会自动在该文件夹下添加一个文件名为 MyDb1.mdf 的 LocalDB 数据库文件。

（2）双击 MyDb1.mdf 打开该数据库，在【服务器资源管理器】中，利用开发工具提供的设计器，用添加新表的办法创建表结构。具体办法为：在【服务器资源管理器】中，鼠标右击 MyDb1.mdf 下的【表】，选择【添加新表】，输入 SQL 脚本，单击【更新】→【更新数据库】命令，即可在【服务器资源管理器】中看到刚添加的数据库表（如果看不到新建的表，鼠标右击【表】刷新一下即可）。

创建 MyTable1 数据库表的 SQL 脚本如下：

```
CREATE TABLE [dbo].[MyTable1] (
   [KeChengID]   NCHAR (3)     NOT NULL,
   [KeChengName] NVARCHAR (30)NOT NULL,
   PRIMARY KEY CLUSTERED ([KeChengID] ASC)
);
```

创建 MyTable2 数据库表的 SQL 脚本如下：

```
CREATE TABLE [dbo].[MyTable2] (
   [StudentID]        NCHAR (8)     NOT NULL,
   [StudentName] NVARCHAR (30) NOT NULL,
   [RuXueShiJian] DATE NULL,
   PRIMARY KEY CLUSTERED ([StudentID] ASC)
);
```

创建 MyTable3 数据库表的 SQL 脚本如下：

```
CREATE TABLE [dbo].[MyTable3] (
   [StudentID] NCHAR (8) NOT NULL,
   [KeChengID] NCHAR (3) NOT NULL,
   [Grade]     INT      NOT NULL,
   [ID]        INT      IDENTITY (1, 1) NOT NULL,
   PRIMARY KEY CLUSTERED ([ID] ASC),
   CONSTRAINT [FK_MyTable3_MyTable2] FOREIGN KEY ([StudentID])
      REFERENCES [dbo].[MyTable2] ([StudentID]),
   CONSTRAINT [FK_MyTable3_MyTable1] FOREIGN KEY ([KeChengID])
      REFERENCES [dbo].[MyTable1] ([KeChengID])
);
```

**2. 创建实体模型**

创建数据库表以后，就可以利用【ADO.NET 实体数据模型】和【来自数据库的 Code First】模板帮助我们生成用 C#代码实现的模型类和数据上下文类了。

具体步骤如下。

（1）在 Chapter08 区域的 Models 文件夹新建一个名为 MyDb1Model 的子文件夹，然后鼠标右击该子文件夹，选择【添加】→【新建项】命令，在弹出的窗口中，选择【数据】分类下的【ADO.NET 实体数据模型】，将名称改为 MyDb1。

（2）单击【添加】按钮，在弹出的“选择模型内容”窗口中，选择【来自数据库的 Code First】模板。

（3）单击【下一步】按钮，在新弹出的“选择您的数据连接”窗口中，有一个带有“您的应用程序应使用哪个数据连接与数据库进行连接？”提示的下拉框，在该下拉框中选择使用的数据库为 MyDb1.mdf，如图 8-2 所示。

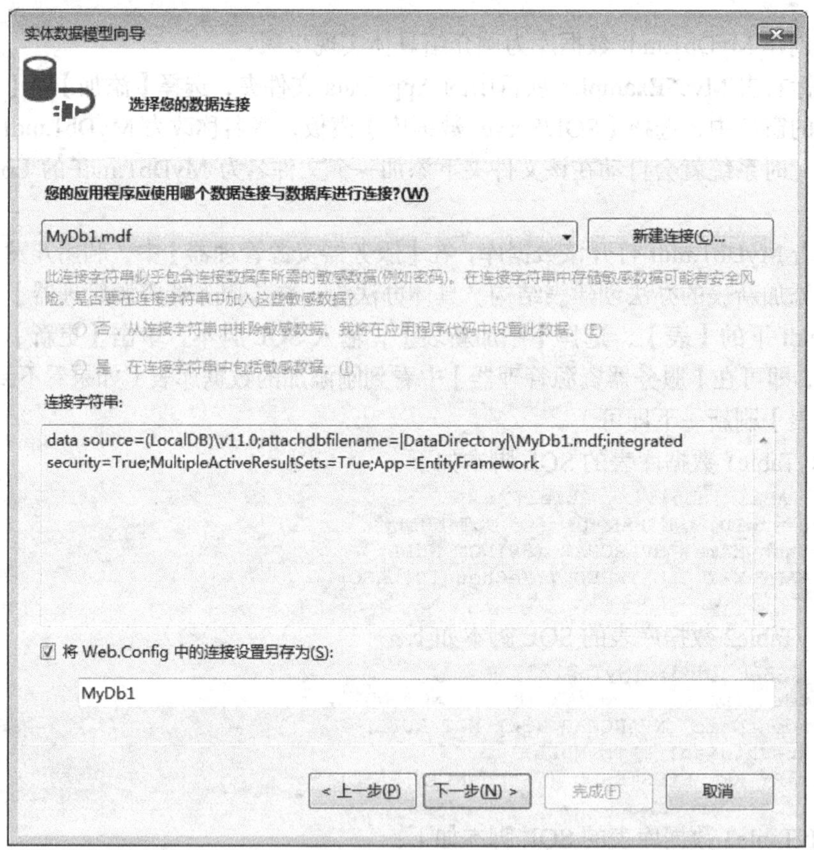


图8-2　选择数据连接

（4）单击【下一步】按钮，在弹出的窗口中勾选【表】，然后单击【完成】按钮。

此时，在 MyDb1Model 文件夹下就会自动生成数据上下文类（MyDb1.cs 文件）和对应的模型类文件（MyTable1.cs、MyTable2.cs、MyTable3.cs）。

另外，在项目根目录下的 Web.config 文件中（注意 W 为大写字母），还会自动添加数据库连接字符串，相关代码如下（省略了其中的细节内容）。

```
<connectionStrings>
```

```
    <add name="MyDb1" ...... />
</connectionStrings>
```

在这段代码中，name="MyDb1"表示数据库连接字符串的名称，该名称将通过 MyDb1 类的构造函数传递给它的基类 DbContext。

**3. 观察自动生成的模型类和数据上下文类**

创建了模型类（MyTable1.cs、MyTable2.cs、MyTable3.cs）和数据上下文类（MyDb.cs）以后，第 1 步创建的数据库的使命已经完成，这是因为当修改模型类以及数据上下文类中的代码后，会自动删除已经存在的 MyDb1.mdf，并重新按照修改后的结构创建这个数据库。

读者可以观察自动生成的模型类和数据上下文类，理解自动生成的 C#代码与数据库结构之间的对应关系，为将要介绍的 Code First 的实际设计步骤做准备。

总之，有了继承自 DbContext 的 MyDb1 数据上下文类以及 MyTable1 模型类和 MyTable2 模型类，就可以直接编辑这些类来创建和修改数据库结构，还可以直接通过添加类的办法添加新的模型类。而通过手工创建的 MyDb1.mdf 仅仅是为了帮助我们生成模型类代码和数据上下文代码，或者说，一旦我们熟悉了模型类代码和数据上下文代码的编写办法，就不需要先创建数据库了。

# 8.2　代码优先模式完整示例

这一节我们通过完整示例，详细说明如何利用 EF6 提供的 Code First 模式开发数据库相关的应用程序。

前面我们提过，手工创建数据库的目的仅仅是为了让初学者理解模型类中 C#代码和数据库表的对应关系。但是，在 Code First 开发模式中，并不需要先手工创建数据库，而是直接创建模型类及其上下文类即可。或者说，通过“直接创建和编辑数据上下文类以及模型类”这种方式来维护数据库，包括创建、添加、删除、修改数据库表结构，才是 Code First 的真正含义，也是在项目开发中实际采用的办法。

## 8.2.1　数据库结构设计

下面以 MyDb2.mdf 数据库为例，介绍准备实现的数据库以及数据库表的结构，这样做是为了不覆盖上一节创建的 MyDb1.mdf 及其自动生成的代码，以便读者对比两者的区别。

为了方便学习和记忆，我们将 MyDb2.mdf 中的 3 个表分别命名为 MyTable1、MyTable2、MyTable3，但是一定要注意，在实际项目中应该用有意义的名称来命名，而不是用数字序号表示。

**1. MyTable1**

MyTable1 用于保存每个课程的课程名称及其对应的编码，仅作为示例的表结构如表 8-1 所示（实际项目中的表结构要复杂得多，所以该结构仅作为示例使用）。

表 8-1　　　　课程编码对照表（MyTable1）

| 字段名 | 字段类型 | 是否可为 NULL | 是否为主键 | 字段说明 | 数据示例 |
| --- | --- | --- | --- | --- | --- |
| KeChengID | nchar(3) | 否 | 是 | 课程编号 | 101 |
| KeChengName | nvarchar(30) | 否 |  | 课程名称 | 数据结构 |

### 2. MyTable2

MyTable2 用于保存每个学生的基本信息，仅作为示例的表结构如表 8-2 所示。

表 8-2 学生基本信息表（MyTable2）

| 字段名 | 字段类型 | 是否可为 NULL | 是否为主键 | 字段说明 | 数据示例 |
|---|---|---|---|---|---|
| StudentID | nchar(8) | 否 | 是 | 学号 | 05001001 |
| StudentName | nvarchar(30) | 否 | | 姓名 | 张三 |
| RuXueShiJian | date | 是 | | 入学时间 | 2015-09-01 |

### 3. MyTable3

MyTable3 用于保存所有学生的成绩，仅作为示例的表结构如表 8-3 所示。

表 8-3 学生成绩表（MyTable3）

| 字段名 | 字段类型 | 是否可为 NULL | 是否为主键 | 字段说明 | 数据示例 |
|---|---|---|---|---|---|
| StudentID | nchar(8) | 否 | | 学号，外键，该值必须在 MyTable2 中存在 | 05001001 |
| KeChengID | nchar(3) | 否 | | 课程编号，外键，该值必须在 MyTable1 中存在 | 101 |
| Grade | int | 是 | | 成绩 | 80 |
| ID | int | 否 | 是 | 数据库自动生成值 | |

## 8.2.2 创建模型

数据库结构确定后，就可以创建模型类和数据上下文类了。

### 1. 利用“空 Code First”模板创建模型

由于“空 Code First”模板可帮我们自动在项目中添加相关的引用，所以在创建模型类和数据上下文类之前，需要先执行这一步。

为了避免和 MyDb1.mdf 中创建的表名冲突，这一节创建的新模型全部保存在 Models 文件夹下的 MyDb2Model 子文件夹下，具体步骤如下。

（1）在 Models 子文件夹下新建一个名为 MyDb2Model 的子文件夹。

（2）鼠标右击 MyDb2Model 子文件夹，选择【添加】→【新建项】命令，在弹出的窗口中，选择【ADO.NET 实体数据模型】，将名称修改为 MyDb2，单击【添加】按钮。

（3）在新弹出的窗口中，选择【空 Code First】模型，单击【完成】按钮。

此时，模板除了帮我们添加对相关文件的引用外，还会自动在 Models 子文件夹下添加一个文件名为 MyDb2.cs 的文件，同时，在项目根文件夹下的 Web.config 文件中，也会自动添加一个名为 MyDb2 的数据库连接字符串。

接下来我们就可以分别实现模型类和数据上下文类了。

### 2. 添加模型类

模型类包括 MyTable1、MyTable2 和 MyTable3。

#### （1）MyTable1.cs

鼠标右击 Models 文件夹下的 MyDb2Model 子文件夹，选择【添加】→【类】命令，添加一个文件名为 MyTable1.cs 的模型类，将代码改为下面的内容（这里保留了源程序中留出的空行，目的是为了容易看出特性声明针对的是哪个属性）：

```
......//此处省略了命名空间引用
namespace Mvc5Examples.Areas.Chapter08.Models.MyDb2Model
{
    [Table("MyTable1")]
    public class MyTable1
    {
        [Key, DatabaseGenerated(DatabaseGeneratedOption.None)]
        [Required]
        [StringLength(3, MinimumLength = 3)]
        [Display(Name = "课程编号")]
        public string KeChengID { get; set; }
        [Required]
        [StringLength(30)]
        [Display(Name = "课程名称")]
        public string KeChengName { get; set; }
        public virtual ICollection<MyTable3> MyTable3 { get; set; }
    }
}
```

在这个类中，Table 特性表示该模型类对应的数据库表的名称是"MyTable1"。如果不声明 Table 特性，创建数据库时，该模型类对应的数据库表名默认将使用模型类的复数形式（EF 会自动添加后缀"s"）。

Key 特性表示将 KeChengID 作为主键，DatabaseGenerated 为 None 表示添加新行时不让数据库自动生成 KeChengID 字段的值。由于框架并不知道我们定义的课程编号中每位的含义（如我们规定 8 位课程号的 1～3 位表示学院编码，4～5 位表示专业编码等），所以它自动生成的主键值不一定满足我们的要求，因此必须明确声明生成主键时，由我们自己来指定主键的值，即将该特性声明为 DatabaseGeneratedOption.None。

Display 表示在网页中将 KeChengID 显示为"课程编号"，StringLength(3，MinimumLength = 3)表示 KeChengID 字段的最小长度和最大长度都是 3。

该类中的 MyTable3 属性是一个导航属性，用于将 MyTable3 实体与 MyTable1 实体关联在一起，即将 MyTable3 中与 MyTable1 中的具有相同课程编号的记录用外键关联起来（EF 会自动查找相同的属性然后将其用外键关联在一起）。导航属性一律都用 virtual 关键字声明，目的是为了在继承自该属性的实现中可以延迟加载数据库中的数据。另外，由于导航属性可能存在多个实体（MyTable3 中的多条记录对应 MyTable1 中的具有相同课程编号的一条记录），因此自动生成的这个类中用 ICollection 泛型集合来声明它导航的属性是一个集合。

**（2）MyTable2.cs**

在 MyDb2Model 文件夹下添加 MyTable2.cs 的文件，将代码改为下面的内容：

```
......//此处省略了命名空间引用
namespace Mvc5Examples.Areas.Chapter08.Models.MyDb2Model
{
    [Table("MyTable2")]
    public class MyTable2
    {
        public MyTable2()
        {
            MyTable3 = new HashSet<MyTable3>();
        }
        [Key, DatabaseGenerated(DatabaseGeneratedOption.None)]
        [Required]
```

```
        [StringLength(8, MinimumLength = 8)]
        [Display(Name = "学号"), DisplayFormat(DataFormatString = "{0:d8}")]
        public string StudentID { get; set; }
        [Required]
        [StringLength(30)]
        [Display(Name = "姓名")]
        public string StudentName { get; set; }
        [Column(TypeName = "date")]
        [Display(Name = "入学时间"),
                DisplayFormat(DataFormatString = "{0:yyyy-MM-dd}")]
        public DateTime? RuXueShiJian { get; set; }
        public virtual ICollection<MyTable3> MyTable3 { get; set; }
    }
}
```

在这段代码中，由于 StudentID 和类名 MyTable1 不同，因此必须用 Key 特性指定该属性是主键。另外，代码中的 Column 特性指定数据库表中与 RuXueShiJian 属性对应的数据类型，DateTime?是泛型 Nullable<DateTime>的简化表示形式。

该类中的 MyTable3 属性是一个导航属性，用于将 MyTable3 实体与 MyTable2 实体关联在一起，即将 MyTable3 中与 MyTable2 中的具有相同学号的记录用外键关联起来。

**（3）MyTable3.cs**

在 MyDb2Model 文件夹下添加 MyTable3.cs 的文件，将代码改为下面的内容：

```
......//此处省略了命名空间引用
namespace Mvc5Examples.Areas.Chapter08.Models.MyDb2Model
{
    [Table("MyTable3")]
    public class MyTable3
    {
        [Key, DatabaseGenerated(DatabaseGeneratedOption.Identity)]
        public int ID { get; set; }
        [StringLength(8)]
        [Display(Name = "学号")]
        public string StudentID { get; set; }
        [StringLength(3)]
        [Display(Name = "课程编号")]
        public string KeChengID { get; set; }
        [Range(0, 100, ErrorMessage = "成绩必须是 0~100 之间的整数。")]
        [Display(Name = "成绩")]
        public int? Grade { get; set; }
        public virtual MyTable1 MyTable1 { get; set; }
        public virtual MyTable2 MyTable2 { get; set; }
    }
}
```

DatabaseGenerated 的参数 Identity 表示添加新行时让数据库自动生成 ID 字段的值，这样做的好处是能让我们一眼就看出如何生成该主键的值。实际上，即使不声明 DatabaseGenerated 特性，EF 也会自动将 ID 作为主键，而且在数据库中添加新行时由数据库自动生成它的值，这是因为没有声明主键时 EF 会自动将不区分大小写的 ID 或与模型类同名且后缀为 ID（不区分大小写）的属性作为数据库表的主键。

### 3. 编辑数据上下文类

实体框架（EF）在 System.Data.Entity 命名空间下提供了一个 DbContext 类，当创建一个从该类继承的数据上下文类，并在构造函数中传递数据库连接字符串的名称到基类以后，EF 就可以自动在项目根目录下的 Web.config 文件中找到这个数据库连接字符串，然后利用它操作数据库。对于项目开发人员来说，只需要对继承自 DbContext 类的 MyDb 数据上下文类进行操作，即可实现对数据库的操作。

**（1）编辑 MyDb2.cs**

将创建模型时 MyDb2Model 文件夹下自动生成的 MyDb2.cs 文件改为下面的内容：

```
using System;
using System.Data.Entity;
using System.ComponentModel.DataAnnotations.Schema;
using System.Linq;
using System.Collections.Generic;
namespace Mvc5Examples.Areas.Chapter08.Models.MyDb2Model
{
    public class MyDb2 : DbContext
    {
        public MyDb2()
            : base("name=MyDb2")
        {
        }
        public virtual DbSet<MyTable1> MyTable1 { get; set; }
        public virtual DbSet<MyTable2> MyTable2 { get; set; }
        public virtual DbSet<MyTable3> MyTable3 { get; set; }
        protected override void OnModelCreating(DbModelBuilder modelBuilder)
        {
            modelBuilder.Entity<MyTable1>()
                .Property(e => e.KeChengID)
                .IsFixedLength();
            modelBuilder.Entity<MyTable1>()
                .HasMany(e => e.MyTable3)
                .WithRequired(e => e.MyTable1)
                .WillCascadeOnDelete(true);
            modelBuilder.Entity<MyTable2>()
                .Property(e => e.StudentID)
                .IsFixedLength();
            modelBuilder.Entity<MyTable2>()
                .HasMany(e => e.MyTable3)        //MyTable2 中的 1 行对应 MyTable3 中的多行
                .WithRequired(e => e.MyTable2) //MyTable3 中的学号在 MyTable2 中必须存在
                //启用级联删除（删除 MyTable2 中的记录时自动删除 MyTable3 中对应的所有记录）
                .WillCascadeOnDelete(true);
            modelBuilder.Entity<MyTable3>()
                .Property(e => e.StudentID)
                .IsFixedLength();
            modelBuilder.Entity<MyTable3>()
                .Property(e => e.KeChengID)
                .IsFixedLength();
        }
    }
}
```

MyDb2 数据上下文类继承自 DbContext 类，类中用 DbSet 泛型声明了数据上下文类包含的数据集。

注意：数据上下文类的名称和数据库名相同，类中的一个 DbSet 数据集对应数据库中的一个数据库表，DbSet 中的一个实体对象对应数据库表中的一条记录。另外，DbSet 泛型的属性名称应该和模型类中用 Table 特性声明的名称相同，如果两者不同，创建数据库时会失败。

**（2）观察模板自动添加的数据库连接字符串**

观察创建模型时项目根目录 Web.Config 文件的 connectionStrings 节中自动添加的名为 MyDb2 的数据库连接字符串。

如果希望将数据库文件（MyDb2.mdf）保存到本项目的 App_Data 文件夹下，将自动生成的连接字符串改为下面的内容即可：

```
<connectionStrings>
    <add name="MyDb2" connectionString="data source=(LocalDB)\v11.0;
          attachdbfilename=|DataDirectory|\MyDb2.mdf;
          integrated security=True;multipleactiveresultsets=True;
          application name=EntityFramework" providerName="System.Data.SqlClient" />
</connectionStrings>
```

注意该配置中的连接字符串名称要和在数据上下文类（MyDb2.cs 文件）的构造函数中传递给基类的数据库连接字符串的名称相同。

**4. 创建数据库初始化类和默认的数据库初始化策略**

数据库初始化类继承自 DropCreateDatabaseIfModelChanges<MyDb2>，指定数据库初始化策略时将用到这个类。

**（1）MyDb2Init.cs**

在项目根目录下添加一个名为 cs 的子文件夹（也可以是其他文件夹），然后在该文件夹下添加一个文件名为 MyDb2Init.cs 的类，将代码改为下面的内容：

```
using Mvc5Examples.Areas.Chapter08.Models.MyDb2Model;
using System.Data.Entity;
namespace Mvc5Examples.Areas.Chapter08.cs
{
    //定义默认的初始化策略
    //（当模型改变时，如果数据库不存在就自动创建，如果存在就先删除再创建）
    public class MyDb2Init : DropCreateDatabaseIfModelChanges<MyDb2>
    {
        //设置数据库种子（所有表均初始化为无数据）
        protected override void Seed(MyDb2 context)
        {
            base.Seed(context);
        }
    }
}
```

**（2）Global.asax**

默认的数据库初始化策略用于设置首次访问数据库时自动执行的初始化方法。

打开 Global.asax 文件，在该文件中添加下面的代码：

```
......
using System.Data.Entity;
using Mvc5Examples.Areas.Chapter08.Models.MyDb2Model;
using Mvc5Examples.Areas.Chapter08.cs;
namespace Mvc5Examples
{
    public class MvcApplication : System.Web.HttpApplication
    {
        protected void Application_Start()
        {
            //发布时要注释掉该行语句
            Database.SetInitializer<MyDb2>(new MyDb2Init());
            ......
        }
    }
}
```

这段代码中的 Database.SetInitializer 方法用于设置数据库初始化策略，当数据库已经存在数据而且又通过修改模型类添加或删除了表结构时，如果没有这条语句，将会出现错误。

该语句和 MyDb2Init.cs 文件中的类共同起作用的含义为：创建数据库以后，只要修改了模型（包括模型类和数据上下文类），访问数据库时 EF 就会自动删除已存在的 MyDb2.mdf 数据库并重新创建 MyDb2.mdf 数据库，然后自动执行 MyDb2Init 中的 Seed 方法，而不需要我们再手动去操作，这就是“Code First”的本质，即只需要我们维护模型代码（模型类和数据上下文类），就可以方便地更改数据库的结构。

另外，由于 MyDb2Init 中重写的 Seed 方法没有包含任何初始化代码，所以新建或者重新创建后的数据库表都是空记录。

**5. 生成应用程序**

鼠标右击项目名，选择【重新生成】命令，如果没有错误信息，则表明已经完成实体模型的创建过程。

到这一步为止，我们只是对实体模型进行了创建和编译，但是还没有创建数据库。只有创建控制器和视图并运行程序后，才会自动创建数据库。

## 8.2.3　添加控制器和视图

创建模型类和数据上下文类以后，就可以通过控制器和视图来操作数据库了。

EF6 除了帮助我们维护数据库结构外，还能帮助我们自动生成控制器和视图的实现代码，这对初学者来说很有帮助。当然，在实际项目中，自动生成的控制器和视图代码用处并不大，针对具体的功能，绝大多数情况下都需要我们重新编写代码来实现，但是，利用它先帮我们自动完成一部分工作，仍然能简化一些代码编写的工作量。

**1. 添加 MyTable1 的控制器和视图**

下面简单介绍如何利用 EF 自动生成控制器和视图的实现代码。

（1）在 Chapter08 区域的 Controllers 文件夹下添加一个名为 MyDb2Controllers 子文件夹，然后鼠标右击该子文件夹，选择【添加】→【控制器】命令，在弹出的窗口中，选择【包含视图的 MVC 5 控制器（使用 Entity Framework）】模板，如图 8-3 所示。

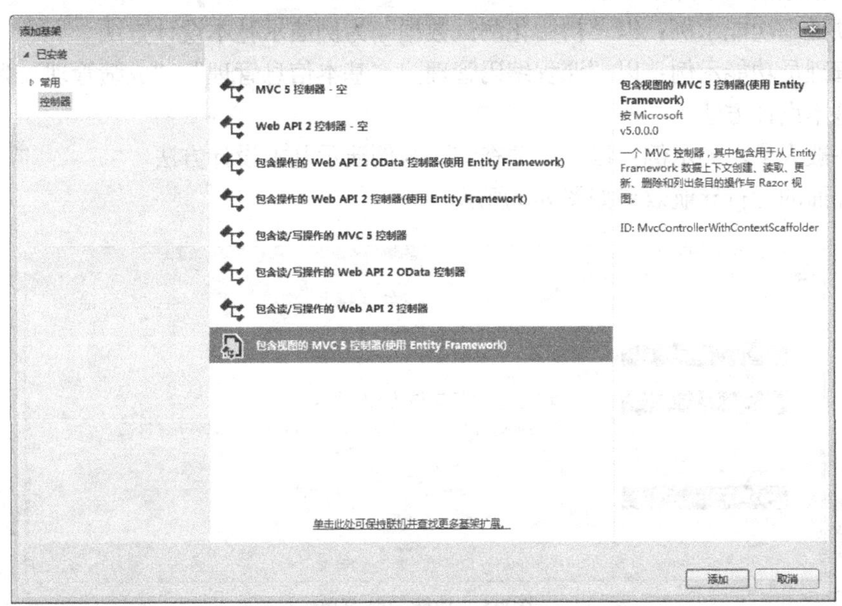


图8-3　选择支架模板

（2）单击【添加】按钮，在弹出的窗口中，选择如图 8-4 所示的选项。

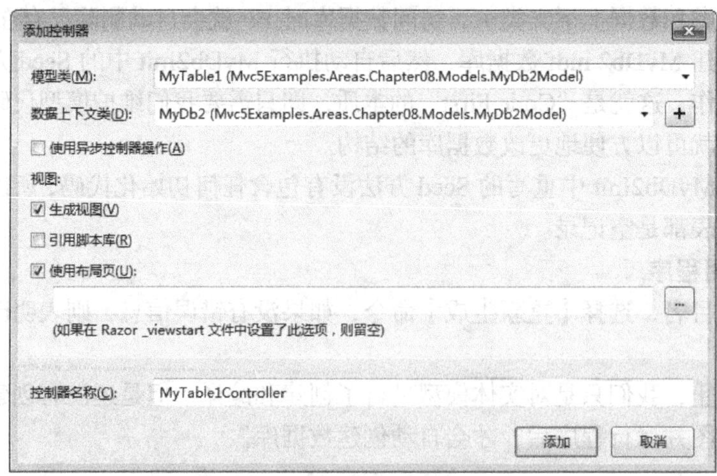


图8-4　添加控制器和视图

此处不需要勾选“引用脚本库”选项，这是因为我们已经在布局页中添加了相关的引用。

（3）单击【添加】按钮。

此时，在 MyDb2Controllers 文件夹下就会自动添加文件名为 MyTable1Controller.cs 的文件，并自动在 Views 文件夹下添加 MyTable1 子文件夹，同时还会在该子文件夹下添加以下文件：Index.cshtml、Create.cshtml、Details.cshtml、Edit.cshtml 以及 Delete.cshtml。

**2. 添加 MyTable2 和 MyTable3 的控制器和视图**

按照与添加 MyTable1 的控制器和视图相同的办法，继续添加 MyTable2 和 MyTable3 的控制器和视图。

**3. 添加功能导航菜单**

完成以上功能后，修改 ch08Demos.cshtml 文件，添加对应的导航功能。

本章示例包括以下几个功能。

（1）预处理功能示例：以“初始化测试数据”为例演示基本设计方法。

（2）管理员功能示例：以“课程编码管理”“基本信息管理”“成绩管理”为例演示不同界面的基本设计方法。

（3）一般人员功能示例：以“成绩查询”为例演示基本设计方法。

示例界面的运行导航效果如图 8-5 所示。

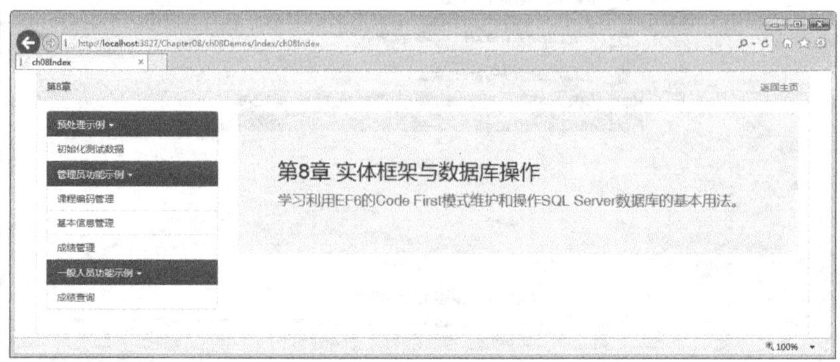


图8-5　功能导航菜单

接下来，我们就可以分别实现这些功能了。

### 8.2.4　预处理

采用 Code First 模式时，由于创建数据库和删除库中已经存在的数据并重新创建数据库都是由框架自动执行的，因此，如果希望数据库创建后能自动包含测试用的初始数据，只需要编写一个继承自 DropCreateDatabaseIfModelChanges<TContext>的类，并在继承的类中重写基类的 Seed 方法（即设置数据库种子），然后再通过配置文件或者 Global.asax 文件让 EF 能自动执行这个方法，这种方式和采用 Database First 模式时手工添加初始化数据的功能相同，前面我们学习的默认数据库初始化策略（MyDb2Init.cs）采用的就是这种办法。

但是，当我们测试程序功能时，如删除数据等，在没有改变模型的情况下，我们仍希望能随时初始化测试数据，而不是仅在修改模型后首次访问数据库时才执行初始化，在这种情况下，就可以采用本节介绍的办法来实现。

**1. 设计思路**

在 Code First 模式中，除了 EF 默认实现的执行策略外，ASP.NET MVC 还为项目开发人员提供了一个 DropCreateDatabaseAlways<TContext>类，如果编写一个从该类继承的类，并在继承的类中重写该类的 Seed 方法，那么，不论数据库是否已经存在，也不论是否是首次访问数据库，只要调用该类的公开的 InitializeDatabase 方法，都会创建新的数据库（如果存在就先删除再创建）并自动执行继承自该类的 Seed 方法。利用这个特点，我们就可以用独立的模块实现初始化测试数据的功能。

在实际项目中，该功能是指在正式使用数据库之前需要执行的初始化工作。

**2. 代码实现**

下面通过具体步骤说明初始化数据的实现办法。当然，这里所说的初始化仅仅是为了实现初始化表 8-1～表 8-3 中列出的测试数据，与实际项目中所说的正式使用数据库之前的“初始化”并不是一回事，但两者的基本实现思路完全相同。

单击导航菜单的【初始化测试数据】，稍等片刻即可看到如图 8-6 所示的结果。

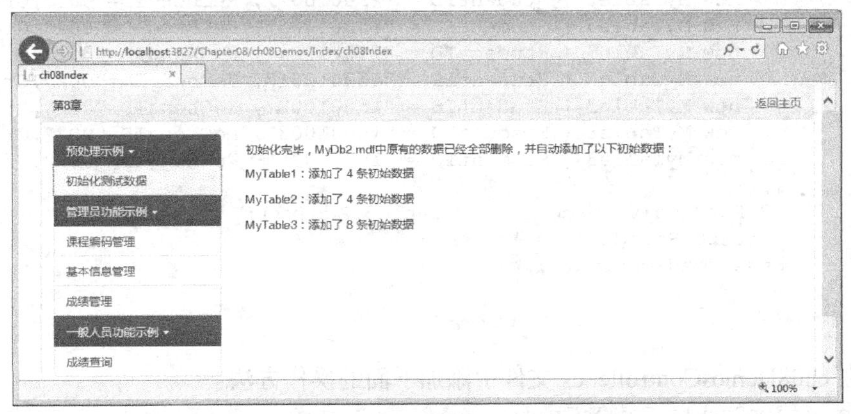


图8-6　初始化测试数据的页面运行效果

设计步骤如下。

（1）在项目根目录的 cs 文件夹下添加一个文件名为 MyDb2InitAlways.cs 的类，将代码改为下面的内容：

```
using Mvc5Examples.Areas.Chapter08.Models.MyDb2Model;
using System;
using System.Collections.Generic;
using System.Data.Entity;
namespace Mvc5Examples.Areas.Chapter08.cs
{
    //只要调用它，就会自动删除 MyDb2 数据库，然后新建数据库并设置种子
    public class MyDb2InitAlways : DropCreateDatabaseAlways<MyDb2>
    {
        //设置种子（新建数据库后首次访问时自动添加的数据）
        protected override void Seed(MyDb2 context)
        {
            var t1 = new List<MyTable1>
            {
                new MyTable1{KeChengID="001", KeChengName="数据结构"},
                new MyTable1{KeChengID="002", KeChengName="操作系统"},
                new MyTable1{KeChengID="003", KeChengName="计算机组成原理"},
                new MyTable1{KeChengID="004", KeChengName="C#程序设计"},
            };
            t1.ForEach(v => context.MyTable1.Add(v));
            context.SaveChanges();
            var t2 = new List<MyTable2>
            {
                new MyTable2{ StudentID = "15001001", StudentName="张三玉",
                              RuXueShiJian = DateTime.Parse("2015-09-01")},
                new MyTable2{ StudentID = "15001002", StudentName="李斯文",
                              RuXueShiJian = DateTime.Parse("2015-09-01")},
                new MyTable2{ StudentID = "15001003", StudentName="王武行",
                              RuXueShiJian = DateTime.Parse("2015-09-01")},
                new MyTable2{ StudentID = "15001004", StudentName="赵六方",
                              RuXueShiJian = DateTime.Parse("2015-09-01")},
            };
            t2.ForEach(v => context.MyTable2.Add(v));
            context.SaveChanges();
            var t3 = new List<MyTable3>
            {
                new MyTable3 { StudentID = "15001001", KeChengID="001",Grade=80 },
                new MyTable3 { StudentID = "15001002", KeChengID="001",Grade=81 },
                new MyTable3 { StudentID = "15001003", KeChengID="001",Grade=82 },
                new MyTable3 { StudentID = "15001004", KeChengID="001",Grade=83 },
                new MyTable3 { StudentID = "15001001", KeChengID="002",Grade=90 },
                new MyTable3 { StudentID = "15001002", KeChengID="002",Grade=91 },
                new MyTable3 { StudentID = "15001003", KeChengID="002",Grade=92 },
                new MyTable3 { StudentID = "15001004", KeChengID="002",Grade=93 },
            };
            t3.ForEach(v => context.MyTable3.Add(v));
            context.SaveChanges();
            base.Seed(context);
        }
    }
}
```

（2）在 ch08DemosController.cs 文件中添加下面的操作方法：

```
public ActionResult InitMyDb2()
{
    MyDb2 db = new MyDb2();
    MyDb2InitAlways context = new MyDb2InitAlways();
    context.InitializeDatabase(db);
    ViewBag.Count1 = db.MyTable1.Count();
    ViewBag.Count2 = db.MyTable2.Count();
```

```
    ViewBag.Count3 = db.MyTable3.Count();
    return PartialView();
}
```

（3）鼠标右击 InitMyDb2 操作方法，创建一个文件名为 InitMyDb2.cshtml 的分部视图，并添加下面的代码：

```
<h5>初始化完毕，MyDb2.mdf 中原有的数据已经全部删除，并自动添加了以下初始数据：</h5>
<p>MyTable1：添加了 @ViewBag.Count1 条初始数据</p>
<p>MyTable2：添加了 @ViewBag.Count2 条初始数据</p>
<p>MyTable3：添加了 @ViewBag.Count3 条初始数据</p>
```

（4）在 ch08Demos.cshtml 文件中添加导航代码：

```
@{
    var opts = (AjaxOptions)TempData["AjaxOptions"];
    var a1 = "list-group-item";
}
......
@Ajax.ActionLink("初始化", "InitMyDb2", "ch08Demos", null, opts, new { @class = a1 })
```

（5）运行程序。

由于初始化属于预处理的工作，所以我们将其分类到“预处理示例”的可折叠菜单项中。

## 8.2.5　课程编码管理

课程编码管理实现“课程编码对照表”的增加、删除、修改、浏览功能。页面文件都在 MyDb2Table1 文件夹下，对应的所有操作方法都在 MyDb2Table1Controller.cs 文件中。

### 1. 主页面（Index.cshtml 文件）

单击导航菜单的【课程编码管理】，稍等片刻即可看到如图 8-7 所示的结果。

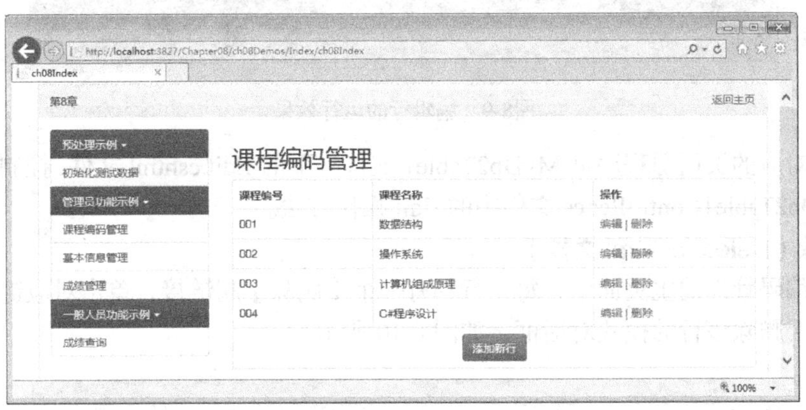


图8-7　课程编码管理示例的初始页面运行效果

该功能对应的页面源程序见 MyDb2Table1 文件夹下的 Index.cshtml 文件。

### 2. 添加（Create.cshtml 文件）

在课程编码管理的主页面中，有一个【添加新行】超链接，单击该链接会自动导航到如图 8-8 所示的页面。

该功能对应的页面源程序见 MyDb2Table1 文件夹下的 Create.cshtml 文件，控制器中的相关代码见 MyDb2Table1Controller.cs 文件中的 Create 操作方法。

代码中通过 Bind 特性绑定 MyTable1 中的每个字段，同时声明 ValidateAntiForgeryToken 特性，这样做是为了防止黑客的攻击。

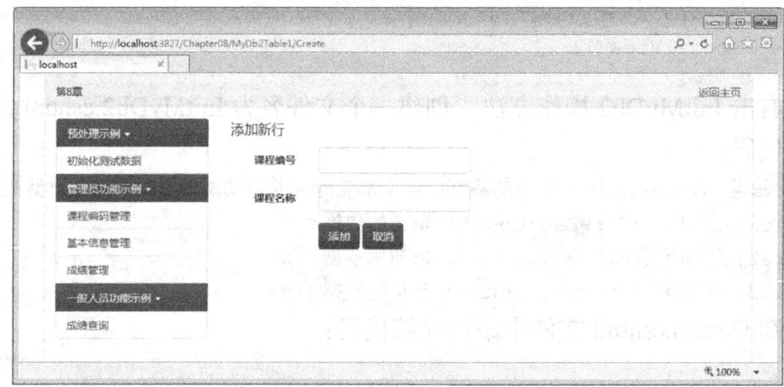


图8-8　添加新行的运行效果

### 3. 编辑（Edit.cshtml 文件）

在课程编码管理的主页面中，每一行都有一个【编辑】超链接，单击对应链接，会自动弹出编辑该行的模式对话框，如图 8-9 所示。

图8-9　编辑行的运行效果

该功能对应的页面源程序见 MyDb2Table1 文件夹下的 Edit.cshtml 文件，控制器中的相关代码见 MyDb2Table1Controller.cs 文件中的 Edit 操作方法。

### 4. 删除（Delete.cshtml 文件）

在课程编码管理的主页面中，每一行都有一个【删除】超链接，单击对应链接，会自动弹出询问是否删除该行的模式对话框，如图 8-10 所示。

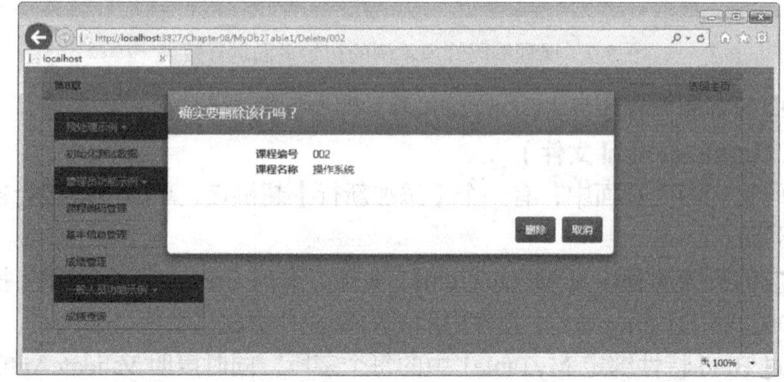


图8-10　删除行的运行效果

该功能对应的页面源程序见 MyDb2Table1 文件夹下的 Delete.cshtml 文件，控制器中的相关代码见 MyDb2Table1Controller.cs 文件中的 Delete 操作方法。

## 8.2.6　基本信息管理

基本信息管理实现学生基本信息的浏览、增加、删除、修改功能，这些功能的实现代码和课程编码管理的实现代码非常相似，区别仅仅是字段个数不同。

### 1. 页面运行效果

基本信息管理页面对应的所有操作方法都在 MyDb2Table2Controller.cs 文件中，添加、编辑、删除的页面运行效果如图 8-11 所示。

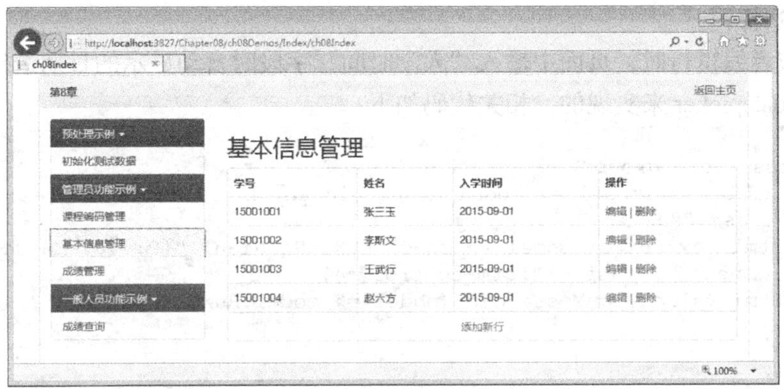


（a）初始页面

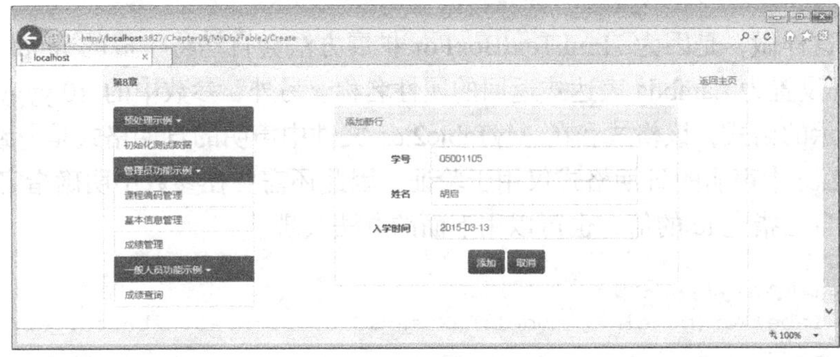


（b）添加行

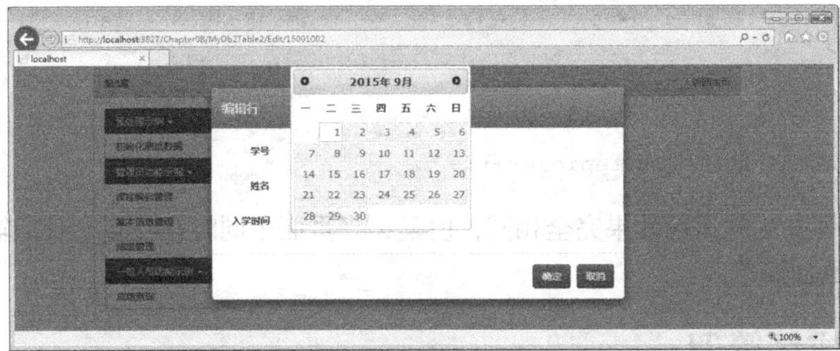


（c）编辑行

图8-11　基本信息管理示例的运行效果

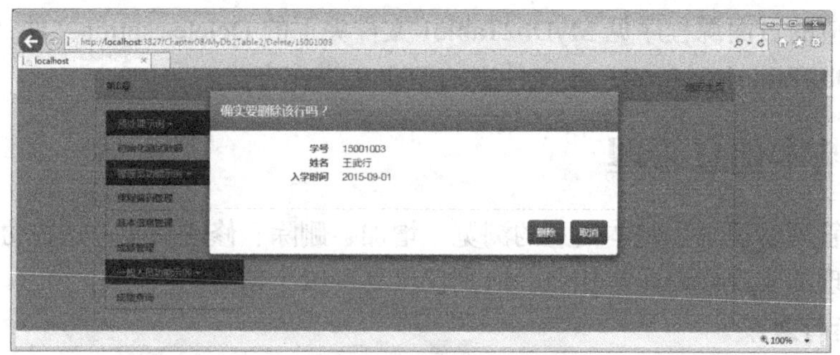

（d）删除行

图8-11　基本信息管理示例的运行效果（续）

#### 2. 日期选择器

添加行或者编辑行时，页面中输入“入学时间”字段时自动显示的日期选择器都是利用 jQuery UI 的 datepicker 来实现的，相关代码如下：

```
......
<div class="form-group">
   @Html.LabelFor(model => model.RuXueShiJian, htmlAttributes: a1)
   <div class="@a2">
      @Html.TextBoxFor(model => model.RuXueShiJian, "{0:yyyy-MM-dd}",
          new { @class = "form-control" })
      @Html.ValidationMessageFor(model => model.RuXueShiJian, "", a4)
   </div>
</div>
......
<script>
   $("#RuXueShiJian").datepicker();
</script>
```

之所以可这样做，是因为 Html.TextBoxFor 扩展方法会自动将生成的 input 元素的 id 和 name 特性值都设置为 Lambda 表达式返回的属性名称。另外，参数中的"{0:yyyy-MM-dd}"用于设置日期显示的格式，该格式和在 MyTable2.cs 文件中声明的日期格式是一致的，但是，由于 MyTable2.cs 中声明的日期格式仅用于验证，因此还需要在参数中明确指定显示格式。

如果希望自己指定 id 的值，也可以用下面的办法实现：

```
......
<div class="form-group">
   @Html.LabelFor(model => model.RuXueShiJian, htmlAttributes: a1)
   <div class="@a2">
      @Html.TextBoxFor(model => model.RuXueShiJian, "{0:yyyy-MM-dd}",
          new { @id = "datepicker1", @class = "form-control" })
      @Html.ValidationMessageFor(model => model.RuXueShiJian, "", a4)
   </div>
</div>
......
<script>
   $("#datepicker1").datepicker();
</script>
```

这两种实现办法的运行效果完全相同，但是，当页面中同时存在多个日期输入框时，第 1 种办法显然更加简单。

## 8.2.7　成绩管理

成绩管理实现学生所修课程成绩的批量添加、删除、编辑、浏览功能，为了不让实现的代码过多，例子中将基本信息表中的所有学生全部作为同一个班级来看待，当然也可以根据需要，仅读取其中的一部分学生。

为了演示不同的设计思路，这一节我们采用和编码管理以及基本信息管理不一样的另一种方式来实现。

### 1. 主页面（Index.cshtml 文件）

单击导航菜单的【课程管理】，即可看到如图 8-12 所示的结果。

图8-12　成绩管理示例的初始页面运行效果

默认情况下，初始页面会自动显示成绩表中保存的第 1 门课程，由于下拉框中所选课程已经显示在成绩表中，因此【添加成绩】按钮不可用。

该功能对应的页面源程序见 MyDb2Table3 文件夹下的 Index.cshtml 文件，控制器中的相关代码见 MyDb2Table3Controller.cs 文件中的 Index 操作方法。

#### （1）下拉框的实现

由于下拉框读取的是 MyTable1 表中的数据，因此，在控制器中需要提供一个下拉列表选择项，Index 操作方法中的相关代码如下：

```
ViewBag.kcList = new SelectList(db.MyTable1, "KeChengID", "KeChengName", id);
```

这行代码中的第 1 个参数（db.MyTable1）表示从哪个表中读取将在下拉框中显示的所有可选项，由于我们希望显示课程名称但返回的是该课程对应的编码，因此需要通过第 2 个参数（"KeChengID"）指定下拉框每个选项返回的对应值，在第 3 个参数（"KeChengName"）中指定显示在下拉框中的内容。例如，当用户选择“操作系统”选项时，下拉框返回的值为“002”。第 4 个参数（id）表示下拉框的默认选项。

在 Index.cshtml 文件中，通过 Html.DropDownListFor 指定选择的值，代码如下：

```
@Html.DropDownListFor(
    m => Model.FirstOrDefault().KeChengID,
   (SelectList)ViewBag.kcList,
   htmlAttributes: new { @style = "min-width:160px;" })
```

其中，第 1 个参数表示将选项保存到哪个列表中（虽然下拉框是单选，但是由于下拉框是文本框和列表框组合出来的，而列表框可同时多选，因此必须用一个列表来保存选项），这里我们将其保存到 MyTable3 的 KeChengID 字段中，当用户选择某个课程后，就可以在控制器中读取该字段的值。

#### （2）从下拉框中选择课程

当用户从主页面的下拉框中选择某个课程后，单击【选择】按钮，就会自动显示该课程所有学生的成绩。图 8-13（a）所示为成绩表中存在该课程成绩显示的效果，此时【添加成绩】不可用；图 8-13（b）所示为成绩表中不存在该课程成绩显示的效果，此时【编辑成绩】

和【删除成绩】不可用。

（a）所选课程存在时显示的页面

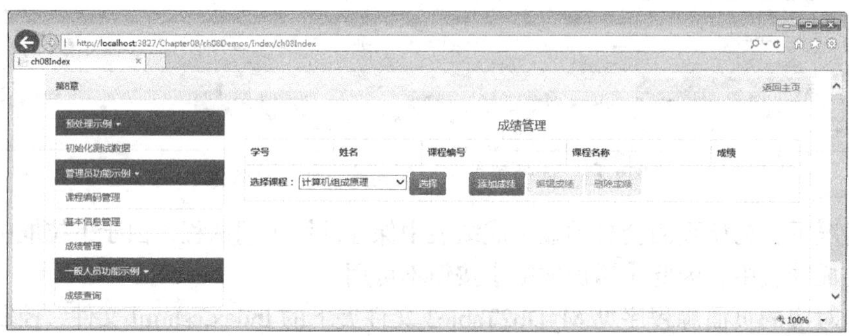

（b）所选课程不存在时显示的页面

图8-13　选择课程的运行效果

控制器（MyDb2Table3Controller.cs 文件）中的相关代码如下：

```
[HttpPost]
[ValidateAntiForgeryToken]
public ActionResult Index(MyTable3 t)
{
    var kcID = t.KeChengID;
    ViewBag.kcID = kcID;
    ViewBag.CanAdd = false;
    ViewBag.kcList = new SelectList(db.MyTable1, "KeChengID", "KeChengName", kcID);
    if (ModelState.IsValid)
    {
        string btn = Request["btn"];
        switch (btn)
        {
            case "选择":
                {
                    var t1 = GetMyTable3List(kcID);
                    ViewBag.CanAdd = t1.Count() > 0 ? false : true;
                    return PartialView(t1);
                }
            case "添加成绩":
                {
                    try
                    {
                        foreach (var v in db.MyTable2)
                        {
                            db.MyTable3.Add(new MyTable3 {
                               StudentID = v.StudentID, KeChengID = kcID });
```

```
                }
                db.SaveChanges();
            }
            catch (DataException err)
            {
                ModelState.AddModelError("StudentID", "出错了。\n" + err.Message);
            }
            var t1 = GetMyTable3List(kcID);
            return PartialView(t1);
        }
    }
  }
  return PartialView();
}
```

在这段代码中，var kcID = t.KeChengID 读取的就是用户从下拉列表中选择某个课程后返回的值。

**（3）添加成绩**

添加成绩实现批量添加所有学生该课程成绩的功能，该功能没有单独的页面，结果仍显示在主页面中。

当【添加成绩】按钮可用时，说明成绩表中还不存在所选课程的成绩，此时单击【添加课程】即可实现批量自动添加功能，批量添加后的结果如图 8-14 所示。

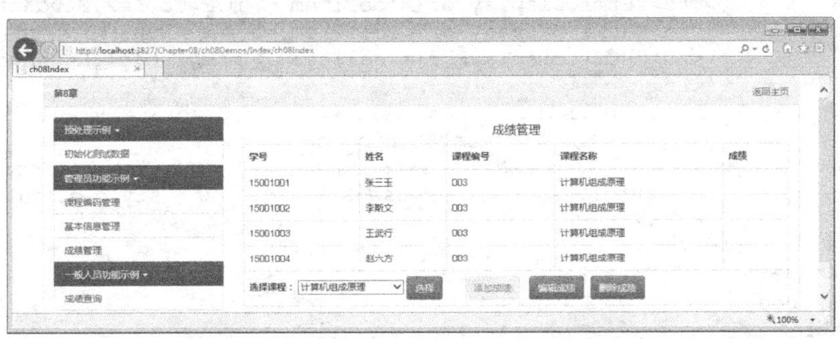

图8-14 批量添加成绩后的运行效果

批量自动添加后，就可以通过【编辑成绩】录入每个学生的成绩了。

## 2. 编辑成绩（Edit.cshtml 文件）

当用户“选择”或者“添加”某个课程后，类似按钮样式的【编辑成绩】超链接即变为可用，该超链接用于导航到编辑页面，在该页面中可录入或者修改每个学生的成绩。

当录入或修改的成绩不符合验证要求时，就会自动显示验证失败的消息，直到用户修改了所有验证错误并单击【保存】按钮才会更新数据库，程序运行效果如图 8-15 所示。

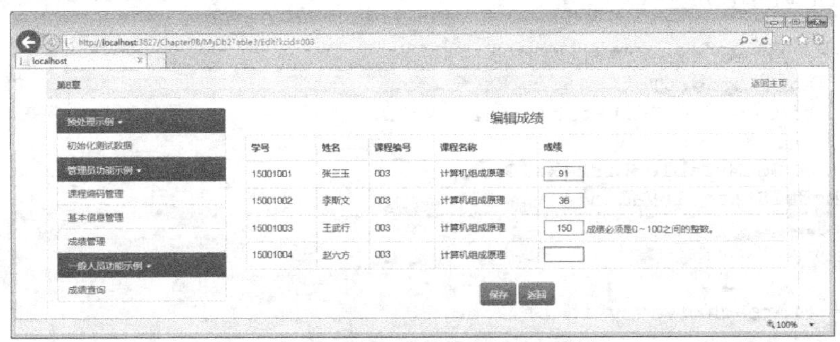

图8-15 编辑成绩时显示的验证失败消息

编辑成绩页面的源程序见 MyDb2Table3 文件夹下的 Edit.cshtml 文件，代码如下：

```
@model  List<Mvc5Examples.Areas.Chapter08.Models.MyDb2Model.MyTable3>
<p class="text-center" style="font-size:20px">编辑成绩</p>
@using (Html.BeginForm(new { kcID = ViewBag.kcID }))
{
    @Html.AntiForgeryToken()
    <table class="table table-bordered">
        <thead>
            <tr>
                @{var t = Model.FirstOrDefault();}
                <th>@Html.DisplayNameFor(model => t.StudentID)</th>
                <th>@Html.DisplayNameFor(model => t.MyTable2.StudentName)</th>
                <th>@Html.DisplayNameFor(model => t.MyTable1.KeChengID)</th>
                <th>@Html.DisplayNameFor(model => t.MyTable1.KeChengName)</th>
                <th>@Html.DisplayNameFor(model => t.Grade)</th>
            </tr>
        </thead>
        <tbody>
            @foreach (var m in Model)
            {
                var k = "a" + m.ID.ToString();
                @Html.HiddenFor(modelitem => m.ID)
                <tr>
                    <td>@Html.DisplayFor(modelItem => m.StudentID)</td>
                    <td>@Html.DisplayFor(modelItem => m.MyTable2.StudentName)</td>
                    <td>@Html.DisplayFor(modelItem => m.KeChengID)</td>
                    <td>@Html.DisplayFor(modelItem => m.MyTable1.KeChengName)</td>
                    <td>
                        @Html.EditorFor(modelItem => m.Grade, "MyTable3", k,
                              new { htmlAttributes = new {
                              @class = "text-center", style = "max-width:60px;" } })
                        @Html.ValidationMessage(k, "", new { style = "color:red;" })
                    </td>
                </tr>
            }
        </tbody>
    </table>
    <div class="center-block text-center">
        <button type="submit" class="btn btn-success">保存</button>
        <a href="@Url.Action("Index")" class="btn btn-success">返回</a>
    </div>
}
```

控制器（MyDb2Table3Controller.cs）中的相关代码如下：

```
public ActionResult Edit(string kcid)
{
    ViewBag.kcID = kcid;
    List<MyTable3> t = GetMyTable3List(kcid);
    return View(t);
}
[HttpPost, ActionName("Edit")]
[ValidateAntiForgeryToken]
public ActionResult EditPost(string kcID)
{
    var t = GetMyTable3List(kcID);
    if (ModelState.IsValid)
    {
        try
        {
            foreach (var v in t)
            {
                string k = "a" + v.ID;
```

```
                v.Grade = int.Parse(Request[k]);
                db.Entry(v).State = EntityState.Modified;
                db.SaveChanges();
            }
        }
        catch (DataException err)
        {
            ModelState.AddModelError("StudentID", "出错了。\n" + err.Message);
        }
        return RedirectToAction("Index", new { id = kcID });
    }
    return View(t);
}
```

在这两个方法中，由于参数的个数和类型都相同，因此不能用相同的方法名，此时需要用 ActionName 特性指定 EditPost 方法对应的是 HttpPost 请求的 Edit 操作方法。

### 3. 删除成绩

删除成绩没有单独的页面，结果仍显示在 Index.cshtml 页面中。当用户单击类似按钮的【删除成绩】超链接时，将利用 Ajax 帮助器实现成绩提交功能。

MyDb2Table3 文件夹下的 Index.cshtml 文件中的相关代码如下：

```
@Ajax.ActionLink("删除成绩", "Delete",
      new { kcid = ViewBag.kcID },
      new AjaxOptions
      {
          UpdateTargetId = "bodyContent",
          HttpMethod = "POST",
          Confirm = "确实要删除所有学生课程号为 " + ViewBag.kcID + " 的成绩吗? "
      },
      new { @class = "btn btn-success" })
```

在 Ajax.ActionLink 扩展方法的参数中，通过为 AjaxOptions 实例指定 Confirm 调用的脚本函数中参数的值，一旦用户单击该链接，就会首先弹出一个对话框，如图 8-16 所示。

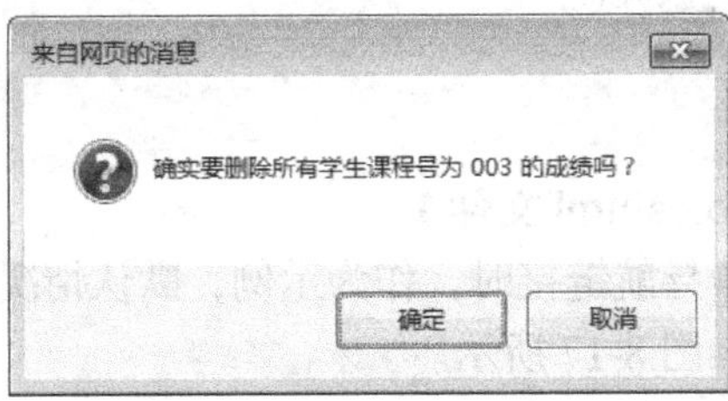


图8-16　删除成绩前弹出的对话框

如果用户单击【取消】按钮，则不再将请求提交到服务器。只有当用户单击【确定】按钮后，才会将删除请求提交到服务器。

控制器（MyDb2Table3Controller.cs）中的相关代码如下：

```
[HttpPost, ActionName("Delete")]
public ActionResult DeleteConfirmed(string kcid)
{
    var myTable3 = db.MyTable3.Where(x => x.KeChengID == kcid);
    foreach (var v in myTable3)
    {
        db.MyTable3.Remove(v);
    }
    db.SaveChanges();
    return RedirectToAction("Index", new { id = kcid });
}
```

## 8.2.8 成绩查询

这一节我们以查询学生成绩为例，说明查询功能的基本设计方法。

### 1. 控制器（MyDb2Table3Controller.cs 文件）

控制器中的相关代码如下：

```
public ActionResult GradeInfo(string search, string sortOrder)
{
    ViewBag.search = search;
    ViewBag.sortOrder = sortOrder;
    var t = db.MyTable3
        .Include(m => m.MyTable2)
        .Include(m => m.MyTable1)
        .OrderBy(m => m.StudentID)
        .ToList();
    if (string.IsNullOrEmpty(search) == false)
    {
        t = t.Where(m => m.MyTable2.StudentName.Contains(search) ||
            m.MyTable1.KeChengName.Contains(search)).ToList();
    }
    if (string.IsNullOrEmpty(sortOrder) == false)
    {
        switch (sortOrder)
        {
            case "StudentID":
                t = t.OrderBy(m => m.StudentID).ToList();
                break;
            case "KeChengID":
                t = t.OrderBy(m => m.KeChengID).ToList();
                break;
        }
    }
    if (Request.IsAjaxRequest())
    {
        return PartialView(t);
    }
    return View(t);
}
```

### 2. 默认页面（GradeInfo.cshtml 文件）

当用户单击【成绩查询】导航链接时，作为示例，默认情况下将显示所有学生以及每个学生的全部成绩，运行效果如图 8-17 所示。

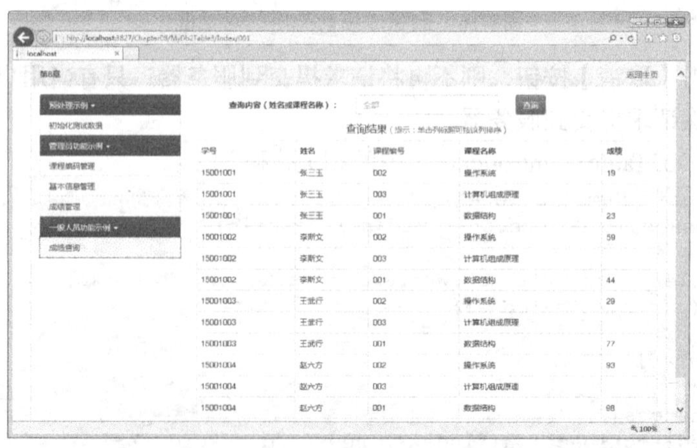

图8-17 查询示例的运行效果

当然，在实际项目中出于性能考虑一般不会这样做，而是默认不显示成绩。由于例子仅仅是为了说明如何实现相应的功能，因此作为示例这样做是可以的。

该例子页面源程序在 MyDb2Table3 文件夹下的 GradeInfo.cshtml 文件中，代码如下：

```
    @model List<Mvc5Examples.Areas.Chapter08.Models.MyDb2Model.MyTable3>
    @using (Ajax.BeginForm(new AjaxOptions {UpdateTargetId="bodyContent" }))
    {
        <div class="form-horizontal">
            <div class="form-group">
                <label class="col-md-4 control-label">查询内容（姓名或课程名称）：</label>
                <div class="col-md-4">
                    <input type="text" name="search" value="@ViewBag.search"
                           class="form-control" placeholder="全部" />
                </div>
                <div class="col-md-2">
                    <button type="submit" class="btn btn-success">查询</button>
                </div>
            </div>
        </div>
    }
    <h4 class="text-center">查询结果<span class="small">（提示：单击列标题可按该列排序）
</span></h4>
    <table class="table table-bordered">
        <thead>
            <tr>
                @{var t = Model.FirstOrDefault();}
                <th>@Html.ActionLink("学号", "GradeInfo", new { sortOrder = "StudentID",
                     search = ViewBag.search })</th>
                <th>@Html.DisplayNameFor(model => t.MyTable2.StudentName)</th>
                <th>@Html.ActionLink("课程编号", "GradeInfo", new { sortOrder = "KeChengID",
                     search = ViewBag.search })</th>
                <th>@Html.DisplayNameFor(model => t.MyTable1.KeChengName)</th>
                <th>@Html.DisplayNameFor(model => t.Grade)</th>
            </tr>
        </thead>
        <tbody>
            @foreach (var m in Model)
            {
                <tr>
                    <td>@Html.DisplayFor(modelItem => m.StudentID)</td>
                    <td>@Html.DisplayFor(modelItem => m.MyTable2.StudentName)</td>
                    <td>@Html.DisplayFor(modelItem => m.KeChengID)</td>
                    <td>@Html.DisplayFor(modelItem => m.MyTable1.KeChengName)</td>
                    <td>@Html.DisplayFor(modelItem => m.Grade)</td>
                </tr>
            }
        </tbody>
    </table>
```

### 3. 查询

查询功能是利用 Ajax 来实现的，当用户在查询文本框中输入查询内容后，单击【查询】按钮，就会自动将查询内容提交到服务器，从而得到服务器返回的查询结果。

GradeInfo.cshtml 文件中查询框对应的代码如下：

```
    <input type="text" name="search" value="@ViewBag.search" class="form-control"
placeholder="全部" />
```

这行代码中 placeholder 的作用是：如果用户没有在文本框中输入内容，则表示没有查询条件，此时用水印效果显示默认查询条件为“全部”。

由于该 input 元素指定了 name 特性的值为"search"，因此，在操作方法的参数中，可以通过相同的名称（"search"）获取这个文本框中输入的内容。另外，为了保持文本框中输入的内容，可通过@ViewBag.search 将其传递给页面，相关代码如下：

```
public ActionResult GradeInfo(string search, string sortOrder)
{
    ViewBag.search = search;
    ......
}
```

#### 4. 排序

实现排序的方法很多，作为例子，这里我们仅演示如何让用户单击某列的标题实现按该列排序的功能，下面以按学号排序为例说明具体实现办法。

GradeInfo.cshtml 文件中的相关代码如下：

```
<th>@Html.ActionLink("学号", "GradeInfo", new { sortOrder = "StudentID", search = ViewBag.search })</th>
```

控制器中的相关代码如下：

```
public ActionResult GradeInfo(string search, string sortOrder)
{
    ......
    ViewBag.sortOrder = sortOrder;
    ......
    if (string.IsNullOrEmpty(sortOrder) == false)
    {
        switch (sortOrder)
        {
            case "StudentID":
                t = t.OrderBy(m => m.StudentID).ToList();
                break;
            case "KeChengID":
                t = t.OrderBy(m => m.KeChengID).ToList();
                break;
        }
    }
    ......
}
```

当用户单击“学号”列标题时，由于该列标题是用超链接来实现的，因此就会自动将参数（sortOrder = "StudentID"）提交到服务器，服务器通过控制器中 GradeInfo 操作方法的参数获取到要排序的列以后，按照指定的字段排序即可。

## 习　题

1. 简要回答 EF6 提供的开发模式及其特点。

2. 以 MyDb2Table1 为例，通过具体设计步骤，说明如何将课程编码对照表的数据读取到下拉框中并将其显示出来供用户选择。并说明当用户选择某个课程名称后，如何获取该课程名称对应的课程编号。

3. 简要回答如何实现批量编辑成绩的功能。

# 第 2 篇
# ASP.NET MVC 高级编程

在实际的 Web 应用项目开发中，除了要求掌握最基本的 Web 应用编程技术外，还必须了解各种中、高级 Web 应用程序开发技术。

这一部分我们主要学习 Web API、OData、SVG、Canvas、WebGL 以及 Three.js 等高级编程技术的基本概念和基本用法，这些内容是高级 Web 应用程序开发必须首先掌握的基本技术。

ASP.NET Web API 和 OData 主要用于设计 Web Service，这是一种仅适用于 HTTP 的轻量级 Web 服务，在移动设备开发，特别是手机应用开发中应用非常普遍。

SVG 和 Canvas 是在 Web 应用项目中开发二维图形应用的首选技术，如常见的 Web 地图导航和标注等。WebGL 和 Three.js 是开发 Web 3D 应用程序的首选技术，如 Web 3D 游戏开发等。

读者在掌握这些高级编程技术基本用法的基础上，还可以参考其他资料，进一步学习用户访问控制与安全性处理、MVC 项目的单元测试等其他高级技术。当读者了解了这些高级 Web 应用程序开发的基本用法及其精髓以后，就会对 Web 应用程序开发有一个全面的理解。

# 第 9 章 Web API 与 OData

对于初学 ASP.NET MVC 编程的读者而言，掌握了前面章节介绍的基本技术以后，就已经能开发一个较为完整的 Web 应用程序了。但是，在实际的 Web 应用项目开发中，很多情况下还会用到各种中、高级 Web 编程技术。

作为中、高级技术知识扩展的第 1 部分，这一章我们主要介绍如何在 MVC 项目中通过 ASP.NET Web API 设计和调用 Web 服务。

## 9.1 基本概念

Web 服务是指以 XML 或者 JSON 作为数据交换格式、部署在 Web 服务器上的一种特殊的应用程序。它为实现数据和系统的互操作性提供了有效的解决方案，为网络协同运行异构系统提供了方便的手段。通俗地讲，Web 服务包含了可以被各种客户端程序调用的方法，在任何操作系统平台上运行的任何客户端程序都可以通过 Internet 或者 Intranet 调用 Web 服务提供的这些方法，而且不需要考虑 Web 服务是用哪种语言编写的，也不需要考虑 Web 服务运行在哪些操作系统上。

### 9.1.1 XML Web Service

XML Web Service 是指以 XML 为数据传输格式的 Web 服务，这种 Web 服务利用 WSDL（Web Service Description Language，Web 服务描述语言）描述 Web 服务提供的方法以及调用这些方法的各种方式，是用 XML 文档来描述 Web 服务的一种标准。换言之，WSDL 向开发人员展示了 XML Web 服务有哪些方法，以及调用每个方法时需要哪些参数。通过 WSDL，可描述 Web 服务的三个基本属性：

（1）服务完成什么功能，指出 Web 服务提供了哪些方法。

（2）如何访问服务，指出客户端和 Web 服务交互的数据格式以及必要的协议。

（3）服务位于何处，指出提供 Web 服务的地址，如 URL、UDDI（Universal Description，Discovery，and Integration）等。

通过 Web 服务器提供 XML Web Service 以后，任何客户端软件都可以通过 HTTP 调用这些 Web 服务，这种调用是通过 SOAP（Simple Object Access Protocol，简单对象访问协议）来实现的。SOAP 实际上是一套规范，该规范定义了客户端与 Web 服务交换数据的格式，以及怎样通过 HTTP 交换数据。

在 Web API 流行之前，服务商基本上都是利用 XML Web Service 通过 HTTP 对外提供 Web 服务。

### 9.1.2　Web API

近几年来，随着智能手机等移动设备的普及和应用，传统的 XML Web Service 正逐渐被新的 Web API 方式替代。例如，Google 地图、百度地图、语言翻译、天气预报等都通过 HTTP 提供了供客户端开发人员调用的 Web API。

在 Web 服务器上提供 Web API 以后，可在各种客户端应用程序中调用这些 Web 服务。

**1. 什么是 Web API**

Web API 是一种框架，该框架通过 HTTP 提供各种 Web 服务编程接口，可供各种客户端应用程序访问，利用 Web API，还可以创建基于.NET 框架的 RESTful 应用。

Web API 和 SignalR 都是构建服务（Service）的框架。其中 Web API 负责构建 HTTP 常规服务，SingalR 主要负责构建实时服务，如股票交易、在线游戏、地图导航等实时性要求比较高的服务。

Web API 的主要特点如下。

（1）Web API 仅适用于 HTTP，这种服务的最大优点是配置简单、速度快、占用资源少，一般用于 Web 应用开发特别是移动 Web 应用开发中。

（2）Web API 不使用 SOAP，或者说，客户端和服务器采用的数据交换方式是一种"可协商"的方式，即可以通过 HTTP 的标头指定采用的数据交换方式，如 GET、POST、DELETE、PUT 等。

（3）数据传输格式支持 JSON 和 XML，并且还可以扩展其他格式。

（4）原生支持 OData。

如果需要在项目中调用其他服务商提供的 Web 服务，而服务商不再以 XML Web Service 的方式提供服务了，而是只提供 Web API 服务，此时必须学习 Web API 技术。

**2. Web API 与 MVC 的区别与联系**

Web API 的最大特点是服务器仅提供数据结果但不提供呈现的页面，即页面设计的任务全部都是在客户端完成。在 MVC 项目中，为了解决页面的呈现问题，可以利用 Web API 调用服务商提供的服务（如调用谷歌地图提供的 Web API），再利用 MVC 的页面显示调用的结果。即服务层用 Web API 实现，展示层用 MVC 实现。

Web API 与 MVC 的主要区别如下。

（1）MVC 主要用来构建网站，这种架构既关心数据也关心页面的展示，而 Web API 只处理数据不考虑页面。

（2）Web API 通过不同的 HTTP 谓词（HTTP Verb）表达不同的 CRUD（Create、Retrieve、Update、Delete）动作，MVC 则通过 Action 来处理并返回包含页面的操作结果。

（3）ASP.NET 提供的 Web API 核心功能在 System.Web.Http 命名空间下，MVC 核心功能在 System.Web.Mvc 命名空间下，因此两者的模型绑定以及路由方式等功能虽然看起来非常相似，但实际上并不相同。

**3. Web API 的承载方式**

有两种承载 Web API 的方式，一种是自承载，另一种是通过 IIS 承载，这和 WCF 有自承载和通过 IIS 承载非常类似。

我们主要学习通过 IIS 承载 Web API 的具体实现办法。

## 9.2 Web API 基本设计方法

Web API 一般通过 Web 服务器公开其提供的 API，这一节我们主要介绍最基本的 Web API 设计方法，并在客户端 MVC 项目中通过 jQuery 代码调用服务器提供的 Web API。

### 9.2.1 JSON 对象表示法

在 Web 服务的数据传输中，常用有两种类型的数据格式：XML 和 JSON。

JSON（JavaScript Object Notation）是一种轻量级的数据交换格式，也是 ECMA-262 标准的一个子集，其特点是以一种特殊的字符串形式来表示 JavaScript 对象。

在 JSON 对象表示法中，“值”如果是字符串要用双引号表示，如果是单个字符则用单引号表示，这种规定和 C#的规定是一致的，但是和 JavaScript 的字符串既可以用单引号也可以用双引号不同。另外，JSON 对象的“值”还可以是数值以及其他 JSON 对象。

下面的 Jave Script 代码定义了一个 JSON 数组对象：

```
Var a=[
    {"ID": "001", "Name": "张三", "Grade": 85},
    {"ID": "002", "Name": "李四", "Grade": 86},
    {"ID": "003", "Name": "王五", "Grade": 87}
];
```

可以看出，JSON 数组中的每一项都由可通过数组元素的“序号”（Index）来访问的“元素项”（Item）组成。由于 Item 的表示形式和 JavaScript 对象的表示形式以及 C#对象初始化表达式的表示形式都很相似，因此，既可以通过 C#处理 JSON 数据，也可以通过脚本处理它。

**1. 用 C#数组定义 JSON 对象**

从 JSON 数组的表示形式可以看出，JSON 数组每一项的 Index 就是数组中的元素序号，数组中每一项的 Item 由“key/value”来组成，key 和 C#数组中每个元素的属性名对应，value 和 C#数组中的每个元素的属性值对应。因此，在 MVC 项目中用 JSON 对象传递数据时，在 Web API 控制器的操作方法中，用 C#代码创建可枚举的 C#数组对象后，直接将其返回给客户端，即可供客户端将其作为 JSON 对象来读取。

下面的 C#代码定义一个数组并初始化数组中的每个元素：

```
MyStudent[] students = new MyStudent[]
{
    new MyStudent{ID="15001001",Name="张三",Grade=85},
    new MyStudent{ID="15001002",Name="李四",Grade=86},
    new MyStudent{ID="15001003",Name="王五",Grade=87}
};
```

下面的 C#代码返回一个 C#数组对象，数组中的每个元素都是一个 Student 对象，该数组作为 IEnumerable<Student>类型的对象返回后，客户端通过 Web API 请求的“Get…”或者“GetAll…”得到的结果就是一个可枚举的 JSON 数组对象：

```
public IEnumerable<MyStudent> GetAllStudents()
{
    return students;
```

```
}
```

包含这些代码的完整源程序见 ApiService\Controllers 下的 MyStudentController.cs 文件。

**2. 用 jQuery 访问 JSON 对象**

在客户端脚本中，可直接用大括号表示一组数据，这组数据称为 JavaScript 对象，对象中的每一项（Item）由一个“键/值”对（key/value）来组成，每一对的“键”和“值”之间用冒号分隔，各对之间用逗号分隔。例如：

```
{ "ID": "001", "Name": "张三", "Grade": 90 }
```

同时，还可以利用 jQuery 的$.each 方法获取每一对的“键”和“值”。例如：

```
<script>
   var a = { "ID": "001", "Name": "张三", "Grade": 90 };
   var s = "";
   $.each(a, function (key,value) {
      s += key + ":" + value+"\n";
   });
   alert(s);
</script>
```

由于 JSON 数组每一项的 Index 就是元素序号，每一项的 Item 又可以看作一个 JavaScript 对象，因此，我们可以先通过 Index 遍历 JSON 数组对象中每一项的 Item，再用遍历 JavaScript 对象的办法获取 Item 中每一项的 key 和 value。例如：

```
@{
   var r1 = "/api/MyStudents";
}
<ul id="result1"></ul>
<script>
   $.getJSON('@r1').done(function (data) {
      $.each(data, function (index, item) {
         $('#result1').append('<li>' + index + ": " + Details(item) + '</li>');
      });
   });
   function Details(item) {
      var s = "";
      $.each(item, function (key, value) {
         s += $.validator.format('{0}={1}, ', key, value);
      });
      return s.substr(0, s.length - 1);
   }
</script>
```

请求的 Web API 路由地址（Route URL）也可以用下面的代码来实现：

```
var r1 = Url.HttpRouteUrl("DefaultApi", new { controller = "MyStudents" });
```

Url.HttpRouteUrl 扩展方法的第 1 个参数指定路由名称为"DefaultApi"，这是在 Web API 配置文件中（WebApiConfig.cs 文件）规定的名称；第 2 个参数指定 Web API 控制器的名称。由于在 WebApiConfig.cs 文件中已经包含了默认的 Web API 配置，因此我们可直接用下面的字符串来表示路由地址：

```
var r1 = "/api/MyStudents";
```

完整源程序见 Demo1.cshtml 文件。

## 9.2.2　设计和调用 Web API 服务

这一节我们先通过一个简单的例子（不使用数据库），说明 Web API 的基本设计方法和调用方法，这样做可让读者重点关注最基本的用法，而不会被其他代码干扰。熟悉了这些基本用法后，再学习实际项目中的用法就比较容易理解了。

**【例 9-1】**演示最基本的 Web API 设计和调用方法，运行效果如图 9-1 所示。

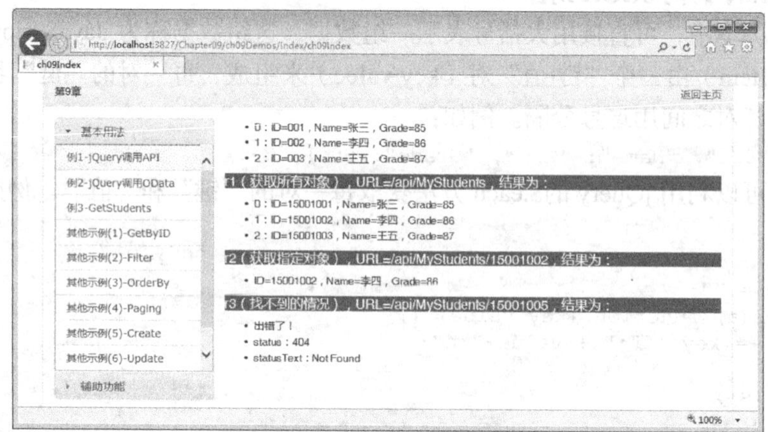

图9-1　例9-1的运行效果

下面介绍具体实现过程。

**1. 设计 Web API 服务**

在实际的应用项目中，Web API 一般都是用单独的项目来实现。例如，在同一个解决方案中同时包括两个项目，一个是 MVC 项目（Web API 的客户端），另一个是 Web API 服务项目。如果提供的 Web API 功能很少，也可以在 MVC 项目中直接实现 Web API。

本书在创建 ASP.NET Web 应用程序项目时，由于已经同时选择了【MVC】选项和【Web API】选项（见第 1 章介绍的创建过程），因此项目创建后，除了我们在前面章节中已经介绍过的 BundleConfig.cs 文件和 RouteConfig.cs 文件外，在 App_Start 文件夹下还自动包含了一个文件名为 WebApiConfig.cs 的 Web API 配置文件，与 Web API 路由相关的代码如下：

```
using System;
using System.Collections.Generic;
using System.Linq;
using System.Web.Http;
namespace Mvc5Examples
{
    public static class WebApiConfig
    {
        public static void Register(HttpConfiguration config)
        {
            config.MapHttpAttributeRoutes();
            config.Routes.MapHttpRoute(
                name: "DefaultApi",
                routeTemplate: "api/{controller}/{id}",
                defaults: new { id = RouteParameter.Optional }
            );
        }
    }
}
```

同时，在 Global.asax 文件中，还自动包含了注册 Web API 的语句：

```
GlobalConfiguration.Configure(WebApiConfig.Register);
```

由于项目模板已经帮我们做了这些工作，所以我们可直接在 MVC 项目中创建 Web API 服务，并在 MVC 项目中通过"DefaultApi"调用服务器在 API 控制器中公开的方法。相对于 API 服务而言，此时的 MVC 程序属于客户端。

**（1）创建模型**

Web API 服务实际上可放到项目中的任何一个子文件夹下，但是，为了便于观察和理解，在 MVC 项目中最好还是用单独的子文件夹来保存它，如 ApiService 文件夹。另外，就像 MVC 的控制器和模型并没有要求必须放在 Controllers 和 Models 子文件夹下一样，Web API 的控制器和模型也没有要求必须放在 Controllers 和 Models 子文件夹下，同样道理，为了方便观察和理解，一般都将模型放在 Models 子文件夹下，将 API 控制器放在 Controllers 子文件夹下。

① 在项目的根文件夹下新建一个名为 ApiService 的子文件夹，然后在该文件夹下分别添加 Controllers 和 Models 子文件夹。

② 在ApiService/Models子文件夹下添加一个名为MyStudent.cs的类，将代码改为下面的内容：

```
......//此处省略了命名空间引用
namespace Mvc5Examples.ApiService.Models
{
    public class MyStudent
    {
        public string ID { get; set; }
        public string Name { get; set; }
        public int Grade { get; set; }
    }
}
```

至此，我们完成了最简单的模型的创建过程。

**（2）创建 Web API 控制器**

创建 Web API 控制器的主要步骤如下。

① 鼠标右击 ApiService 文件夹下的 Controllers 子文件夹，选择【添加】→【控制器】命令，在弹出的窗口中，选择【Web API 2 控制器-空】支架，如图 9-2（a）所示，单击【添加】按钮，在接下来弹出的窗口中，输入控制器名称“MyStudentsController”，如图 9-2（b）所示，单击【添加】按钮。

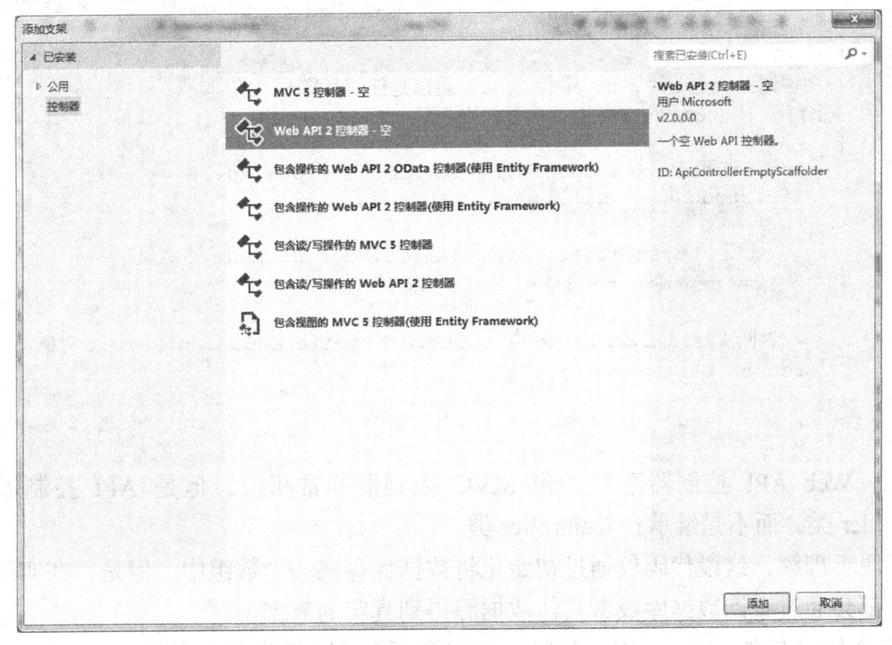


（a）选择支架

图9-2　添加Web API控制器

（b）输入控制其名称

图9-2　添加Web API控制器（续）

② 将 MyStudentsController.cs 文件改为下面的内容：

```
using Mvc5Examples.ApiService.Models;
using System;
using System.Collections.Generic;
using System.Linq;
using System.Net;
using System.Net.Http;
using System.Web.Http;

namespace Mvc5Examples.ApiService.Controllers
{
    public class MyStudentsController : ApiController
    {
        MyStudent[] students = new MyStudent[]
        {
            new MyStudent{ID="15001001",Name="张三",Grade=85},
            new MyStudent{ID="15001002",Name="李四",Grade=86},
            new MyStudent{ID="15001003",Name="王五",Grade=87}
        };
        //关键词：Get...或者 GetAll...，其中“...”可以是任何名称
        public IEnumerable<MyStudent> GetAllStudents()
        {
            return students;
        }
        //关键词：Get...ById，其中“...”可以是任何名称
        public IHttpActionResult GetStudentById(string id)
        {
            var student = students.FirstOrDefault(p => p.ID == id);
            if (student == null)
            {
                //返回 System.Web.Http.Results.NotFoundResult 对象
                return NotFound();
            }
            //返回 System.Web.Http.Results.OkNegotiatedContentResult 对象
            return Ok(student);
        }
    }
}
```

可见，Web API 控制器看起来和 MVC 控制器非常相似，但是 API 控制器继承自 ApiController 类，而不是继承自 Controller 类。

为了便于理解，这段代码仅通过初始化将数据保存在一个数组中。但是，在实际的项目中，一般都会通过查询数据库或者其他数据源得到真实的数据。

在这个最简单的 Web API 控制器中，定义了返回学生信息的两个方法，如表 9-1 所示。

表 9-1　　　　Web API 控制器及其路由（MyStudentController.cs 文件）

| 控制器方法 | 功能说明 | 命名约定 | 默认的 HTTP 路由地址 |
| --- | --- | --- | --- |
| GetAllStudents | 返回所有学生信息 | Get...或者 GetAll... | /api/MyStudents |
| GetStudentById | 返回学号为 id 的学生信息 | Get...ById | /api/MyStudents/id |

Web API 控制器中的每个方法都对应一个路由地址，如果请求的路由只指定了 Web API 控制器的名称，则它会自动匹配该 Web API 控制器中前缀为“Get”或者“GetAll”的方法，从而返回所有学生的记录；如果通过路由参数又指定了 id，则它会自动匹配“Get…ById”的方法（不区分大小写）并返回对应的数据。

从上面的代码可以看出，Web API 只会选择 Web API 控制器中与客户端请求的 HTTP 方法相匹配的动作，其基本判断原则如下：根据客户端请求查找在 Web API 控制器中用以下特性来声明响应客户端 HTTP 请求的方法，包括 AcceptVerbs、HttpDelete、HttpGet、HttpHead、HttpOptions、HttpPatch、HttpPost、或者 HttpPut 等，如果在 Web API 控制器中找不到这些特性声明，则自动查找 Web API 控制器中以“Get”“Post”“Put”“Delete”“Head”“Options”或“Patch”为前缀的方法名作为响应 HTTP 请求的方法。

**2. 调用 Web API 服务**

运行 Mvc5Examples 项目时，Web API 服务会自动独立承载到 VS2013 自带的 IIS Express 中，接下来我们学习如何通过 MVC 程序调用 API 服务。这里再强调一遍，在这种情况下，相对于 Web API 服务来说该 MVC 程序属于客户端。

（1）将 ch09DemosController.cs 文件的 Index 方法改为下面的代码：

```
public ActionResult Index(string id)
{
    if (Request.IsAjaxRequest())
    {
        return PartialView(id);
    }
    return View(id);
}
```

（2）鼠标右击 Index 操作方法，添加一个文件名为 Demo1.cshtml 的分部视图，然后将该文件的内容改为下面的代码：

```
@{
    var r1 = "/api/MyStudents";
    var r2 = "/api/MyStudents/15001002";
    var r3 = "/api/MyStudents/15001005";
}
<h4 class="bg-primary">URL=@r1，结果为：</h4>
<ul id="result1"></ul>
<h4 class="bg-primary">URL=@r2，结果为：</h4>
<ul id="result2"></ul>
<h4 class="bg-primary">URL=@r3，结果为：</h4>
<ul id="result3"></ul>
<script>
    $(document).ready(function () {
        $.ajax('@r1')
            .done(function (data) {
                $.each(data, function (index, item) {
                    $('#result1').append(
                        '<li>' + index + ": " +
                        Details(item) + '</li>');
```

```
                });
            })
            .fail(function (jqXHR) {
                showFail(jqXHR, $('#result1'));
            });
        $.getJSON('@r2')
            .done(function (data) {
                $('#result2').append('<li>' + Details(data) + '</li>');
            })
            .fail(function (jqXHR) {
                showFail(jqXHR, $('#result2'));
            });
        $.getJSON('@r3')
            .done(function (data) {
                $('#result3').append('<li>' + Details(data) + '</li>');
            })
            .fail(function (jqXHR) {
                showFail(jqXHR, $('#result3'));
            });
    });
    function Details(item) {
        var s = "";
        $.each(item, function (key, value) {
            s += $.validator.format('{0}={1}, ', key, value);
        });
        return s.substr(0, s.length - 1);
    }
    function showFail(xhr, selector) {
        selector.append('<li>出错了！</li>');
        if (xhr.responseText != null) {
            $.each(xhr.responseText, function (key, value) {
                $('<li>' + key + ': ' + value + '</li>').appendTo(selector);
            });
        }
        selector.append(
            '<li>status: ' + xhr.status + '</li>' +
            '<li>statusText: ' + xhr.statusText + '</li>');
    }
</script>
```

（3）在 ch09Demos.cshtml 文件中添加导航代码：

```
@{
    var opts = (AjaxOptions)TempData["AjaxOptions"];
}
......
@Ajax.ActionLink("例1-jQuery调用API", "Index", "ch09Demos", new{ id="Demo1", opts,
new { @class = "list-group-item" })
```

（4）运行程序观察结果。

## 9.3 基于 OData 的 Web API 服务

了解了 Web API 的基本设计思想和客户端调用办法后，这一节我们通过一个较为完整的示例，演示利用 OData 和实体框架（EF）操作数据库数据，从而实现 Web API 服务的设计和调用办法，这也是在应用项目中实际使用的技术。

## 9.3.1　什么是 OData

OData（Open Data Protocol，开放数据协议）是一种描述如何创建和访问 RESTful 服务的 OASIS 标准（即：开放工业标准）。其用途是提供查询和更新数据的一种开放的 Web 协议，以增强各种网页应用程序之间的数据兼容性。

OData 构建于很多 Web 技术之上，如 HTTP、Atom Publishing Protocol（AtomPub）和 JSON 等，该标准提供了从各种应用程序、服务和存储库中访问信息的能力。利用 OData 可公开的数据源包括但不限于：关系数据库、文件系统、内容管理系统和传统 Web 站点。

如果读者希望了解 OData 标准的更多细节，可参考下面的 OASIS 官方网站：

```
https://www.oasis-open.org/standards#odatav4.0
```

## 9.3.2　设计 Web API OData 服务

OData 涉及的技术很多，作为入门知识，这一节我们通过例子简单介绍其基本设计方法。

### 1. 利用 EF 创建模型

数据库（MyDb3.mdf）可利用 EF 的 Code First 来创建，主要设计步骤如下。

（1）利用“空 Code First”模板在 ApiService\Models 下添加 MyDb3.cs 文件。

（2）在 ApiService\Models 下添加 Student.cs 文件。

（3）修改 MyDb3.cs 文件，添加数据集和初始化代码。

（4）在 Web.config 中添加数据库连接配置。

（5）在 Global.asax.cs 中添加初始化配置。

由于创建数据库的操作在前面的章节中已经学习过，因此这里不再列出源代码。

### 2. 添加 OData 配置

打开 App_Start 文件夹下的 WebApiConfig.cs 文件，添加下面的代码：

```
......
using System.Web.Http.OData.Builder;
using System.Web.Http.OData.Extensions;
using Mvc5Examples.ApiService.Models;
......
public static class WebApiConfig
{
    public static void Register(HttpConfiguration config)
    {
        ODataConventionModelBuilder builder = new ODataConventionModelBuilder();
        builder.EntitySet<Student>("Students");
        config.Routes.MapODataServiceRoute("odata", "odata", builder.GetEdmModel());
        ......
    }
}
```

这段代码做了两件事：创建实体数据模型（EDM）、添加名称为“odata”的路由。

### 3. 添加 OData 控制器

鼠标右击 ApiService 文件夹下的 Controllers 子文件夹，选择【添加】→【控制器】命令，在弹出的窗口中，选择【包含操作的 Web API 2 OData 控制器（使用 Entity Framework）】支架，如图 9-3（a）所示，单击【添加】按钮。在接下来弹出的窗口中，选择模型为 Student.cs，勾选“使用异步控制器操作”，确认控制器名称为“StudentsController”，如图 9-3（b）所示，单击【添加】按钮。

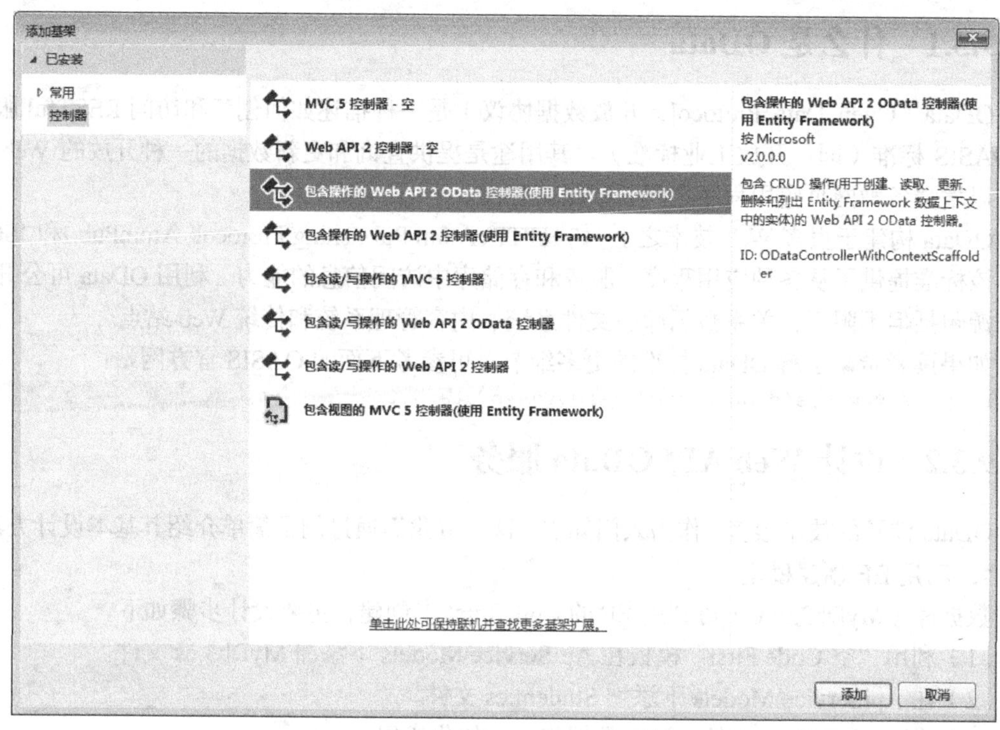


（a）选择支架

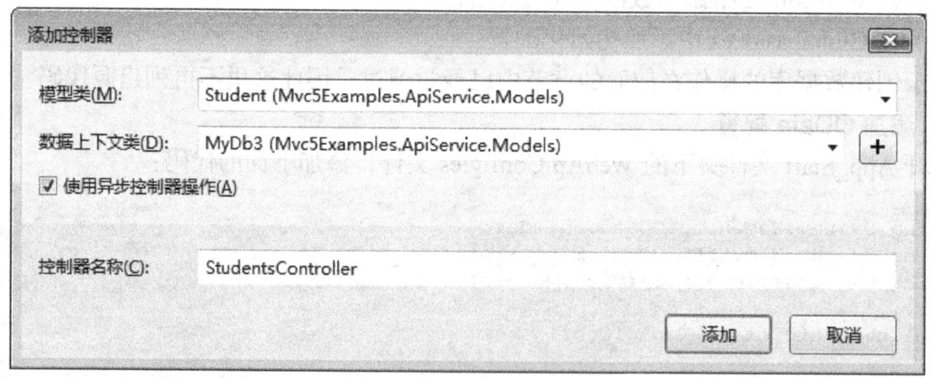


（b）选择模型和控制器名称

图9-3　添加OData控制器

此时，在 ApiService/Controllers 文件夹下就添加了一个文件名为 StudentsController.cs 的文件，完整代码见源程序，此处不再列出源代码。

**4. 修改 OData 控制器代码**

在实际项目中，一般还需要修改自动生成的 StudentsController.cs 文件，以满足不同的需求。由于这一章我们学习的仅仅是其基本用法，因此没有修改自动生成的这些代码。

### 9.3.3　用 jQuery ajax 调用 Web API OData 服务

在客户端页面中，可直接用 jQuery ajax 调用基于 OData 的 Web API 服务。

**【例 9-2】**演示用 jQuery ajax 调用 OData 服务的基本用法，运行效果如图 9-4 所示。

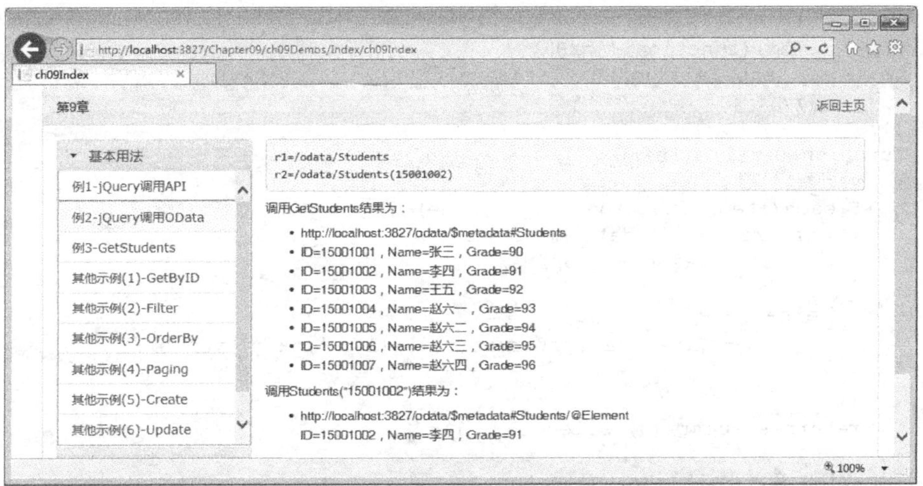


图9-4　例9-2的运行效果

设计步骤如下。

（1）鼠标右击 ch09DemosController.cs 文件的 Index 操作方法，添加一个文件名为 Demo2.cshtml 的分部视图，然后将该文件的内容改为下面的代码：

```
@{
    var r1 = "/odata/Students";
    var r2 = "/odata/Students(15001002)";
    //也可以用下面的办法实现：
    //var r1 = Url.HttpRouteUrl("odata", new { odatapath = "Students" });
    //var r2 = Url.HttpRouteUrl("odata", new { odatapath = "Students(15001002)" });
}
<pre>
r1=@r1
r2=@r2
</pre>
<h5>调用 GetStudents 结果为：</h5>
<ul id="result1"></ul>
<h5>调用 Students("15001002")结果为：</h5>
<ul id="result2"></ul>
<script>
    $(document).ready(function () {
        $.ajax("@r1", { dataType: "json" })
            .done(function (data) {
                $.each(data, function (dataKey, dataValue) {
                    if (dataKey === 'odata.metadata') {
                        $('#result1').append('<li>' + dataValue + '</li>');
                    }
                    else {
                        $.each(dataValue, function (index, value) {
                            $('#result1').append('<li>' + Details(value) + '</li>');
                        });
                    }
                });
            })
            .fail(function (jqXHR) {
                showFail(jqXHR, $('#result1'));
            });
        $.ajax("@r2")
            .done(function (data) {
                $('#result2').append('<li>' + Details(data) + '</li>');
```

```
            })
            .fail(function (jqXHR) {
                showFail(jqXHR, $('#result2'));
            });
    });
    function Details(item) {
        var s = "";
        $.each(item, function (key, value) {
            if (key === 'odata.metadata') {
                s += value + '<br/>';
            }
            else {
                s += $.validator.format('{0}={1}, ', key, value);
            }
        });
        return s.substr(0, s.length - 1);
    }
    function showFail(xhr, selector) {
        selector.append('<li>出错了! </li>');
        if (xhr.responseJSON != undefined) {
            $.each(xhr.responseJSON, function (key, value) {
                $('<li>', { text: key + ': ' + value }).appendTo(selector);
            });
        }
        selector.append(
            '<li>status: ' + xhr.status + '</li>' +
            '<li>statusText: ' + xhr.statusText + '</li>');
    }
</script>
```

（2）在 ch09Demos.cshtml 文件中添加导航代码：

```
@{
    var opts = (AjaxOptions)TempData["AjaxOptions"];
}
......
@Ajax.ActionLink("例 2-jQuery 调用 OPata", "Index", "ch09Demos", new{id="Dem02"},
opts, new { @class = "list-group-item" })
```

（3）运行程序观察结果。

### 9.3.4 用 C#调用 Web API OData 服务

jQuery ajax 虽然用法简单，但是，通过脚本设计页面以及实现界面交互的工作量仍然很大，因此，我们还需要学习更简单的实现办法，即利用 C#代码通过控制器实现客户端调用（该控制器相对于 OData 服务属于客户端），再利用模型实现和页面的交互。

这种实现办法需要先添加服务引用，以便让其自动生成 OData 客户端库。

**1. 添加服务引用**

选择主菜单的【项目】→【Mvc5Examples】属性，然后选择【Web】选项卡，即可看到本项目 IIS 默认提供的服务器地址和端口号（http://localhost:3827/），在该地址的后面添加 odata，即可查询本机通过 IIS 提供的所有服务。

添加服务引用的具体办法为：在解决方案资源管理器中，鼠标右击项目中的【引用】→【添加服务引用】命令，在弹出的窗口中，输入下面的服务地址：

```
http://localhost:3827/odata
```

然后单击【转到】，系统就会自动找到本机提供的 ODdata 服务，如图 9-5 所示。

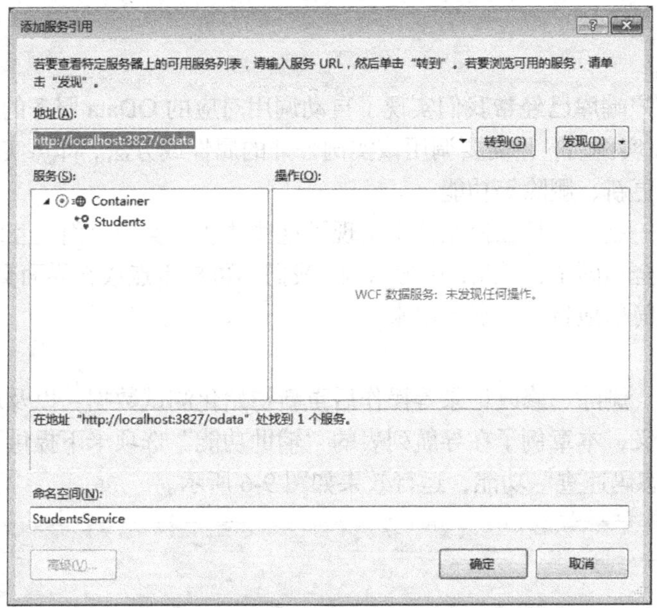


图9-5　添加OData服务引用

将服务引用的命名空间修改为“StudentsService”，单击【确定】按钮。

经过这一步以后，我们就可以在 MVC 控制器中通过 C#代码调用 OData 服务了。

**2. 在控制器中用 C#编写客户端代码**

控制器（ch09DemosController.cs 文件）中的代码结构如下：

```
using Mvc5Examples.ApiService.Controllers;
using Mvc5Examples.StudentsService;
......
namespace Mvc5Examples.Areas.Chapter09.Controllers
{
  public class ch09DemosController : Controller
  {
    //端口号是从主菜单的"项目"->"Mvc5Examples 属性"中查到的
    private Uri uri = new Uri("http://localhost:3827/odata/");
    private Container container;
    public ch09DemosController()
    {
       container = new Container(uri);
    }
    public ActionResult Index(string id){ ...... }
    public ActionResult Demo3_GetStudents(){ ...... }
    public ActionResult Other1_GetByID(string id){ ...... }
    public ActionResult Other2_Filter(int grade) { ...... }
    public ActionResult Other3_OrderBy(){ ...... }
    public ActionResult Other4_Paging(){ ...... }
    public ActionResult Other5_Create(){ ...... }
    public ActionResult Other6_Update(string id,int grade){ ...... }
    public ActionResult Other7_Delete(string id){ ...... }
    public ActionResult Init(){ ...... }
    private void ShowResponseStatusCode(List<string> result, DataServiceResponse r)
    {
      result.Add("服务器返回的 HTTP 响应状态: ");
      foreach (var v in r)
      {
         result.Add("状态码: " + v.StatusCode);
      }
```

```
            }
        }
    }
```

由于 OData 客户端库已经帮我们实现了自动调用对应的 OData 服务的功能，因此在控制器中创建 Container 实例后，只需要调用该实例公开的属性或方法，即可实现查询、过滤、排序、分页、添加、更新、删除等功能。

这里需要强调一点，一旦在控制器中实现了这些功能，实现界面交互的工作和前面章节中介绍的内容就完全相同了，因此，作为示例，我们不再把重点放在界面交互的具体实现上，而是仅仅利用页面简单地将结果显示出来。

### 3. 辅助功能

为了能在添加、删除、修改记录等操作后重新初始化测试数据，以及观察 HTTP 请求返回的状态码及其含义，本章例子在导航列表的“辅助功能”选项卡下提供了“初始化测试数据”和“HTTP 状态码速查”功能，运行效果如图 9-6 所示。

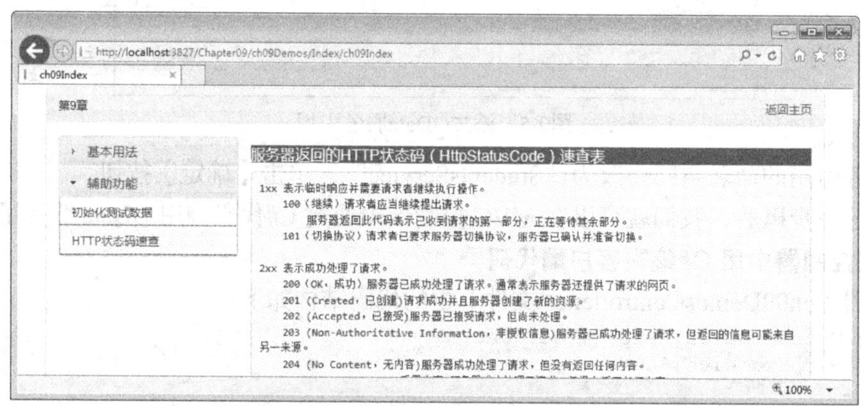


图9-6　查看服务器返回的状态码含义

由于这两个功能仅仅是为了方便测试数据和速查状态码，因此这里不再过多介绍。

### 4. 查询

查询功能调用的是 OData 服务提供的 Get…方法和 Get…ById 方法。

#### （1）查询所有学生信息

下面通过例子说明查询 API 提供的服务，该服务返回所有学生的基本信息。

【例 9-3】演示查询所有学生信息的基本用法，运行效果如图 9-7 所示。

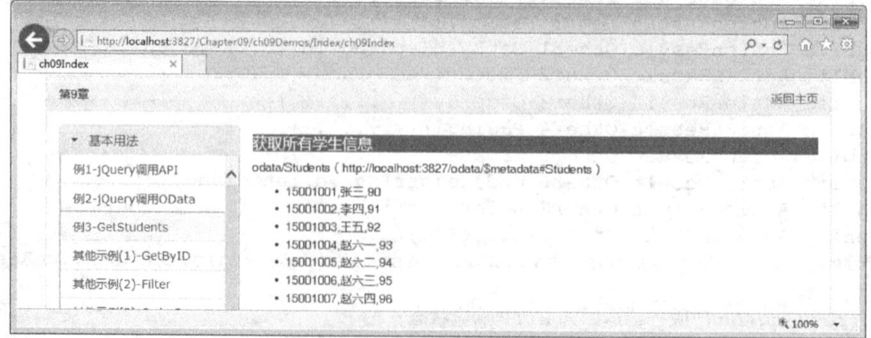


图9-7　例9-3的运行效果

控制器（ch09DemosController.cs 文件）中对应的操作方法如下：

```
public ActionResult Demo3_GetStudents()
{
    var model = container.Students.AsQueryable();
    return PartialView(model);
}
```

这段代码非常简单，只需要通过 container.Students 属性即可得到查询结果。一旦得到了查询结果，再通过模型将其传递给视图即可。

从 OData 客户端库的内部实现来看，它实际上是利用 Ajax 通过“odata/Students”来调用请求的 OData 服务，对于这个例子来说，客户端向服务器提交的 URL 如下：

```
http://localhost:3827/odata/$metadata#Students
```

服务器返回的查询结果显示在 Demo3_GetStudents.cshtml 文件中，代码如下：

```
@model  IQueryable<Mvc5Examples.StudentsService.Student>
<h4 class="bg-primary">获取所有学生信息</h4>
<h5> odata/Students（http://localhost:3827/odata/$metadata#Students）</h5>
<ul>
    @foreach (var v in Model)
    {
        <li>@string.Format("{0},{1},{2}", v.ID, v.Name, v.Grade)</li>
    }
</ul>
```

**（2）按 ID 查询**

在控制器（ch09DemosController.cs 文件）的 Other1_GetByID 操作方法中，演示了按学号查询学生信息的基本用法，代码如下：

```
public ActionResult Other1_GetByID(string id)
{
    try
    {
        var model = container.Students.Where(t => t.ID == id).SingleOrDefault();
        ViewBag.uri = container.BaseUri;
        return PartialView(model);
    }
    catch
    {
        return Content("未找到 id 为" + id + "的学生");
    }
}
```

显示查询结果（Other1_GetById.cshtml 文件）的代码如下：

```
@model  Mvc5Examples.StudentsService.Student
<h4 class="bg-primary">获取 id 为 15001002 的学生信息</h4>
<ul>
    <li>@string.Format("{0},{1},{2}", Model.ID, Model.Name, Model.Grade)</li>
</ul>
```

运行效果如图 9-8 所示。

图9-8　Other1_GetByID.cshtml文件的运行效果

#### 5. 过滤、排序与分页

除了最基本的服务功能外，OData 还定义了一些供客户端调用的选项，利用这些选项，可实现过滤（$filter）、排序（$sort）、分页（$page）等功能。

**（1）过滤（$filter）**

OData 提供的“$filter”选项用于过滤查询信息。

下面的代码用于查询成绩大于等于指定值的学生信息，当使用 LINQ 或者 Labmda 表达式查询信息时，container 会将 where 表达式自动转换为 OData 的$filter 表达式：

```
public ActionResult Other2_Filter(int grade)
{
    try
    {
        var students = container.Students.Where(t => t.Grade >= grade);
        //也可以用下面的代码实现：
        //var students = from t in container.Students
        //               where t.Grade >= grade
        //               select t;
        return PartialView(students);
    }
    catch
    {
        return Content("未找到成绩大于等于" + grade + "的学生");
    }
}
```

包含这段代码的源程序见 ch09DemosController.cs 文件，显示查询结果的页面实现代码见 Other2_Filter.cshtml 文件，页面运行效果如图 9-9 所示。

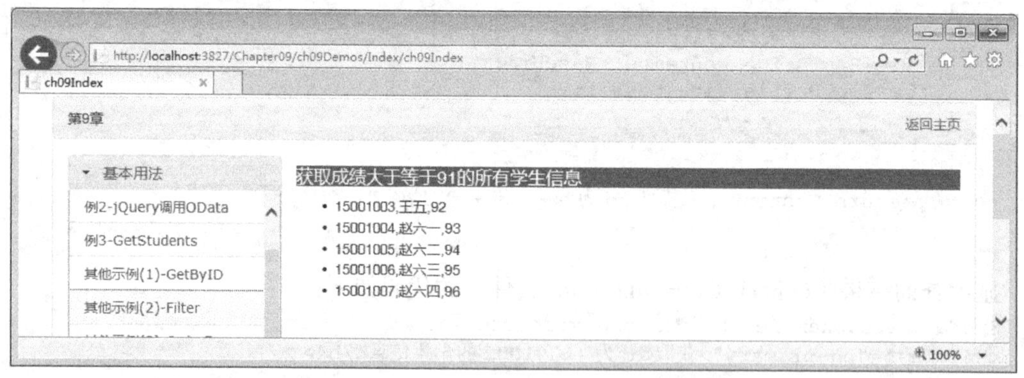


图9-9　Other2_Filter.cshtml文件的运行效果

**（2）排序（$orderby）**

OData 提供的“$orderby”选项用于对查询结果进行排序。

下面的代码用于查询按成绩降序排序的学生信息，此时 container 会自动将 OrderBy 表达式转换为 OData 的$orderby 表达式：

```
public ActionResult Other3_OrderBy()
{
    var students = container.Students.OrderByDescending(t => t.Grade);
    return PartialView(students);
}
```

包含这段代码的完整源程序见 ch09DemosController.cs 文件，显示查询结果的页面实现代码见 Other3_OrderBy.cshtml 文件，页面运行效果如图 9-10 所示。

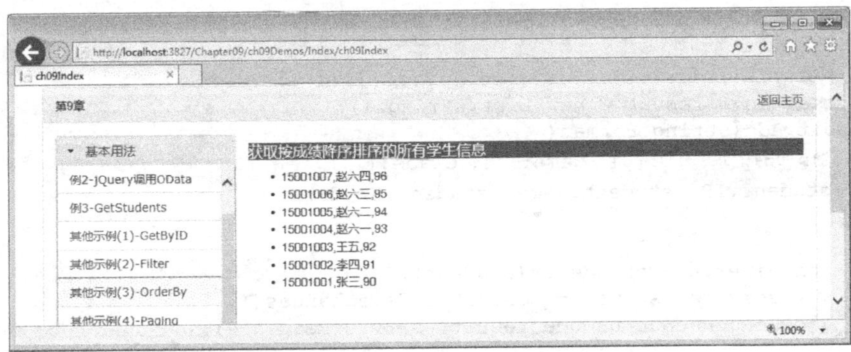


图9-10　Other3_OrderBy.cshtml文件的运行效果

### （3）分页（$skip 和$top）

OData 的$skip 和$top 选项用于对查询结果进行分页。例如：

```
public ActionResult Other4_Paging ()
{
    //系统会自动将其转换为 OData 的$skip 和$top 表达式
    var students = container
        .Students.OrderBy(t => t.Grade)
        .Skip(3).Take(3);  //跳过 3 条记录然后取 3 条记录
    return PartialView(students);
}
```

包含这段代码的完整源程序见 ch09DemosController.cs 文件，显示查询结果的页面实现代码见 Other4_Paging.cshtml 文件，页面运行效果如图 9-11 所示。

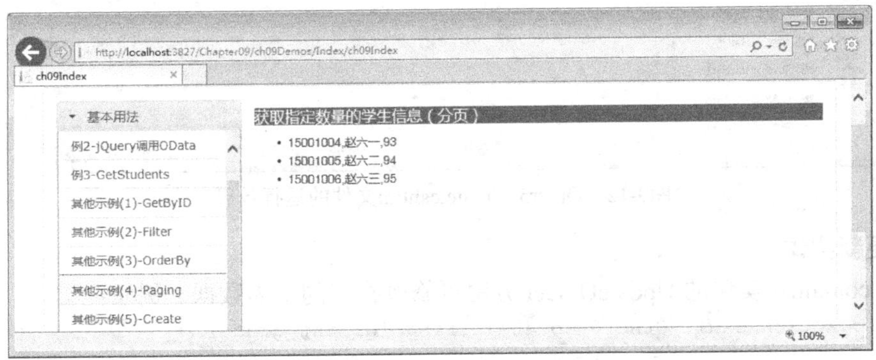


图9-11　Other4_Paging.cshtml文件的运行效果

这里所说的“分页”是指从服务器获取指定数量的记录后，再利用分页显示的功能将其显示出来。由于页面设计中的“分页”显示功能仅与传递给它的模型有关，因此在这段示例代码的页面设计中，没有再演示分页的具体实现，而是仅仅将这些记录直接显示出来。

### 6. 添加实体

调用 container 实例的 AddToEntitySet 方法（如 AddToStudents）可将新建的记录添加到实体集中。例如：

```
public ActionResult Other5_Create()
{
    var maxID = container.Students.AsEnumerable().Max(t => t.ID);
    var newID = (int.Parse(maxID) + 1).ToString();
    Student student = new Student
    {
        ID = newID,
```

```
        Name = "A" + newID,
        Grade = 97
    };
    List<string> result = new List<string>();
    result.Add(string.Format(
        "添加的记录：ID:{0}, Name:{1}, Grade:{2}",
        student.ID, student.Name, student.Grade));
    try
    {
        container.AddToStudents(student);
        var serviceResponse = container.SaveChanges();
        ShowResponseStatusCode(result, serviceResponse);
    }
    catch (Exception ex)
    {
        result.Add(ex.Message + ": " + ex.InnerException.Message);
    }
    return PartialView(result);
}
```

包含这段代码的完整源程序见 ch09DemosController.cs 文件的 Other5_Create 操作方法，显示查询结果的页面实现代码见 Other5_Create.cshtml 文件，页面运行效果如图 9-12 所示。

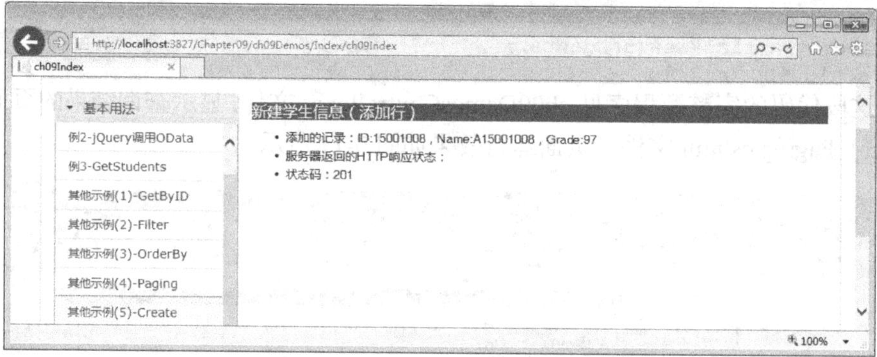


图9-12　Other5_Create.cshtml文件的运行效果

### 7. 更新实体

调用 container 实例的 UpdateObject 方法可修改指定的实体数据。例如：

```
public ActionResult Other6_Update(string id, int grade)
{
    List<string> result = new List<string>();
    result.Add(string.Format("将学号为{0}的成绩修改为{1}", id, grade));
    try
    {
        var student = container.Students.Where(t => t.ID == id).SingleOrDefault();
        if (student != null)
        {
            student.Grade = grade;
            container.UpdateObject(student);
            var serviceResponse = container.SaveChanges(
                System.Data.Services.Client.SaveChangesOptions.PatchOnUpdate);
            ShowResponseStatusCode(result, serviceResponse);
        }
    }
    catch (Exception ex)
    {
        result.Add(ex.Message + ": " + ex.InnerException.Message);
    }
```

```
        return PartialView(result);
    }
```

包含这段代码的完整源程序见 ch09DemosController.cs 文件，显示查询结果的页面实现代码见 Other6_Update.cshtml 文件，页面运行效果如图 9-13 所示。

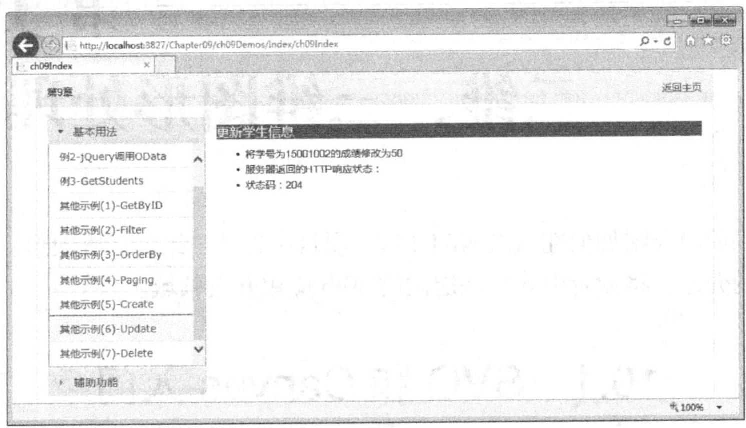


图9-13　Other6_Update.cshtml文件的运行效果

### 8. 删除实体

调用 container 实例的 DeleteObject 方法可删除指定的实体数据。例如：

```
public ActionResult Other7_Delete(string id)
{
    List<string> result = new List<string>();
    result.Add(string.Format("删除学号为{0}的记录", id));
    try
    {
        var student = container.Students.Where(t => t.ID == id).SingleOrDefault();
        if (student != null)
        {
            container.DeleteObject(student);
            var serviceResponse = container.SaveChanges();
            ShowResponseStatusCode(result, serviceResponse);
        }
    }
    catch (Exception ex)
    {
        result.Add(ex.Message + ": " + ex.InnerException.Message);
    }
    return PartialView(result);
}
```

包含这段代码的完整源程序见 ch09DemosController.cs 文件，显示查询结果的页面实现代码见 Other7_Delete.cshtml 文件。

到此为止，我们简单介绍了 OData 最基本的用法。实际上，除了这些基本的设计和调用方法外，还有很多高级用法本书并没有涉及，有兴趣的读者请参考相关资料。

## 习　题

1. 简要说明 Web API 和 XML Web Service 的区别和联系。
2. 什么是 OData？简要说明如何利用它提供 Web API 服务。

# 第 10 章 二维、三维图形处理技术

这一章我们简单介绍如何在 ASP.NET MVC 项目中处理二维、三维图形。希望能通过对这些高级技术的介绍，将读者引入更深层次的 Web 应用开发领域。

## 10.1 SVG 和 Canvas 入门

在 Web 前端界面开发中，有两大类二维图形处理技术，一类是基于 DOM 的无失真矢量图形处理技术，W3C 正式标准建议用 SVG（Scalable Vector Graphics，可缩放矢量图形）来实现；另一类是基于像素的动态图形处理技术，W3C 正式标准建议用 Canvas 来实现。

在网页设计中，与这两类技术对应的 HTML5 元素分别为 svg 和 canvas。

### 10.1.1 基本概念

选择用 SVG 实现还是用 Canvas 实现二维图形处理的基本判断原则是：对于页面中需要将图形中的各个部分作为 DOM 对象与用户进行交互操作而且要求缩放不失真的情况，用基于对象的 SVG 来实现比较合适。例如，基于 Web 地图的动态标注和导航、地理周边位置信息检索、类似于股票交易和 Microsoft Excel 中的图表处理、类似于 PhotoShop 的可视化图形对象处理、类似于 AutoCAD 和 Microsoft Visio 的工程图处理等。对于页面中存在大量动态变化的即时图形而且仅需要将其作为一个整体来处理的情况，用基于像素的 Canvas 来实现比较合适。例如，Web 游戏开发、天气云层变化等。

对于大型 Web 应用项目来说，根据模块功能要求，既可能两者择其一，也可能混合使用这两种技术。

**1. SVG 及其特点**

SVG 是在网页中处理矢量图的一种技术，同时也是一种可以用 XML 来保存绘图元数据的图形处理技术。

2011 年，W3C 发布了 SVG 1.1（Second Edition）推荐标准，该标准已成为正式标准，也是 Web 设计规范的重要组成部分，如果读者希望了解 SVG 1.1（Second Edition）的更多信息，可参考下面的网址：

```
http://www.w3.org/TR/SVG11/
```

读者也可以通过下面的网址查看 W3C 关于 Web 设计规范的更多细节：

```
http://www.w3.org/standards/webdesign/
```

HTML5 提供了一个 svg 元素（SVG 的绘图容器），利用它可在网页中直接绘制 SVG 图

形，也可以通过 CSS3 控制这些图形的颜色和样式（CSS3 提供的颜色和样式控制属性也包含了 SVG 专用的样式）。除此之外，还可以用 XML 文件来保存这些矢量图。

近几年来，随着 Web 地图以及移动设备的普及，SVG 得到了迅猛的发展，各种 SVG 应用目前已多于用 Canvas 实现的应用。

SVG 的主要特点如下。

（1）用 SVG 实现的矢量图压缩后的容量比 JPEG、GIF 等格式的图像要小得多，而且还可以任意无损缩放，并能以任何分辨率的形式显示和高清晰打印，非常适合针对移动设备的网络传输与应用处理。

（2）可在 HTML5 网页中动态生成可交互操作的 SVG 图形对象。例如，动态生成具有交互功能的数字地图并将其显示到桌面、平板电脑、手机以及车载导航仪等各种设备的屏幕上供用户选择和操作等。

（3）可对包含在 SVG 图形内的文字信息方便地建立文字索引，从而轻松实现基于内容的图像检索。例如，当以图形方式（如用鼠标划定一个范围）选择某个地理位置或区域时，可立即显示出与该区域相关的文字信息。

（4）SVG 的矢量图形格式支持多种滤镜，利用它可实现很多超炫的滤镜效果。

（5）SVG 提供的所有绘图元素都有对应的 DOM 接口，这些元素既可以通过 CSS3 来控制，也可以通过 JavaScript 以编程方式修改。

（6）可将 SVG 绘图元数据保存到单独的 XML 文件中，需要时再调入或呈现某一部分，像 AutoCAD、PhotoShop、Microsoft Office 和 Visio、Web 地图、导航图等都是通过这种方式来实现的。由于 XML 平台兼容性强，易于通过互联网读取、修改、传送和编辑，因此用它来保存和传输 SVG 图形在互联网应用中具有很大的优势，特别是智能手机以及移动导航的快速普及，进一步促进了 SVG 技术的迅速流行。

（7）由于 SVG 描述的仅仅是矢量图形元数据，所以即使将图形对象放大 1000 倍，也不会出现任何失真（用 Canvas 绘制的图形缩放到一定程度后会有明显的失真）。

总之，利用 SVG 提供的一套专用绘图元素，能在网页中实现非常丰富的无失真二维矢量图形绘制和基于图像内容的快速检索功能，唯一的要求是如果不使用扩展名为.svg 的 XML 文件来保存这些绘图对象，那么必须用 svg 元素作为这些绘图元素的容器。

**2. Canvas 及其特点**

Canvas 的主要特点如下。

（1）它是一种基于像素的图形图像动态绘制技术。

（2）所有视觉呈现都必须通过 JavaScript 以编程方式创建和修改，不能将其作为 DOM 对象来处理。

（3）Canvas 提供的 API 只能应用到 canvas 元素上，所有操作都必须在 canvas 画布上进行，无法应用到其他 HTML 元素上。

（4）处理大量动态变化的图形时 Canvas 具有很高的性能，这种情况下用 SVG 来实现性能非常低。

（5）由于图像本身就是以像素为单位来保存的，所以用基于像素的 Canvas 来处理图像非常高效。

总之，Canvas 非常适合通过 JavaScript 程序来处理动态图形的情况。

### 3. 画布和颜色

在 HTML5 中，SVG 技术和 Canvas 技术都是通过画布来指定图形或图像呈现的可见区域的宽和高，而且都可以使用 CSS3 定义的颜色格式。

#### （1）画布

HTML5 规定：用 svg 元素呈现的可见区域称为 SVG 画布，用 canvas 元素呈现的可见区域称为 Canvas 画布。

可将画布理解为具有固定长度和宽度的纸，在画布上绘图就像用钢笔、铅笔、画笔等在纸上绘图一样（在纸外画的内容看不到）。一般在 svg 元素或者 canvas 元素的开始标记内指定画布的宽度和高度，宽和高使用的单位和 CSS3 规定的长度单位相同（不指定时默认为 px，也可以为 cm、mm 等）。

在 svg 或者 canvas 元素内，可见区域中的坐标是指相对于画布左上角的位置，坐标可以是整数，也可以是浮点数。绘图单元格默认由像素组成的网格来构成，向右为 *x* 轴正方向，向下为 *y* 轴正方向。坐标原点默认由画布左上角的坐标值来确定。

#### （2）颜色

不论是 SVG 还是 Canvas，都可以使用 CSS3 规定的所有颜色格式。介绍 CSS3 时我们已经学习过这些颜色单位，此处不再重复。

### 4. 填充样式和轮廓样式

从项目开发的角度来说，用 SVG 和 Canvas 绘图时，每个图形都可以分别指定填充样式和轮廓样式。

#### （1）用 SVG 实现

在 svg 元素的开始标记内，可以直接用 style 特性声明 SVG 的样式，该特性除了用于设置 CSS3 提供的其他样式外，还可以设置 svg 元素的专用样式。例如：

```
<style>
    .mysvg { border:1px solid red; fill:blue; }
</style>
<svg width="200px" height="50px" class="mysvg">
    <defs>
        <rect id="rect1" width="30%" height="80%" />
        <rect id="rect2" width="30%" height="60%" />
    </defs>
    <use x="20" y="5" xlink:href="#rect1" />
    <use x="100" y="5" xlink:href="#rect2" style="stroke:red; stroke-width:2 " />
</svg>
```

表 10-1 列出了用于 svg 元素样式的 CSS3 样式属性及其含义。

表 10-1　　用于 svg 元素的 CSS3 样式属性

| 属　性 | 说　明 |
|---|---|
| fill | 定义填充的颜色，颜色可以是 CSS3 定义的任何一种颜色，如 fill: #ff0000 |
| fill-opacity | 定义填充的颜色透明度，范围是 0 ~ 1 之间的浮点数（包括 0 和 1），如 fill-opacity: 0.15 |
| stroke | 定义轮廓（边框）的颜色，颜色可以用 CSS3 定义的任何一种颜色 |
| stroke-width | 定义轮廓（边框）的宽度，默认为 0 |
| stoke-opacity | 定义轮廓的透明度，范围是 0 ~ 1 之间的浮点数（包括 0 和 1），如 stroke-opacity:0.8 |

**（2）用 Canvas 实现**

用 Canvas 实现时，通过 JavaScript 调用 Canvas 上下文对象的 fill 方法可指定填充样式，填充的颜色由 fillStyle 属性决定。调用 stroke 方法可指定轮廓样式，轮廓颜色由 strokeStyle 属性决定。

例如：

```
<canvas id="canvas1" width="200" height="200"></canvas>
<script>
   var ctx = document.getElementById("canvas1").getContext("2d");
   ctx.fillStyle = "#FF0000";
   ctx.strokeStyle = "#000000";
   ......
<script>
```

如果不指定填充颜色或者轮廓颜色，默认为黑色。另外，一旦设置了 fillStyle 或 strokeStyle 的值，那么这个新值就会成为新绘制的图形的默认值。如果希望给每个图形绘制不同的颜色，必须重新设置 fillStyle 或 strokeStyle 的值。

**5. 变换控制**

SVG 和 Canvas 都可以通过 CSS3 进行变换控制，区别仅仅是 SVG 的变换控制可直接用 CSS3 来实现，而 Canvas 的变换控制只能通过 JavaScript 来调用。

由于我们已经学习过 CSS3 的 transform 属性的基本用法，因此这里不再重复介绍。

## 10.1.2 svg 元素的基本用法

HTML5 提供的 svg 元素用于在网页内定义一个或多个 SVG 画布，SVG 画布的大小是通过 svg 元素的宽和高来定义的，画布的可见区域称为 viewport。

**1. svg 元素的定义方式**

有两种常见的定义 svg 元素的方式。

**（1）在网页中直接定义 svg 元素**

在网页中直接定义 svg 元素时，其用法和其他 HTML5 元素的用法相同，例如：

```
<svg width="200" height="200">
   <rect x="280" y="20" rx="20" ry="20" width="250" height="100"
         style="fill: red; stroke: black; stroke-width: 5; opacity: 0.5" />
</svg>
```

这种用法与 div 元素的用法非常相似，都是定义一个容器，但是 svg 元素仅仅作为呈现矢量图的容器，所有绘制矢量图的元素都必须包含在 svg 容器内。

**（2）在扩展名为.svg 的文件中定义 svg 元素**

第 2 种方式是在扩展名为.svg 的文件中定义 svg 元素，并利用 HTML5 的 object 元素将其呈现出来（呈现后仍可以对 svg 内的矢量图进行交互操作），所有现代浏览器都会自动识别并正确呈现这种类型的矢量图文件。例如，实现地图导航或地图中的文字内容动态显示时，可先在服务器上将这些矢量图组件预先分类保存在多个扩展名为.svg 的文件中，然后再根据用户的操作动态下载并将其呈现到 svg 容器中。

下面的代码演示了如何在/Areas/Chapter10/common/svgFiles 文件夹下的 myRect1.svg 文件中定义矢量图（用添加 XML 文件的办法添加这种类型的文件）：

```
<?xml version="1.0" encoding="utf-8" ?>
<svg width="100" height="50" xmlns="http://www.w3.org/2000/svg" version="1.1">
  <desc>矩形</desc>
```

```
    <rect style="fill: yellow; stroke:red; stroke-width:10"
        width="100%" height="100%" />
</svg>
```

代码中的 desc 元素用于为 SVG 对象添加描述信息，该元素只是为了增加代码的可读性，并不会在图形中显示出来。

下面的代码演示了如何在网页中显示该矢量图：

```
@{ var svg1 = "/Areas/Chapter10/common/svgFiles/myRect1.svg"; }
<object data="@svg1"></object>
```

用 object 显示.svg 矢量图文件是建议的做法。

除了用 object 显示.svg 文件外，还可以用 embed 或者 img 元素来显示它，例如：

```
<embed src="~/Areas/Chapter10/common/svgFiles/myRect1.svg" type="image/svg+xml"
/>
<img src="~/Areas/Chapter10/common/svgFiles/myRect1.svg" />
```

不过，一般不采用 embed 或者 img 这两种方式，因为这两种方式实际上都是仅仅将.svg 文件作为一个图像来看待。

**（3）示例**

下面通过例子说明这两种方式的基本用法。

**【例 10-1】**演示 svg 元素的基本用法，运行效果如图 10-1 所示。

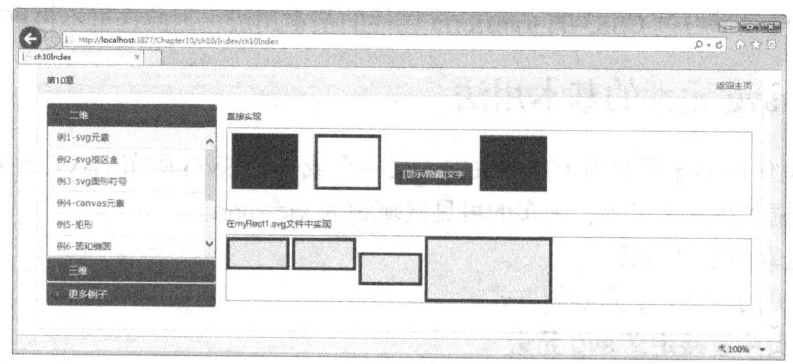

图10-1　例10-1的运行效果

该例子的源程序见 demo1_svg.cshtml 文件，此处不再列出代码。

**2. viewBox 特性和 preserveAspectRatio 特性**

在 svg 元素的开始标记内，可利用 viewBox 缩放或移动 svg 元素，利用 preserveAspectRatio 控制 viewBox 的缩放形式。

理解 viewbox 和 preserveAspectRatio 的含义及其用法是一个难点，但同时也是重点，否则很多应用就不知道如何用最简单的方式去实现了。

下面先通过例子说明基本用法，然后再解释其含义。

**【例 10-2】**演示 svg 元素 viewbox 特性和 preserveAspectRatio 特性的基本用法，运行效果如图 10-2 所示。

该例子的源程序见 demo2_svg_viewbox.cshtml 文件，下面解释代码中的含义。

**（1）viewBox**

回想一下我们是如何用手机查看 Web 地图的（这种地图实际上就是用 SVG 实现的矢量图），当我们通过拇指和食指从并拢到展开去放大某个局部时，地图（即可见区域）就会自动放大，在代码实现中，实际上仅仅是改变了 viewBox 的值。当然，在桌面浏览器中，也同样可以用按住左键拖动鼠标的办法选中地图中的某个局部区域，然后松手将这部分区域放大到全图。

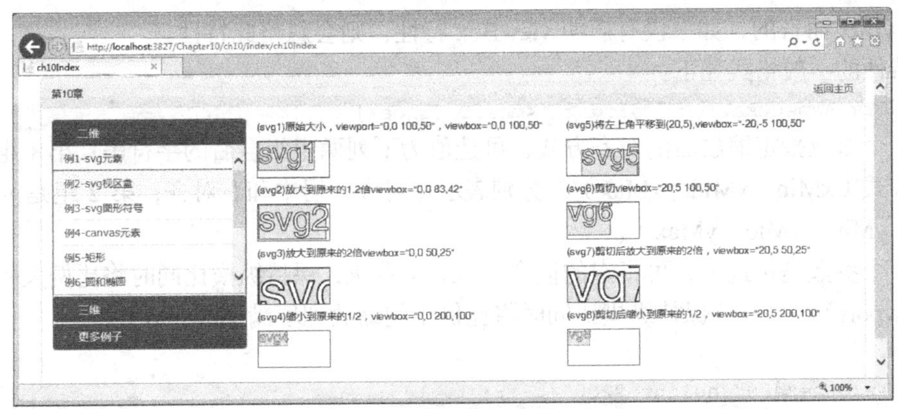


图10-2　例10-2的运行效果

viewBox 共包含 4 个参数：vLeft、vTop、vWidth、vHeight，前两个参数用于设置如何对原图进行操作，后两个参数用于设置如何对原图进行缩放。例如：

```
<svg width="150" height="100" viewBox="0,0 75,50">
    <rect x="0" y="5" width="80" height="40" fill="red" stroke="blue"></rect>
</svg>
```

这行代码定义了一个宽 150px，高 100px 的画布，而且画布的可见区域（viewport）已经通过宽和高固定了大小，超出 viewport 的区域将不再绘制。viewBox="0,0 75,50"表示视区左上角为（0，0），然后将画布的宽度 150 换算为 75 个度量单位，这 75 个度量单位的长度仍然是 150px，将画布的高度 100 换算为 50 个度量单位，这 50 个度量单位的长度仍然是 100px。这样一来，其实际效果就是将画布中的图放大了（放大后超出 viewport 的部分不可见），由于 viewport 的宽和高已经固定，因此度量单位越小，在 viewport 中看到的图就越大。

当 vLeft、vTop 的值都为零时，对原图是放大还是缩小由后两个参数决定（就像我们拿着“和原图宽高相同的镜子”看这个图一样，镜子的凹凸决定了是放大还是缩小，在镜子中看到的就是对原图缩放后的图，即 svg 元素实际呈现的图）。如果后两个参数和原图的 width、height 相同，表示不进行缩放（平面镜）；后两个参数比原图的 width、height 值大表示缩小原图，比原图的 width、height 值小表示放大原图。

当 vLeft、vTop 的值为负数时，表示先向右下角平移原图（就像将镜子向左上角平移一样，在镜子中看到的是图向右下角平移了），平移后再通过后两个参数放大或缩小。例如：

```
@{ double w = 100.0;  double h = 50.0; }
<svg class="mysvg" viewBox="-20,-5 @w,@h">
    <rect class="myrect" x="0" y="10" width="80" height="40"></rect>
    <text class="mytext" x="0" y="30">svg5</text>
</svg>
```

当 vLeft、vTop 为正值时，表示先向左上角平移原图（将镜子向右下角平移，在镜子中看到的是图向左上角平移了），其实际效果就是剪切原图（取原图从指定的 vLeft、vTop 处开始到画布右下角的矩形块），剪切后再通过后两个参数放大或缩小。

理解 viewBox 的含义时，请记住：视区的大小和 svg 元素的 width、height 指定的大小始终是相同的，这个视区就是 viewBox，svg 元素实际呈现的图就是在视区中看到宽等于 width、高等于 height 的图，viewBox 前两个参数指定视区放置的位置，后两个参数指定这个视区是类似于平面镜中观察的效果还是类似于凹凸镜中观察的效果。

**（2）preserveAspectRatio**

preserveAspectRatio 特性的用途是声明如何处理 viewBox 的缩放比例，注意这个特性是针对 viewBox 而言的，如果没有声明 viewBox 特性，则会忽略此特性。

该特性的一般格式如下：

```
preserveAspectRatio= "<align> [<meetOrSlice>]"
```

第 1 个参数指定缩放后的对齐方式，可选值为下列两组组合后的字符串：第 1 组是 $x$ 方向对齐方式（xMin、xMid、xMax），分别表示左对齐、居中和右对齐；第 2 组是 $y$ 方向对齐方式（yMin、yMid、yMax）。

第 2 个参数是可选项，可指定的值有：meet（默认，保持纵横比同时将比例大的缩放到填满 viewport）、slice（保持纵横比同时将比例小的缩放到填满 viewport）。

例如：

```
<svg width="400" height="200"
     viewBox="0 0 200 200" preserveAspectRatio="xMinYMin meet">
   <rect x="10" y="10" width="150" height="150" fill="#cd0000"/>
</svg>
```

如果声明了 viewBox 但没有声明 preserveAspectRatio，默认为 "xMidyMid meet"。

**3. 分组（g 元素）**

有时候我们需要将多个对象保存到同一个组中，以便一次性控制这些对象，此时可以用分组容器（g 标记）来实现。例如：

```
<svg width="4cm" height="4cm">
   <desc>每两个矩形为一组</desc>
   <g id="group1" fill="red">
      <rect x="1cm" y=".5cm" width="1cm" height="1cm" />
      <rect x="3cm" y=".5cm" width="1cm" height="1cm" />
   </g>
   <g id="group2" fill="blue">
      <rect x="1cm" y="2cm" width="1cm" height="1cm" />
      <rect x="3cm" y="2cm" width="1cm" height="1cm" />
   </g>
   <!-- 绘制外围矩形框 -->
   <rect x=".01cm" y=".01cm" width="4.98cm" height="3.98cm" fill="none"
stroke="blue" stroke-width=".02cm" />
</svg>
```

**4. 定义和复用 SVG 对象**

当有多个形状相似的图形时，一般先将其定义为 SVG 对象，然后根据需要重复使用这些对象。

**（1）defs 和 use**

SVG 利用 defs 元素定义被引用的 SVG 对象，利用 use 元素引用定义的这些对象。

在 defs 中定义的元素并不会立即在页面中呈现出来，只有通过 svg 中的其他元素引用时才绘制，defs 元素的用法和 CSS 类的用法相似。

use 元素通过引用 defs 中定义的元素的 id，它会将其引用的对象"克隆"一份，并在指定的位置将其绘制出来。如果不在 use 元素的开始标记内指定宽度和高度，默认都是 100%。

例如：

```
<svg width="10cm" height="3cm" viewBox="0 0 100 30">
   <defs>
      <rect id="MyRect" width="60" height="10" />
   </defs>
   <use x="10" y="25" xlink:href="#MyRect" />
   <use x="130" y="25" xlink:href="#MyRect" />
</svg>
```

**（2）marker 和 symbol**

marker 元素用于定义特殊的图形符号，如自动指向沿曲线移动方向的箭头等。symbol 元素用于定义一组图形符号。

图形符号有什么用呢？举例来说，Web 地图中的公路、铁路、水路、桥梁、湖泊、旅馆、收费站、加油站等基本图形，实际上都是预先设计好的图形符号，在项目实现中，只需要根据用户的浏览情况，将这些图形符号呈现到地图中合适的位置即可。

在 defs 内定义图形符号以后，就可以在 use 元素中通过“符号引用”一次引用多个图形对象，此时只需要用 symbol 元素将被引用的对象包含起来，并在 symbol 的开始标记中定义一个被引用的 id 即可。

**【例 10-3】**演示 marker 和 symbol 的基本用法，运行效果如图 10-3 所示。

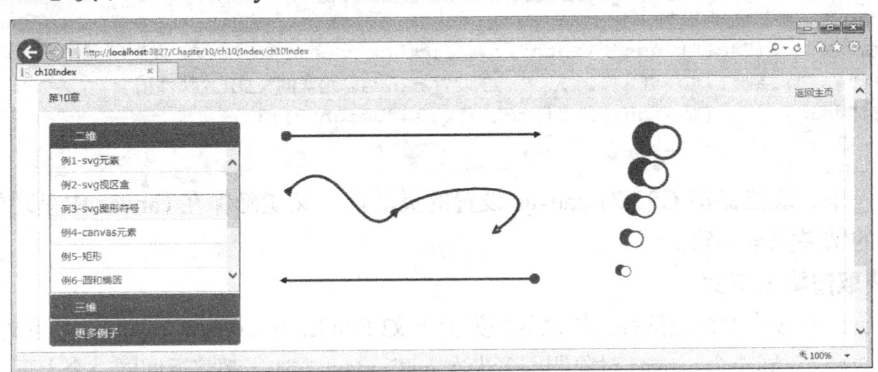


图10-3　例10-3的运行效果

该例子的源程序见 demo3_svg_symbol.cshtml 文件。

**5. 嵌入其他格式的图像**

当希望在 svg 元素内嵌入其他格式的图像时，如背景图等，此时可以用 SVG 的 image 元素来实现。例如：

```
<svg width="240px" height="110px">
    <image x="0" y="0" width="100px" height="100px" xlink:href="pic1.jpg">
</svg>
```

**6. 滤镜**

SVG 提供了很多滤镜，这些滤镜都是通过三维图形来实现的，利用 SVG 滤镜可实现很多非常绚丽的真实场景效果，如跳跃的火苗、飘散的烟花等，由于理解其原理会涉及复杂的三维设计，所以这里我们不再介绍它，有兴趣的读者可参考其他相关资料。

## 10.1.3　canvas 元素的基本用法

HTML5 的 canvas 元素本身并没有绘图的能力，它仅仅定义一个用于呈现处理结果的画布，而处理的内容必须通过 JavaScript 来实现。

在同一个网页中，可以同时包含多个 canvas 元素。

利用 Canvas 绘图的基本步骤如下。

**1. 创建画布**

用 canvas 元素呈现绘图结果时，首先需要在页面中添加一个 canvas 元素，并规定元素的 id、宽度和高度。例如：

```
<canvas id="myCanvas" width="200" height="100"></canvas>
```

指定 id 的目的是为了使 JavaScript 能获取该 canvas 对象。

需要特别注意的是，由于 canvas 本质上只是一个基于像素的绘图画布，其呈现出来的图形纵横比是根据其 width 特性和 height 特性来计算的（不是根据 CSS 属性来计算的），因此，如果通过 CSS 改变了它的宽和高，此时可能会导致 canvas 拉伸变形，即不再保持其原来的纵横比。例如：

```
<canvas id="c1" style="width:100%; height:200px"></canvas>
```

由于这行代码用 CSS 改变了 canvas 的宽和高，因此用 JavaScript 绘制出来的结果就可能与我们预想的结果相差甚远。

为了确保不会因为 CSS 的设置而引起 canvas 拉伸变形，最简单的办法就是在获取其渲染上下文之前，先设置它的 width 特性和 height 特性。例如：

```
<canvas id="c1" style="width:100%; height:200px"></canvas>
<script>
    var w = $("#c1").css("width");  //获取 canvas 元素中用 CSS 设置的宽度属性
    $("#c1").attr("width",w);     //设置 canvas 元素的 width 特性值
    $("#c1").attr("height", $("#c1").css("height"));
    ......
</script>
```

这样一来，既能保持 CSS 对 canvas 设置的灵活性，又能确保在 canvas 中呈现的结果和我们预想的结果完全一致。

**2. 获取渲染上下文**

基于 Canvas 技术的绘图依赖其提供的渲染上下文（Rendering Context）。该渲染上下文与 canvas 元素对应，无论对同一个 canvas 对象调用多少次 getContext 方法，都将返回同一个上下文对象。

例如：

```
<canvas id="canvas1" width="400" height="200"></canvas>
<script>
var canvas = document.getElementById("canvas1");
var ctx = canvas.getContext("2d");
......
<script>
```

代码中的”2d”是获取 Canvas 二维绘图对象的关键字，context 是内建的 HTML5 对象。通过 getContext（"2d"）得到渲染上下文以后，就可以利用 JavaScipt 对其进行操作了。

**3. 定义路径**

用 Canvas 绘图时，除了矩形以外，其他的图形都必须通过路径来定义。路径是以一组子路径（直线，弧线等）的形式储存的形状数据，这些数据共同构成一个图形。一旦定义了路径，其他的方法都是对此路径进行操作。

表 10-2 列出了 Canvas 技术中与路径相关的常用方法。

表 10-2　　Canvas 路径相关的常用方法

| 方　法 | 说　明 |
| --- | --- |
| context.beginPath() | 清除包含的所有子路径，还原到默认的空状态 |
| context.fill() | 用当前的填充样式填充路径 |
| context.stroke() | 用当前的轮廓样式绘制路径轮廓 |
| context.scrollPathIntoView() | 滚动当前路径到可视区域，对于手机等小屏幕的设备来说，该方法非常有用 |
| context.clip() | 创建剪切区域，即将绘制范围限制到剪切区域内 |
| context.isPointInPath(x, y) | 判断某个点是否在当前路径内（true 或者 false） |

使用路径绘制各种图形需要经过以下步骤。

**（1）初始化路径**

第 1 步是调用 beginPath 方法初始化路径状态。每开始一次新的绘制任务，都需要先使用 beginPath 方法来重置 path 对象至初始状态。

**（2）定义在路径上绘制的图形**

第 2 步是通过一系列命令定义在路径上绘制的图形。

我们可以把 Canvas API 提供的 moveTo 方法想象成是把笔提起，并从一个点移动到另一个点的过程。当 Canvas 初始化或者调用 beginPath 的时候，当前起始坐标默认在原点（0，0）处。大多数情况下，我们都需要在这一步骤中调用 moveTo 方法将当前起始坐标移到其他地方，特别是用于绘制不连续的路径时，此方法非常有用。例如：

```
ctx.moveTo(110, 75);
```

**（3）闭合路径（可选）**

第 3 步是闭合路径，这一步是可选的步骤。

路径定义完成后，可以调用 closePath 方法将自定义的图形闭合，闭合的含义是自动创建一条从当前坐标到起始坐标的连线。当然也可以不将其闭合，所以这一步是可选的步骤。另外，当调用 fill 方法呈现图形时，由于会自动闭合路径，所以这种情况下也可以省略第 3 步。

路径定义完成后，此时在 canvas 元素内并不会立即显示路径，还需要继续后面的步骤将路径渲染到画面。

**4. 呈现图形**

用 JavaScript 呈现绘图内容之前，需要先设置 canvas 元素的填充样式和轮廓样式，这些样式将适用于随后绘制的所有图形。图形的轮廓颜色由 strokeStyle 属性决定，填充颜色由 fillStyle 属性决定。如果呈现的图形使用另一种样式，需要再次设置填充样式和轮廓样式，然后再继续呈现后面的图形。

stroke 方法用于绘制图形的轮廓，fill 方法用于填充图形的封闭区域。

经过以上步骤后，就可以在 canvas 元素内看到用 JavaScript 动态绘制的二维图形了。

下面通过例子说明基本用法。

**【例 10-4】**演示 canvas 元素的基本用法，运行效果如图 10-4 所示。

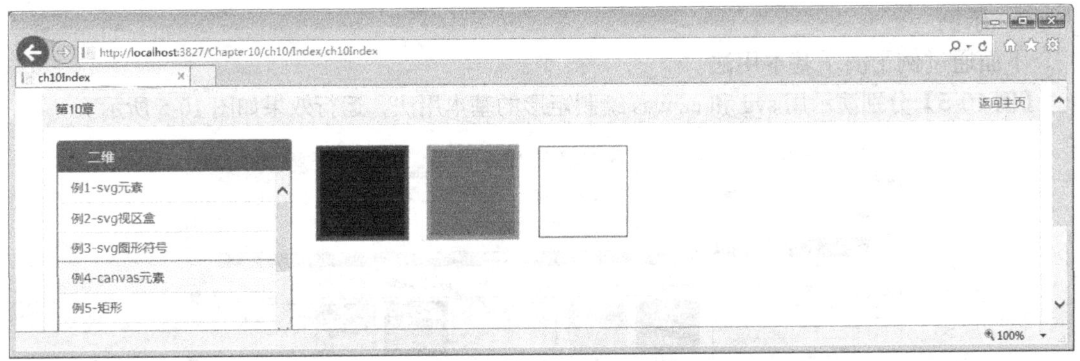


图10-4　例10-4的运行效果

该例子的源程序见 demo4_canvas.cshtml 文件，此处不再列出代码。

## 10.2 二维图形绘制技术

这一节我们简单介绍 SVG 和 Canvas 的基本图形绘制技术。之所以将这两种技术放在一起来介绍，是希望读者能通过对同一功能的对比，理解不同技术的设计思路和实现复杂度，以便在实际应用项目中选择更合适的方案。

### 10.2.1 矩形

SVG 和 Canvas 都可以绘制矩形，前者包含在 svg 元素内，后者包含在 canvas 元素内。

**1. 用 svg 实现**

在 svg 元素内，绘制矩形及其变体用 rect 元素来定义，如正方形、圆角矩形等。

该元素的特性如下。

- x、y：定义矩形左上角的 *x* 坐标、*y* 坐标，默认都为 0。
- width、height：定义填充区域的宽度和高度。
- opacity：定义整个元素的透明度，包括填充的区域和边框，如 opacity:0.5。
- rx、ry：定义圆角矩形的椭圆角在 *X* 方向、*Y* 方向的半轴长度。如果 *rx* 的值大于矩形宽度的一半，则取矩形宽度的一半，如果 *ry* 的值大于矩形高度的一半，则取矩形高度的一半。

例如：

```
<svg width="200" height="200">
    <rect x="280" y="20" rx="20" ry="20" width="250" height="100"
          style="fill: red; stroke: black; stroke-width: 5; opacity: 0.5" />
</svg>
```

**2. 用 canvas 实现**

当在 canvas 中绘制矩形时，轮廓宽度用 lineWidth 来指定，主要方法如下。

```
clearRect(x, y, width, height)   //清除矩形区域
fillRect(x, y, width, height)    //填充矩形区域
strokeRect(x, y, width, height)  //绘制矩形边框（轮廓），边框宽度用 lineWidth 指定
```

其中，x、y 指定矩形左上角相对于 canvas 原点的坐标，width、height 分别指定矩形的宽和高。

**3. 示例**

下面通过例子演示基本用法。

【例 10-5】分别演示用 svg 和 canvas 绘制矩形的基本用法，运行效果如图 10-5 所示。

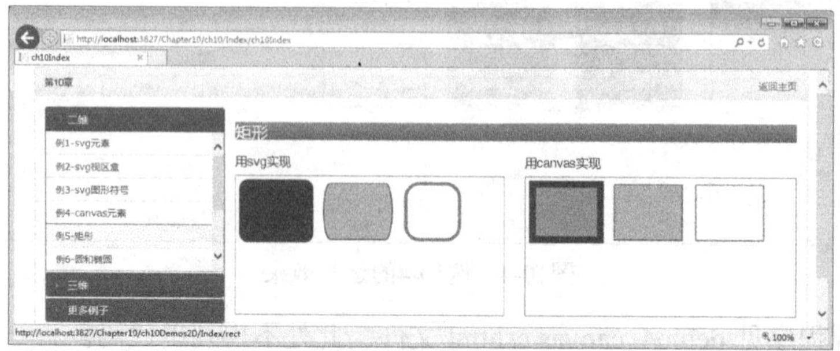


图10-5　例10-5的运行效果

该例子的源程序见 rect.cshtml 文件，此处不再列出代码。

### 10.2.2 圆和椭圆

SVG 和 Canvas 都可以绘制圆，前者包含在 svg 元素内，后者包含在 canvas 元素内。

**1. 用 svg 实现**

在 svg 元素内，用 circle 元素定义圆，用 ellipse 元素定义椭圆，常用特性如下。

- cx、cy：定义圆心所在的 $x$、$y$ 坐标，默认为 0。
- r：定义圆的半径，不允许为负值。如果是 0 则不显示。
- rx、ry：定义椭圆 $x$、$y$ 方向上的半轴长，不允许为负数

例如：

```
<svg width="100%" height="100%">
    <circle cx="100" cy="50" r="40" stroke="black" stroke-width="2" fill="red" />
    <ellipse cx="570" cy="100" rx="220" ry="30" style="fill: yellow" />
</svg>
```

**2. 用 canvas 实现**

在 canvas 上绘制圆的基本思路是，首先调用 context 的 beginPath 方法创建路径，然后通过 arc 方法将绘制的对象添加到路径中，添加完毕后调用 context 的 closePath 方法关闭路径，最后调用 fill 方法填充路径，调用 stroke 方法绘制轮廓。例如：

```
ctx.beginPath();
ctx.arc(150, 40, 20, 0, 2 * Math.PI);
ctx.closePath();
ctx.fillStyle = "#000000";
ctx.fill();
```

Canvas 提供的 arc 方法包含 5 个参数：圆心的 $x$ 坐标、圆心的 $y$ 坐标，半径，起始弧度、结束弧度（以 $x$ 轴为基准）。除了这 5 个参数外，还有一个可选参数 anticlockwise 表示绘制方向，true 表示逆时针，false 表示顺时针。

Canvas 没有提供画椭圆的方法，如果希望用 Canvas 绘制椭圆，相对比较简单的办法是用贝塞尔曲线来模拟实现。

**3. 示例**

下面通过例子演示基本用法。

**【例 10-6】**分别演示用 svg 和 canvas 绘制圆和椭圆的基本用法，运行效果如图 10-6 所示。

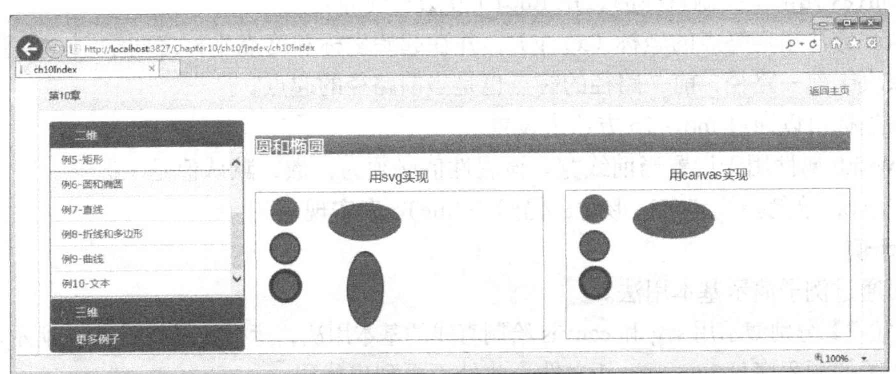


图10-6 例10-6的运行效果

该例子的源程序见 elipse.cshtml 文件，此处不再列出代码。

### 10.2.3 直线、折线和多边形

SVG 和 Canvas 都可以绘制直线、折线和多边形，前者包含在 svg 元素内，后者包含在 canvas 元素内。

**1. 用 svg 实现**

SVG 用 line 定义要绘制的线段。该元素的特性如下。

- x1、y1：定义线段起点的 $x$、$y$ 坐标值，默认为 0。
- x2、y2：定义线段终点的 $x$、$y$ 坐标值，默认为 0。
- stroke-width：定义线段的宽度。

如果希望得到很细的线，可以指定 stroke-width 为大于 0 小于 1 的值。

例如：

```
<svg width="200" height="200">
    <line x1="30" y1="30" x2="150" y2="85" stroke="red" stroke-width="4" />
</svg>
```

SVG 的 polyline 用于绘制折线。折线在 SVG 中定义为连接的多条直线。定义折线时，只需要指定各个点的坐标即可。每个点的坐标用 $x$, $y$ 的形式表示，各个点的坐标之间用空格分隔。

如果指定了 fill 特性，不论折线是否闭合，它都会自动填充闭合区域（自动用透明的直线将起点和终点连接起来，然后再逐个填充闭合的区域）。

例如：

```
<svg>
    <polyline points="10,20 100,20 20,200 50,100"
        style="fill: red; stroke: rgb(164,64,64); stroke-width: 1" />
</svg>
```

SVG 的 polygon 用于绘制闭合的多边形。定义多边形和定义折线的用法相似，只需要指定各个点的坐标即可，两者的区别仅仅是计算闭合区域的算法不同。

例如：

```
<svg>
    <polygon points="15, 5, 100 8,6 150" fill="orange"
        stroke="black" stroke-width="4" />
</svg>
```

**2. 用 canvas 实现**

在 canvas 元素中绘制直线时，用 lineTo 方法实现即可。

lineTo 方法指定终点的坐标（$x$，$y$），并在起始坐标和终点坐标之间绘制一条直线。起始坐标取决于前一路径，前一路径的终点也是当前路径的起点。

起始坐标可以通过 moveTo 方法来设置。

lineWidth 属性用于设置当前线宽。该属性值必须为正数，默认值是 1.0。

用 Canvas 绘制折线和多边形时，仍然用 lineTo 来实现。

**3. 示例**

下面通过例子演示基本用法。

【例 10-7】分别演示用 svg 和 canvas 绘制直线的基本用法，运行效果如图 10-7 所示。

该例子的源程序见 line.cshtml 文件，此处不再列出代码。

【例 10-8】分别演示用 svg 和 canvas 绘制折线和多边形的基本用法，运行效果如图 10-8 所示。

该例子的源程序见 polyline_polygon.cshtml 文件，此处不再列出代码。

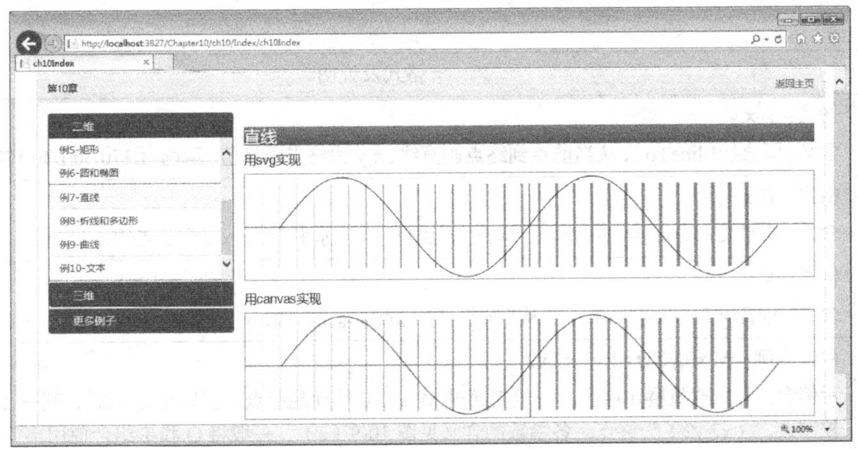


图10-7　例10-7的运行效果

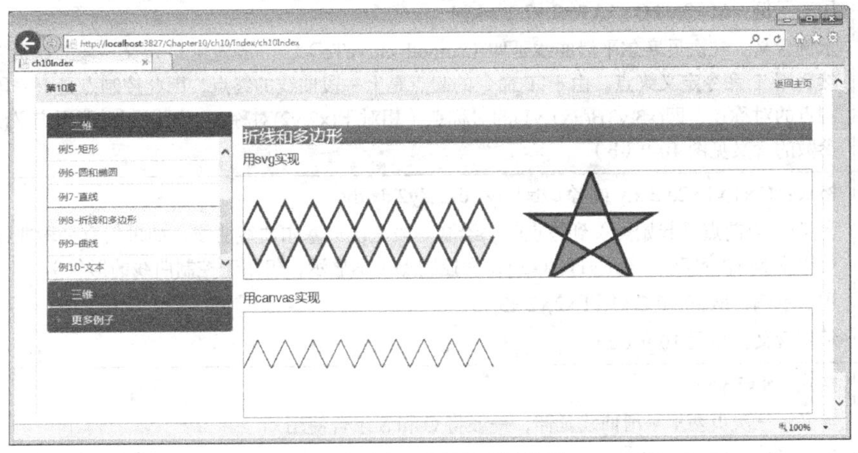


图10-8　例10-8的运行效果

## 10.2.4　曲线和路径

对于复杂的图形，SVG 和 Canvas 都是用路径来实现的。

### 1. 用 svg 实现

SVG 的 path 元素用于定义绘制路径，利用它可实现各种复杂的复合图形。其基本格式如下：

```
<path d="path data "></path>
```

在 path data 中，使用的 10 个路径命令一律用一个字母表示。大写字母表示绝对定位（其后的坐标值是指相对于容器左上角的位置），小写字母表示相对定位（其后的坐标值是指相对于当前位置的偏移量）。

表 10-3 列出了 SVG 提供的 10 个路径命令。

表 10-3　SVG 的路径命令（以大写字母的命令为例）

| 命　令 | 格式及说明 |
| --- | --- |
| M | 格式：M x,y<br>含义：移动到（moveTo），x,y 为目标点。示例：M30,30 |
| Z | 格式：Z<br>含义：闭合路径（closePath），将路径的开始和结束点用直线连接 |

续表

| 命　令 | 格式及说明 |
| --- | --- |
| L | 格式：L x,y<br>含义：画直线（lineTo），从当前点到终点画直线，x,y 为终点坐标值。示例：L170,30 L30,170 L170,170 |
| H | 格式：H x<br>含义：水平线（horizontal lineTo），从当前点到目标点画水平直线，x 为目标点的 x 坐标值。示例：H150 |
| V | 格式：V y<br>含义：垂直线（vertical lineTo），从当前点到目标点画垂直直线，y 为目标点的 y 坐标值。示例：V150 |
| Q | 用法示例：M x0,y0 Q x1,y1 x2,y2<br>示例含义：二次贝赛尔曲线，一般先通过 M x0,y0 移动到起点，然后用 Q 绘制，其中（x1,y1）为控制点，（x2,y2）为终点，各参数的含义见图 10-9（a），一般将 Q 和 T 组合使用 |
| T | 格式：T x,y<br>用法示例：M x0,y0 Q x1,y1 x2,y2 T x4,y4<br>示例含义：二次贝塞尔平滑曲线延伸（smooth curveTo），一般先用 Q 定义一段二次贝塞尔曲线，然后用 T 命令定义终点。由于 T 命令的起点是上一段曲线的终点，因此控制点是上一段曲线的控制点的对称点，即(x3,y3)是(x1,y1)的对称点（相对于(x2,y2)对称），所以不需要再定义(x3,y3)，各参数的含义见图 10-9（b） |
| C | 格式：C x1,y1 x2,y2 x,y 或者 c dx1,dy1 dx2,dy2 dx,dy<br>含义:从当前点（起始点）到终点(x,y)绘制一段三次贝塞尔曲线曲线，如果仅有一段曲线，起始点可以用 M 命令实现，(x1,y1)、(x2,y2)为控制点（不显示，仅用于控制曲线的形状）<br>用法示例：M x0,y0 C x1,y1 x2,y2 x3,y3<br>示例含义：见图 10-9（c） |
| S | 格式：S x5,y5 x,y<br>含义：三次贝塞尔平滑曲线延伸，一般将 C 和 S 组合使用<br>用法示例：M x0,y0 C x1,y1 x2,y2 x3,y3 S x5,y5 x6,y6<br>示例含义：见图 10-9（d） |
| A | 格式：A rx,ry x-axis-rotation large-arc-flag sweep-flag x,y<br>含义：画弧形，rx、ry 分别表示弧的 *x* 方向和 *y* 方向半径长度，x-axis-rotation 表示沿 *x* 轴逆时针旋转的角度（负数表示顺时针），large-arc-flag 和 sweep-flag 是组合使用的，其含义见图 10-9（e），其中 large-arc-flag 为 1 表示大角度弧线（0 表示小角度弧线），sweep-flag 为 1 表示从起点到终点的弧线绕中心点按顺时针方向旋转（0 表示按逆时针方向旋转），各参数的含义见图 10-9（e） |

图 10-9 列出了后 5 个命令中各参数的含义。

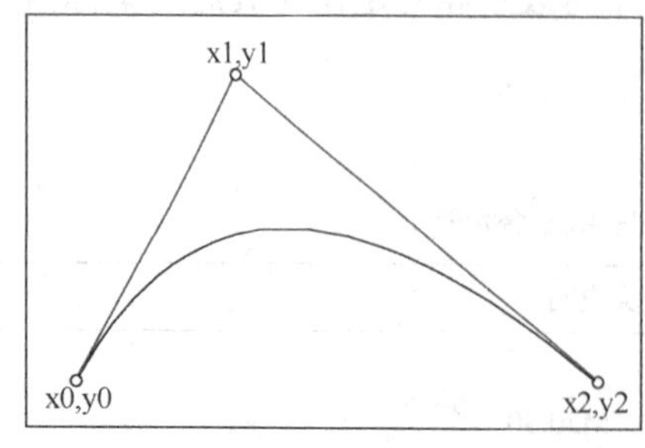


（a）Q 命令参数的含义

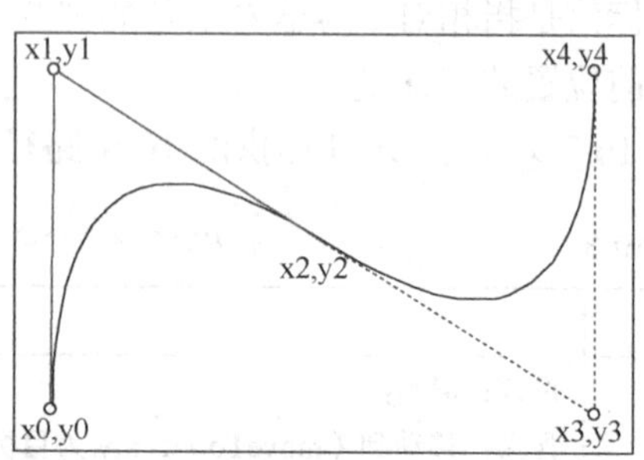


（b）T 命令参数的含义

图10-9　SVG的路径命令参数含义

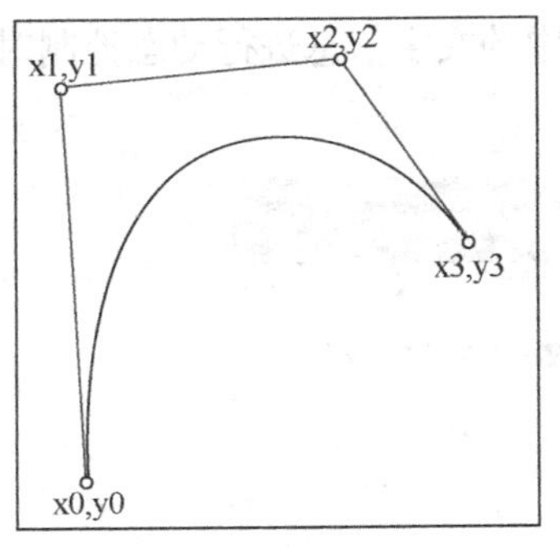


（c）C 命令参数的含义

（d）S 命令参数的含义

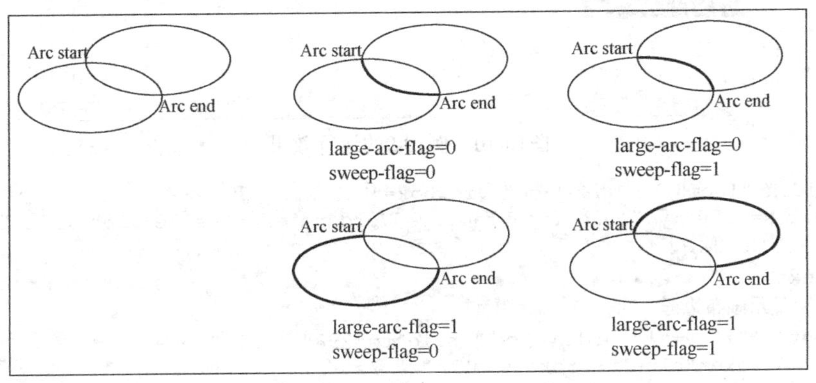


（e）A 命令 large-arc-flag 和 sweep-flag 参数的含义

图10-9　SVG的路径命令参数含义（续）

"MZLHVQTCSA"这 10 个命令的象形记忆法："麻子拉虎娃去趟超市啊"。

**2. 用 canvas 实现**

Canvas 提供的绘制贝塞尔曲线的方法如下。

（1）quadraticCurveTo（cx，cy，x，y）

quadraticCurveTo 方法为一个画布的当前子路径添加一条二次贝塞尔曲线。曲线的开始点是画布的当前点，结束点是（x，y），cx 和 cy 是控制点的坐标。

（2）bezierCurveTo（c1x，c1y，c2x，c2y，x，y）

bezierCurveTo 方法为一个画布的当前子路径添加一条三次贝塞尔曲线。曲线的开始点是画布的当前点，结束点是（x，y）。c1x 和 c1y 是第一个控制点的坐标，c2x 和 c2y 是第二个控制点的坐标。当这个方法返回的时候，当前的位置为（x，y）。

**3. 示例**

下面通过例子演示基本用法。

**【例 10-9】**分别演示用 svg 和 canvas 绘制曲线的基本用法，运行效果如图 10-10 所示。

该例子的源程序见 curves.cshtml 文件，此处不再列出代码。

## 10.2.5　文本绘制

SVG 和 Canvas 都提供了在图中绘制文本的技术。

**1. 用 svg 实现**

利用 SVG 的 text 标记、tspan 标记以及 textpath 标记，可以在 SVG 图像中绘制各种方向和位置的文本。当需要在图像中插入文本信息，以及对图像中的文字信息进行动态控制时，使用这些元素非常方便。例如：

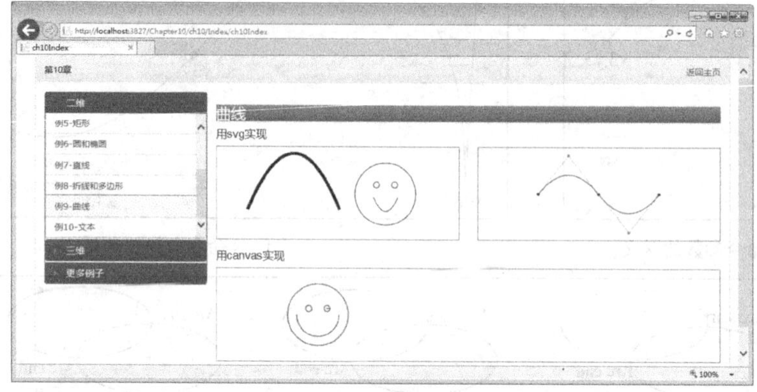

图10-10　例10-9的运行效果

```
<svg width="10cm" height="3cm" viewbox="0 0 1000 300">
    <text x="250" y="150" font-family="Verdana" font-size="55" fill="blue">
        Hello, 你好!
    </text>
    <!-- 显示画布边框 -->
    <rect x="1" y="1" width="998" height="298" fill="none"
        stroke="blue" stroke-width="2" />
</svg>
```

另外，利用 textpath 标记，还可以实现各种旋转功能。

**2. 用 canvas 实现**

在 canvas 中绘制文字使用的是 fillText 或者 strokeText 方法。

fillText 方法用填充的方式绘制字符串，该方法接收 4 个参数：text，x，y，[maxWidth]。其中，参数 text 表示要绘制的文本字符串，x 和 y 表示绘制文字的横坐标和纵坐标，maxWidth 是可选参数，代表显示文字时的最大宽度，如果绘制的文字小于最大宽度，将用 Unicode 的空格（U+0020）填充。

strokeText 方法用轮廓方式绘制字符串，该方法的参数个数及含义和 fillText 方法相同。

**3. 示例**

下面通过例子演示基本用法。

【例 10-10】演示 text 标记、tspan 标记以及 textpath 标记的基本用法，运行效果如图 10-11 所示。

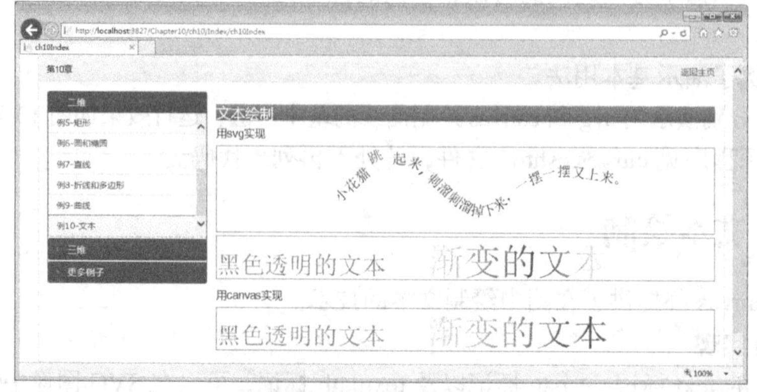


图10-11　例10-10的运行效果

该例子的源程序见 text.cshtml 文件。

# 10.3　三维图形设计与实现

这一节我们主要学习如何在 ASP.NET MVC 项目中，利用 WebGL 和 Three.js 设计和呈现三维图形。本节中的所有例子都是在 IE 11.0 浏览器中运行的。

## 10.3.1　WebGL 和 Three.js 简介

WebGL 是在网页中绘制 3D 图形的一种技术，也是以 HTML5 为核心的一系列 Web 标准的成员之一。WebGL 提供了一套丰富的 API，利用它可以用 JavaScript 创建高性能的 2D 和 3D 图形，而且还可以用 JavaScript 直接编写在 GPU 上运行的、类似于 C 语言语法的 GLSL（OpenGL 着色语言）着色程序。

WebGL 虽然可简化在网页中设计 3D 程序的复杂度，但是它目前仅提供了底层 API，用这些底层 API 直接去实现实际的 Web 3D 应用仍然相当复杂，为了简化设计的难度，一般还需要借助某种架构，Three.js 就是其中的一种。

Three.js 是一个用 JavaScript 编写的、免费的、开源的 3D 开发架构，该架构提供了丰富的 JavaScript 库函数，这些库函数极大地简化了用 WebGL 开发 3D 应用程序的复杂度。在 Web 开发中，目前至少有 60%以上的 WebGL 应用都是借助 Three.js 来实现的。

### 1. 下载 Three.js 压缩包

Three.js 的官方网址如下：

```
http://threejs.org/
```

本书使用的 Three.js 版本为 2015 年 2 月推出的 r70 版。从该网址下载最新版的压缩包，解压后，将 three.js、three.min.js 以及示例文件拖放到当前项目中 Threejs 的对应子文件夹下，由于该文件夹下的示例文件非常多，因此此处不再逐一说明。

### 2. 在_references.js 文件中添加引用

由于本书第 1 章禁用了 Scripts 文件夹下_references.js 文件中的 autosync，因此需要手工将 three.js 文件从解决方案资源管理器中拖放到_references.js 文件中，拖放后在该文件中自动添加的代码如下：

```
/// <reference path="../Threejs/build/three.js" />
```

在该文件中添加引用后，键入脚本代码时就可以看到相关的智能提示了。

## 10.3.2　基本用法示例

Three.js 提供了 5 种渲染器：WebGLRenderer、CanvasRenderer、SVGRenderer、Software Renderer 和 RaytracingRenderer。这些渲染器的基本用法都包含在 Three.js 自带的例子中。

这一节我们以 WebGLRenderer 渲染器为例，简单说明在 MVC 项目中开发 Web 3D 程序的基本设计思路和具体实现办法。

### 1. 添加布局页

本节示例使用的布局页在_ch10Layout3D.cshtml 文件中，代码如下：

```
<!DOCTYPE html>
<html>
```

```
<head>
    <meta charset="utf-8" />
    <meta name="viewport" content="width=device-width, initial-scale=1.0">
    <title>@ViewBag.Title</title>
    @Html.Partial("~/Views/Shared/_AreasPartialRef.cshtml")
    <style>
        body { overflow: hidden; }
        #container { position: absolute; /*必须定义，否则高度不正确*/
                    top: 0px; width: 100%; height: 100%;
                    background-color: #fafafa; }
        #info { position: absolute;
                top: 15px; width: 100%; line-height: 25px;
                font-size: 16px; color: white; text-align: center;
                z-index: 1000; }
    </style>
</head>
<body>
    <script src="~/Threejs/build/three.min.js"></script>
    @RenderBody()
    <script>
        $(document).ready(function () {
            init();
            animate();
        });
    </script>
</body>
</html>
```

在布局页中，引用了 three.js 文件，当然也可以引用 three.min.js，这样一来，就可以在视图页中直接调用 THREE 对象了，而不需要在每个视图页中都添加对 three.js 文件的引用。

一旦视图页加载完毕，就会自动运行布局页中的脚本，将 3D 场景渲染出来。

**2. 添加控制器**

控制器代码在 ch10Demos3DController.cs 文件中，代码如下：

```
public class ch10Demos3DController : Controller
{
    public ActionResult Index3d(string id)
    {
        ViewBag.src = id;
        return PartialView();
    }
    public ActionResult Rend3dScene(string src)
    {
        return View(src);
    }
}
```

**3. 添加导航**

本节例子的导航分别在 ch10Demos3D 文件夹下的 Index3d.cshtml 文件和 Shared 文件夹下的 ch10Demos.cshtml 文件中。

Index3d.cshtml 文件的代码如下：

```
<style>
    #loading3D { position: absolute; top: 160px; width: 100%;
                 font-size: 36px; text-align: center; }
</style>
<div id="loading3D">正在加载 3D 场景......</div>
<iframe id="viewer"
      src="@Url.Action("Rend3dScene", "ch10Demos3D", new { src = ViewBag.src })"
      style="width:100%; min-height:360px; border:1px solid red"></iframe>
<script>
```

```
    $("#viewer").height(document.body.scrollHeight);
    $("#viewer").load(function () { $("#loading3D").hide(); });
</script>
```

界面左侧导航页中的代码就比较简单了，直接链接到 Index3d.cshtml 文件即可，在这个文件中，再通过 iframe 加载 3D 视图页。

下面是 ch10Demos.cshtml 文件中导航到 demo1.cshtml 文件的实现代码：

```
@Ajax.ActionLink("demo1", "Index3d", "ch10Demos3D", new { id = "demo1"},
        ajaxOptions, new { @class = "list-group-item" })
```

其他导航代码和这行代码的实现办法类似，这里不再重复列出。

### 4. 基本渲染模式

在 Three.js 架构中，“THREE”是一个全局变量，场景、相机、模型、灯光、纹理、材质、渲染器都是通过 THREE 包含的相应函数来实现的。

一般用 div 元素作为 3D 场景的容器，当渲染器获取该容器对象后，Three.js 就会自动在这个容器中添加一个 canvas 元素，并在 canvas 元素中呈现 WebGL 处理的结果。

下面通过例子介绍基本用法。

【例 10-11】演示在 MVC 项目中开发 3D 程序的基本用法，运行效果如图 10-12 所示。

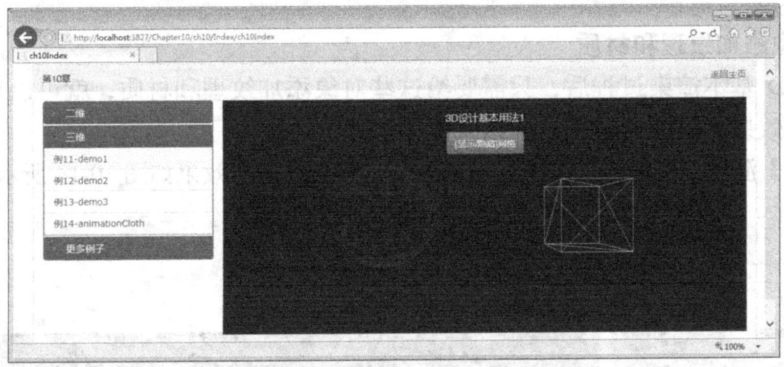


图10-12　例10-11的运行效果

该例子的源程序见 ch10Demos3D 文件夹下的 demo1.cshtml 文件。

### 5. 场景中对象的移动控制

基本渲染模式只是将 3D 对象呈现出来，如果希望让场景中的对象“动”起来，只需要在此基础上添加一些控制对象位置的代码即可。

下面通过例子介绍基本用法。

【例 10-12】演示移动 3D 对象的基本用法，运行效果如图 10-13 所示。

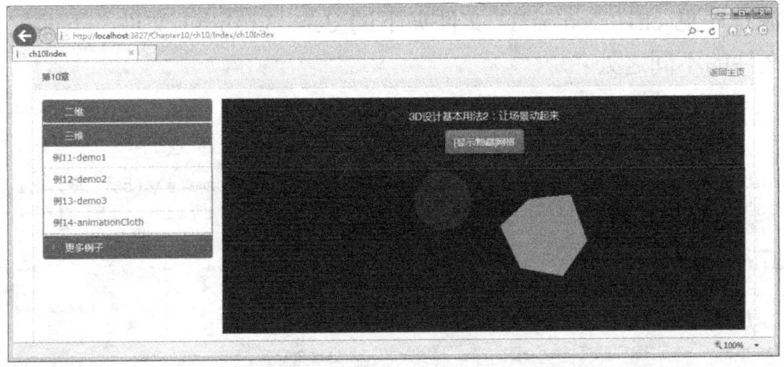


图10-13　例10-12的运行效果

该例子的源程序见 ch10Demos3D 文件夹下的 demo2.cshtml 文件，该例子的大部分代码和 demo1.cshtml 文件中的代码都相同，下面仅列出不同之处：

```
......
<script>
    ......
    function animate() {
        requestAnimationFrame(animate);
        render();
    }
    function render() {
        var timer = Date.now() * 0.0005;
        camera.position.x = Math.cos(timer) * 300;
        camera.position.y = Math.sin(timer) * 200;
        camera.lookAt(scene.position);
        mesh1.rotation.x += 0.01;
        mesh1.rotation.y += 0.01;
        mesh2.rotation.x += 0.01;
        mesh2.rotation.y += 0.01;
        renderer.render(scene, camera);
    }
    ......
</script>
```

**6. 给对象添加纹理和材质**

了解了 3D 基本渲染过程后，只需要给这些对象添加纹理和材质，就可以让这些对象呈现五彩斑斓的效果。下面通过例子介绍基本用法。

【例 10-13】演示给对象添加纹理和材质的基本用法，运行效果如图 10-14 所示。

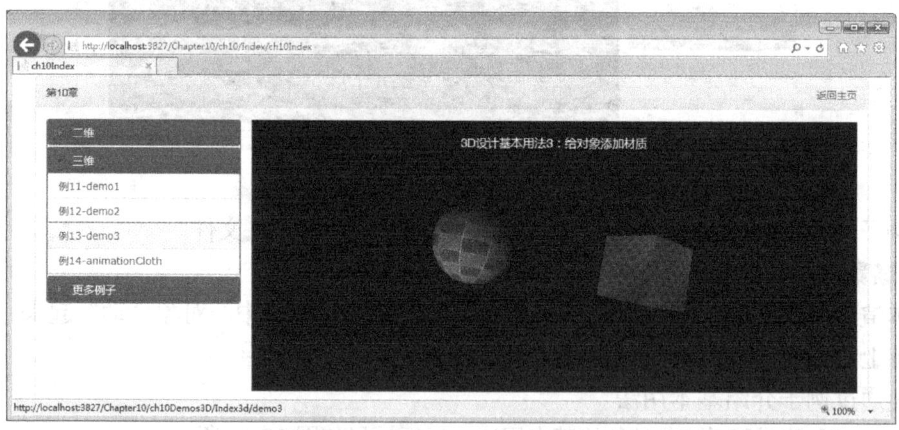


图10-14　例10-13的运行效果

该例子的源程序见 ch10Demos3D 文件夹下的 demo3.cshtml 文件，下面仅列出该文件与 demo2.cshtml 文件的不同之处：

```
......
<script>
    ......
    var mesh1 = new THREE.Mesh( new THREE.SphereGeometry(5, 16, 8), null);
    var mesh2 = new THREE.Mesh( new THREE.BoxGeometry(16, 16, 16), null);
    ......
    function init() {
        ......
        //添加纹理和材质
        var map = THREE.ImageUtils.loadTexture(
            "/Threejs/examples/textures/UV_Grid_Sm.jpg");
```

```
        map.wrapS = map.wrapT = THREE.RepeatWrapping;
        map.anisotropy = 16;
        var material = new THREE.MeshLambertMaterial(
                { ambient: 0xbbbbbb, map: map, side: THREE.DoubleSide });
        mesh1.material = material;
        mesh1.position.x = -100;
        mesh1.scale.x = mesh1.scale.y = mesh1.scale.z = 10;
        scene.add(mesh1);
        mesh2.material = material;
        mesh2.position.x = 100;
        mesh2.scale.x = mesh2.scale.y = mesh2.scale.z = 4;
        scene.add(mesh2);
        ......
    }
    ......
</script>
```

## 10.3.3 更多示例

除了最基本的用法之外，为了方便读者自学，本章源程序的【更多例子】中还包含了对 Three.js 自带的例子进行修改后的示例（用扩展名为.cshtml 的文件重新实现）。当然，读者也可以从 Three.js 官方网站上免费下载更高版本的例子，然后将其保存到本项目下调试运行。

由于 Three.js 是一种免费的开源软件，因此可直接下载这些例子学习其各种用法。

**1. 如何调试运行更多示例**

有两种调试运行 Three.js 自带的示例的方法，一种是不使用布局页，具体用法见 ThreejsExamples 文件夹下的示例；另一种是使用布局页，这种方式可让实现的代码更少，具体用法见 ch10Demos3D 文件夹下的 animationCloth.cshtml 文件。

**2. 不使用布局页**

本书源程序在【更多示例】选项卡下包含了 150 个用.cshtml 文件实现的 WebGL 渲染的例子，这些例子都是在 Three.js 自带的扩展名为.html 例子的基础上做了一些修改后实现的，读者可以通过本章的导航菜单，直接观察这些例子在 IE 11.0 浏览器中运行的效果。

例如，webgl_lines_sphere.cshtml 文件的运行效果如图 10-15 所示。

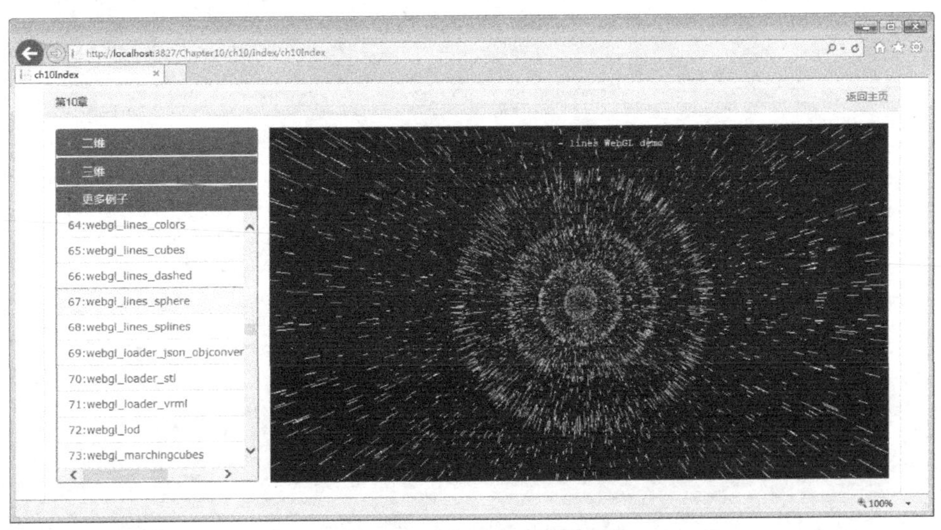


图10-15 不使用布局页的示例

### 3. 使用布局页

对于 Three.js 自带的扩展名为.html 例子，在本书源程序的 ch10Demos3D 文件夹下，仅仅通过 animationCloth.cshtml 文件，演示了使用布局页的具体用法，该例子的运行效果如图 10-16 所示。另外，本章源程序中 ThreejsExamples 文件夹下的 150 个.cshtml 文件也都可以用这种办法来实现。

图10-16　使用布局页的示例

限于篇幅，我们不再展开介绍 WebGL 和 Three.js 涉及的各种高级编程技术，而是仅仅通过.cshtml 文件演示了这些示例在 MVC 项目中的实现和运行办法，目的是为了让读者通过自学，加深对高级 Web 3D 设计的了解。

# 附录 A 上机练习

为了让学生巩固所学知识，本附录提供了上机练习，这些练习是衡量学生平时上机成绩的依据。

## A.1 上机练习要求

上机练习不需要写纸质的实验报告，但要求提交电子版源程序，基本要求如下。

**1. 分组**

学生每 5 人组成一个小组，最后一组少于 5 人时既可以合并到其他小组中，也可以单独作为一组。

开学时每组推荐一个组长，班长或学习委员统计后，在上机点名册的姓名后标注“（组长）”字样，然后将上机点名册交给实验指导教师一份，班长或学习委员自己保留一份。

上机点名册包含以下信息：组号、组员姓名、上机位置编号、上机记录（多列）。

一旦小组确定后，学期中间不准再自行调整分组。

**2. 上机练习命名规定**

（1）解决方案和项目命名规定

每个学生的所有上机练习都保存到同一个解决方案和项目中，解决方案名称和项目名称相同，以"A+2 位的组号+2 位的组内编号+学生姓名拼音缩写"命名。例如，张三雨在第 1 组，组内编号为 1，则该学生的解决方案名为：A0101zsy.sln。

（2）Areas 文件夹下的区域命名规定

要求每个练习题对应一个区域，区域名以“学生姓名拼音缩写+2 位的组号+2 位的上机练习题号”命名。例如，第 1 组张三雨练习 1 对应的区域名为：zsy0101。

**3. 学生源程序提交**

学生每三周都要向各组组长提交一次本人上机调试的所有源程序，组长将源程序以组为单位压缩到一个扩展名为.rar 的文件中，压缩文件名用“T_2 位的组号_组长姓名拼音首字母”命名。例如：T01zsy.rar，表示第 1 组所有成员的全部源程序，该组组长为张三雨。

组长收齐源程序后，复制到实验指导教师提供的 U 盘上，或者以邮件的形式发送到指导教师提供的邮箱中。

**4. 教师指导和抽查**

教师要将各组每次提交的电子版源程序完整保存下来，期末一块刻录到光盘中存档。该存档记录将作为教师给学生平时上机练习的成绩进行打分的依据。

教师在学生上机练习过程中，可随时抽查学生，让学生当面介绍和演示某个已经练习过的练习题的调试和运行情况，查看学生提交的成果是否真实。

# A.2 上机练习题目

要求每个学生都独立完成本附录列出的所有上机练习题目。

## 练习 1 布局页和主页设计

每个学生都要为自己实现的所有上机练习编写一个共用的布局页和主页，运行效果如图 A-1 所示。

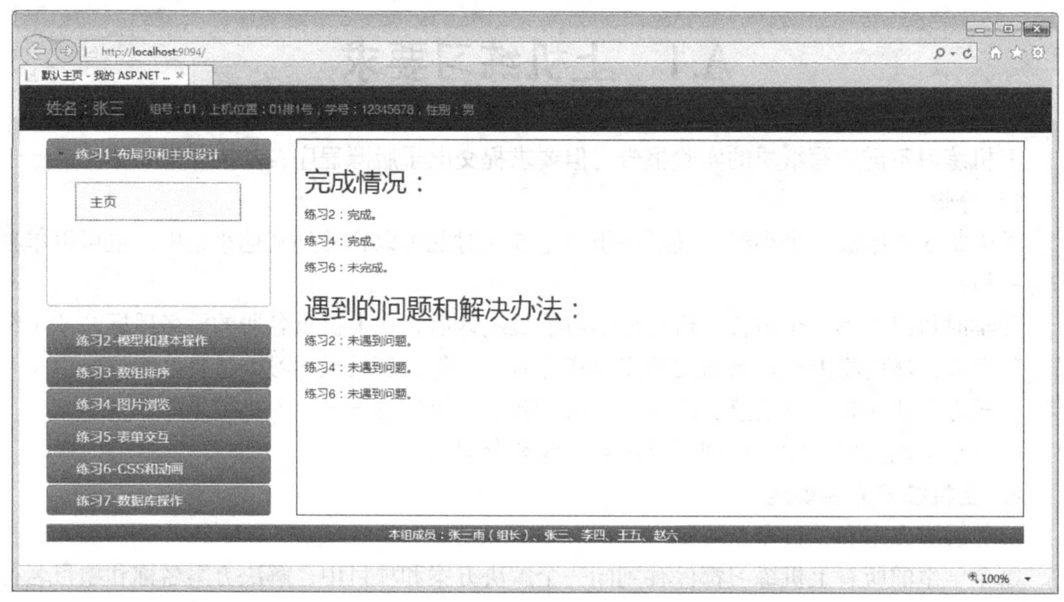


图A-1 主页运行效果

要求布局页至少包含以下信息。

（1）上方显示自己的姓名、组号、上机位置、学号、性别等信息。

（2）下方由左、右两部分组成，左侧为练习题的导航，右侧为主窗口。

（3）每完成一个上机练习题，都要在左侧导航条中添加一个导航链接，单击该链接，在主页右侧的主窗口中显示该练习实现的页面。

主页中至少应该包含下面的信息：

（1）每个练习题的完成情况。

（2）上机练习中遇到的问题和解决办法。

## 练习 2 模型和基本操作

本练习的目的是熟悉操作方法的各种返回类型，程序运行效果如图 A-2 所示。

参考步骤如下。

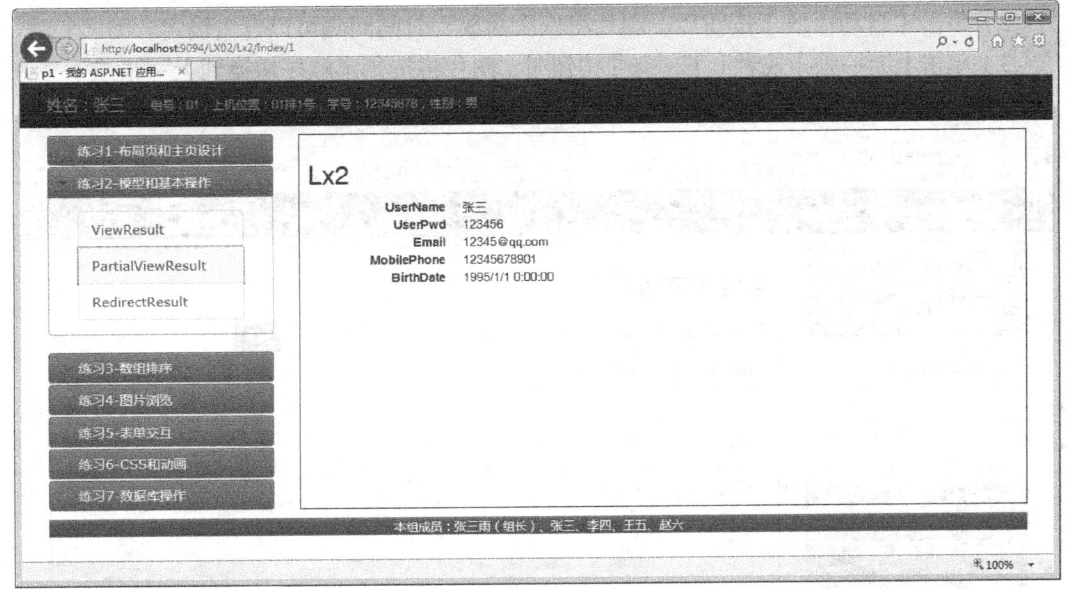


图A-2　练习2的运行效果

（1）添加 LX02 区域。

（2）添加一个文件名为 UserInfo.cs 的用户信息模型，包括：用户名，密码，邮箱，手机号，出生日期。

（3）添加一个文件名为 LxPartial.cshtml 的分部页，在该页内显示模型信息。

（4）添加一个文件名为 Lx02Controller.cs 的控制器，在控制器中创建模型数据，将其传递给页面，同时通过 Index 操作方法分别返回以下类型。

ViewResult：返回给 Lx1.cshtml 视图。

PartialViewResult：返回给 Lx2.cshtml 分部视图。

RedirectResult：重定向到 Lx3.cshtml 分部视图。

ContentResult：其他情况均直接返回字符串“未找到网页！”。

（5）分别添加与操作方法返回类型对应的页面（Lx1.cshtml、Lx2.cshtml、Lx3.cshtml），在每个页面内，要求都通过 LxPartial.cshtml 分部页呈现模型数据。

## 练习 3　数组排序

本练习的目标是熟悉 JavaScript 和 jQuery 的基本用法，程序运行效果如图 A-3 所示。

在第一个文本框中输入用逗号分隔的整型数组，要求输入的整型数组存在若干正数和负数，当单击【排序】按钮后，通过脚本编写的程序使该数组的所有负数都显示在正数的左边，且保证负数和正数间元素的相对位置不变，并把结果显示在第二个文本框中。

## 练习 4　图片浏览

编写一个可以进行图片自动播放和手动播放的网页，程序运行效果如图 A-4 所示。

播放控制代码要求用脚本编写。

（1）假设共有 6 张图片，播放时要显示当前播放图片的文件名。

（2）单击【自动播放】按钮后，图片将依次播放，时间间隔可以自由设定。

（3）单击【上一张】或者【下一张】按钮时，图片将按预定顺序切换到上一张或下一张。

图A-3　练习3的运行效果

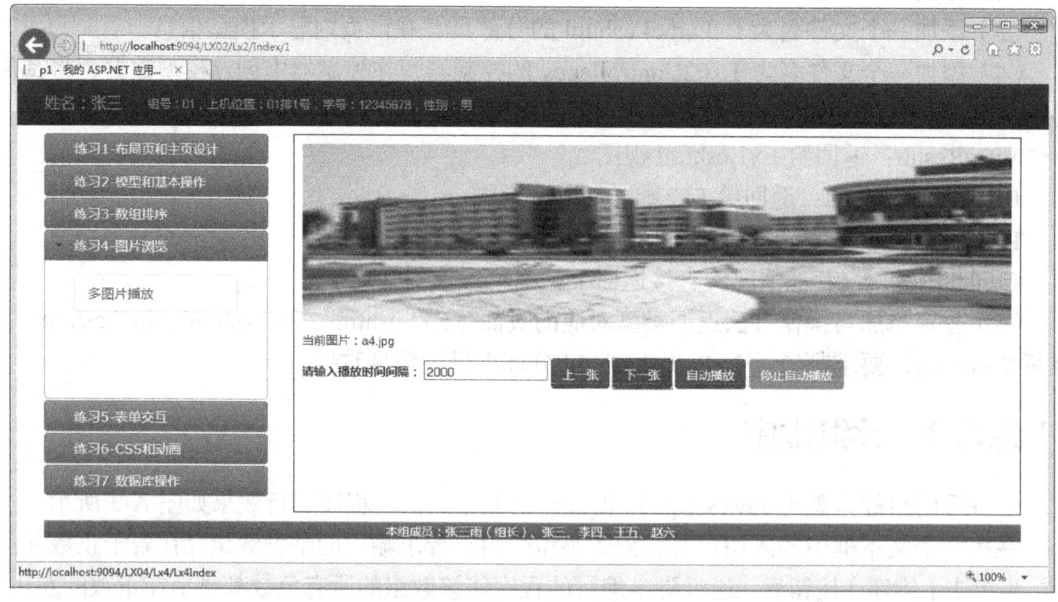


图A-4　练习4的运行效果

## 练习 5　表单交互

编写程序实现表单编辑和验证功能，程序运行效果如图 A-5 所示。

要求用户信息模型包括以下数据项：用户名，密码，邮箱，手机号，出生日期。各个信息项的约束如下。

用户名：至少 3 个字符。

密码：不少于 6 个字符。

邮箱：有效的电子邮箱。

手机号：有效的手机号码，11 位数字。

出生日期：有效的日期。

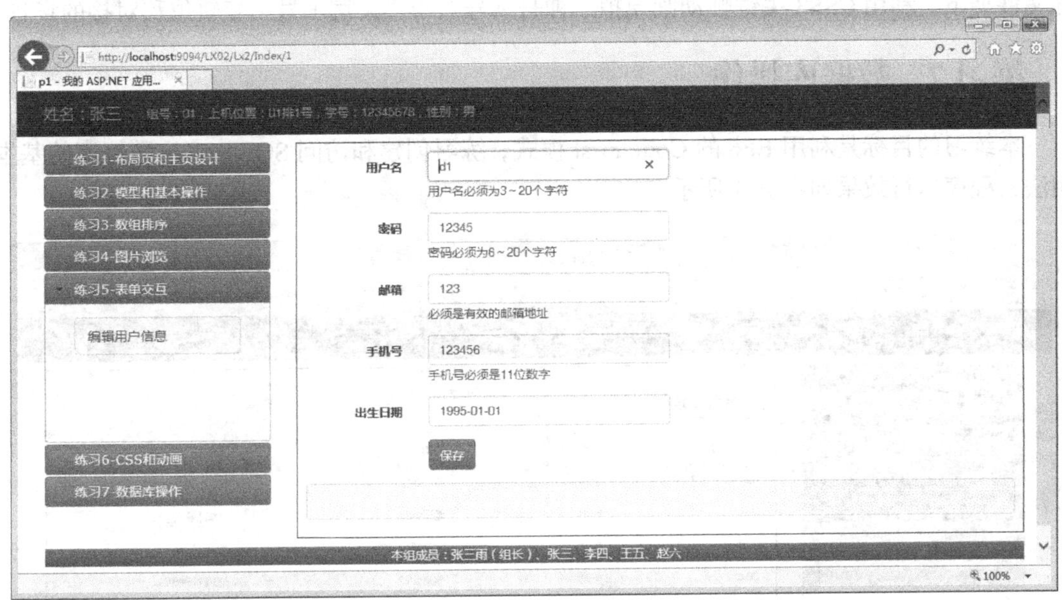


图A-5　练习5的运行效果

## 练习 6　CSS 和动画

本练习的目标是熟悉 CSS3 渐变背景、定位控制以及 CSS3 关键帧动画的基本用法，程序运行效果如图 A-6 所示。

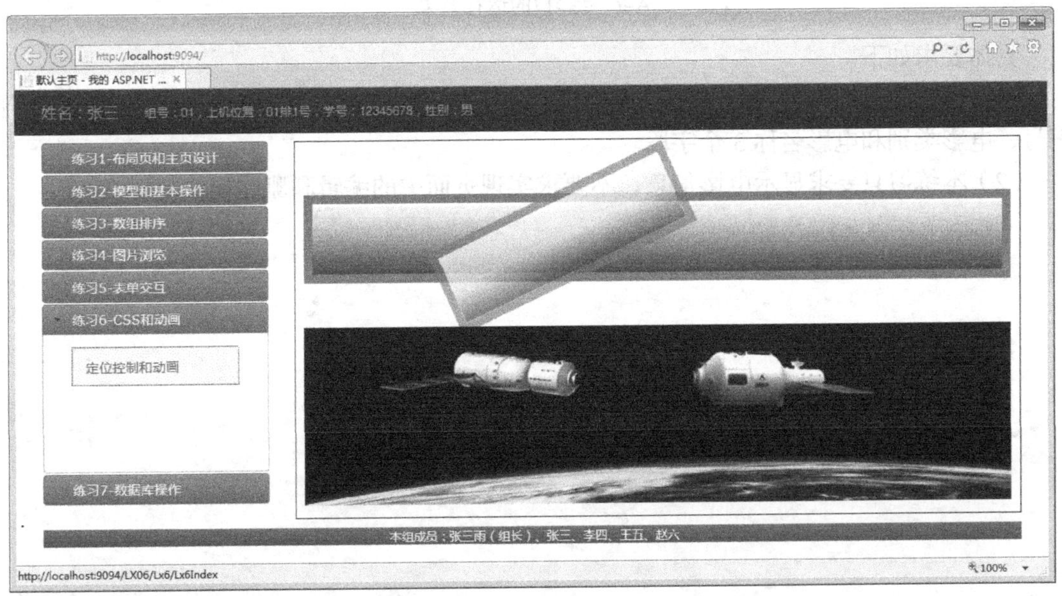


图A-6　练习6的运行效果

具体要求如下。

（1）利用 CSS3 线性渐变背景和绝对定位，绘制两个带灰色边框的渐变矩形，其中一个渐变矩形水平放置，另一个渐变矩形逆时针旋转指定角度并有适当的透明度。

（2）假设地球图片、“神舟 9 号”图片和“天宫 1 号”图片已经制作完成并保存在相应的文件夹下，利用 CSS3 关键帧动画模拟“神舟 9 号”与“天宫 1 号”变轨位移对接的场景。

## 练习 7　数据库操作

本练习的目标是利用 EF6 的 Code First 模式，练习创建和访问 SQL Server 数据库的基本用法，程序运行效果如图 A-7 所示。

A-7　练习7的运行效果

具体要求如下。

（1）创建的数据库名为 Movies，库中只有一个数据库表，表名为 Movie，表中包含电影编号、电影类别和电影名称 3 个字段。

（2）本练习只要求显示电影信息，不要求实现页面中的编辑和删除操作。

# 附录 B 综合设计

综合设计是对本书知识的综合应用，每 5 人组成一个小组，分工合作，共同完成系统要求的功能。各组组长负责整个系统的任务分配、模块划分、设计进度以及小组间的组织协调。

## B.1 需求说明

选择某种行业或者某种业务，设计一个信息发布与技术支持系统，网站具体内容由各小组自己确定，但至少要完成下面的功能。

（1）网站维护人员可以分类发布该行业或业务相关的各种信息，用户除了能浏览这些信息外，还可以对所发布的信息做出评价。

（2）所有用户都可以直接下载网站通知提供的压缩文件。

（3）设计基本功能时，可暂不考虑用户登录及权限管理等问题。或者说，任何人都可以匿名访问该网站发布的信息，也都可以匿名对其进行评价。

## B.2 系统基本功能要求

信息发布与技术支持系统至少要包括新闻、通知、信息交流、统计分析模块。各小组在完成这些基本功能的基础上，可继续添加组内自定的扩展功能。

（1）主页

系统主页能提供最近更新的信息，并在标题后注明访问量。

（2）新闻模块

用户进入新闻页面，可以浏览已经发布的所有新闻标题，还可以根据关键词查询所关心的新闻标题。对于已经发布的新闻，基本功能不要求考虑用户登录及权限管理等问题，所有用户都能通过界面操作进行修改或删除，也可以通过界面操作添加新闻。另外，用户还可以单击新闻标题进入某个新闻的详细内容页面，浏览该新闻的详细信息后，既可以不给出对该新闻的评价，也可以给出评价。

用户访问和评价都需要记录，以便于统计。

（3）通知模块

通知模块的要求和新闻模块类似，不同之处是该模块还提供附件下载功能。

（4）信息交流模块

该模块实现用户和版主交流的功能。对于每个用户的留言，版主都要有对应的回答（一问一答）。另外，同一用户不同时间的所有留言以及版主的回答都排列在一起显示（即：先按用户名排序，用户名相同的再按时间排序），而不是仅仅按时间排序。

（5）统计分析模块

该模块主要是对用户的访问量、下载行为、评价情况进行统计分析。所有用户都可以查看访问量、下载排名、评价排名。另外，在这些界面中，要同时用多种形式展示分类统计的结果，比如表格、饼状图、柱状图等。

# B.3 源程序和文档提交要求

学期结束前，各小组分别演示本组设计的成果，并介绍本组实现的特色，同时，其他小组按教师给出的等级比例，对该小组的设计成果给出一个等级评价。另外，要求期末每组提交一份纸质版成果及一份电子版成果。

（1）纸质版：每组提供一份纸质版的“综合设计说明书”，内容包括系统功能说明、小组人员分工、系统设计流程、数据库结构、详细的操作步骤和页面运行截图等。封面包括指导教师姓名、小组组号、小组负责人的学号及姓名、组内每个成员的学号及姓名。

（2）电子版：每组提交一份完整的源代码和综合设计说明书。